科学鬼才

智能机器人制作

123例（图例版）

[美]Myke Predko 著　万皓 译

人民邮电出版社

北京

图书在版编目（CIP）数据

智能机器人制作123例：图例版 / （美）普雷·德科
(Myke Predko) 著；万皓译. -- 北京：人民邮电出版
社，2017.12（2018.12重印）
（科学鬼才）
ISBN 978-7-115-46916-8

Ⅰ. ①智… Ⅱ. ①普… ②万… Ⅲ. ①智能机器人—
制作—普及读物 Ⅳ. ①TP242.6-49

中国版本图书馆CIP数据核字(2017)第245261号

版权声明

内 容 提 要

本书以智能机器人制作为主题，首先介绍了机器人的基本概念及结构特点、电工学基础理论，进而针对电磁装置、机器人驱动链、PBASIC程序设计语言、移动机器人、机器人导航等方面进行实例讲解。书中对读者在实验过程中可能遇到的问题进行了详细的论述，并提供调试电路、解决问题的办法，给出一些相关的源程序，同时将作者自己积累的经验告诉读者。本书适合所有机器人制作爱好者阅读。

◆ 著　　[美] Myke Predko
　　译　　万　皓
　　责任编辑　魏勇俊
　　责任印制　周昇亮

◆ 人民邮电出版社出版发行　　北京市丰台区成寿寺路 11 号
　　邮编　100164　　电子邮件　315@ptpress.com.cn
　　网址　http://www.ptpress.com.cn

北京九州迅驰传媒文化有限公司印刷

◆ 开本：880×1230　1/16
　　印张：18.5　　　　　　　　2017 年 12 月第 1 版
　　字数：646 千字　　　　　　2018 年 12 月北京第 2 次印刷

著作权合同登记号　图字：01-2016-5092 号

定价：79.00 元
读者服务热线：(010)81055339　印装质量热线：(010)81055316
反盗版热线：(010)81055315
广告经营许可证：京东工商广登字 20170147 号

Myke Predko 是加拿大多伦多Celestica 公司的一名新技术测试工程师。他是 McGraw-Hill出版社发行的《PICMicro 微型控制器程序设计与配置》第二版一书的作者，也是 TAB 电子相扑机器人的首席设计师。

致谢

ACKNOWLEDGMENTS

　　如果任何人建议你写一本包含许多小项目或实验的书，请立即离开。尽管这本书非常令人满意也充满趣味，但是它的出版真是大费周折。如果没有下面提到的个人和团体（我已经忘记其他一些人）的帮助与支持，我是无论如何无法完成本书的。

- 感谢Tabrobotkit，Basicstamp 和 PICList 列表服务器提供的资源。通常，我非常依赖这些列表服务器，但是当交稿截止日期越来越接近（并超期），我花在这些强大的资源上的时间减少了，然而，我还是会花时间浏览服务器资源并学习新内容。这三种列表服务器可能是最优质的资源专家组，新手们可以使用它们学习有关机器人、程序设计和电子学方面的知识。

- 感谢 Ken Gracey 以及在 Parallax 工作的人们，他们为本书的创作提供了巨大的帮助和灵感。他们有一个非常棒的产品线，新产品源源不断地补充，并致力于为客户提供技术支持。我觉得自己非常幸运，Ken 花了大量时间帮助和指导我，并支持我所做的。他们的产品线生产的产品非常好，如果你仔细查看，会发现在电影《X档案·征服未来》中用到了 BASIC Stamp 1。

- 感谢我的正式雇主，Celestica。尽管本身不是一个机器人公司，但它是一个非常杰出的科技公司，拥有业界非常优秀的员工。我一直谦卑地感到我所学甚少，而公司具有非常优秀的资源。

- 感谢 Blair Clarkson 和在多伦多安大略湖科技中心工作的人员。中心起始于 Celestica 的一个机器人车间，对于想要学习机器人知识的人来说，讨论和设计机器人能提供无限乐趣。我希望我们的关系天长地久。

- 感谢 Ben Wirz，他是一个极好的资源提供者，很多灵机一动的创意都是他提供的，并且发现我的很多非常棒的创意不管怎么说都不那么有新意（或常常是可行的）。过去几年，Ben 和我一起合作开发了三款机器人项目，我盼望着能与他展开更多合作。

- 感谢长期以来遭受编书之苦的编辑，Judy Bass 女士，我很感激她与我一起制定本书的独特版式以及她所具有的耐心，尽管本书的手稿完成时已经远远超过截止日期。我欠你一顿大龙虾晚餐，以补偿您默默地忍受我的各种缺点。

- 感谢我的妻子 Patience，她的表现常常名副其实，感谢我的女儿 Marya，她使所有同名的人感到自豪。除了我，没有人能从你们那里得到更多的支持。即使当浓烟和咒骂声从地下室传来，我也知道我会得到你们会心的微笑和温暖的拥抱。

Myke 机器人定律

全书将遵守我定义的 10 条机器人定律：

1. 从小项目做起。

2. 系统化设计。

3. 机器人动作不平稳可绝不是卖点。

4. 保护机器人的动力传动系统免受环境破坏。

5. 确保机器人的重心集中在机器人的中间位置。

6. 机器人运行速度越快，越让人叹为观止。

7. 机器人身上安装的目标或障碍检测器应使机器人在足够远的距离就能检测到目标或障碍物，从而避免机器人在损坏目标物或者自身之前就能够停止运行。

8. 机器人功能越复杂越会增加系统重量。

9. 机器人自重也会增加系统的负担。

10. 如果不运行，机器人应不产生能耗。

目录
CONTENTS

机器人介绍

Chapter 1

当你想到"机器人"这个术语时，是什么首先映入你的脑海里呢？下文将列举一些有关机器人的定义，试图向你解释机器人究竟是什么：

一个真正的机器人应该是一台机器，它应该能"被教育"，如同一台电脑一样，可以经过编程，使其做各种动作并执行各种工作。只能做单一工作，或者也不能"被再教育"的机器都不是真正意义上的机器人。

The New Book of Knowledge, 1998

机器人学是一个综合的工程技术领域，它涉及机器人开发与应用，用于机器人控制的计算机系统，传感器反馈技术，以及信息处理技术。目前，市面上有许多种类的机器人装置，包括机械臂、机械手、移动机器人、步行机器人、残疾人机器辅助工具、遥控机器人，以及微电子机械系统。

The McGraw-Hill Encyclopedia of Science $ Technology, 8th. Edition

机器人是一种自动运行的机械装置。机器人可以执行多种多样的任务。机器人特别适用于执行那些对于人类来说，太过沉闷、困难或者危险的工作。机器人这个术语源于捷克单词robota，意思是单调无聊的工作。机器人能有效处理单调无聊的工作，如焊接、钻孔，以及给汽车零部件喷漆。

The World Book Encyclopedia, 1995

机器人是一种能自动执行任务的机器。机器人的行动受针对任务类型所设计和编程的微型处理器控制。机器人遵循一套指令工作，这些指令能准确地告诉机器人如何完成任务。

World Book's Young Scientist, 2000

Robot /'roːbot/ 名词。1．一种具有人类外表或像人类一样运行的机器。2．一种能够自动做一系列复杂动作的机器。3．用来形容人机械地、有效率地，但却麻木地工作。

The Canadian Oxford Dictionary, 1998

人类是终极的多面手，是一种经过上百万年进化且能够应对多种多样情况的存在形式。机器人学的科学技术通常涉及制造能够在一系列具体问题中执行很少一部分任务的机器，例如，在生产线上检查和装配零件。这种机器人通常具有一个非常简单的存在形式。这些机器人通常由一个臂关节构成。该机器臂膀上带有一个抓手，或者其他能够像一只手那样工作的装置，以及一个能像大脑那样工作的微型处理器。

Encyclopedia of Technology and Applied Sciences, 1994

机器人是一种可重复编程、具有多种功能的操作机器，被设计用来移动材料、零件、工具，或者通过编程对动作进行设定来执行各种任务的专用装置。

Robot Institute of America,1979

现在，在这里我们将给机器人一个更为详细的讲解。套用一个定义，机器人是能完全自动运行的机器，能对外界刺激和提前存储的内部命令做出响应。值得注意的是，术语"robot"与"android"或者简写为"droid"不同，或者与"humanoid"（人形机器人）——另外一种与这些机器相联系的术语不同。

The Complete Handbook of Robotics,1984

机器人是指任何可经过编程来执行多种任务的机械装置，这些任务包括通过自动控制系统操纵物体和移动。由于在科幻作品中被使用，术语"机器人"指的是具有人类外观或者具有人类能力的机器。实际上，现代工业机器人在外形上与人类相去甚远。

AP Dictionary of Science and Technology

机器人是
（1）对传感器输入信号做出响应的设备；
（2）能自动运行，无需人为干预的程序。
通常来讲，机器人会被赋予某些人工智能，因而它能应对可能遭遇的各种不同局面。常见的两种通用型机器人有agents（智能代理程序）和spiders（搜索蜘蛛探测器）。

Webopedia

机器人是一种被设计用来快速、精确、可重复执行一种或多种任务的机器。由于所执行任务的种类繁多，因而，所设计出的机器人也有许多不同类型。

What is？com

机器人有三种基本特征：

1. 它具有某种移动形式。
2. 可对它编程来完成大量不同种类的任务。
3. 经过编程后的机器人，能够自动运行来完成设定任务。

Australian Robotics and Automation
Association

机器人三定律

1. 机器人不能伤害人类，或者，当人类正在遭受伤害时无动于衷。
2. 机器人必须遵守人类的命令，除非当这些命令与第一定律冲突时，可以不遵守。
3. 机器人必须保护自身安全，只要这些保护行为不会和第一定律或者第二定律发生冲突即可。

Issac Asimov

很明显，不可能只用一个定义就讲清楚什么是机器人以及机器人应当如何工作。对于不同的人来说，对机器人这一概念的界定，在很大程度上观点都不尽相同，甚至相互冲突。目前存在的不同类型的机器人有很多，而每一种类型都应符合上文所介绍的所有机器人定义的一条或几条。

在接下来的文章中，我将对一些不同类型的机器人进行调查，并向读者介绍许多制作专属于你的机器人的实际技能和知识（或许多实际技术和知识来制作专属于你的机器人）。

只是要谨记，如果你制造了一个机器人去征服这个世界却失败了，当有关当局来逮捕并审问你时，你一定要说从没听说过我的名字或者这本书。

实验1　卫生纸卷筒制作的机器人

20世纪50年代，科学家们确定来自外太空的外星人的体型很有可能与人类相同，都属于两足动物。两足动物由两只手臂和两条腿构成，并对称地分布在一条垂直线两侧。这一结论很大程度上是根据科学家们对人类自身结构的熟悉度推理而来：科学家们意识到，人类经过几百万年的进化，能够完成数量和种类惊人的各种社会生产任务。

根据该逻辑做进一步推断，就会发现，既然外星人已经进化到能够制造出与人造机器类似的机器，那么一定也具有与人类相似的体型。

这一思路本质上正是当人们思考究竟机器人是什么结构时所达成的共识。如果当你被问到机器人应当是什么外形时，你可能会首先想到一个类似于电影《终结者》或《机器人罗比》中的双足机器人。根据20世纪50年代科学家们的逻辑，使用与人类相同的身体结构来制造机器人就显得很有道理，因为我们人类善于运用自己的身体移动或者操作物体。

由于本书介绍了机器人的相关知识，因此我敢肯定你已经打算开始设计并操纵自己的机器人了。因为我们已经可以根据一个成功的机器人模型来依葫芦画瓢，让我们开始用卫生纸卷筒、洗管器和一些胶水来设计并制作一个简单的双足机器人吧。一旦机器人制作完毕，你能自己亲身进行本书介绍的第一个实验了——看看一个双足机器人如何能够完成从直立到前行的转变。当我们一旦完成该实验，我们就能开始实验进行其他人类的动作。

该实验的机器人由几根洗管器将一些用过的卫生纸卷筒连接起来，这些洗管器用胶水固定在这些卫生纸卷筒内部。如果卷筒可以作为你身体的骨骼，那么洗管器就是连接骨头的组织和关节。在平面图中（图1.1），可以看到我具体指明了洗管器的位置，从而使得机器人骨架能够像你的身体那样运动（或表达想法）。因为我们在很大程度上是依据人类模型来制作机器人，所以，我们预期能成功制作该机器人并用它进行其他实验，如让它走到目标物体跟前并捡起它。

注意在使用不同的洗管器做机器人关节时，你会发现我充分考虑了它们的使用位置，从而确保机器人能够像人一样运动。

为了制作该机器人，我切了10个长度为2.5英寸（6.4cm）的洗管器部件，并收集了10个用过的卫生纸卷筒。为了能将洗管器切齐，我使用了一套剪线钳，而不是使用剪刀（对一些人而言，剪刀用起来更趁手），将洗管器切成长短不一的部件。我本不应该在此讲这些，但是你应该等卫生纸卷筒充足可用时再来制作该机器人，不要试图为了快速获得充足的卫生纸卷筒而将上面的卫生纸全部剥下来。我可不想收到你们气急败坏的父母亲发给我的电子邮件，说有一天，当他们走进浴室发现足足有十卷的卫生纸被扔了满地，而卫生纸卷筒不翼而飞了。

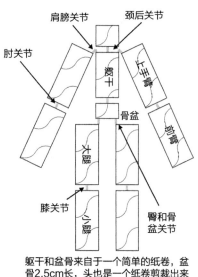

肩膀关节　颈后关节
肘关节
上手臂
躯干
前臂
骨盆
大腿
膝关节
臀和骨盆关节
小腿

躯干和盆骨来自于一个简单的纸卷，盆骨2.5cm长，头也是一个纸卷剪裁出来的，有3cm长。

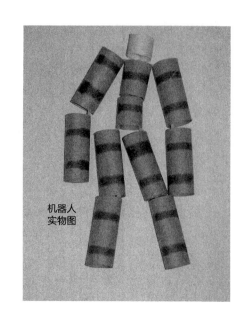

机器人实物图

图1.1　手纸机器人计划

当你使用锋利的刀子把洗管器切成要求的大小后，拿出其中一个卫生纸卷筒，再将其切成两个长度为1英寸（2.5cm）的更小一点的圆柱体。把较长的卷筒当作机器人的后背使用，较小的圆柱体作为机器人的骨盆。再拿出一个卫生纸卷筒，切一个长度为0.75英寸（2cm）的小圆柱体作为机器人的头部。

接下来，你就可以准备用剩余的8个卫生纸卷筒和粘纸或木材的胶水来组装机器人吧。但是，不要使用飞机模型黏合剂、环氧树脂以及万能胶来组装机器人。或许，在使用粘纸或者木材的胶水前，你会试着使用氰基丙烯酸酯如疯狂快干胶将洗管器零件固定住。从个人观点来看，我不鼓励这么做。因为最后很有可能你会把自己同洗管器零件和空卫生纸卷筒黏住，无法分离。特别是当别人看到这种狼狈局面，他们很难将你同具有严谨科学头脑的科学鬼才联系起来。

沿着每个卫生纸卷筒内部，挤上一段长1英寸（2.5cm）的胶水，将一截洗管器的一端粘在上面。将切好的洗管器的一部分（长度约1英寸（2.5cm））用胶水黏住，将剩下的1.5英寸（3.8cm）甩在纸卷筒外面。当你用胶水粘合洗管器时，先在洗管器顶端挤上胶水，确保粘合牢固。该步骤完成后，只需把卫生纸卷筒和洗管器晾一天即可。

接下来，重复上述过程，用胶水把甩在外面的洗管器的一部分（1英寸（2.5cm）长）黏在另一个卫生纸卷筒内部，再晾一天即可。如此一来，黏在两个卫生纸卷

筒内部的洗管器就只剩下0.5英寸（1.25cm）甩在外面，这部分就是机器人的关节部分了。当所有零件充分晾干后，再用胶水把它们黏在机器人躯干上，一次粘一边，以防止胶水流得到处都是。完成该步骤后大约几天以后（从你开始制作机器人开始算），你就会拥有一个如图1.1所示的机器人模型了。

正如之前所说，我想要通过实验让机器人完成从直立到向前行走的转变。当机器人身上的胶水变干，就可以试着让机器人站立起来了。

实验的结果很有可能会是看到一堆松松垮垮连接起来的废旧纸卷筒，就像我最后完成的作品的样子（图1.2）。你也会碰上恼人的问题：究竟采用什么方法才能支撑起机器人，从而开始实验让机器人能够走动起来。

看着这堆由纸卷筒、胶水和洗管器组装起来的机器人软趴趴地堆在那里，你会汲取失败经验，并做如下总结。首先，连接两个纸卷筒的洗管器的硬度不够，不足以将一堆卫生纸卷筒支撑起来，形成一个固定的姿势。或许你会考虑用其他材料来替代洗管器来支撑机器人，但是我想劝你别费力做无用功。因为即使你用其他材料制作一个可以站立起来的机器人，你还是会碰到难题：需要拿出如何让机器人行走而不摔倒的移动方法。还记得吗，在你还是婴幼儿时期，你花了大概一年的时间训练自己站立和向前行走。在你的例子中，你已经具备了所有必须的条件来开始训练行走。向前行走仅仅是问题的一个方面，除了它，你必须思考出如何能让机器人转身和在崎岖不平的地

形中行走的方法。对于行走机器人而言，上下楼梯就是一个特别令人烦恼的问题。

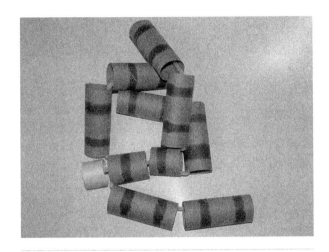

图1.2 制作专属于你的机器人的一个不幸开端

设计出一个能像人类那样站立并行走的双足机器人被许多机器人学家认为是机器人学里"遥不可及的梦想"——这是一个极富挑战性的任务，许多大规模、研究经费充足的公司和实验室才刚刚开始取得一些成绩。带着这一思考，我想改变你看待机器人的方式，因此你开始采取自底向上的方法来研究机器人，并获得必须的技能来制作构成机器人的所有不同零件。或许有一天，你会制作出一个从外观和动作上都像人的机器人，但是，就目前而言，让我们先将目光放在制作机器人的一般基础性工作上。

实验2 机器昆虫清管器

在本书的第一个实验中，我让你们大致了解了创造一个人形机器人是如何的困难。我提到了如何让机器人行走所碰到的各种难题，但是我没有详细展开介绍，因为我甚至不知道一种能让机器人稳定站立的方法。在开始致力于研究实际的机器人以前，我认为有一点非常重要，就是先设计出一个稳定的机器人平台（它可以稳定地站立起来），然后再研究机器人如何能移动或者操纵目标物体。

当人们寻找灵感或者获得一个对如何着手解决一个问题有更深刻的理解时，你通常会发现通过观察自然界就会找到问题的答案，并且看到对应同样的难题时，不同的动物（甚至是植物）是如何应对的。如果我们想要

看到一个能自己移动并搬动目标物体的稳定的机器平台，那我们很可能通过观察不同的多足动物得到启发。这分明就是一个简化后的机器人平台。当你还是婴幼儿时，你就能够四足着地学着爬行，这个行为要比你能够独立行走要早得多。

再看看能够四肢着地行走并像人类一样操纵物体的动物，我能想到的明显的一个动物是大象。它能利用四肢四处走动，并利用象鼻操纵物体。大象（还有其他四足动物）的问题在于其不停地进行动态的、不稳定的移动。当大象走动时，它用四肢传递自身质量，所以它绝对不会完全跌倒。将大象的这一移动特性运用到机器人中并不十分困难，但是，如果机器人突然急停或者一只腿悬空时，机器人就会出现跌倒的问题。

为了简单测试这个陈述，你可以将双手和膝盖着地，并在地板上爬行，突然急停，同时一只胳膊或者腿悬空。急停时，你的平衡取决于你抬起的手或腿，要么你的身子会朝着一面摔倒，要么会直接面部着地。测试的初期，你会发现自己很难跌倒，因为你会通过将身体的重心移动，来自动补偿抬起的手臂或腿，从而让你只有三肢着地时也能保持稳定。你可以在一张体操垫子上进行该实验，注意确保不要让自己受伤。

通过借鉴四肢着地、较为低等的生物的行为，我们解决了站立时出现的不稳定问题，但是我们依旧需要解决运动的问题。让我们寻找一种较为低等的生物形式，它能够利用多足运动，但是始终保持稳定。能明显符合这一要求的一种动物就是小虫子。如果你观察蚂蚁（蟑螂运动太快）的动作，你会发现蚂蚁在任何时候，至少保持三条腿着地。正如我在图1.3所展示的那样，当一只蚂蚁向前移动时，在躯干一侧的两条腿和另一侧的一条腿推动其向前移动，而其他三条腿同时就位进行接替，从而使蚂蚁向前移动。

所有腿必须铰接起来并能前前后后、上上下下朝着任意方向移动。上下移动下肢可以推动昆虫离开地面，前后移动下肢可以推动机器人或者让腿就位，从而推动昆虫行动。图1.4所示为一个昆虫腿的机械模型，通过安装于昆虫躯干两边的铰链驱动其左右运动，并且通过上下移动下肢令其做上下运动。

当提到机械手臂和机械腿时，四肢所能移动的每一个方向被称作一个自由度。尽管这只简单的昆虫腿仅仅有两个自由度（上下和前后），但是，你会发现其他具有肢体的机器人拥有多达8个自由度时，就能执行复杂任务。

移动1

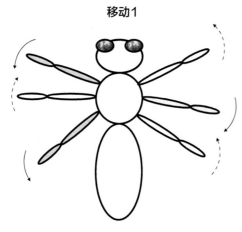

深颜色的腿在表面，推动昆虫向前移动。白色的腿离开表面向前移动推动昆虫下一次的移动。

移动2

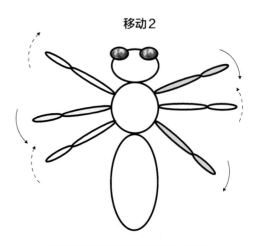

之前离开表面的腿向下移动至表面并推动昆虫向前移动。之前在表面上的腿抬起并返回至推动昆虫移动的位置。

图1.3　昆虫的移动

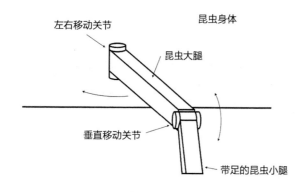

左右移动关节　　　　　昆虫身体

昆虫大腿

垂直移动关节

带足的昆虫小腿

图1.4　机械昆虫腿

昆虫总是能够稳定地移动（昆虫的重心总是保持在至少三条腿的中心），而且如果因为任何原因要停止移动时，它也不会跌倒，不像四足动物，昆虫总是能保持重心稳定。除了能很容易地实现向前移动，对于昆虫来说，改变移动方向也非常简单。这也是为什么以昆虫为原型设计的机器人要比那些基于猫猫、狗狗、大象所设计的机器人更加受欢迎。

通过制作一个简单的模型，你能非常容易地搞清楚基于昆虫所设计的机器人的特性。我的机器昆虫原型使用了半块鸡蛋包装纸盒的底部作为昆虫的躯干，并使用白胶在纸盒上安装了一些洗管器作为昆虫的腿。为了制作昆虫的腿部，我在鸡蛋包装盒（鸡蛋就存放在包装盒的小槽内）的边上戳了一些小洞，将洗管器穿过这些洞，就构成了昆虫腿部。当我用洗管器做出六条昆虫腿（由三根洗管器穿过小洞构成），我将穿过鸡蛋包装盒两边的洗管器长度拉齐，并用胶水将它们固定在鸡蛋包装盒的

小槽里。你在图1.5中看到的昆虫触角严格说来是为了装饰用。

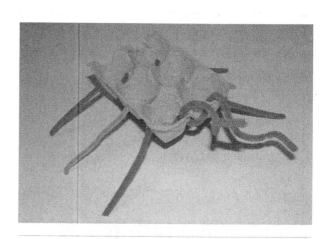

图1.5　一个完整的机械昆虫原型

固定好以后，需要等一天，让胶水自然风干。胶水一旦风干，你就能够进行昆虫腿部移动的实验了。利用图1.3和图1.6所显示的昆虫的移动方法，你就能通过实验展示一只昆虫如何能非常轻松地向前移动。

通过运用与昆虫向前移动一样的方式来移动昆虫的腿就可以完成昆虫转身这个动作，但是，不同的是，转身这个动作是让昆虫的三条腿朝着同一个方向移动，让昆虫躯干另一边的其中一条腿朝着相反方向移动，从而使昆虫身体产生一个力量差，来完成转身这个动作。这个动作非常容易通过洗管器和鸡蛋包装盒制作的蚂蚁原型来演示。

重新审视你刚刚制作的机器人模型，你就会发现有

两个需要关注的地方。第一个是机器人本身必须能支撑起自己的重量。这取决于机器人采用何种材料制作的，如果机器人本身的重量大于六条腿所能承受的重量，这就是一个需要关注的重大问题了。第二个需要关注的地方是机器人非常明显的复杂性——你可能感到可能会有一种更加简单的方法来制作移动机器人。

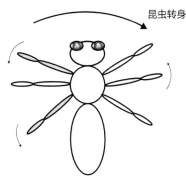

昆虫躯干左边深颜色的腿向后推动，同时右边深颜色的腿向前推动。白颜色的腿在上面，准备继续转身动作。

图1.6 昆虫做转身动作

实验3 乐高移动机器人

在本书之前的内容中，我已经看到过一些不同类型的步行机器人。在展示这些不同类型的机器人时，我也提到过就复杂性而言，这些不同种类的机器人本身有一些非常重要的问题需要解决。说到这，你或许会得出这样的结论：依据某些生命存在形式而设计的机器人并不是最好的设计方案，或许我们能从其他地方寻找设计机器人的灵感。

在现代社会，许多不同种类的移动装置并没有采取我们之前所讨论的各种形态设计而成，如人类、动物或者昆虫的形态。例如，实际上路上行驶的汽车百分之百都采用了同样的移动平台（轿厢底）设计制作而成，它们都是由四个轮子构成，其中两个用于驱动汽车移动，另外两个作为转向装置。大多数现代汽车（前轮驱动）的方向盘也作传动轮用。

充分利用轿厢底，能将许多不同种类的远程控制汽车模型转变为机器人样式。在本书后面内容，我将会介绍我的改装经验，试着将一台预制的汽车产品改造成一个移动机器人的底座。

如果你想从头开始制作一个汽车厢底，那么，当你转动该移动工具时，你会发现需要克服两个不同的难题。第一个难题和转向装置有关。如图1.7所示，"右边"的轮子（离转动轴最近）将会比"左边"轮子的转动角度更大（实际上，当你观察图1.7时会发现四只轮子转动的半径曲线都略有不同）。大部分汽车都会在转向机构中加装偏置装置（也称作联动装置），从而让汽车按照需要的角度自动转动车轮。这种装置同样可以加装在一个机器人身上，但是你必须调整传动装置至合适的角度来确保其成功转向。

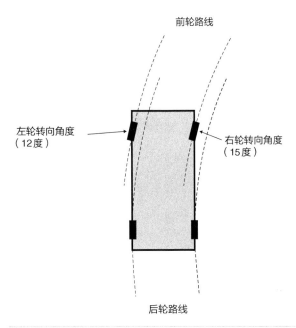

图1.7 汽车转向

机器人设计师针对这种问题一般有两种解决方案。第一种解决方案是仅仅只需要安装一个独轮方向盘。这么做，机器人基座显然就变成一辆三轮车了。第二种解决方案是就像玩具小车那样，将两个转向轮安装在长方形的零件上，从而解决两个转向轮角度差的问题。使用几块乐高玩具零件，你就能安装一带有转向装置的汽车机器人模型，如图1.8所示。

为了做这个实验，我花了不到10美元，买了一套乐高创意百变系列玩具。如果你的家里也有任何形式的乐高玩具，那很有可能不用花钱，你就有足够数量的乐高玩具零件来制作本节所介绍的机器人模型了。完成这个模型，你需要四只带有轮轴的轮子，轮轴安装在乐高积木上，一个垂直铰链（或者一些小而圆的乐高零件，能让积木转动）和一些能将机器人模型固定住的乐高积木。

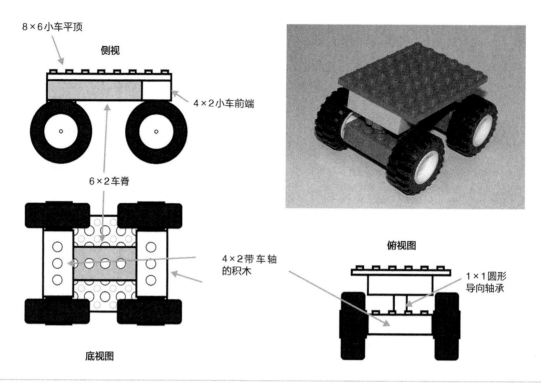

图1.8 乐高机器人小车的设计

这种方法相当地给力，但是当急转弯时，也能导致机器人跌倒，而且，也很难在崎岖不平的路面上灵活行驶。以汽车底座制作的移动机器人的第二个问题是当机器人转弯时，两只驱动轮速度不同的问题。在汽车发生转弯图中（如图1.7所示），你会发现内侧车轮的转弯半径要小于外侧车轮的转弯半径。转弯半径越小意味着内侧车轮在同样时间内要比外侧车轮行走的距离更短。汽车的这一问题可以通过加装一个差动器来解决。差动器是一种特殊齿轮，它能根据转动角度的大小调整不同驱动轮的速度。

差动器可以安装在机器人身上，但是更为简单的结局方案是只需使用独轮方向盘。

对于许多想要制作一个转向机器人的机器人设计者来说，一个以导向轮驱动的三轮移动平台（其他两只轮子可自由转动）是最佳的选择。

对另外一些机器人设计者而言，在看到转动轮子会增加额外的复杂性外，他们会怀疑究竟是否需要加装转动轮。在图1.9中，我仅仅使用两只轮子制作了一个简单的乐高机器人。

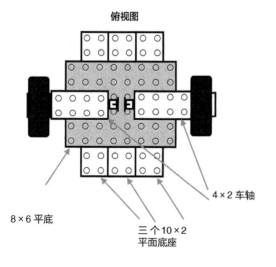

图1.9 双轮差分驱动乐高机器人

这是你能制作的最简单的机器人了，你可以叫它差分驱动机器人，因为它的两只轮子能够独立移动，让机器人转向。用这个模型，你就能把手指放在轮子上，并观察当两只轮子都朝着一个方向时机器人是如何移动的，以及当以不同速度转动轮子来让机器人转动时机器人如何移动，或者当轮子朝着不同方向转动时机器人如何移动。

如果你在互联网上看到不同种类的机器人，就会发现大约百分之九十的机器人都是根据这个方式在家里制作出来的。对不同种类的机器人身体结构的研究，到目前为止，这种方式是制作机器人最简单最省钱的方法，唯一的问题是当路面变化或崎岖不平时，机器人也不能灵活移动。

可以很容易地通过设计电路和软件来控制两轮机器人的移动，本书后面将会介绍，我会以差分驱动机器人为

基础，来设计制作实际的移动机器人。

差分驱动机器人的革命性进步是履带差分驱动机器人的出现，这种机器人使用了类似军用坦克或者推土机的履带。如此一来，履带机器人在崎岖不平的路面上也能行走自如，步履稳健（这也是为什么它用于坦克和推土机），但是，这种履带机器人也有弊端，在移动过程中阻力会倍增，特别是当你试图操纵机器人转动时，阻力增大会更明显。

为了将机器人转动时的阻力降到最小，我觉得最优办法是让机器人的每一边都安装两个驱动轮（两个驱动轮彼此互相铰链）。你只需要使用在之前例子中用到的乐高玩具零件就能非常容易地制作出这种机器人，如图1.10所示。

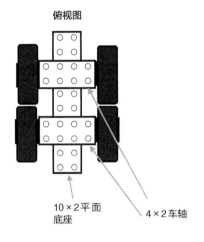

俯视图

10×2平面底座

4×2车轴

图1.10　四轮乐高小车的设计

实验4　硬纸板手臂

到目前为止，我已经讨论过移动机器人，即能自我控制四处走动的机器人。机器人学研究的另一个领域是机器手臂的制作。这种机器人通常被设计为在某种底盘上（即机器人可灵活移动），能在某一位置拾取某些物体并将其放置到其他位置。在本试验中，你将设计制作一个简单的机器手臂模型，与应用在太空飞船中的加拿大臂相同。

我们说一个机械臂仅仅能拾取并移动目标物似乎是对机器人手臂过于简单的一个定义。你会发现如果你走进一家汽车制造厂，就会发现许多种功能不尽相同的机器人，它们有的喷漆，有的焊接，有的安装螺丝并组装汽车

零配件。这些操作没有一个仅仅是简单地拾取并移动目标物。如果你有机会检查那些组装汽车的机器人，就会发现每一种机器人都是为了从事专门工作而特殊定制的。焊接机器人的"手"（也被称作末端执行器或抓爪）被设计成能从事焊接工作的一组焊钳。喷漆机器人的抓爪实际上是一个油漆喷枪。组装机器人的末端执行器是一个气动扳手。在上述的每一个例子里，机器人身上都安装了特殊的硬件，从而可以满足所需要的各种功能。

在一些制造环境中，机器人被用来执行多重任务，机器手臂的抓爪被设计来拾取工具，然后机器手臂将工具移动至工作区。将该方法运用到制造过程中，机器手臂可以像人类一样工作。

如图1.11所示，我已经列举出如何运用在第一个实验里用卫生纸卷筒制作双足机器人的方法来设计制作一个

简单的机器人手臂模型。在该实验中所不同的是，我使用了一个传真纸卷筒，并将其切成两段，使用了四段2.5英寸长（6.4cm）洗管器，并将它们黏合起来，就制作出了图1.11所示的机器手臂的底部接缝、肘部关节和两个U型抓爪。

同卫生纸卷筒制作的双足机器人一样，我在卷筒内

部挤入1英寸（2.5cm）的白胶，再将洗管器的一部分放进卷筒黏住，再放置一天左右等其自然风干。

当胶水风干，我按住洗管器制作的底部接缝，并如图1.12所示移动手臂，试图用它来移动目标物，从而观察在这个动作过程中，还有什么问题需要考虑。

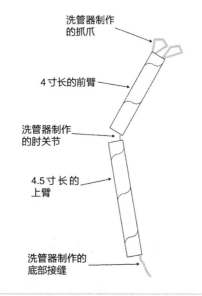

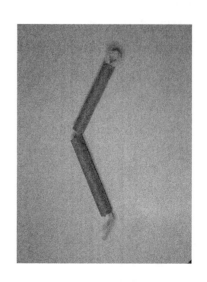

图1.11　你可以自行制作的机器手臂模型

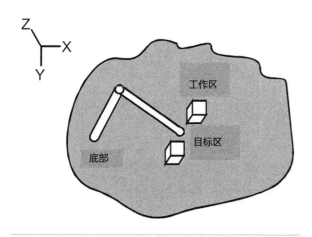

图1.12　机器手臂三维图

对于许多实际的机器手臂，这一过程类似于记录或者编排机器手臂的移动。对这种机器手臂的设计，人可以（要么采取直接的方法，要么通过某种远程控制技术）引导手臂到达需要执行任务的各种位置。采取这种方式十分快速并且相当精确。

这种方法有一个问题，对于许多机器人应用而言，它并不实用。不能用这种方法编程实现机器手臂执行任务的一个最典型的例子就是在特殊飞行器中使用的加拿大手

臂。在地球重力作用下，这种机器手臂不能支持其自身重量，更别提执行某种货物装载工作。在这种情况下，机器手臂的移动必须利用计算机，通过数学方法来精确计算其移动范围和程度。

为了让读者明白我的意思，让我们通过观察一个二维机器手臂的动作，来了解它的功能。该机器手臂由一只较长的上肢和一个较短的前臂构成（如图1.13所示）。正如我所勾勒的手臂形状，上臂能以肩膀为轴旋转45度。手臂的移动范围形成了其特有的工作空间。机器手臂下的工作空间在图中已经勾勒出。

在介绍机器手臂时，它能够移动的每一个方向都被称作一个自由度。图1.13所示的机器手臂有两个自由度：一个在肩关节处，而另一个在肘关节处。人的手臂有七个自由度（肩关节处有三个自由度，肘关节处有一个自由度，腕关节有两个自由度，手掌打开和闭合也是一个自由度）。机器手臂动作时的自由度越多，说明其关节的复杂性越强，也需要更强劲的致动器（致动器是指能移动手臂关节和某个部分的机械装置）来驱动手臂工作。

机器手臂的工作范围定义了手臂末端能够到达的所有位置。在二维自由度的工作区域，你可以使用如下公式

来确定X点的具体位置：

手臂在X点的位置＝上臂长度×cos（上臂角）
＋前臂长度×cos（前臂角＋上臂角）

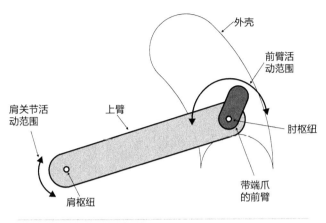

图1.13　水平机器人手臂运动

同理，也可计算出手臂Y点的位置，只不过需要用sin（正弦）替换上述公式中的cos（余弦）即可。请注意，为了得到机器手臂末端的正确位置，前臂所在的角度也必须考虑到上臂角中。希望这个公式没把你吓到——我之所以列出公式，是因为我想说明只需要运用基本的三角函数就能非常容易计算出机器手臂末端在自由度为2的空间中的位置。

我确信我给出的机器手臂的定义一定令你非常失望——特别是当你用它和你自己的手臂进行对比时。但这也是一个绝好的机会，通过比对，你会思考你的手臂的作用，并发现原来它们竟然还具有如此令人咋舌的功能。你的大脑以一个具体的控制方式，能命令你的手臂在空间中移动到一个指定的位置，在此过程不需要任何视觉反馈。

仅供参考

当人们问我究竟如何才能创建自己的实验时，我惊讶地发现几乎没有人能理解在一个精心设计的试验中，结果很少会出现令人出乎意料的情况。许多人总是深信不疑这种谎言：穿着斗篷的老套科学家是通过随机混合某些化学物质而发明出新鲜玩意儿的。一个设计合理的实验是用来验证一个理论或者一个假设，绝不是为了想知道当随随便便胡搞乱搞时会出现什么新鲜玩意儿。

为了证明我所讲的内容，请读者思考一下150年前许多名气很大的科学家为了试图发现空气的成分所做的各种实验。你或许清楚，空气中有三分之一以上是氮气，大约百分之二十是氧气，而剩余的百分之一或者百分之二由不同种类的微量气体构成。这些大科学家们的实验是为了了解这些微量气体究竟是什么，以期望发现一些有价值的东西或者新的物质。

如何将这些不同的微量气体从空气中提取出来，科学家们采用了非常巧妙的方法。空气实际上是一种溶剂（就像盐水），而各种不同的气体遍布整个空气"溶剂"中，我们不能通过离心力或者加热技术把这些气体提取出来。实际上，科学家们花了一百多年的反复试验和努力才找到一种方法将空气中的不同成分的气体分离出来。

你也许知道如果将气体体积压缩到足够小的话，它就会变成温度很低的液体。根据这一原理，将空气压缩到液态时，并令液态空气保持在不同的温度，就会让不同成分的气体沸腾，这么做，科学家们就能从液态空气中收集蒸发出来的物质，或者当所有能气化的物质都气化后，还剩下什么物质。例如，氮气在–198.5摄氏度气化，氧气在–182.8摄氏度气化，二氧化碳在–78.5摄氏度气化，氯气在–34.5摄氏度气化，氢气在–252.7摄氏度气化，而氦气在–268.6摄氏度气化。作为参考点，绝对零度是–273摄氏度。

这些实验有一个问题，科学家们进行验证时并不清楚究竟在试验中会产生什么物质，因此，为了证实这个实验，科学家们将盛满空气的容器打开，并吸入体内。这么做的前提是假设吸入的空气不会对人体产生有害影响，那么，构成空气的所有不同气体成分也必然是安全的。

不幸的是，该假设是错误的。当不同气体成分同时混合在空气中时，会变得对人体完全无害，但是当这些不同气体单独被人体吸入时，就会变得非常危险。今天我们知道氯气是一种致命有害的毒气，氢气与火焰接触会爆炸（记住当科学家进行这些实验时，灯泡还没有被发明出来），纯净的氧气会让小火苗剧烈燃烧，而高浓度的二氧化碳会让人停止呼吸。

这就不足为奇，许多验证空气成分的科学家到死也没有理解，他们身上到底发生了什么。地球大气层的构成与大气的气体成分的不同特性一直未被揭露，直到人们重新回顾实验，并猜测空气的组成部分可能对人非常危险。在空气中的气体成分很可能非常危险这一猜想（被称为假设或理论）下，科学家就能够展开可以保护他们自己（和实验室）的实验，并令他们更好地研究这些不同的气体成分。

为了避免陷入实验失败的僵局（如本书介绍的第一

个实验），我将保证本书接下来的所有实验将遵循以下六个部分：

1. 实验目的的声明。这个声明很简单，比实验的标题内容多一点点，但是并不是该实验任务的一个全面的介绍。

2. 实验的理论基础。这部分内容将介绍所期望的实验结果和理论依据。

3. 实验所用材料账单（在"元器件库"或者"工具箱"中的设备或仪器）。这些是进行实验所需的设备清单。

4. 实验步骤。这些步骤是指进行该实验需要完成的不同任务。在这一节中，我将把实验装配图和电路原理图包含在内。

5. 实验结果（或观察结果）。这非常简单，就是指我所观察或者看到的结果（以及我期望你所看到的结果）。我会把完成的实验图片以及所观察到的实验结果给出定量计算。

6. 实验结论。这一部分是指对从实验中获得的任何经验进行讨论，并对实验之后的下一步内容提出建议。

以上介绍的六部分内容与高中科学课老师组织进行实验的步骤相似。将实验过程格式化将有助于组织你对实验的想法并正确理解你想从实验中得到的结果。将实验过程格式化也能让其他人重复该实验并测试实验结果。最后，从实验中得出的结果必须支持实验结论。

你或许会发现你的老师想让你以一个具体的文本格式写下所做实验内容。请记住，如果你想在实验课取得好成绩，就应该按照老师要求你的格式写下实验内容。如果你告诉老师，你仅仅是按照我在本书中所使用的格式来进行实验的话，恐怕并不会对你获得实验课高分有太大帮助。

对任何从事实验工作的人来说，一个简洁、排版布局好的笔记本将会成为实验中的一个重要工具。回顾一下，你的老师在科学课上一直告诉你的事情，他们可能反反复复地讲常年记笔记的重要性。笔记本对阐述思想、绘制电路图、书写公式或者对未来的计划有着不可估量的价值。当你运用本书进行科学实验时，我建议你随身携带一本笔记本，并用它记录实验中的一些关键点、观察结果，或者你在随后的实验或工作中能用到的好的创意或想法。

本节所介绍的实验看起来多少有点杂乱，而且我也肯定它们不符合你对本书所讲内容的期望。与其将这些杂乱的项目称作实验，我觉得将它们称作模型测试会更恰当一些。因为这些内容并不符合我对实验概念和实验步骤的理解。模型是对本节所做内容的一个极好的解释，因为它展示出了不同种类机器人出现的问题。本节内容的目的是为了向你展示你可以用简单、廉价的方法来测试你自己对机器人的理解。

当我讲本书接下来的内容时，我会尽力让实验内容更加地严谨和稳定，我会思考设计开发机器人时，在实际环境下，应该如何进行实验。

尽管本章介绍的机器人实验几乎不需要动脑子就能够实施，但在接下来的内容里，所有实验都需要做更多前期的准备工作，以保证实验能稳定进行，除此之外，也能用来指导之后的实验和机器人项目。

机器人结构

Chapter 2

在上一部分的开篇，我演示了依照人类形态来制作机器人很困难（按照工程术语为"非平凡"）。第一个机器人实验采用一个类似人体骨架的结构，该结构连接着灵活的关节。当机器人站立起来时，它立即跌倒，变成一堆零件堆砌的材料。我之前解释过这种机器人的外形很不稳定，需要增加许多肌肉组织才能保持骨架和关节直立起来。在这之后，我设计了许多不同外形以更好地适应机器人，最终提出，那种类似小汽车外形、除了车轮外没有其他多余移动组件的机器人结构。第一部分解释了为什么设计出具有这种特定外形的机器人，但是并未说明它们是如何制作出来的。

在第一部分，我运用了各种简单的零件来搭建机器人的外形。说实话，这些材料并不是最优的，因为它们需要较长时间才能固形，而且机械强度也较差。在本节内容中，我将会研究用不同的材料，以及机器人结构设计方面的科学知识来制作机器人。当你完成本节内容的学习，你会掌握一些机器人设计基础知识，这些知识都是我在后续的实验中所用到的。而且，你也会基本掌握哪些材料和产品最适合用来设计制作你自己的机器人。

为了避免陷入究竟是鸡生蛋还是蛋生鸡这样一个死循环问题，我想借用一个已经存在的结构来作为我们所设计的机器人的模型。很明显，这个结构就是人类的身体结构。尽管，有了第一次制作机器人的失败经历，你或许并不情愿打算用人体结构来做机器人模型，但是你应当能意识到我们可以参照人类身体上较小的组成部分（如果你愿意可以称这些较小的部分为子系统）来制作机器人模型。

机器人设计师（或机器人学家）对人体的组成部分最感兴趣的地方是能够灵活移动的部位。当你从解剖学书籍中查找人体关节的信息时，就会发现一个基本的手指关节的构造会如图2.1所示。我将该图简化以显示这个关节最重要的组成部分，从而能更清楚地展示它们是如何发挥作用的。

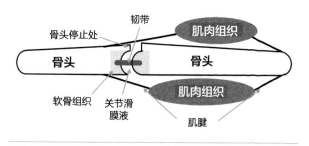

图2.1 指关节解剖图

指关节的作用是让肌肉组织改变两根指节之间的角度。肌肉组织只能通过缩短（收缩），来改变骨头之间的弯曲程度，其中附着在关节一边的肌肉必须收缩，如图2.2所示。为了将两根骨头伸直，附着在关节另一面的肌肉也建议收缩，并让关节另一面的肌肉松弛。为了再现这一动作，你或许能想到用一种类似螺线管的东西来实现该功能，我将在随后的文章里讨论它。

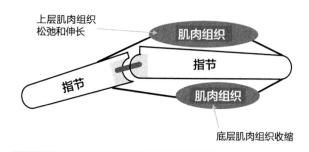

图2.2 通过底部肌肉收缩来弯曲手指

肌肉组织其实并没有直接与骨头相连。相反，肌肉组织和骨头是通过一种叫肌腱的又薄又长的组织连接起来的。肌腱非常薄但也非常结实，它不需要太多的伸展空间，就可以让肌肉产生的力传递到弯曲的关节。

改变两根骨头之间的相对角度只是我们研究的问题的一半。问题的另一半是解决连接在两根骨头之间，能让骨头灵活移动的问题。在图2.1中，可以观察一下关节本身，它由四个部分组成。第一部分是软骨组织，它的表面光滑、坚硬，它附着在骨头表面可以降低骨头之间的摩擦力，让骨头之间接触更容易。骨头的软骨组织之间本身并不直接发生接触，它们被薄薄的一层关节滑膜液隔离开。韧带将骨头连接起来，并使两块骨头之间的软骨组织保持一条直线。最后，骨头停止处是防止骨头向特定角度之外的方向移动。指关节的不同组成部分就好比一个机械铰链。

软骨组织作为骨头之间的接触面承受着施加在关节上的力，这一点如同铰链销，正是这个原因，它才被称为轴。为了使轴承受的摩擦力最小，指关节通过关节滑膜液进行润滑从而降低摩擦力，而在机械铰链上，需要涂抹润滑油使轴承受的摩擦力最小。指关节通过韧带固定在一起，而将铰链销子封包起来的弯曲金属小件发挥着与韧带相同的作用。最后，铰链的金属只能朝着一个方向移动有限的距离，这一点正和指关节上的骨头延伸程度类似。

用铰链、几块木头、一些鱼线和几块可以收缩的装置，我们就能够制作一个类似指关节的机械结构（参看图2.3）。当其中一块收缩装置拉动连接在上面的鱼线，关节的角度就发生变化（或者关节就会移动）。

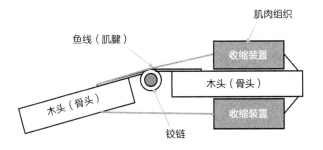

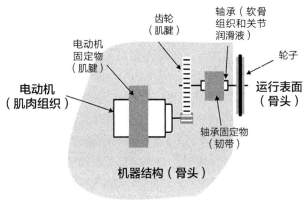

图2.3　类似指关节的机械结构

机械关节也可以使用一个能拉能伸的装置，例如一个液压油缸。在这个关节上，激励器（肌肉模拟物）通过铰接的刚性连接装置（制动杆）连接至木头块（骨骼）上，也可以伸展或者收缩，这取决于关节的哪些地方注入滑动液。使用单制动器要比使用双制动器制作的机器关节更简单、更省钱一些。

经过上述内容的学习，脑子里可能会立即出现两个事情。第一个事情是，在一个实际关节上，有一个反馈机制（神经反射）用来指示关节目前的位置。当我给你介绍无线电控制伺服之后，你就会明白位置反馈的工作原理了。

第二个问题涉及本书上一节内容所碰到的问题。我不推荐在实验中使用足类机器人（像我们所使用的那种），相反，我非常倾向在实验中使用靠轮子移动身体的机器人。虽然那种与手指关节上不同组成部分功能类似的机械装置并不能很好地应用在轮动机器人身上，但是，你可以在这里介绍的手指关节模型上找到非常相似的功能。图2.4说明电动机为该设置的激励器，轴承能像软骨组织和关节润滑液那样让类似的机械零件移动自如。齿轮、轮子和将所有零件连接起来的机械衔铁构成了装置的肌腱部分。

表2.1罗列出了本节所介绍的手指关节结构的不同组成部分，以及与之相对应的机械关节同形物和轮子同形物。

表2.1　机器人基部构成材料

手指关节	机械同形物	轮子同形物
骨骼	连接零件	底座
肌肉组织	激励器	电动机
肌腱	鱼线/推杆	杆型动力传动系统
韧带	铰链装置	安装组件
软骨组织	销子	轴承
关节润滑液	润滑油	轴承润滑剂

图2.4　具有与手指关节功能一致的车轮和动力传输系统

实验5　切割胶合板

零件箱　　12×12英寸，3/16英寸厚，航空胶合板

工具盒　　用于切割胶合板的锯弓

如果想要使用制作机器人框架的不同材料，可以参考表2.2提供的材料。首先要考虑的两个不言自明的标准是实用性和成本。强度是指材料的相对强度和抗损坏能力。切割难易度是指将材料切割成所需要的形状的容易程度。材料质地越硬（材料强度），切割起来就越困难。稳定性是指随着时间和使用频率的增加，材料保持形状（和精确度）的能力。抗震性是指当机器人运行时，材料保持其功能的能力。当机器人在崎岖的地板上运行时，材料会开裂或是发生形变吗？

当你去光顾当地的五金商店时，很可能会发现各类琳琅满目可供选择的材料。参看表2.2，在众多种类各不相同的材料中，我对木制品材料最情有独钟，因其可供选择使用的种类最多，而且，依据取材和切割类型，其材料具有的特性都不尽相同。在我看来，对制作机器人基本框架而言，因物取材要求实验者对各种木头材料特性和具体应用具有渊博的知识，而选取的木头材料本身并不是最重要的考虑。

胶合板是由许多层木头薄板经过不同方向排列，在强压力下，用胶水粘在一起所构成的强度大、耐用的木质产品，如图2.5所示。如果在应用中采用胶合板，可选择不同种类和切割的木材。众所周知，强度最大、最耐用的胶合板是航空胶合板，在业余爱好者商店都能找到一定数量的航空胶合板。

G10FR4型胶合板被广泛用于制作印制电路板。印制电路板是通过把玻璃纤维和固定玻璃纤维的环氧树脂挤压在一起制作而成。G10表示该材料是玻璃纤维和环氧树脂的混合，并能在温度变化时，保持材料的规格尺寸。FR4表示该材料加入了4号配方的耐火材料。大体积的G10FR4材料不仅难找而且价格昂贵，尽管有很多人使用旧的的印制电路板作为制作机器人的材料，这是因为很容易花很少的钱就能在二手商店淘来大量旧的印制电路板。

表2.2　材料特性

材料	实用性	成本	强度	切割容易度	稳定性	抗震性
木材	优	较低	差～优	差～优	差～优	良
胶合板	优	一般	优	一般	良～优	优
钢材	良	较低	优	差～一般	优	良
铝材	良	一般	良	一般～良	优	一般
G10FR4	一般	高	优	差	优	优
碎料板	优	较低	一般～良	一般～良	差～一般	差
纸板	优	极低	差～一般	优	优	差
泡沫板	良	较低	差	优	良	差
树脂玻璃	良	较低	一般	差～一般	良	差
聚苯乙烯	良	一般	差～一般	良～优	良	差

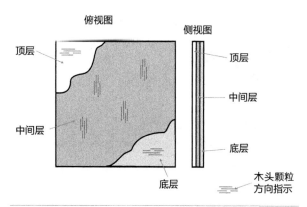

图2.5　胶合板构造

你可以考虑使用一些以纸为基本材料的产品，包括碎料板（木屑和玻璃纤维用胶水粘住挤压制成）、纸板和泡沫板（纸板覆盖的聚苯乙烯泡沫制成）。上述提到的产品，我只建议使用泡沫板（工艺品商店有售），因其耐久度高和便于成型，但缺点是很难打孔和用机器精密加工。

你也可以考虑塑料制品。树脂玻璃（特别透亮）可用于制作外观吸引人眼球的机器人。聚苯乙烯通常被加工成薄片，并可真空成型为各种有趣的形状，非常适用于制作机器人的盖子和躯体。我倾向于避免使用塑料制品，因为塑料制品抗震能力很差。你会发现随着使用机器人的频率越来越多，塑料制品机器人出现裂纹的可能性也大大增加。

胶合板很可能是你用来制作专属机器人的最好基础材料了，它也是我在本书中将会使用的材料。在进行实验之前，我想介绍一些有关胶合板的历史和一些有趣的实例。用胶合板进行了一些试验后，我发现它与地球上任何你希望找到的材料一样无聊透顶。

在本实验中，我希望你能将一块12英寸见方、3/16英寸厚的航空胶合板（在业余爱好者商店中售价不到5美元）切割成10块尺寸不一的小板，如图2.6所示。三块大矩形板将会被当做本书展示的移动机器人的底盘使用，四小块条形板将在下一个实验中用来展示胶合板的强度到底有多大。

本实验包括了如何用最优方法将一整块胶合板切割成如图2.6所示的大小不一的形状。切割的顺序如图2.7所示。第一次切割应该选择距离胶合板边缘4.75英寸处下刀,这样切就会把胶合板切成与本书所使用的印制电路板长度相同的小条。

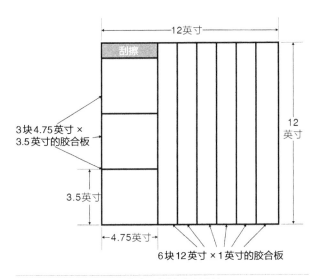

3块4.75英寸 × 3.5英寸的胶合板

3.5英寸

4.75英寸

12英寸

12英寸

刮擦

6块12英寸 × 1英寸的胶合板

图2.6　用于实验的3/16英寸厚胶合板切割方法

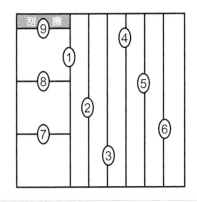

刮擦

图2.7　切割3/16英寸厚胶合板的切割顺序

试试不同的锯弓(例如钢锯、弓形锯、竖线锯、Dremel工具、电动手锯、台锯、带锯、圆锯或者斜切锯),并找出你最趁手的工具来切割胶合板吧。为了切割胶合板,我是用了一把带有12英寸圆形刀头的斜切锯。虽然斜切锯价格昂贵,但是精度高,我可以用它精确定位切割的角度。根据你自身的情况,你可能只能使用一把手锯,但是你自己应注意选择一些这里罗列的其他锯弓。

注意:如果你使用一把电动工具,请务必确保你已经受过适当的培训并在有人监护下使用它。

当你切割胶合板时,你会发现切割过程会损失一些

材料,如图2.8所示。这意味着你将必须从切割线外侧下刀,以确保最终切割下来的胶合板不会比预期的小(应考虑锯弓刀刃的宽度造成的材料损失)。因此,当之前的一块胶合板切割完毕后,你应该测量并标记你的切口。如果你事先将切口位置标记在切线内部,你将会发现几乎所有切割完成的胶合板,除了第一块,都切得不对。等具备一些经验后,你就会知道在切割过程中,如何能弥补损失的材料,但是目前来看,你应该在切割材料之前就测量和标记好切口的位置,以确保切割下来的胶合板尺寸尽可能精确。

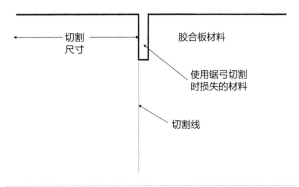

切割尺寸

胶合板材料

使用锯弓切割时损失的材料

切割线

图2.8　用来补偿之前切割所造成的材料损失时所标记的切割线位置

实验6　结构加固

零件箱

四条之前实验中切割的12 × 1英寸见方、3/16英寸厚的航空胶合板

工具盒

木工胶水
木夹

既然我们已经决定在本书中使用胶合板来制作机器人结构,我想要了解一下胶合板的物理特性并将其充分用于机器人制作。在本实验中,我想搞清楚胶合板实际有多

强韧，有什么办法能增强其强度。该实验多少有点象征性，因为尽管我将向你展示将一块胶合板的强度增强2到3个数量级（100到1000倍），但我还是推荐你设计专属机器人时无需这么做。

图2.9所示为施加在一个目标物上的四种不同的力。拉力是试图将物件扯断的力。压缩是试图通过在物件上施加压力将木头变得更小。扭转物件的力叫做扭力。最后，你也可以将条形胶合板从中间弯曲。为了观察这些不同特性中的前三个，可以试一试这些选择：

- **将一块胶合板扯断** 你也许得找人来帮助你才行，每个人抓住一条胶合板的两端，并用力拉。
- **压缩胶合板** 经过拉扯胶合板的测试后，你和你的帮手可以试着挤压该胶合板条。无需弯折，就可以完成测试。这个测试的思想仅仅是为了用另一种不同的力来测试这块胶合板条。
- **扭转胶合板** 这个测试要么由两个人合力来扭动胶合板条或者类似台式老虎钳的工具扭转胶合板条。如果你开始听到胶合板发出破裂的声音，停止扭转。

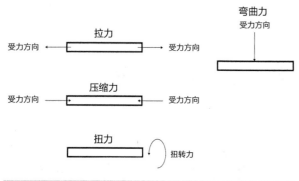

图2.9 结构性受力

为了测试并量化胶合板条的弯曲强度，特设置如图2.10所示的装置。将两块砖头（或长度为2×4）放置在家用磅秤上，并将胶合板条搭在两块砖头上。记录砖头与胶合板条的重量。

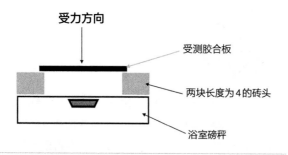

图2.10 使用浴室磅秤测量胶合板的弯曲力

接下来，缓慢用你的脚向下踩压胶合板条的中间部分，并观察浴室磅秤上显示的重量值。我如此做，发现测量到的砖头和胶合板重量为5磅（2.3公斤）。当我缓慢增加施加在胶合板上的力时，我看到浴室磅秤显示重量增加至9磅或4.1公斤时，胶合板条开始发出裂开的声音并折断。施加4磅的力太小并不会对胶合板产生任何影响，远远小于将胶合板条折断所需的力。

对测试结果总结，我们发现胶合板条抗拉、抗压缩力极强，有一定的抗扭转力，但是抗弯曲力并不强。带着胶合板的这些特性信息，让我们制作一种不同形状的胶合板来看看能否增强其抗弯曲力。

你或许对该实验中发生的现象感到困惑。试着想想，你或许倾向于把弯曲的胶合板条比作图2.11中所示的电缆。当有向下的力施加在电缆上时，其组成部分承受着更大的拉力。实际上，当胶合板弯曲时，构成其结构的不同纤维成分（或者材料颗粒）正承受着一种对称力。这种对称力在微观水平下通过剪切纤维，而将其折断，从而导致从宏观上看，胶合板条被折断。有一条重要规则需要牢记在心，胶合板条的弯曲位移越大，施加在单个纤维上的剪切力就越大，从而纤维也更容易被折断。

我充分利用以胶合板条的高强度特性来弥补其弱点的方法找到了更好的胶合板模型。在本例中，我想制作一个胶合板模型，能充分利用其极强的抗拉力和抗压缩力特性来克服其较差的抗弯曲力。

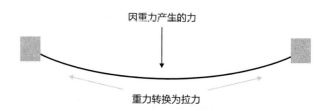

图2.11 当电缆悬空在两个支撑点时会弯曲

如果你看到过一栋大楼如何拔地而起的话，就不会对我决定使用的胶合板模型感到惊讶。我决定使用工字梁结构（如图2.12所示），因为它会将受到的弯曲力转换为压应力（在顶部）和拉应力（在底部），如图2.13所示，而不会转换为剪切力。

你可以利用三条胶合板来制作一个简单的工字梁进行测试，用木工胶水将三条胶合板粘成工型梁的形状。制作胶合板工型梁时，我首先把底部胶合板条粘在竖向支撑上，并在两端和中间夹紧该组装件。晾一天等胶水变硬后，我再把顶部胶合板条粘在竖向支撑上，再将该组装件夹住，晾一晚上等胶水变硬。

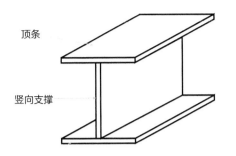

顶条

竖向支撑

图2.12 工字梁侧视图

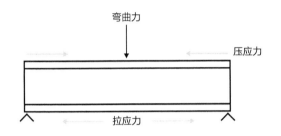

弯曲力

压应力

拉应力

图2.13 工字梁承受的弯曲力

使用两块砖头和磅秤重复该实验，我发现都不能折断工型梁，甚至当我站在上面也不能将其折断（我的体重是200磅或91千克，这个重量是将一块单独的胶合板折断所需力的50多倍）。我对工型梁如此高的强度感到震惊。

如果你只是简单地把三块胶合板重叠，并粘在一起，那这么做实质是制作了一个加厚的胶合板，你或许会好奇重复该实验会出现什么情况。你也许会预料到如此制作的工型梁会得到一个相似的抗弯曲力强度的增量。如果你这么实验，就会发现虽然抗弯曲力的强度增加了，但这种增量只是呈线性递增。你会发现，相对一块胶合板的抗弯曲力强度，两块胶合板实际上只有两倍的抗弯曲力强度，三块只有三倍的抗弯曲力强度，如此呈线性递增。

尽管工型梁形状的胶合板具有的抗弯力强度呈惊人的增长，而且不会费力就可以制作一个工型梁，我也不打算把工型梁结构应用到本书呈现的机器人中，因为这根本没有必要。当你观察我在本书中所制作的机器人结构，就会发现所有结构都非常短小结实，因为木质材料的运动范围越大，材料中的纤维遭受的剪切力就越大。保持所有胶合板零件材料相对短小（或面积相对宽广，可令胶合板单位面积上的受力越小），你会发现木质材料的抗弯曲力的强度会显著地增加。保持胶合板零件材料又短又宽，我就不用担心加固用来制作机器人结构的胶合板材料了。

实验7 完成木质材料

零件箱

在上一个实验中切割的两条12×1英寸见方、3/16英寸厚的航空胶合板
在上一个实验中切割的两条4.75×3.5英寸见方、3/16英寸厚的航空胶合板

工具盒

220号湿/干砂纸
瓶塞
旧报纸
旧抹布
汽车第七气溶胶
压克力海洋气溶胶

当提到自制机器人时，似乎没有什么比用光秃秃的胶合板或者其他木质材料制作的机器人更令人大倒胃口了。我已经参加过好几个机器人会议，并见识过设计精良的机器人，而其他人却说这些机器看起来仅仅是用零件"匆匆拼凑"起来的。我也见识过一些机器人，它们很明显制作得非常差劲，但是在外观上获得很多赞誉，而且我能发现的唯一区别是机器人的外观是用精心雕琢的木质材料做成，机器人的设计和结构耗费了相当多的心血。在本实验中，我将不仅向你展示如何能快速和轻松地使木质材料完工，并使机器人获得更漂亮的外观，而且还会在使用未上漆的木材制作机器人结构时提供一些有利条件。

在制作机器人的几天里，这个过程可能会需要花费几分钟。但它能让你制作出胶合板的成品件，并使其具有功能优势：

- 彻底清洁胶合板表面上的灰尘，便于让表面能更有效地粘贴和拿掉双面胶。彻底清除纤维也能让胶水和胶带粘贴得更牢固。

- 对木制品表面进行打磨，并减少随着时间的流逝木制品受潮或变湿而表面出现增多的纤维。

- 彻底清洁木头碎屑或当在木制品表面钻孔时，尽可能减少木头碎屑生成。

- 允许铅笔或者墨水做的标记，因为木制品表面的这些痕迹很容易被擦除。

在该实验进行到最后时，你会获得两个喷上油漆、可用于下一个实验的胶合板条，以及三块可用于机器人底座的胶合板。本书随后会介绍该机器人底座。本节开篇罗列了一些材料，其中一些可能很常见，而另一些可能非常令人感到奇怪。我已经试着罗列所有你所需的材料，从而使喷漆操作尽可能地更加高效。这也是你为什么会看到诸如瓶盖等工具的原因。

我打算使用气溶胶漆，因为如果使用得当，几乎不会造成乱糟糟的局面，而且油漆刷子也无需清洁。从汽车配件供应商那里，你应该购买一罐底漆喷雾（灰色是我的第一选择），从五金商店里购买一罐室内/室外（或海洋）丙烯酸油漆喷雾，颜色可选择你最喜欢的一款（我使用的是Krylon牌）。个人而言，我喜欢使用红色油漆，因为它非常吸引眼球，并且不会令人感到眩晕。如果你的木制品或者作品上有一处污点，使用红色油漆可以很好地掩盖污点瑕疵。

找一个车库或者一个通风良好的地方用来喷漆，把报纸平铺在地板上，如果喷漆的地方靠墙，在垂直方向上也要放置报纸。接下来，把瓶盖放在地上，垫在将要喷涂的材料下。你也不是必须得使用瓶盖，木料碎块或者小石块也同样可以当作支撑物。只是要确定当你喷涂材料时，支撑物比喷涂材料的半径要小。你想使胶合板末端充分喷涂，但是又不能最后让油漆在胶合板和支撑物之间流得到处都是。

用砂纸轻轻打磨喷涂件的表面，使胶合板表面变得粗糙，从而提高对油漆的吸附力。喷涂两条胶合板条时，每一端，我只喷涂6英寸（15cm）长。你或许也想用砂纸更用力地打磨胶合板条的边缘来除掉任何松动的木材，以防止其变为木头碎片，影响整体美观。当你完成这道工序后，用湿润的抹布擦拭打磨后的工件（胶合板条）表面，以除去任何落在表面上的浮灰。

按照印在油漆喷雾罐上的说明晃动底漆罐。通常来说，油漆喷雾罐内部含有一个小金属球，按照说明，晃动油漆罐直到能明显地听到金属小球在内部发出声响。开始喷涂胶合板条时，把瓶盖垫在需要喷涂的工件表面下。从支撑处的底部开始喷涂，喷涂的长度为6英寸。大多数底漆需要大概30分钟左右才能晾干。请检查完喷涂罐上的说明后，接下来再进行打磨、重新喷涂一道面漆或底漆等工序。

喷涂完第一道底漆后，你很可能会发现木材的表面非常粗糙。这是因为喷涂过底漆的表面充分湿润，使得木材中切断的纤维会直立起来。对喷涂完第一道底漆后的表面再打磨（同时也打磨木材的端面，并用潮湿的抹布将其擦干净），然后再喷涂第二道底漆。第二道底漆喷涂完毕并等晾干后，再轻轻打磨，然后再用潮湿的抹布擦拭干净。

现在你可以准备喷涂面漆了。根据说明充分摇动面漆罐，并给胶合板条喷涂一层薄薄的、均匀的面漆。你很可能会发现面漆好像被木料吮吸进去一样，木料表面不再那么有光泽。这是正常现象。一旦面漆晾干，再轻轻用砂纸打磨表面，用湿抹布擦拭干净，然后再喷涂一层厚一点的面漆。

当第二道面漆晾干后，你会发现胶合板的表面变得光滑和有光泽。虽然木材里的一些小颗粒依旧能被看到，但是已经变得不那么明显了。你不需要再用砂纸打磨木材表面了，胶合板现在已经可以用来制作机器人了。

当你完成两条胶合板条的喷涂工作后，你可以用同样的方法完成三块矩形胶合板的涂装工作。与涂装胶合板条所不同的是在每一道喷涂工序后，不需要继续喷涂和打磨，你只需翻转矩形胶合板条，并在其另一面喷涂底漆或者面漆。用砂纸打磨正反面，然后再喷涂第二道底漆或者面漆。当我涂装这种工件时，通常会在一天内喷涂两遍（应确保底漆或者面漆彻底晾干），这意味着，我得花四天的时间才能将成品木料做好。我建议你应该未雨绸缪，做出尽可能多的成品木料，以备不时之需。喷涂矩形胶合板材料时，请你记住应该将边边角角也要喷涂到。丙烯酸面漆有助于紧固胶合板边缘，最大限度地减少木材出现碎片的几率。

上面这两条只喷涂了一部分的胶合板条将用在接下来的实验中，而另外三块充分喷涂的矩形胶合板将用于本书随后讲到的移动机器人的底座。

实验8 各种胶水的作用

零件箱

两块12×1英寸见方、3/16英寸厚、部分喷涂的航空胶合板

工具盒

小木夹
焊接胶水
溶剂
疯狂快干胶或汉高乐泰胶水
木工胶水
五分环氧树脂
接触胶合剂
双面胶
热熔胶枪

如果当你拿出设计好的机器人去参加机器人大赛，最担心的问题是什么呢？大多数人会认为最担心的的问题莫过于电池电量不足或者编好的机器人代码在实际环境中失效（光背景噪声或者波状表面的问题），但是在我看来，最大的问题通常是由于组装机器人的各种不同零件安装不牢固所造成的机器人缺胳膊少腿和损坏等情况。导致这种问题产生的原因有一部分是机器人结构所使用的的材料不符合标准（比如机器人在运行中损坏），但是，最显著的原因是固定机器人结构所使用的粘合剂和紧固件不合适。

出现这种问题一点也不足为奇，因为有太多不同性质的胶水和机械紧固件可供选择。零件箱中罗列的材料只是所有可供使用的众多胶水中的一小部分。在本实验中，我想使用之前实验中制作的半成品胶合板条来检测不同种类胶水的粘合效果。这个实验对不同的胶水性能和作用都给出了十分简洁的解释，没有铺开来介绍每一种胶水的成分、原理等物理化学性质，只是介绍了它们的最佳用途和用法。如果你有兴趣知道这些不同种类的胶水的其他信息以及它们是如何发挥作用的话，你可以去图书馆或者登录互联网进行调查研究。

在对不同种类的胶水进行讨论和测试前，我先谈几点关于胶水的注意事项。

- 如果要连接两件相同材质的物体时，胶水的效果最显著。如果要连接两件不同材质的物体时，应使用下一个实验中介绍的机械连接件（如使用螺母和螺栓）将物体连接起来。
- 胶水属于化学物质，因此在使用时应小心谨慎，确保你自己或者其他使用者不会被化学灼伤或是把手粘在机器人的不同身体部位上拿不下来。请确保在使用某种胶水前认真阅读并熟知使用说明和警告标签。
- 胶水也被称作黏合剂。
- 两件物体之间的胶层被称为"胶接"。
- "溶剂"是用来消减胶膜厚度，增加硬化时间，或者清洁表面的胶水。
- 胶水不会变干，而是硬化或者固化。
- 你不能把已经硬化后的胶质浸入水中或者胶水溶剂里，使其恢复黏合性。
- 检测胶水粘合性质的最好办法是用它把两件具有代表性的物体粘在一起，等胶水硬化后，再用力将两件物体拉开。如果胶水结合点不破裂，而两件被粘物体出现破损，说明此胶水适用于粘合这两件物体。

上述最后一点注意事项是一条非常实用的规则，说明胶水和将物体粘合住的胶接必须要比物体本身更坚固。

为了帮助你理解不同种类的胶水最适用的用途（在零件箱中列举出来的胶水），我制作了表2.3，列出了不同种类的胶水，和它们最佳的适用材料，以及我使用后的评论。这些材料价格非常便宜，很容易就在五金商店中买到。

表2.3　胶水和其最适用的材料

胶水名称	粘合材料名称	个人评价
胶焊	木材或印制电路板	对粘贴松动的电线和绝缘印制电路板有极好的性能
溶剂胶	塑料制品	能将塑料制品熔合在一起
万能胶或汉高乐泰胶	金属或塑料制品	最适用于粘合螺帽
木工胶水	木材	粘合半成品木材
五分环氧树脂胶	任何材料	耐久性非常高
接触胶合剂	平面类、多孔材料	将纸类、层压板材粘合到木材上效果良好
双面胶	表面光滑的材料	将元件固定在机器人结构上时效果良好
热胶枪	任何类型材料	不推荐使用

在上述表格所列出的不同类型胶水和其最佳粘合材料中，我只使用疯狂万能胶来粘合螺帽以防止螺帽从螺栓上松动掉下来。同样地，根据表格所示，双面胶在安装电池组和机器人伺服电动机时效果显著。为了取得最佳实验效果，我推荐你使用3M公司出品的思高超强外部安装胶带（5磅重的超强粘力）。我会让你小心使用热熔胶（利用热胶枪挤出），因为它不会像其他胶水那样强度高，也容易受到振动造成的影响，还会在施胶的材料上留下又长又黏的痕迹。

这个实验十分简单：使用两根部分喷涂后的胶合板条来测试并记录不同胶水对喷涂和未喷涂部分的粘合效果。然后把结果记录在表格里。经测试后，好的胶水在两根胶合板条之间形成的胶接不容易断裂，但是，被粘合在一起的胶合板条却会断裂。

当不小心用胶水把自己（或其他人）与类似桌子的东西粘住时，这看起来很好笑，但是，如果是被腐蚀性的胶水粘住，或者在没有阅读胶水的警示标签，或者没有首先咨询医生时，就试图强行拉脱被粘住的部分时，真的很有可能出现危险，对自己造成伤害。请铭记于心，胶水属于化学物质，会造成严重的问题。谨遵胶水包装上的说明，确保正确使用胶水，并随手能找到清洁胶水的溶剂。

进行完这个实验后，我发现木工胶水最适合粘合未完工的木材，而双面胶粘合完工的木材时最为方便。你也许会发现五分环氧树脂可以把任何物体粘合在一起。你也会惊讶地发现当粘合木条时，其他胶水显得捉襟见肘。

实验9 螺帽与螺栓的作用

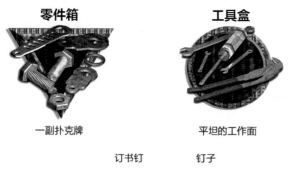

零件箱 　　　　　　　　　工具盒

一副扑克牌 　　　　　　　平坦的工作面

订书钉　　　钉子　　　螺帽与　　　螺丝钉　　　铆钉
　　　　　　　　　　　　螺栓

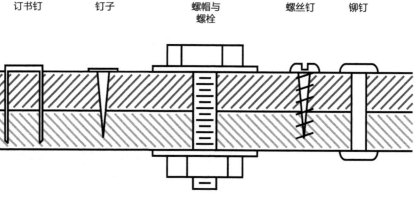

图2.14　不同的机械紧固件

在本实验中，我想谈谈螺帽与螺栓作为主要可移动紧固件发挥的作用。你会在制作专属于你自己的机器人时用到它们。你很可能已经在无数个产品和玩具中使用到螺帽与螺栓，而且你很可能感觉没有太大必要再详述它们的用途，但是你并不了解它们的基本原理。

当提及术语紧固件时，我指的是一种能将两件物体固定在一起的一种装置。在上一个实验中，你尝试了用许多不同种类的胶水粘合成品木材和未完工木材，以更好地了解这些胶水的工作原理和它们的最佳用途。在该实验中，我会解释如何用一个螺帽和一个螺栓将两件物体固定在一起，但也能让你轻松将它们分开。你会考虑使用其他机械紧固件（包括铆钉、订书钉、螺丝钉和钉子，如图2.14所示），但是，我建议你主要使用螺帽和螺栓作为紧固件来制作你的机器人。如图2.14所示，其他紧固件仅仅能使用一次（如果移除的话，会损坏紧固件或者物体），并且它们中有很多会在长期的振动和压力下出现松动的现象。

图2.15所示为使用螺帽与螺栓将两件物体紧固在一起的侧视图。代表螺栓的符号上有许多水平条，它们表示螺纹（金属条沿着螺栓的轴自底向上转动，直到螺栓完全拧进螺帽）。螺栓的长度应该适中，让其贯穿物体，穿过垫片，并穿过螺帽至少1.5个螺纹距。

垫片是圆形金属片，用来分散螺栓和螺帽施加在物体上的力，以减少物件被损坏的概率。在本实验末尾，我会进一步讨论垫片的作用，并解释它们为什么对你制作机器人有用。

当你给物体套上螺帽和螺栓时，你很可能会注意到螺帽很容易就套在螺栓上，但是当你向下旋转时，物体会受到挤压，螺帽变得越来越难拧。你也应当注意到如果你反向拧动螺帽，刚开始螺帽也会很紧，难以拧动，随后会变松，这是因为螺帽不再与被固定在一起的物体相接触。

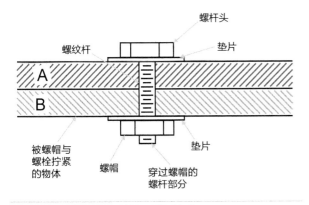

图2.15 螺帽与螺栓紧固件的不同构成部分

螺帽变得越来越难拧动的原因是由于两个物体被压得越来越紧，以及螺杆轴受到的拉伸力。这一过程的技术术语被称作预张力，如图2.16所示。当螺栓受到预张力时，螺纹上施加的力会增加，导致螺帽受的摩擦增加。

螺纹上承受的预张力的方向与拧动螺帽的方向相反。当螺纹上的预张力增加时，拧动螺帽时的摩擦力也随之增加。这是一个恶性循环。你越是拧紧螺帽，螺纹上的预张力就越大，由于摩擦增加，你就越难拧动螺帽。这种情况会持续存在，直到你不可能再拧动螺帽为止。摩擦力与预张力的关系由下面的公式定义：

$$F_{摩擦力} = k \times F_{预张力}$$

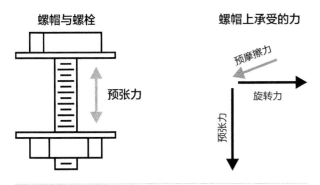

图2.16 螺帽与螺栓承受的摩擦力和预张力方向

上述方程说明预张力F乘以一个常数等于螺帽受到的摩擦力。请记住摩擦力在两个方向上都存在，不论是当你拧紧螺帽还是松开螺帽都存在。

为了展示摩擦力如何发挥作用，我想到用一个实验来测量螺栓的预张力以及拧动螺帽所需要的力的大小。但是我想用一些更简单的，同时也令你感到有趣的测试方法。为了完成这个测试，构造一所纸牌屋（如图2.17所示）。

纸牌的表面非常光滑。当你以一个非常小的角度将纸牌放置在上面时（近乎与纸牌垂直的小角度），纸牌的

摩擦力是重力的函数，将会保持纸牌直立，尽管它有向纸牌底部滑落的倾向。这个受力情况如图2.18所示，该图还画出了当纸牌以一个更小角度放置时，会出现的情况。

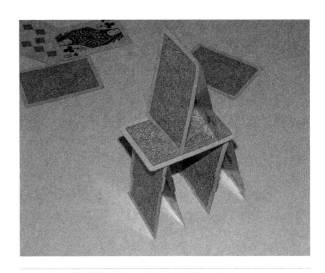

图2.17 纸牌屋结构展示出重力如何能增加摩擦力

图2.18的左边，因为纸牌重力作用产生的侧向摩擦力要大于其侧向力。

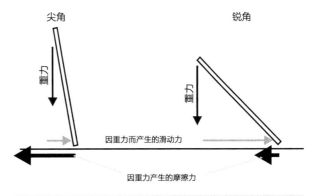

图2.18 当因向下的重力产生的摩擦力大于重力产生的侧向力时，摩擦力保持纸牌直立

在图2.18左侧，因纸牌重力增加而增加的摩擦力正好与螺帽螺纹上的摩擦力的增加值相同。在许多应用中，只需要拧紧螺帽与螺栓就能够产生足够大的摩擦力，从而防止螺帽松脱。

尽管如此，还是有意外情况发生，此时需要一点点小小的帮助。图2.19所示为你会用到的三种最常见的垫片。扁平垫片就是一个简单的金属环，能用来分散螺帽与螺栓的力，并保护物体不被它们损坏（特别是当螺帽与螺栓正在被拧紧的过程中）。

图2.19所示的其他两种垫片具有与平垫片相同的功能，除此之外，还能保持螺帽不发生位移。因此，它们被

称作"防松垫片"。内齿锁紧垫片内部有许多弯曲的齿，当被拧紧时，它会扭转，并"咬住"被紧固物体，提高摩擦力。这种类型的垫片适用于木质材料、塑料制品，以及层压材料（如印制电路板）中。

平垫片　　　　开绽型垫片　　　　内齿锁紧垫片

俯视图

侧视图

图2.19　不同类型的垫片

开绽型垫片的作用就好比一个小型弹簧，当拧紧螺帽时，它会挤压螺帽，增加系统预张力，并增加套在螺栓上的螺帽的摩擦力。开绽型垫片仅仅应用于金属材料上。如果你不想使用防松垫片，你也可以往螺纹里滴入一些类似疯狂万能胶的东西，以保持螺帽不会发生松动（但同时应保证螺帽还可以移动）。

在这个实验中，我会具体指定使用的螺帽和螺杆，而在其他一些实验中，你可以自行决定使用什么样的螺帽和螺杆。大多数爱好者制作的机器人模型中使用的螺帽、螺栓和垫片的类型并不那么重要。最遭的情况是机器人会发生故障，而你必须得拧紧螺帽。如果你制作的机器人功率高、质量重，你应当咨询专家或者查找参考机械师的笔记，找出究竟应该选择哪种类型的螺帽、螺栓和垫片。

实验10　焊接与接线

零件箱

导线
直径为1/8英寸的热缩管

工具盒

平面工作台
电烙铁与焊接工作台
60/40含溶剂芯焊条
火柴
剪刀和剥线钳

如果你要制作专属于自己的机器人，就必须掌握一项最重要的基本技能，即焊接技术。焊接（通常读作"soldering"；字母"L"不发音）是将两种不同的金属件用中介材料结合在一起的过程。电子电路使用的这种中介材料通常是一种称作焊锡的锡铅混合物，经过加热后施加于接触表面上。焊接与电焊或者钎焊不同，后者是通过充分加热焊接金属面至熔点，然后直接挤压焊接物的金属表面或者加入中介材料后挤压焊接的金属材料，使之熔合到一起。电焊或钎焊在金属表面产生硬连接，而且，焊点一般都有良好的电气特性。

图2.20所示为两块焊接在一起的铜片的横截面。两块铜片的边角被加热到焊料的金属熔点后，焊料流动覆盖整个焊接处，从而形成一个电子与机械连接。如果你想切断两块铜片之间的连接，只需要加热焊料至其熔点即可。如果你试图要在实验中拼接导线，就应当了解一些电路焊接的技巧。

尽管焊接技术背后的思想是利用将低熔点的焊料加热融化后，从而渗入两块铜片之间的连接处间隙，从而形成焊料与金属件混合的连接点。这种焊接过程中出现的焊料与铜材混合的现象被称作金属焊料混合区，如图2.20所示。这种铜锡混合物实际是一种合金（不同金属的混合物），通常合金强度、熔点比铜材或者金属焊料中的某一个要高。焊接的目标是为了用尽可能短的时间加热被焊接面并送入焊料形成焊接点，同时注意保持金属焊料混合区尽可能窄。

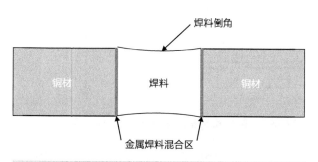

焊料倒角

铜材　　　焊料　　　铜材

金属焊料混合区

图2.20　焊接点横断面

预焊是对将要焊接的铜材部位加热，用一层薄薄的焊料浸湿，防止材料发生氧化腐蚀。你会发现许多导线和电子元件在焊接之前都会对焊接处预焊，从而使铜材发生氧化腐蚀的可能性降到最低，防止因为氧化物覆盖导致焊料无法渗入焊接缝隙。从外观上观察，如果导线或者电子元件镀上了一层焊锡，则会出现灰色或者银色的外观，而不是铜材的色泽。

焊料是由锡铅混合物以不同比例配比而成，如果使用标准规定焊料，则该标准首先规定了锡的含量（40/60焊料是由40%的锡和60%的铅配比而成）。有一些焊料加入了银是为了提高熔接点的机械特性，而不是提高熔接点的电气特性。本书涉及的应用实验不要求使用含银的焊料。共晶焊料熔点低，适用于焊接安装在表面的电子元件（本书不作讨论）。

可以使用无铅焊料焊接元件。从2010年开始，电子工业正在转变，要求所有电子元件都使用无铅焊料。目前，无铅焊料很难在市面上找到并用于传统电子零件中。我推荐你使用37/63型或者40/60型标准焊料（含助焊剂的焊料），除非你能确定所使用的电子元件在焊接时只能使用无铅焊料。正如我在早期书中所写的，几乎没有电子元件的焊接只会采用无铅焊料。

如果你按照下列注意事项操作，焊料中的铅成分就不会对操作者健康产生危害：

- 你在通风良好的环境里进行焊接操作；
- 焊接操作时，禁止吸烟（烟草和铅的挥发气体混合后会产生含氰化物的剧毒气体）；
- 焊接操作结束后，请立即洗手。

施焊的铜材表面必须尽可能地清洁干净才能保证焊料能焊接可靠。这应该不会造成太大问题，因为新零件的导线一定是干净无污，或者说如果你想连接导线，一般情况下，导线外面都包裹着一层塑料外壳（称为绝缘层）。为了进一步保证焊料能粘在铜材上，大多数电子器件焊料同时都含有一种低熔点、加热即熔化的助焊剂，它能清洁铜材表面产生的氧化物和碎屑。可供使用的助焊剂有很多种，你可以购买一种叫松香的助焊剂。酸性助焊剂用于铅管品制造，应避免使用免清洗的助焊剂（松香助焊剂可以用水或者异丙醇清洁），因为会出现上一个焊点完成后留下的残渣会影响下一个焊点的焊接效果，造成虚焊等接触不良的情况。

为了能在焊缝处施加焊料，你需要一根电烙铁，大约花费20美元就能购买一根数字式自动调温电烙铁。低端焊接台由一个小型的、重量轻的电烙铁连接到一个底座构成。它不仅能控制烙铁的功率，也能控制烙铁头的热量。焊接时，你应该使用一小块湿海绵经常擦拭烙铁头以清除表面的烧黑的助焊剂和过量的焊料等杂质。这些杂质会在焊接件表面形成隔热层，从而使烙铁头失去加热作用。

烙铁头应该像图2.21所示的样子。绝缘柄内有一个加热元件和一个搪过焊料的可拆卸烙铁头构成。如果随着时间推移，可拆卸烙铁头的末端搪过的焊料不存在了，或

者你不能将烙铁头清理干净了，就要更换一根新的烙铁头。你自己不要试着用锉刀锉掉烙铁头，然后再重新搪锡。当你锉烙铁头时，它底下的铜材会暴露出来，并污染焊料，最终产生焊料金属混合物，这与我之前警告过你的一样。

选择电烙铁时，你应该确定选择一把专门用于焊接和组装电子器件的烙铁头。它的功率大约有30W。电烙铁的功率再高点不一定更好，而且还会意外地损坏电子电路。低功率的电烙铁很可能产生令人无法满意的焊接点。30W的电烙铁或者焊接工作台是最理想的选择。确保电烙铁有一个金属支撑物以保证烙铁头不会接触到工作台表面并烧坏它。

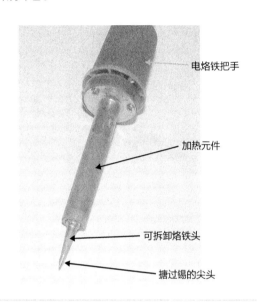

电烙铁把手

加热元件

可拆卸烙铁头

搪过锡的尖头

图2.21 烙铁头

当电烙铁加热以后，请务必时刻小心，并将其放置在金属支撑架上，以保证不会烧坏进行焊接操作的桌子。如果不确定烙铁头是否足够热，千万不要用手指或者身体的其他部位去触碰烙铁头来检查。你可以用烙铁头触碰一块焊料，观测其是否能够将焊料熔化，或者用烙铁头触碰湿润的海绵，是否能听到它发出嘶嘶响的声音。请牢记尽管在战场上受伤留下的疤痕能说明你很勇猛，但是在焊接过程中受伤留下的疤痕只能说明你很愚蠢。

在掌握了焊接的理论后，让我们来实验怎样将两根导线接在一起，如图2.22所示。这种方法用来学习掌握基本焊接技巧效果显著、成本低，而且还可以避免你将本书所涉及的印制电路板损坏。如图2.22中步骤1所示，先将裸导线从两根铜绞线中抽出一部分并叠加在一起。你可以使用剥线钳或者锋利的壁纸刀剥离铜绞线的绝缘层使导线裸露出来。用剥线钳分别将两根导线上的绝缘层剥下

1/4英寸（约0.6cm）长，再将两股裸导线叠加在一起。

接下来，等电烙铁充分加热，并用一小块焊料进行测试是否可进行焊接操作。焊料接触烙铁头并熔化方可使用。这时，你可能会发现将焊料送进烙铁头时，会冒出一缕青烟。这种现象是由于焊料中所含的助焊剂发生气化所造成的。当电烙铁充分加热后，手持握柄将其送至叠加的导线处，停留几秒钟，再把焊料送至烙铁头待其熔化渗入

到两股叠加的裸导线上，待其充分浸润后再将烙铁撤离焊接处。焊接点的外观应该像图2.22中步骤2所示，焊接点表面看起来应有良好光泽，不应粗糙。一旦两股裸导线焊接在一起，你就可以使用直径为1/8英寸（约0.3cm）长的热缩管对焊接点进行封套保护和绝缘处理，处理方法见图2.22中步骤3和步骤4。顾名思义，热缩管一旦被加热（如使用火柴加热），就会收缩。

步骤1
将两段导线叠加起来

步骤2
焊接导线

步骤3
在焊接点套入热缩管

步骤4
热缩管充分收缩后的焊接点

图2.22　使用焊料将两段导线焊接起来

实验11　安装包括在内的印制电路板

工具盒

电烙铁或者电焊台
锡铅含量比为60/40、含助焊剂的焊料
火柴
剪子或剥线钳
用来拧4-40号螺丝钉的螺丝刀

零件箱

印制电路板
两只220V、16针脚的双列直插电阻器组件
两只任意种类0.01μF的电容器
CKN9009型瞬时按钮开关
24针脚、0.6英寸插座
单排、32针脚印制电路板安装插座
印制电路板安装架，9针脚母头D型壳连接器
Keystone 1294型9V电池连接器
短的面包板（3.5英寸或者82mm长）
两个1/4英寸（6.5mm）4-40号的平头螺丝钉和螺帽

为了让你更容易掌握如何设计机器人的知识，书中还特别附上一块印制电路板，经过焊接后，它能用来解释和展示基本的电子学概念。这块印制电路板也能作为安装机器人的控制元件的电路板使用。完成印制电路板的组装后（在实验开始前，将零件箱中罗列的电子元件安装在印制电路板上），它将提供如下功能：

- 9V电池连接器能提供实验需要的电源
- 面包板可用来搭建临时电路
- 基于Parallax BASIC Stamp 2 (BS2)的控制器插座，该控制器用于本书所介绍的实验
- 一组限流电阻器，用来保护BS2的输入输出针脚
- 基于BS2的可编程终端

也许，你对零件箱中使用的某些术语和印制电路板的一些特性不熟悉。但是，不用担心，如果这些东西令你感到困惑，那么在实验中，你会逐渐了解这些零件和它们的特性，包括为什么将它们安装在印制电路板上，以及当你设计专属于自己的机器人时应如何使用它们。零件箱中对所需零件的介绍已经足够详细，根据这些介绍，你就能在市面上买到这些零件，即使你之前从来没有使用过这些电子元件。如果你不甚清楚，可以咨询商店的工作人员，但是，请确保随身携带本书和附在书后的印制电路板。

在之前的实验中，我向你介绍了焊接技术的基本知识，而在本实验中，我还会详述焊接技术，并让你将针脚穿孔元件焊接到印制电路板上。顾名思义，电子元件的针脚穿过印制电路板上的小孔（印制电路板上的小孔被称作导孔）。小孔与印制电路板上的沉铜电镀在一起（或者与镀了一层焊锡的铜片电镀在一起），把针脚插入小孔内，就可以使用电烙铁和焊料把两者焊接到一起了，如图2.23所示。当你完成焊点的焊接，并观察其横截面图，就会看到如图2.24所示的图形。焊料不仅填满了焊孔，而且，多余的焊料在孔的周围形成一个环形，如图所示，焊料形成了一个圆锥形的焊点，而且表面应当光亮。首次焊接PTH元件时，你会发现在焊孔的周围形成的是比较圆一点的焊点，而不是图中所示的圆锥形焊点，而且焊点表面粗糙、不平滑。

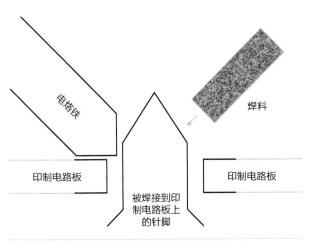

图2.23　制作一个针脚穿孔焊点

准备焊接操作时，我通常会给电烙铁接上电并让其加热15分钟（要耐心，否则就是心急水不开，心急电烙铁也永远不会热）。为了焊好一个针脚穿孔焊点，我先用电烙铁对针脚和印制电路板预热一小会（你应该会看到一些残留焊料会从烙铁头上流到针脚和印制电路板的小孔上），然后送入焊料，使其熔化后渗入小孔内。你的初次

尝试或许看起来不那么完美，但是你只需要用电烙铁多接触焊点几秒钟，无需送入焊料，就可以将原本不怎么样的焊点变得更好。我敢肯定经过本实验的几次最初焊接操作，你会从菜鸟变成行家里手。

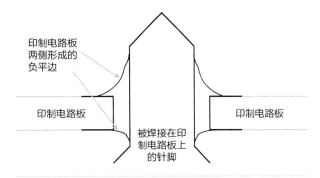

图2.24　焊点良好时的外观

实验开始时，先把两个16针脚的双列直插式组装电阻器插入印制电路板的正面，如图2.25所示。印制电路板的正面有白色的标记，用来区别正反面。本书随后会以更详细的内容介绍电子元件的各种标记，但是这种双列直插式组装器件应当在一端有一个凹痕，并且在该器件其中一个边角的针脚处印有一个圆形或方型的标记。将双列直插式组装器件压进印制电路板两边的PR1 220和RP2 220芯片插孔内。

图2.25　将双列直插式组装电阻器插进印制电路板的插孔内

当你把电阻器插入印制电路板的正面插孔后，将印制电路板翻转，就可以按照上文介绍的方法开始焊接电子元件了。首先你可以焊接双列直插式组装器件边角的两个针脚，将其牢牢固定住。如果双列直插式组装器件向上拱起来，你可以一边用手向下按双列直插式组装器件，一边用电烙铁加热另一边的焊点，就可以将它按进印制电路板

上的插孔内。当双列直插式组装器件插进印制电路板上的插孔后，你就可以继续焊接剩余的针脚了（如图2.26所示）。

当你完成双列直插式电阻器后，你就可以继续焊接24针脚0.6英寸（15.24mm）的插座和瞬时开关了。焊接插座时，请记得一定要让插座末端的凹痕或者标记与印制电路板上标记的凹痕一一对应。至于焊接开关组件时，你应当注意一边应比另一边长，如果按这种方法焊接，开关就能很容易焊进印制电路板上，并定位准确。

接下来，将两只大小为0.01μF的电容插入印制电路板相对应的插孔内。电容引脚之间应保持0.1英寸（2.54mm）的距离，并且能很容易地滑入印制电路板上标记着C11和C12的插孔内。把电子元件引脚插入印制电路板上的插座之后，将印制电路板翻面，使电子元件贴靠在桌面上（这些电子元件的高度应该与双列直插式组装电阻高度相同），然后把这些电子元件的引脚焊住。焊接完毕后，再把所有电子元件引脚剪的与双列直插式组装电阻器的引脚一样齐即可。

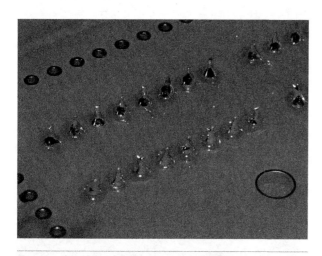

图2.26 将双列直插式组装电阻器焊到印制电路板上

如果你按照我告诉你的顺序安装电子元件，就会发现我把所有个头矮的电子元件安装在一起，而现在，你得开始焊接个头高的电子元件了。先从单排插座开始。首先，剪掉单排插座一端的8个针脚，然后再将尾销焊接在印制电路板上。同时握住印制电路板和连接器，将烙铁头伸至焊接的针脚处，确保插座正好与印制电路板垂直。当你对这个焊接的针脚感到满意后，就可以焊接剩余的针脚了。

最后的两个电子元件焊接起来非常容易，即9针脚母头D型壳连接器和9V电源连接器。D型壳连接器上的金属耳扣能使它嵌入能将它锁死的J3连接器两边的大孔内。这些金属耳扣和连接器的针脚都应该焊接到印制电路板上的插座内。

9V电池连接器上的两个耳扣应焊接在印制电路板上的插座内，而连接器本身应该用两只4-40号的螺丝钉和螺帽固定住。理想情况下，固定连接器的螺丝钉应该是沉头螺钉，它能让9V电池落入连接器内而不会被挤出来。尽管我用了四个孔来固定电池连接器，但你实际只需要用远离电池接触弹片的两个孔即可。

操作进行到这里，你已经基本完成焊接工作了！最后一道工序就是安装电路实验板。它的背面应该贴有一块双面胶，用来将其固定在印制电路板上，如图2.27所示。安装电路实验板时，先翻转查看一下，保证外部带有红色线条的一面紧贴黑色单排插座。

观察印制电路板，你会发现两个特点。第一个特点是印制电路板远比你料想到的要重很多。焊接电子元件所使用的焊料增加了印制电路板铅的重量，即使每个印制电路板插座只含有很少量的铅（与许多其他类型的印制电路板相比较），但是当所有插座里的铅加起来，还是增加了整体的重量。第二个特点是印制电路板的背面（没有白色标记的那一面）有许多小针脚，这些针脚实际上十分锋利。所以，不要将印制电路板放在你的好桌子上或者自己的大腿上。

否则印制电路板背面的针脚会立即将桌子表面划出一道道碎屑。在电路上操作时，我建议你使用一块防静电垫子放在电路下面或者使用一根1英寸长的压铆螺母柱（在电子产品商店中可以购买到），将印制电路板置于本节实验里切下的成品胶合板块上。

图2.27 焊接完成并带有电路实验板的印制电路板

第三章

基本电学理论

Chapter 3

当我还是小孩子时，电视上播放的最受观众欢迎的一个情景是两个英雄在危难时刻挺身而出，救民众于水火之中（或者是一个勇猛的英雄和一个俏皮话连篇、惊恐万分的旁观者）：他们在关键时刻拆除了炸弹，拯救了众生。业余人士拆弹过程总会落入这样的俗套：他们发现这个装有引信的炸弹要么是一颗假炸弹，要么发现真炸弹原来藏在别处。当发现真炸弹后，这位不情愿的业余条例处理专家(拆弹专家)经历了一个复杂的过程拆开炸弹（小心翼翼地，避免触碰饵雷），却发现里面有两根导线。这些导线把炸弹引信（炸弹的一部分，带定时器，远程控制接收器和任何形式的饵雷传感装置）与引爆装置（炸弹的另一部分，能引起烈性炸药爆炸）连接起来。这种炸弹通常看起来就像图3.1所示的结构。

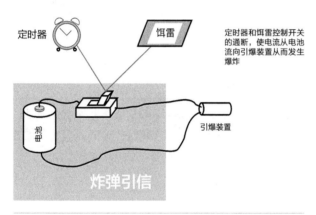

图3.1 炸弹电路方框图

不知出于什么原因，好像并没有人（当然也包括负责爆炸效果的特效工作人员）告诉好莱坞编剧们英雄们只需要剪断任何一条连接引信和爆炸装置的导线，炸弹就被解除。我会在本节中介绍，电流必须沿着闭合电路流动——在电视剧里，一旦一根炸弹导线被剪断，电流就不能从引信流至引爆装置再回流至引信将炸弹引爆。

炸弹引信包括开关和电池。电流由能量源产生（通常由电池提供电流源），当开关闭合，电流就会从导线流向引爆装置，再回流至电池。

引爆装置可以被看作是负载，它的目的就是把电流转换为其他有用的能量。实际上，引爆装置接通电源后，导线变热，让引爆装置里的热敏电荷急剧增加发生爆炸。当引爆装置里的电荷急剧增加时，爆炸产生的冲击波引发炸弹中的高能炸药爆炸。大多数人并不知道高能炸药并不会在高热的环境下发生爆炸，它们也许会剧烈燃烧，但是并不会爆炸。实际上，是引爆装置中的电荷所造成的冲击让炸药发生爆炸。

毫无疑问，将一管炸药，或者任何你能找到的、贴着炸药标签的东西丢进火里，来观察会发生什么，这么做显然不是一个好主意。许多不同种类的炸药和不同种类的化工产品（如气溶胶、发胶）暴露在高热环境下，都会发生爆炸或者释放燃烧材料。我在本节内容里讨论炸药，是用来启发你，并不是请你用它们进行实验。

如果你第一次不明白的话，那么请记住，不要将贴有"炸药"（或者贴有易燃易爆危险标志）的东西靠近火源或其他热源。

Benjamin Franklin 说过，如果有一个路径能让电流流动，它会从电源正极连接点流至电源负极连接点。电路图中的黑色线用来代表经过炸弹内部电子元件的电流流动路径。查看图3.1，你会发现炸弹方框图的不同部分是以一个闭环的结构连接在一起——正是这个闭环电路才允许电流从引信电源流至爆炸装置，从而引发爆炸。

当开关断开，开关内的触点悬空，触点之间互相不接触，电流无法在电路里流通。这个道理与把两根导线分开相同。当开关内的触点闭合（就好比将两根导线连接到一起），开关和电路就闭合，电流也就可以在电路里流通。

电流必须在闭合电路里才能流通是一个基本的电流定律，而好莱坞编剧们却并不了解。在本节内容里，我会详述电流基本定律，并让你对电流有一个更深层的认识，以及如何在电路中计算和测量不同的电流值。

如果你对我所讲的在电视节目和电影里炸弹是如何处置的说法不置可否，接下来的一些台词或引用是明星们在对炸弹装置一窍不通的情况下，如何完成拆除任务的。

Hogan 的英雄——"一声叮当响，一个炸弹和一个短引线"

M*A*S*H——"陆军—海军比赛"

糊涂侦探！——"在蓝雾山埋伏监视"

碟中谍——"时间炸弹"（尽管公平地讲，在碟中谍电影里，拆弹小组似乎每隔三或四集都必须拆除至少一枚炸弹）

联邦调查局——"定时炸弹"

轮骑神探——"不是一声啜泣，而是砰地一声响"

致命武器3——"Riggs 和 Murtaugh 在试图拆除一个炸弹时，剪错了一根线，而导致将一栋大楼炸毁"

在本节内容的开头，我讲过电视节目里拆除炸弹的过程非常简单，通常来说，在每一个不同的拆弹剧情中，都会有相同的台词。令人感到惊奇的是，当你观看这些电视剧时，你会发现，事实上在每一个剧情中，都是主人公剪断了错误的导线，从而引起一阵恐慌。随后，每个人都相安无事，并开怀大笑，因为原来这个炸弹是一个哑弹，或者其连线不正确，或者它并不是那种能摧枯拉朽的炸弹。

实验12　电路与开关

零件箱

组装的印制电路板
色环顺序为棕、黑、红的色环电阻
任意颜色的发光二极管
单刀双掷开关工具箱

工具盒

布线工具套装

介绍本节内容时，我曾以一种非常爆炸（抱歉此处运用双关）的方式提出了电路的概念。电路要能够工作，必须遵循闭路的原则。在本实验中，将会展示电路开路和闭路的特性——使用电池提供的电流能使一盏灯点亮。

每一个完整的电路都有三部分组成。有能量源输出的电流通过导体（导线）流至负载上。负载将电能转换为其他形式的能量，并开始工作。负载可以是一盏灯，一个微型控制器（如本书随后介绍的BS2微型控制器），一个电动机，或是若干部件的组合。

在该实验中，我会使用附在本书背面的印制电路板，将电池以及其他一些电子设备焊接（组装，如前文所讲）在一起，制作一盏你能随意关闭的灯。你将制作的电路如图3.2所示。

在图3.2中，我使用常规电路图（一系列不同长度的平行线）来标识安装在印制电路板上夹子里的9V电源。在这个电路图里，我通常会用符号标记出电源的正极，以避免发生混淆，但是当你看实际电路时，应记住长线的一端是电池的正极。电池的正极与Vin接在一起，电池的另一个极（负极）与Vss接在一起。在随后的实验里，我将解释正极和负极的含义，因为它是电子学里的基本概

念，也会解释印制电路板上Vin，Vdd和Vss的含义。

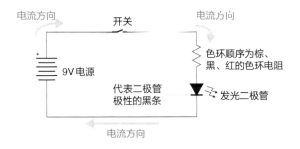

图3.2　用开关控制电流的第一种电路

电流从电池正极流出，沿着导线从连接器流至电路实验板上的电子元件里。从走线上可以看出，电流通过开关（如图3.3所示），流过电阻（如图3.4所示），然后再流入发光二极管（如图3.5所示），最后再流回电池负极。导线通常使用导电性能良好的铜线制作而成，其表面镀一层另一种金属来防止导线发生氧化腐蚀。为了避免导线在不同电路中被人体误碰，造成电击或短路，因此，将未使用的导线部分缠绕（覆盖）在一个被称作绝缘材料的塑料护套上。

该应用中使用的导线是电路实验板布线工具套装中的一部分，你可以用它制作本书介绍的实验。

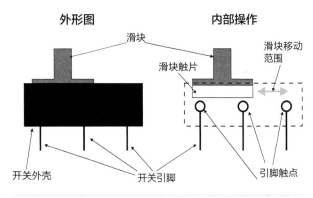

图3.3　开关的外观图

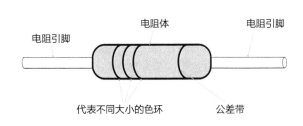

电阻值的色环顺序应该从电阻末端到电阻中间，依次为棕、黑、红

图3.4　电阻外观

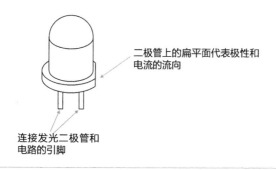

二极管上的扁平面代表极性和电流的流向

连接发光二极管和电路的引脚

图3.5 发光二极管外观图

开关是一种能将两路导线连接起来，从而实现电流从一端流向另一端的电子器件。图3.3所示为单刀双掷开关的外观。在图中，极性点是指开关可以接通的电路数量，投掷是指可以在电路中建立的连接的数量。我在实验中使用单刀双掷开关仅仅是出于方便。找一个能安装在电路实验板上的单刀双掷开关要比找一个单刀单掷开关容易得多（其代表符号在图3.2中使用）。为了把单刀双掷开关当单刀单掷开关使用，只需要将开关中间的接头（也称作公共端）和外侧的接头连接起来即可。

电阻（如图3.4所示）可能是你所使用的最基本、最实用的电子器件。在本节中，我会详述电阻的工作原理、如何规定具体的值，以及如何在电子电路中使用它。目前，只需要选择一个表面涂有棕、黑、红色条纹的色环电阻。

发光二极管LED（如图3.5所示）是发光二极管的英文首字母缩写，它的发音可以读作单词Rhyming与单词bed的组合，或者读作三个独立的字母L、E、D。发光二极管是半导体器件，是一种二极管。当电流以一个方向通过时，它就会发出光。我随后会在本书详细介绍二极管的知识。现在，我只想介绍发光二极管是一种非常低廉、可靠、易于使用、可替代标准灯泡的替代产品。

电路实验板被称为原型系统，可以让你非常快捷、轻松地在上面构建实验电路。正如你在图3.6中看到的，面包板由许多纵横交错、相互连接的小插孔构成。为了构建一个电路，你得把电子元件的引脚或者导线插入面包板的小插孔内，然后，要么再把另一根导线，要么再把另一个电子元件的引脚插入公用的小插孔内，完成元件的连接。

如图3.7所示，电路的不同部分被安装在面包板上。对于电阻和开关器件而言，极性或者方向性无关紧要，但是发光二极管有极性区别。电源的极性同样重要，但印制电路板上安装的电源夹本身就能确保电池能正确安装。发光二极管扁平面的管脚应与印制电路板连接器上的Vss插孔连接起来。当你制作面包板实验电路时，应确保使用

的导线越短越好，并紧贴面包板布线。对于简单的实验电路，如本实验，这些并不重要，但对于本书随后所讲的更加复杂的实验电路，则非常重要。当你把实验电路制作完毕，它应该如图3.8所示。

内部连接线　　　　　　　　外部外观

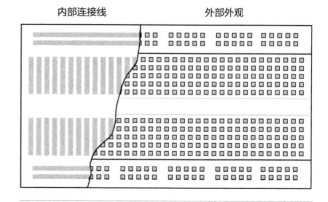

图3.6 带有内部连接线的面包板

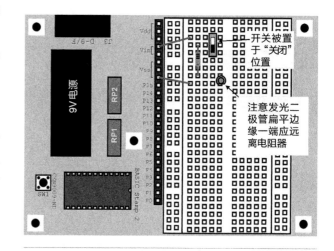

开关被置于"关闭"位置

注意发光二极管扁平边缘一端应远离电阻器

图3.7 初次实验的布线

当你向前或者向后移动开关的滑块时，你会观察到当开关在其中一个位置时，发光二极管会点亮，而在另一个位置时，发光二极管会熄灭。当发光二极管点亮时，开关里的连接建立，电路闭合接通，有电流流过。当开关在另一个位置时，电路断开，没有电流流过。在这种情况下，电路被称为开路。

如果发光二极管不发光，请检查实验电路的布线（特别是发光二极管的正负方向是否正确）并换一块电池放入插座里。

你可以以更加具体的方法来演示开关的操作。把开关从面包板中拆下，并使用一根导线代替插入或拔出面包板的小插孔内，观察当电路分别开路和闭合时，会出现什么情况。当你关闭开关时，发光二极管点亮，断开开关

时，发光二极管熄灭时，你就可以进行下一个实验了。我将使用该电路（或者它的底座）进行接下来的几个实验。

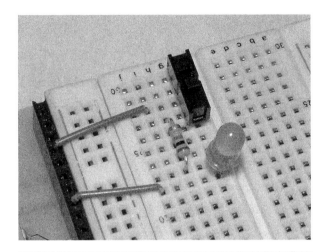

图3.8　初次在面包板上布线实验

实验13　电子电路和开关

零件箱

带电池的组装印制电路板
两个可安装在面包板上的单刀双掷开关
色环顺序为棕、黑、红的色环电阻
三只任意颜色的发光二极管

工具盒

布线工具套装

在之前的实验中，我展示了一个可以通过拨动开关，便能使一盏灯（实际上是一只发光二极管）点亮和熄灭的简单电子线路。在继续开始和解释电流是什么及其工作原理之前，我想回顾一下，检验之前实验中使用的开关是如何工作的，并解释你的家里一个看似神奇的开关是如何工作的。

在你的家中，很有可能前厅的一盏灯是由两个开关控制的。如果你站在前厅的一端，并开启这盏灯，你就得按下就近的灯开关，来改变这个灯开关目前的位置。如果你站在前厅的另一端，而且不再需要灯光，你可以改变另一个灯开关的位置，来关闭这盏灯。这两个灯开关使用起

来非常便捷，而且，看起来似乎需要非常复杂的电路系统来控制。

实际上，这种电路只需要两个单刀双掷开关，与你在上一个实验中用到的开关相同即可。这些开关按照图3.9所示的方法进行布线安装，将连接着中间触点的开关与电路其他部分相连，并让外部触点把两个开关同时连接起来。

如图3.9所示，只有当开关闭合，中间连接触点与两个连接线中的任一接点之间的电路接通时，才会有电流流过。当开关将中间连接点与不同的连接线闭合时，总会有一个电路开路，并且不会有电流流过开路的电路。

电流在有两个单刀双掷开关的电路里的流动可以用图3.10所示的电路来演示。当两个开关滑动，让电流流过它们连接的其中一个电路时，与开关连接在一起的发光二极管有一只会点亮。当接在开关线路里的其中一只发光二极管点亮，则与电阻器连接的发光二极管也会点亮，说明已经有电流通过它。图3.11所示为该电路的线路图。

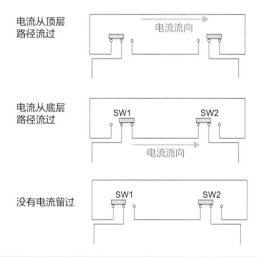

图3.9　单刀双掷开关控制操作

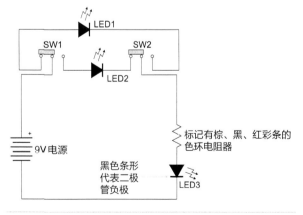

图3.10　单刀双掷开关控制两个不同的电流流通路径

你应该花点时间来回拨动开关，来搞清楚这些开关是如何工作的（或许你也想对比家中的双向开关灯控电路系统，搞清楚两个电路系统的原理相同）。

你也许很难从图3.11实物线路图里"看懂"与之对应的图3.10中的电路图。这是因为我试着采用了一种方法，能够无需插接多余的导线，就能让发光二极管接在电路中发光。当你设计自己的面包板实验电路时，就会发现有一些方法会让电路布线更简单，但是操作起来非常麻烦。如果你对实物线路图不解，我建议你用荧光笔跟踪标记电流的路径，或者按照你自己的想法进行实物布线，而无需按照图3.11所示的方法。

尽管电路看起来简单，但实际上，它有着复杂的功能。它可以让人在不同位置控制一盏灯的开启和关闭。这种功能可以用多种方法实现，但是这里介绍的很可能是最优方法。

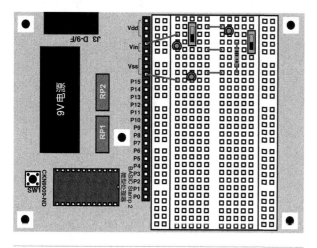

图3.11　用来选择不同电流路径的单刀双掷开关布线图

实验14　电压测量

零件箱

带电池的组装印制电路板
色环顺序为棕、黑、红的色环电阻
任意颜色的发光二极管

工具盒

布线工具套装
数字万用表

在上一个实验中，我说过当电流通过发光二极管时，它会点亮。这种说法并未使用准确的电子学术语，但是能帮助你完成第一个电流实验，因为我想尽量使用最少的概念让你理解实验。从上一个实验中，你也清楚了这样的概念：如果让电路能够工作，就必须有电流流过电路才行。

在本实验中，我想更深一点解释什么是电流。电流是一种形式的能量，能够做"功"。如果你学习过物理学基础入门课程，那么这两个字就会引起大脑的思考——能量和功意味着在一块物体上施加力。这很可能让你感到困惑，因为电流没有任何形态（除了闪电时），这就意味着电流是没有质量的。尽管你很可能知道它可以用来产生磁力，但是看起来电流并没有任何能让你捕捉或者检测出来的力。

当你还在小学读书的时候，很可能读到过关于Benjamin Franklin用风筝在雷暴天气进行实验的故事——放飞的风筝在高空被闪电击中，Franklin手握着连接风筝线的金属钥匙，并遭到电击。这种电击与静电电击相同。当你拖曳着脚步走过地毯，然后用手去握门把手就会遭受静电电击。在当时，用身体去触碰被认为具有电流的物体是用来检测电流存在的公认测试方法。如果你遭受电击，就说明物体有电流存在。

除了"证明"闪电是由电流构成之外，Franklin还提出一个最重要的理论，即电流像水一样在一个封闭系统内流动（如果你筑坝拦截一条河流或者封堵一根水管，你实际已有效将系统"开路"，水就会停止流入系统）。作为电路中的流动部分，电流可以被重复使用；如果你让系统内的所有水漏掉，那么整个系统会停止工作。为了让水流动，你必须对其施加一定大小的力——因为水自身的流动性，施加的力必须覆盖至一块区域内，如此一来，施加给水的力就变成了压力（定义为单位面积上的力）。利用这个模型，就可以实现对电流流动的控制，即电流不会流动除非有被施以某种压力。

电压力简称电压，通过一个电源就能将电压施加在电路中。这就好比使用一个水泵对游泳池里的水施加压力，就能将水通过水管向上移动（如图3.12所示）。当被抽上来的水到达一定高度后，水就会向下落回水池，水泵再从游泳池里抽水，继续这个过程。

如图3.12所示，游泳池里被抽到顶部的水具有最大能级。此时能量全部转化为势能，水通过重力下落，对水池底部的水槽做功（到达水池底部时，水的能级最小）。如果水槽破裂，水漏出来，则该系统就不能长时间做功。水槽发生破裂就如同电路发生断路。

我们不能测量水在不同点的能量——但是，我们能够测量水在不同点的水压。如图3.12所示，我在游泳池不同深度的地方放置若干压力计。为了进行测量，我把在不同位置读取的水压值与在游泳池底部的水压值进行比较。发现水压在游泳池顶部与底部相去甚远，当你越往泳池底部去，水压就越接近游泳池底部的水压。

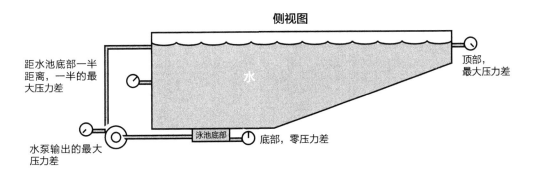

图3.12　游泳池水流系统

游泳池实际上与你在上一个实验里制作的电路非常相似。测量电压力（电压），就需要使用万用表。尽管结构单一功能简单的伏特表就可以测量电压，但是我还是建议你使用数字万用表来测量，如图3.13所示。你可以花5美元至500多美元在任何地方买到一块数字万用表。我建议你买一块价值20美元左右的数字万用表。

些特性功能非常实用，但是对于本书所涉及的任何实验，这种万用表有点大材小用。

本实验中，你必须按照图3.14所示制作一个简单电路，它包含插进面包板上的一只电阻器和一个发光二极管。完成了这些以后，将发光二极管点亮，将数字万用表调整到20V直流电压测量档（仪表的说明书会给你解释为什么这么做）。握住数字万用表的黑色探针，将其连接至电路的负极（图3.14所示Vss处）；然后使用数字万用表测试电路中两个不同点之间的电压，如图3.14和图3.15所示。

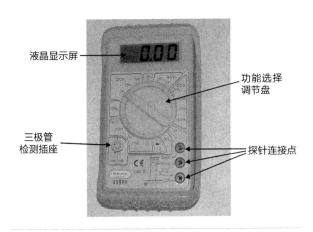

图3.13　一只廉价、标识清晰的数字万用表

只需要20美元，你就可以买到一块高精确度的数字万用表，并用它来测量电流电阻值。如果买价值20美元以下的数字万用表，你会发现它的精确度差，而购买太昂贵的数字万用表，你会发现它的功能太多太复杂，而这些功能你完全用不到。你只需要查看能够测试电压、电流和电阻的数字万用表。有一些数字万用表功能强大，能检测二极管、测试三极管放大系数，并测试信号频率计数，这

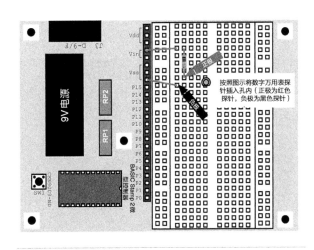

图3.14　测量加在发光二极管上的电压

在表3.1中，我列出在原型电路中所测量的电压值。

这些测量结果与测量游泳池不同位置的水压的结果相似。在游泳池的例子里，水压差是指不同位置相对于泳

池底部的水压差。不管是测量水压或者是电压,都需要有一个底部参考值用来对比二者的差值。在电路中,电源的负极输出端通常作为底部参考值。术语底部参考值并没有在电路中使用,而是使用单词"地"(简写为Gnd或者有时候在印制电路板上用Vss引用)作为电流参考值。"地"在电路里是指没有电压的点(它的电压为0),而且,如果有什么东西连接到地,则它就不能工作。

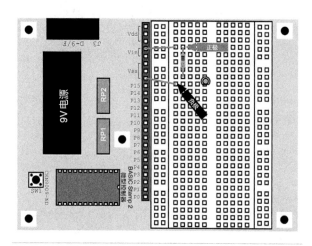

图3.15 测试电源电压

表3.1 测量电路中发光二极管和电源的电压值

测试点	测量的电压值	评论
电源	9.25	电源两端或者在电阻和发光二极管两端测试出来的值相同
发光二极管	2.01	

实验15 电阻器和电压降

零件箱

组装印制电路板
三只顺序为棕、黑、红的色环电阻

工具盒

布线工具套装
数字万用表

继续用水的类比来解释电流如何工作,你应该了解水不能不费力地自行在管道中流动。管道会在不知不觉中阻碍水流的通路。如果你打算测量管道的入口处和出口处水压,你会发现对水流动的限制会在管道两端产生一个压降。

这个压降是由水在管道里流动产生的摩擦力造成。摩擦力是一种阻碍移动、将流动的水的动能转换为热能的一种力。热力学第一定律规定能量既不能创造也不能消失,能量守恒;如果管道里有能量消失,那么它一定被转换为其他形式的能量。当能量消失时,它几乎总会转化为热能。

在研究电流时,我们假定导体是理想导体,不会对流经它的电流产生摩擦力(称为电阻)。实际上这种情况不可能;除非是超导体,否则任何导电物质都会阻碍流经它的电流。导体通常来讲,是指电阻率很小且易于传导电流的物质,这也是为什么人们会制作无限接近于理想导体的原因。

在许多电子线路中,电能必须被转换成更为合适的能量。最常见的电能转热能电子元件就是电阻器,有很多不同种类的电阻器可以使用,它们对电流造成大小不同的抑制。电阻的单位是欧姆,并用符号 Ω 表示。电阻器体积很小,因此它们的值通常由印在身上的一系列色环来表示。

根据下面的公式和表3.2的内容,色环具体规定了电阻的数值。

表3.2 电阻色带编码

颜色	色带代表的数值	误差度
黑	0	N/A
棕	1	1%
红	2	2%
橙	3	N/A
黄	4	N/A
绿	5	0.5%
蓝	6	0.25%
紫	7	0.1%
灰	8	0.05%
白	9	N/A
金	N/A	5%
银	N/A	10%

电阻 =（1号色环值×10+2号色环值）

×10^{3号色环值}欧姆

使用这个公式和色环图标，你就能计算出本实验中所使用的电阻器的值为

电阻 =（棕×10+黑）×10^{橙}欧姆

=（10 + 0）×10^{3}欧姆

= 10,000 欧姆

大多数电阻器的误差度为5%，这个值不是书中实验电路所能接受的误差，你也不能在实际电路使用这种误差度的电阻。实际电路中，你会发现大部分电阻的误差度为1%或者少于1%——如果电阻器的误差度达到5%，会被制造商认为是最糟糕的情况。

为了演示电阻在电路中的作用，以及如何影响电压力或电压，按照图3.16所示制作电路，并测量电阻上的电压。在你的第一个测验中，将数字万用表设置到"电压"档（设置到0—20V范围内）并将黑色探针插入电源负极或者Vss端，再将红色探针插入如图3.16所示的四个点上，并记录显示的电压值。

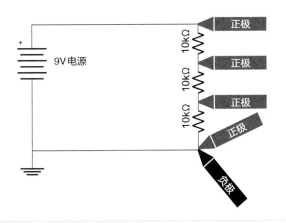

图3.16　测试电路中不同点的对地电压

当你记录完测试的电压值，会发现测试点电阻的电压值在0V至电源电压范围内平稳变化。这与水沿着管道流动，在不同位置测试所受到的水压相似。每一个电阻就好比一截管道，水流经它就会出现降压。在一截管道上发生的压力的降低被称为水压降，同样的，通过电阻发生的电压的降低被称为电压降。你会发现按照图3.16所示测量的电压值没有一个比电源电压大：它们要么小于电源电压，要么等于电源电压。

这些电压小于或者等于电源电压一点也不足为奇——特别是如果考虑我在实验开始时的评论。如果电压

增加，那么电流能量也就增加，这种情况不可能发生，因为它违背了热力学第一定律，即能量守恒。要想能量增加，提高电压，就必须在电路中加入能量源，如蓄电池。

为了进一步研究电阻电路中电压的特性，应使用数字万用表按照图3.17所示来测量每一个电阻上的电压值。你应该会发现每一个电阻上的电压基本上都相同，是电源电压的三分之一倍。为了证实该结果，你应该测量每一个电阻上的电压值。

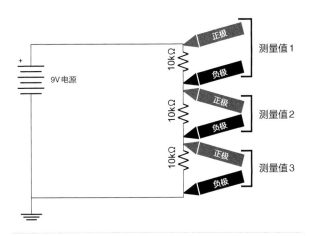

图3.17　测量每一个电阻身上的压降

最后，按照图3.18所示，测量两只电阻上的电压。这个电压值应该是施加在电路上的总电压的三分之二。我随后会在本节内容里解释，电阻上的电压与电阻占整个电路中的电阻值的比重呈正比关系。这两个电阻占电路总电阻值的三分之二，因此它们身上的电压占整个电路电压的三分之二。

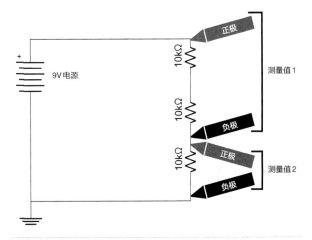

图3.18　测量两个电阻上的电压降

实验16　电流测量和欧姆定律

零件箱

组装印制电路板
10000Ω 电阻（顺序为棕、黑、橙的色环电阻）

工具盒

布线工具套装
数字万用表

你现在应当熟悉电压力（电压）的概念了，以及它与施加于水上的压力的概念相似。关于这个部分，你应当熟悉电路中不同的电子器件所分配的电压降各不相同。在讨论水压的例子中，我们得出是力施加在水分子上产生了水压；现在是时候讨论究竟是什么被电力（电压）移动，从而产生了电流。

你可能已经知晓，电子是一种带单位负电荷的亚原子粒子，它构成了电流。当我们讨论原子的尺寸时，很难理解它们到底有多小，它们在一个物体中到底有多少个。电荷的基本单位是库伦，一库伦由 1.60219×10^{19} 个电子构成。这个指数或许看起来不是非常大（你的科学计算器能计算的指数高达10的99次方甚至更高次幂）。为了让你理解它实际究竟有多大，请考虑在银河系里大约有2万亿（2×10^{15}）颗行星。一库伦所含的电子数量是我们居住的银河系里行星数量的800多倍。

为了让自由电子在金属里移动，负电压（称作电压）被加在自由电子上，使它们向着远离负电压的方向移动，而朝着正电压的方向移动。电子的移动被称为负电流。

当电流最初被了解和定义时，原子的特性还没有被人们完全搞清楚。事实上，流行的电流理论是电流是一种存在于某种物质里的液体，它能通过施加于物质上的电压力（我们称之为电压）发生移动。为了帮助定义电流的特性，Benjamin Franklin 提出理论认为这种液体从电源的正极流向电源的负极（术语"正极"和"负极"完全是任意定义的）。不幸的是，这种理论完全错误。实际的电流是从负极流向正极，但是由于 Franklin 的电流是从正极流向负极的理论得到广泛的认知，我们只好将错就错，被迫接受他对电流的定义。采用这种约定俗成的规定并不十分困难，因为电子对于我们来说太小了，无法观察得到，而且移动速度太快，也无法追踪上。

电路中正电荷最多的位置是电源的正极。如果电源的正极不存在（电路开路时），那么电子会在导体上聚集，直到导体上的累积电压等于施加在电路上的电压。

按照图3.19所示，将数字万用表接在电路中，就能观察和测量电流的移动。首先，测量1000Ω 电阻上的电压并记录（我测得的结果是8.89V）。然后，设置数字万用表的量程至0至20mA电流挡（你的数字万用表手册中有说明），拆开电路，并将数字万用表串联进电路来测量流经过的电流值。我测得的结果是8.93mA。

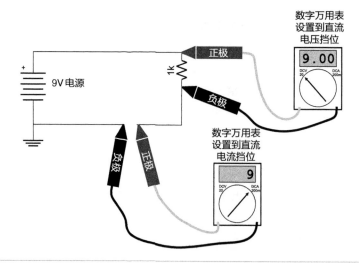

图3.19　测量电阻上的电压降和流过的电流值

接下来，用阻值10000Ω的电阻替换掉阻值1000Ω的电阻，重复上述实验。我测得的电压结果为8.84V，电阻上流过的电流值为0.90mA。

看着这些结果，你应当注意到10000Ω电阻上流过的电流大小是1000Ω电阻上流过的电流大小的十分之一。这意味着，电压、电流、电阻的关系可以用下面的公式表示：

电流 =（常数 × 电压）/电阻

把一个不同的电源（电源输出不同）加在电路里，并重复测试，你就能验证公式所描述的三者之间的关系。不管你测试多少次（使用不同数值的电阻和电源），你会发现上述公式是正确的。

这是广为知晓的欧姆定律中的一条基本规则，它可以被叙述为"在同一电路里，通过某段导体的电流的大小与分配在这段导体两端的电压大小成正比，与这段导体的电阻成反比"。George Ohm 于1826年发现了电压、电流和电阻之间的关系，为了纪念George Ohm对电磁学的贡献，物理学界将电阻的单位命名为欧姆。

为了简化定律的应用，都选择使用电压、电阻和电流的国际单位制，因此公式中不再需要一个常数。用符号"V"代替公式里的电压，"R"代替电阻，而"I"代替电流，欧姆定律可以简单地写成

V = I × R

理解并记住这个公式对你将来从事电子线路工作非常关键。你或许用一个类似下面的记忆口诀来记住欧姆定律。

欧姆定律说电流，I等于V除以R。

三者对立要统一。

V等于I乘以R，R等于V除以I。

记忆欧姆定律的另一种辅助方法是欧姆定律三角形。当你把手指置于三个符号的其中一个上时，它能返回公式寻找任意一个变量与其他两个变量的关系。图3.20中，我将手指放在三角形的"电流I"上，我发现电流等于电压除以电阻。

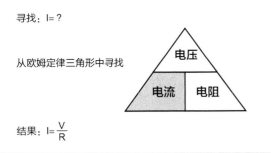

寻找：I = ?

从欧姆定律三角形中寻找

结果：I = $\frac{V}{R}$

图3.20　欧姆定律三角形举例说明

目前，我在书中所用到的电阻都是以Ω为单位。你会发现实验中所使用的电阻器的阻值很大，要么是几万Ω，要么就是几百万Ω，要是以1000Ω或者以1000000Ω将它们书写出来，则会非常冗繁。为了简化大电阻值的书写，使用符号"k"来表示千欧，使用符号"M"来表示兆欧。这意味着4700Ω就可以书写成4.7kΩ，或者2200000Ω可以书写成2.2MΩ。在一些书里和电路原理图中，你会发现这些值被书写成"4k7"和"2M2"。不论如何书写，它们表示的是一个意思，但是，用代表几千和几百万的书写符号代替小数点的方法大大节省了印刷空间。

实验17　基尔霍夫电压定律与串联负载

零件箱

带9V电源的组装印制电路板
1kΩ 电阻
2.2kΩ 电阻

工具盒

布线工具套装
数字万用表

对欧姆定律有了基本了解后，我想你就能想象得到当电流在电路里流动时会产生的现象和发生的作用。很明显，如果你增加电路的电压（电压力），则流经电路的电流也会随之增加。同样地，如果你增加电路的电阻，则流经电路的电流就会随之减小。如果这些关于电压、电流和电阻的陈述令你毫无头绪，而且你也无法对它们有形象性的理解，那么你应该回过头来再复习一遍之前的实验，保证你能清楚地理解电流、电压和电阻的概念以及欧姆定律的意义。

我之所以逼你了解这些概念是为了让你绝对清楚它们的意义，否则，当我开始研究分析更复杂的多负载电路时，你就会捉襟见肘，不明所以。我会在本实验中和随后

介绍的实验中证明，多负载电路的特性是非常容易预测的，当然，前提是你必须非常清楚地掌握电压、电路、电阻（负载）和欧姆定律的概念。

你可以用两种方式在电路中引入负载（如图3.21所示）。第一种方式是将负载两端串联接入电路。第二种方式是将电阻并联接入电路，此时，负载两端接在同一个电源上。电路是由以上这两种负载引入方式的各种组合而构成的；幸运的是，当我们使用简单的电子元件和电路结构来分析电压、电流和负载的关系时（本节所涉及的电路都是如此），就会看到每一种电路是如何工作的，而不需要担心其他电子元件对电路造成的影响。

串联

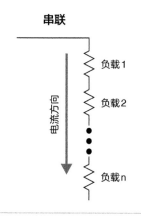

并联

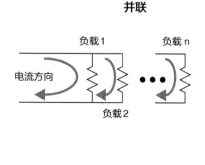

图3.21　使用不同方法在电路中引入负载

在本实验中，我会研究当你把电阻串联进电路中会产生什么影响。将电阻串联接入电路就好比图3.22所示的情况。在图3.22里，水泵通过管道抽水送至水车，令其转动。

增加管道的长度是增加系统阻力的一种方法；增加的管道会导致整个系统的水路减弱，并造成出水水压（对水车负载的水压）的降低。在水路里增加管道长度（阻力）就好比只有一个负载的电路里再增加一个电阻，如图3.22所示。管道越长，阻力就越大，相应地，分配至负载的电压和电流就更小。

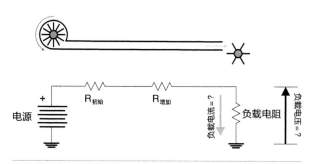

图3.22　在电路中增加电阻

你或许会想到，在电路中增加更多的电阻会减少系统电能，该电能与电路电阻成一定的比例关系。直觉告诉你——如果在电路里增加一个很小的电阻，那么电路受到的影响就会很小。如果在电路中增加一个大电阻，那么电路受到的影响就会很大。

你应该非常清楚，电路负载的等效电阻等于电路的初始电阻和增加电阻之和：

$$R_{等效} = R_{初始} + R_{增加}$$

因此，电路的等效电阻通常要大于电路中单个电阻之和。请记住，当你计算电路串联电阻时（例如在测试中），这是一个非常重要的结论。

每一个串联的电阻对电路的影响都正比于它占总电阻的比值。在图3.23中，我在电路中标记出三个电阻——在每一个电阻的右边，我列出了计算该电阻电压降的公式。单个电阻的电压降所占电路电压的比值等于单个电阻所占电路总电阻的比值。电路中电流处处相等，因为电流没有分流，只在该串联电路中流过。按照图3.23所示，知道每个电阻上的电压后，就能计算出电路总电阻上的电压：

$$
\begin{aligned}
V_{总} &= V_{R1} + V_{R2} + V_{R3} \\
&= V \times R1/(R1+R2+R3) + V \times R2/ \\
&\quad (R1+R2+R3) + V \times R3/(R1+R2+R3) \\
&= V \times (R1+R2+R3)/(R1+R2+R3) \\
&= V
\end{aligned}
$$

简单地说，你可以认为每个电阻性负载上的电压之和等于整个电路的电压。这个叙述被称为基尔霍夫 电压定律，而且，在本实验中，我们将用图3.24所示的电路来验证该定律。图3.24所示电路含有两只串联电阻器。

进行本实验时，我会列出一个如表3.3所示的表格，记录电路中的各种测量点的测量值。请记住，测量电阻上的电压时，你实际将测试引线引入电阻两端。测试电路中的电流时，你必须断开电路连接，并将你的数字万用表串联接入电路中。数字万用表的仪表盘应设置在0至20mA直流电流挡位。

根据表中列出的测试值，我就能用欧姆定律证明电路总负载电阻为3.2kΩ（1kΩ加上2.2kΩ）。

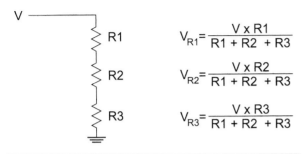

$$V_{R1} = \frac{V \times R1}{R1 + R2 + R3}$$

$$V_{R2} = \frac{V \times R2}{R1 + R2 + R3}$$

$$V_{R3} = \frac{V \times R3}{R1 + R2 + R3}$$

图3.23　串联电路中不同电阻上的电压降

表3.3　电路测量

测量内容	测量结果
电池电压	8.77V
1k 电阻电压	2.74V
2.2 电阻电压	6.02V
电流	2.73mA

$$R_{load} = V/I$$
$$= 8.77\ V/27.4\ mA$$
$$= 3\ 201\ \Omega \sim 3.2\ k\Omega$$

检查两个电阻上的电压降，你就会发现电路中两个电阻的电压可以表示为电路总电压值乘以电阻值，再除以电路总电阻值。

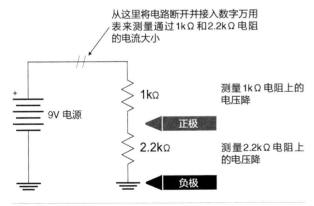

从这里将电路断开并接入数字万用表来测量通过1kΩ和2.2kΩ电阻的电流大小

9V 电源

1kΩ　　测量1kΩ电阻上的电压降

正极

2.2kΩ　　测量2.2kΩ电阻上的电压降

负极

图3.24　串联电路测试点

实验18　可变电阻器

零件箱

带面包板的组装印制电路板
9V电源夹
24英寸（60cm）长、22至24号铜绞线
100Ω电阻器
可安装于印制电路板上的10kΩ电位计

工具盒

标准硬黑铅笔
布线工具套装
壁纸刀
数字万用表

第二种最基本的电控器件（第一种是机械开关）是可变电阻器或电位计。你应当对电阻器在电路中的作用非常了解了，那么你应当不会对可变电阻器的概念感到特别惊讶，因为它们被普遍地应用于不同电子器件里。尽管开关器件让你对电路进行"开启"和"关闭"（也称为二进制控制）控制，而电位计却能让你在"全开"和"全闭"之间的任意位置对电路进行控制。这种控制通常被认为是模拟控制。

当我看到不同种类的电子零件是如何制造的时候，发现可变电阻器和电位计（经常被缩写为Pot）是仅有的我能找到应用于电路的元件。图3.25所示为一个典型的旋转电位计：在操作者或者某个仪器的控制下，可变电阻器上的铜制游标在阻性材料上移动。电位计（图3.26）的电路符号能精确表示带有游标的阻性材料构成的电位计。

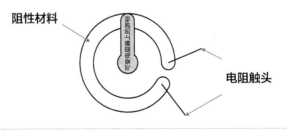

阻性材料

电阻触头

图3.25　电位计的制作

电位计由以下三个特性明确规定：

- 材料的电阻介于两个触头之间。游标电阻被认为可以忽略，并且游标可以作为阻性材料的"抽头"。

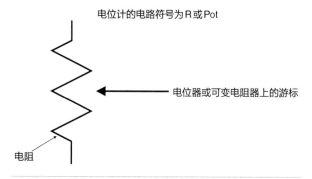

图3.26 电位计和可变电阻器的电路符号

- 电位计的电阻材料的电阻值呈线性增加（电阻值随着触头之间的长度平稳变化）或者呈指数性增加（电阻值的变化是 $10^{距离}$ 或 $2^{距离}$ 的函数）。指数电位计适用于当电阻值呈幂指数级别改变时，对电路的运行影响较小。

- 电位计能承担多大的功率。我随后会在书中讨论并说明为什么在这个实验中，电位计并不十分适合控制负载消耗的功率。因为这个原因，再加上小型电位计比高功率电位计更低廉，我只使用了能承载的功率非常小的电位计。

你可以自己制作一个电位计。将硬黑铅笔（不是彩色铅笔）一端的木头去掉，只留下里面的铅笔芯，如图3.27所示。铅笔芯由石墨（一种碳结构）构成，这种材料也用于电阻器中和许多种类的电位计中。将数字万用表的两个探针放置在铅笔芯上，你就能展示由铅笔芯制作的可变电阻器是如何工作的了。将数字万用表仪表盘拨至欧姆档，在铅笔芯上来回移动探针。你就能发现随着两只探针逐渐远离时，数字万用表所显示的电阻值增加（该结果可预知，这是由于两个探针之间的阻性材料增多）。

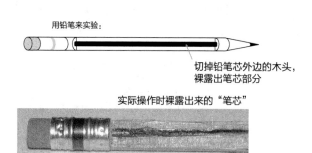

图3.27 使用铅笔制作的电位器

如果铅笔芯上的电阻值变得无限大，说明铅笔芯有断裂处。如果出现这种情况，你就得试着再将另一支铅笔的笔芯剥离出来，再制作一个可变电阻器。我发现我尝试

了三次才成功得到图3.28所示的结果。

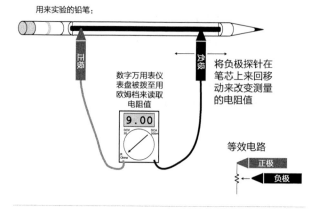

图3.28 测量不断变化的铅笔芯电阻

电位计也能够用来输出变化的电压，也可通过将印制电路板的9V电源缠绕在裸露的铅笔芯两端来观察电压的变化。接下来，将数字万用表的仪表盘拨至直流电压挡测量铅笔芯的电压，并将黑色探针接至电源的负极端口，将红色探针接至铅笔芯任意位置（如图3.29所示）。当你将红色探针在铅笔芯上来回移动时，你会发现数字万用表显示的电压在电源电压至0V（电源负极端口）之间变化。

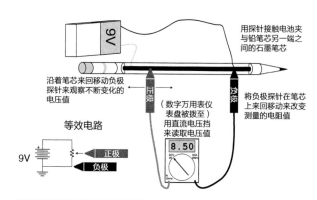

图3.29 测量用笔芯制作的电位器不断变化的电压

这种配置下的电位计被称为分压器，形式如图3.30所示。分压器不是简单地将一个铜游标"装在"阻性材料上，制作成可变电阻，而是由两个电阻串联，它们之间的电压用于电路中。

通过印制电路板和无焊面包板制作如图3.31、图3.32和图3.33所示的电路，你就能测试一个实际电位计的工作情况了。图3.31所示说明了电位计如何设置成可变电阻器。尽管右侧的图看起来好像将电位计改变成某种分压器，其实左图和右图是等效的，因为游标起到了完全短路的作用（无阻值）。电流直接流过游标而不会流过电

位计的其他触头。

用电位计来当分压器（如图3.32所示）使用与用铅笔芯当分压器简直一模一样。游标越是接近连接电源正极的触头，电压就会越高。转动电位计，你就能让电位计电压在地（电源负极端口）与电源电压之间无限变化。

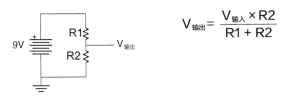

$$V_{输出} = \frac{V_{输入} \times R2}{R1 + R2}$$

图3.30　将电位计电阻拆分成两个电阻就制作成一个分压器

图3.31　将一个电位计变成一个可变电阻

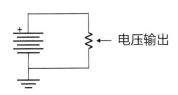

图3.32　使用电位计产生的可变电压信号

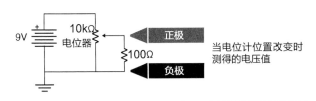

图3.33　测量电位器当负载时变化的电压

为了完成实验，我想如果在游标与地之间加入一个负载，结果会发生什么变化。当你把一个100Ω电阻接在电位计的游标上和它的一个触头上时，你会发现游标上的电压不再是线性变化，而是要么变得非常低，要么变得非常高。100Ω电阻接在电位计上相比不接在电位计上时，"中间"电压更难设置。100Ω电阻类似具有100Ω等效电阻值的负载，已经成为电路的一部分，也成为流经电位计的电流的分流路径。因此，接入100Ω电阻的电路不再是由一条流过电位计

的电流路径构成，而是由两条路径分流构成，100Ω电阻与10kΩ电位计并联在电路中，将改变电路精确改变输出电压的能力。为了实现这个应用，实际电路中使用了电压调节器而不是基于电位计（或者是基于两个电阻）的分压器。

实验19　基尔霍夫电流定律和并联负载

零件箱

组装印制电路板
1kΩ 电阻
2.2kΩ 电阻

工具盒

布线工具套装
数字万用表

串联在电路中的负载，和增加的负载电阻，十分自然地可以用一个等效电阻代替。根据延长水管增加水流阻力的例子，由延长的水管而增加的这部分阻力很自然地加入系统阻力中，从而增加系统总阻力。以此为例，你或许会认为将两个并联的电阻（如图3.34所示）用一个等效电阻代替同样很直观。

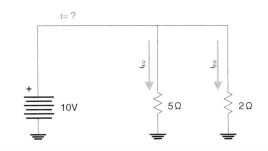

图3.34　两个电阻并联的测试电路

第一次计算等效电阻时，当你试图对电路进行等效变换时，很可能会碰上困难。再回到水和阻力关系的类比中，你会将这两个并联电阻类比为两个并联的水管将水传

递到更大的区域；这种方法虽然减少了电阻，但是等效电阻看起来却并不直观。

以下来计算图3.34所示的两个并联电阻的等效电阻值。由于每个电阻上的电压降相同，我们就能运用欧姆定律计算出从10V电源流出的电流值：

$$i_{5\Omega} = 10V/5\Omega$$
$$= 2A$$
$$i_{2\Omega} = 10V/2\Omega$$
$$= 5A$$
$$i_{总} = i_{5\Omega} + i_{2\Omega}$$
$$= 2A + 5A$$
$$= 7A$$

等效计算到此，再观察图3.34，你就会理解在并联电路中，支路电流之和等于电路总电流。

运用欧姆定律，我们能计算出电路的等效电阻：

$$R_{等效} = V / i_{总}$$
$$= 10V / 7A$$
$$= 10/7 \ \Omega = 1.43 \ \Omega$$

看一眼等效电阻的分式值，而不是跳过分式直接看等效电阻的十进制数值，就会发现分子是两个电阻的乘积，而分母是两个电阻之和。根据这个发现，你就能轻松算出任意两个并联电阻（电阻A和电阻B）的等效电阻为

$$R_{等效} = (R_A \times R_B) / (R_A + R_B)$$

再看看有三个或者更多并联电阻的电路（如图3.35所示），并进行等效分析（从每个电阻上的电流开始，将这些电流值相加，然后计算出等效电阻值），你就会发现等效电阻计算的通式为：

$$R_{等效} = 1 / [(1/R_1) + (1/R_2) + \cdots + (1/R_n)]$$

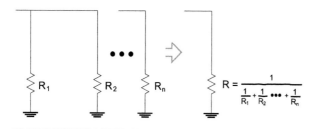

图3.35 多电阻并联的等效

在本实验中，我想使用图3.36所示电路来测试上述并联电阻等效计算公式，并按照表3.4所示记录分析结果。根据这些结果，计算等效电阻，并查看测试结果与计算出的等效电阻数值是否近似。

表中的数值是我从电路中直接读取出来的。不出所料，通过两个电阻的电流之和与电源输出的总电流相同。因此，我计算出来的等效电阻为701.3Ω。

根据该实验开始时列出的公式，我能计算出1kΩ电阻和2.2kΩ电阻并联时的等效电阻为：

$$R_{等效} = (R_A \times R_B) / (R_A + R_B)$$
$$= (1k \times 2.2k) / (1k + 2.2k)$$
$$= [2.2 \times (10^6)] / [3.2 \times (10^3)] \ \Omega$$
$$= 687.5\Omega$$

当你进行实验分析时，很有可能你计算出的等效电阻会与测量出来的相差一个或者两个百分点，这与我所碰到的情况相同。这种差别是由你使用的电阻实际值和你所用的数字万用表测量误差造成的。

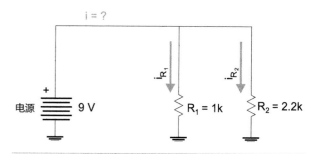

图3.36 使用两个并联电阻测试实验电路

表3.4 分析结果

测量值	
$V_{电源}$	9.26V
$i_{电源}$	13.19 mA
i_{R1}	9.02 mA
i_{R2}	4.18 mA

从上面的等效分析中，我们发现一个重要的观测结论，即并联电阻的等效阻值总小于并联电路中最小电阻的阻值。记住这一个结论很有用，当你计算并联电路的等效电阻时，就可以用它来验证你计算的结果是否正确合理。

通过各个支路的电流之和等于流过电路的总电流的描述被称为基尔霍夫电流定律。与基尔霍夫电压定律和欧姆定律一样，记住并理解这个定律，对求解复杂电路，至关重要。

实验20 Thevinin等效

零件箱

组装印制电路板
4只1kΩ电阻

工具盒

布线工具套装
数字万用表

如果试验电路中是串联电阻与并联电阻的组合，你或许对眼前的复杂情况感到有点懵。在基本电子学课程中，你常会碰到上述这种复杂电路，并要求计算出电路的等效电阻，电路中不同电阻上的电压降，以及支路电流。当你运用将串联和并联电阻结合起来的规则分析电路时，这个问题就变得不那么难了。

将各种电阻的集合（或者电阻的网络）进行简化的过程被称为Thevinin等效，该等效规定所有电路负载都可以化简为一个单独的等效负载。化简电路的第一个步骤是按照我在图3.37所示的步骤1，将所有串联电阻叠加等效成一个总电阻。接下来（步骤2），再将所有并联电阻等效成一个总电阻。不断重复步骤1和步骤2，直到将电路中的全部电阻简化为一个单独的电阻。解决这个等效电阻问题时，我始终用混合分式来表达这个等效值，而不是简单地求出它的十进制值，主要目的是为了简化随后的计算，并能心算这个等效结果，以确保计算结果有意义。例如，计算电压"V1"值时（如图3.38所示），我知道"V1"小于电源电压的二分之一，因为位于电路原理图顶部的1kΩ电阻上的电压降要比其他三个电阻上的电压降要大。计算得出"V1"是2/5V，显然比电源电压的二分之一还小，因此，不言自明，我知道我的计算是正确的。

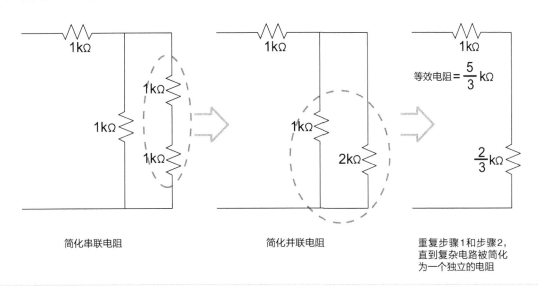

简化串联电阻 　　　简化并联电阻 　　　重复步骤1和步骤2，直到复杂电路被简化为一个独立的电阻

图3.37 **将复杂电路负载简化为单独的等效电阻**

既然计算等效电阻的方法正确，那么你就能求解图3.38所示电路图中的不同电参数了。为了求解这些不同参数，你必须会运用欧姆定律以及基尔霍夫电压和电流定律。

为了验证我求得的计算结果，我想让你按照该图制作一个相同的电路。当电路制作完毕，就加电实验，并制作一个类似表3.5的表格，列出需要求解的参数，然后再把你计算出来的各个参数结果记录下来。将求解出来的值与预测值进行比较。预测值是根据图3.38中所示，将实际电源电压乘以1kΩ电阻值得到的。你可以扩大验证的范围，以确保每个值（不同电阻器上的电压值和i3值）都精确到小数点后两位，与我所求解的精确值相同。

当我第一次设计实验电路时，我制作了如图3.39所示的"Wheatstone"电桥。

当你试图测量电阻的微量变化时，"Wheatstone"

电桥将会在电路中发挥重要作用。电路左右两边各两个电阻起分压器的作用，而且当两个分压器的比相等时，没有电流经过电流计。在图3.39中，你可以看到我在两个分压器之间接了一只检流计。当电桥的左右两臂达到平衡状态，即电桥平衡时，电流计读数为零。

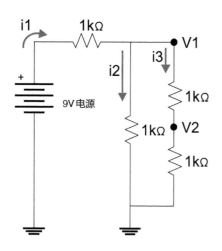

图3.38 用复杂负载电路检测等效电阻

表3.5 在Thevin等效电路里，把计算值与测量值进行比较

测量内容	公式求解值	预期值	实际值
$V_{电源}$	8.85V		
i1	$V_{电源} / (1k\Omega \times 5/3)$	5.31mA	5.29Ma
V1	$2/5 \times V_{电源}$	3.54V	3.52V
i2	$2/5 \times V_{电源} /1k\Omega$	3.54mA	3.52mA

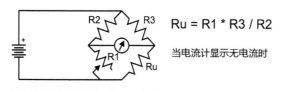

$$Ru = R1 * R3 / R2$$

当电流计显示无电流时

图3.39 Wheatstone电桥

如果电流计读数不为零，则必须调整R1，直到电流计显示为零。然后将R1，R2和R3从电路中拆除，测量它们的电阻值，并将这些值带入到图3.39所示的公式中，就能计算出位置电阻（Ru）的值。

Wheatstone电桥的作用就是乘法器。如果你有一根电阻值在10Ω至20Ω之间变化的应变仪（将其按照规定方向粘在试件表面，随着试件表面应变，造成应变仪的电阻值发生变化），将Wheatstone电桥上的电阻R2和

R1设置为1MΩ，你就可以将应变仪的电阻增强50,000倍。在这种情况下，R3将会变成10Ω。不断调整电阻R1，直到电流计显示为零，根据这种方法，你可以间接测量应变仪上的电阻值。

实验21 功率的概念

零件箱

带面包板的组装印制电路板
1只 1/4W, 100Ω 的电阻
1只 1/4W, 1kΩ 的电阻

工具盒

布线工具套装
慢跑鞋
码表

随着你电路设计的能力增强，你会越来越多地考虑使用应用中所采用的电源。对大多数基本应用来讲，你无需掌握功率的情况，但是，当你需要设计越来越复杂的电路应用（特别是当你设计机器人时）时，了解电路中的功率变化就变得更加重要。在电气（以及物理）领域，单位在国际单位制测量系统中有着非常明确的规定，这也令不同领域里，单位能简单转变，以帮助我们更好地理解以及将功率等级联系起来。

功率（P）是力（F）与速度（v）的乘积，它可以用非常简单的方式表达：

$$P=F \times v$$

此处，力的单位是 牛顿（kg × m/s^2），而速度的单位是 m/s。用下式定义给出力的定义；

$$F=m \times a$$

此处，m 是物体质量，而"a"是物体的加速度。若果你熟悉英国测量系统，你就会说你的体重是多少磅重。这是不正确的，但事实却令人感到迷惑。磅是衡量质量（一个物体所拥有的物质）轻重的单位，它的单位可缩写为lbm。令人感到迷惑的是，在一个标准重力场下（32ft/s^{2}或者9.807m/s^2），一磅重的质量具有一磅的

力（lbf）。国际单位制中没有使用公斤单位来度量力的大小；国际单位制中力的单位被称为牛顿(N)。为了将单位为磅的重量转换为单位为牛顿的力，你应当使用如下转换公式

$$1lbf = 4.45\ N$$

当你将一个物体移动一段距离，可以称为你对该物体做功或者给该物体增加了能量。国际单位制中功或者能量的单位是焦耳和牛顿米（字面上来说，就是力距离）。

系统接收到的能量速率被称为功率，其单位是瓦特（W），即 $kg \times m^2/s^3$。我肯定你听过术语瓦特，但是你可能很难对功率产生一个形象化的概念，即它实际上究竟是什么。James Watt 是蒸汽机的发明者之一，他定义术语马力为马匹从矿井抽水所消耗的标准数量的功率。今天，1马力等于746W。

为了让你对马力有一个直观的感觉，试一试这样一个简单实验：测量你爬上一截楼梯所需要的时间。在这之后，将相应的单位数值输入下面两个公式中的其中一个，就会发现爬一截楼梯需要消耗多少功率：

功率＝体重（lbf）× 身高（ft）×1.356/爬楼梯时间（s）

＝体重（N）× 身高（m）/爬楼梯时间（s）

我的体重大约是200lbm（90kg，体重约890N），我能用7秒钟跑上10英尺（3m）高的楼梯。根据上述的公式所列出的值，我发现我消耗了378W或者大约0.51马力。你自己测试时会发现所消耗的功率相当大，我肯定你至少能输出0.25马力，但这种功率输出看起来也非常大。令人困惑的是你对一匹马的想象——你很可能将一匹马想象成一头强壮的野兽。当Watt定义马力时，他选择用一匹瘦弱的、用来干活的畜生进行的测试。这些马通常已经到了风蚀残年的年龄或者因为疾病折磨而日渐衰弱，它们输出的能量仅仅是一匹健康、营养充足的马匹的一星半点儿。

按照当今的电气术语，功率由下列公式定义为：

$$P=V \times i$$

电压（V）的单位是 J/C，电流（i）的单位是 C/s。将两个数相乘产生一个单位为 J/s 或者 $kg \times m^2/s^3$ 的数，这个结果与上面给出的功率W的单位相同。

为了测试蓄电池作为电路电源的性能，使用附着在本书后面的印制电路板上的面包板，制作一个如图3.40所示的电路，并首先把一个 $1k\Omega$ 的电阻器接在电路里，

再把一个 100Ω 的电阻器接在电路里。我建议你不要将电阻器两端的引脚剪得太短再来插入面包板的插孔——这样做的目的会立即不言自明。

将电阻插入面包板的插孔后，等待30秒，然后用你手指背面触碰电阻。如果接在电路里的是 $1k\Omega$ 的电阻器，你不会有任何明显的感觉，但如果是 100Ω 的电阻器，你会发现它实际上已经变得非常热了。这也是为什么坚持让你用指背触碰电子元件；因为指背要比指肚和指尖对热量更加敏感，而且如果万一电子器件烫伤你的手，你不会出现握笔困难的情况。

图3.40　电阻功率测试实验电路

实际上，两个电阻都会由于产生功率而变热：$1k\Omega$ 的电阻器只是耗散的功率没有 100Ω 的电阻器多而已。当提及耗散功率时，我指的是被电阻转换成热量的功率。重新回顾功率的公式，会发现，根据欧姆定律，可以用许多不同方法来表示功率：

$$P=V \times I$$
$$=V^2/R$$
$$=I^2 \times R$$

如果我们知道施加在电阻器上的电压，就能计算出两个电阻器所耗散的功率：$1k\Omega$ 的电阻器耗散的功率是0.081W，而 100Ω 的电阻器耗散的功率是0.81W。100Ω 的电阻器的耗散功率是 $1k\Omega$ 的电阻器耗散功率的10倍，这也解释了为什么前者摸起来要比后者更烫手。通常在这种情况下，我会规定使用耗散功率为1W的电阻器而不是使用本书主要使用的、标准的1/4W电阻器。1W的电阻器实际上比1/4W电阻器要大得多，因此电阻表面更大，就能更好地耗散功率（因此相应地电阻器的表面温度也更低）。给产生超大热量（超大热量通常是指功率大于1/2W或者更多）的电子元件加装更多的散热面积来降温的材料被称为散热片，现在正被广泛应用于微处理器上，例如，你个人电脑主机里安装的中央处理器就加装了这种散热片。

实验22 电池

零件箱

带面包板的组装印制电路板
1只 1W，100Ω 的电阻
9V 廉价的石墨电池
9V 碱性电池
9V 镍氢电池

工具盒

布线工具套装
数字万用表
码表

机器人运行所需要的能源几乎都靠主板电源提供。一些机器人使用光伏电池，但是这些机器人先将能量存储在电容或者蓄电池里，然后再为各个电子器件或者电动机提供能源。其他机器人采用外部供电的方式，通过电力电缆连接，给机器人供电。我不打算使用这种通过电力电缆连接供电的机器人，因为将外部电缆分开是件麻烦的事情，而且每次当我看到机器人外面连接着导线，就不禁会想到 Far Side 漫画里面的情节。只有非常少数的机器人是由燃料电池和内燃机驱动。

在选择采用何种方法驱动你的机器人运行时，你必须要考虑如何给电动机和其他控制器或外围电子设备供电。许多机器人需要两个电池组来供电，一个用来给电动机供电，另一个用来给电子设备供电。使用两个电池是为了当电动机启动和关闭瞬间，将电源波动降至最低。

使用一个电池组能最大限度地降低机器人设计制造成本和重量。你会发现，当你最大幅度消减机器人设计制造成本和重量时，会有想象不到的事发生。一个电池组就意味着机器人整体的重量减轻，这就需要设计安装小型电动机。而小型电动机一般都更便宜，所需的驱动电流更小，因此，只需要一个小型电池就能驱动工作。再者，小型电池要比大电池更轻便，成本更低，从而，可以令你选择使用更小的电动机。

这个成本和重量降低的循环被称为超级连锁效果，它有助于在一组给定条件下，设计制造最小型、最轻的以及成本最低的机器人。我真的要提醒你一件事：鉴于在设计机器人过程中，最小型电子元件的巨大魅力，设计者会顾此失彼，因此很容易出现设计不足、机器人功能不能满足最初的设计要求的情况。

选择机器人供电电源时，你可以选择碱性无线电蓄电池，镍氢或镍铬可充电蓄电池，或者铅酸（摩托车或汽车上使用的）可充电蓄电池。对于你的机器人项目，我建议你使用镍氢蓄电池而不是镍铬蓄电池，因为前者对环境的污染较小。正确选择蓄电池对机器人的成功设计至关重要，因为它会影响机器人的以下方面：

* 机器人的尺寸大小和重量
* 供电电池的电压
* 机器人的运行寿命
* 移动速度
* 成本
* 充电时间

不同类型的蓄电池输出的单位电平和泄流速率也各不相同。锂电池的输出电压相对较高，但是通常情况下，泄放的电流较小。石墨和碱性蓄电池预计可以提供的单位电压为1.5V，或更高。可充电蓄电池单元（例如镍铬蓄电池和镍氢蓄电池）单位输出电压为1.2V。如图3.41所示，可充电蓄电池单元一般输出恒定不变的电压，而单个使用的电池（石墨和碱性电池）的输出电压会随着使用时间的增加而线性递减。

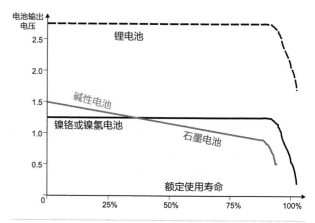

图3.41 不同种类电池的工作特性曲线

当考虑应该采用哪种蓄电池来给机器人供电时，请牢记选择蓄电池时需要考虑的一个关键参数是它的内阻，这一点，对正确选择蓄电池至关重要。内阻越高，可提供给电动机的电流就越小，电池内阻就会损失很大一部分能量。通常来说，当蓄电池温度攀升（由于内阻存在，造成电池内部的功率耗散），你会发现它们提供源电流的能力就会降低。蓄电池内阻越高，其输出就越容易受到瞬时电压的影响，导致对输出电压的滤波稳压难度增加。与使用单个电池组和尽可能最小的电动机的超级连锁影响相同，如果最大程度降低蓄电池内阻，就需要制作更小的、更轻的和成本更低的机器人。

通常人们（将自己称作"专家"）会说你应当购买便宜的石墨电池而不是价格昂贵的碱性（或者可充电）电池，因为这两种电池的电池容量非常接近。这话不假，但是你的机器人如果使用这种电池供电，我得提醒你，这种廉价电池的内阻一般非常大。通过阅读电池制造商网页上提供的电池数据表单或是电池工业定制表单上的规定，你通常就会查找到电池的内阻值。因电池非常高

的内阻而产生的问题如图3.42所示。机器人所使用的大部分电池组都是由多个单独电池串联构成，虽然一般情况下，你能将电路视为"理想电路"，但是，"实际电路"电路中，电池组都是由电池符号和表示单个电池内阻的符号构成。在图3.42所示的"有效电路"里，我将所有电池内阻串联归并成一个等效内阻，如此一来，当从电池流出的电流增加，电池内阻上分的电压也会随之增加。根据欧姆定律，负载的电压降与负载上流过的电流成反比。这意味着，当通过电池内阻的电流增加，电路有效输出电压就降低。

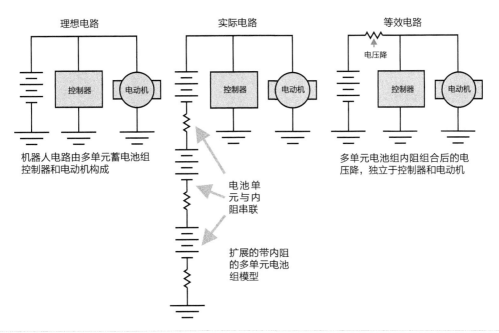

图3.42　电池内阻对机器人的影响

当你再回头看，就会发现电池内阻最低的要么是优质碱性无线电蓄电池单元或可充电蓄电池，它们都用于高电流输出的应用。9.6V的镍铬蓄电池是一种适用于机器人应用的电源，它应用在遥控电动赛车上，具有非常低的内阻，用非常便宜的价格就能购买到连带充电器的镍铬蓄电池。我让你做的实验非常简单——看看你是否能用一块廉价的石墨蓄电池，一块价格适中的碱性蓄电池和一块可充电的镍氢蓄电池来重现图3.41所示的结果。这些电池将会同本书所附的印制电路板一起用于图3.43所示的电路中。

为了验证上面的假设，我记录下了石墨蓄电池、碱性电池和电量充足的镍氢电池的使用寿命；然后我在Microsoft Excel（如图3.44所示）记录并绘制上述结果。除了石墨电池有一个大的初始电压损耗外，测试结果与我

陈述的结果基本上相匹配。在我做了一点研究后，发现这是由于电池内部靠近电极附近的电池材料发生改变，导致电池内部电阻增加。如图3.44所示，可以看出镍氢蓄电池是最佳选择，这是由于它的输出电压能在最长时间周期里最接近9V，而且在使用一定时间后，其电压发生骤降，而不会随使用时间的延长而缓慢降低（在很多应用中，这个特点实际大有裨益）。

图3.43　蓄电池使用寿命试验电路

时间	镍氢蓄电池	碱性蓄电池	石墨电池
0	9.02	9.08	8.24
5	8.69	8.44	7.02
10	8.62	8.32	6.57
15	8.61	8.22	6.37
20	8.62	8.12	6.3
25	8.61	8.04	6.28
30	8.61	7.96	6.25
35	8.6	7.9	6.23
40	8.59	7.83	6.19
45	8.55	7.78	6.16
50	8.53	7.73	6.09
55	8.5	7.67	6.05
60	8.46	7.62	5.98
65	8.4	7.58	5.93
70	8.34	7.52	5.86
75	8.27	7.46	5.79
80	8.18	7.43	5.73
85	8.05	7.39	5.67
90	7.86	7.36	5.61
95	7.63	7.33	5.56
100	7.22	7.3	5.49
105	6.3	7.28	5.43
110	3.3	7.25	5.37
115	1.88	7.22	5.31
120		7.19	5.25

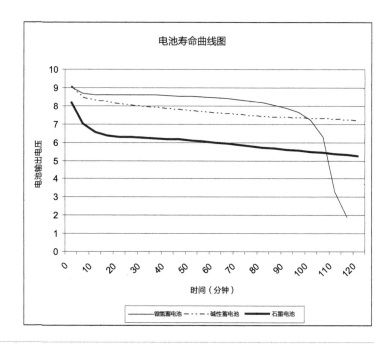

图3.44 按照电池种类记录并绘制的实际电池寿命图

仅供参考

本节用来计算各种不同数值时所使用的数学对你来说并不陌生，也并不是特别难。理解这些数值的意义以及它们是否合理对你来说才是一个新的体验。在本节的末尾，我会更详细解释不同的数值的含义以及它们应该落在你所期望的哪个区间范围内。

所有的电气测量值都采用国际单位制。国际单位制是一套举世公认的，用来测量不同物理量的一组计量标准。世界上大多数国家都使用国际单位制来计量所有物理量，但是一些国家（尤其是美国、加拿大、英国和澳大利亚）依旧使用英制计量系统作为长度、体积、质量和力的单位。尽管上述物理量的计量与国际单位制有所偏差，但是，这些国家在计量电气物理量时采用国际单位制。

国际单位制物理量的推出使得各个物理量之间的转换变得容易。基于十进制的计量方法，使数值的运算变得简单。我记得孩提时代就学会12英寸等于1英尺，3英尺等于1码，22码等于1测链，10测链等于1弗隆，而8弗隆等于1英里。按照英制计量系统，2品脱等于1夸脱，4夸脱等于1加仑，而8加仑等于1蒲式耳。英制重量测量就更加奇怪了：16盎司等于1磅，14磅等于1英石，8英石等于1英担，而20英担等于1吨（英制吨实际

重2240磅，而不是大多数以为的2200磅）。上述这些奇怪的计量单位转换使掌握哈利·波特系列小说中所讲的魔币转换看起来十分简单！

为了将国际单位制转换成更为简单的形式，你只需要对其乘以或除以10，或以10为底的幂指数，再加上适合的前缀即可。

根据表3.6内容，如果你有1000公制的物理量，实际上你有1公斤任何物质（或1千克）。大多数公制前缀表包括以10为底的每一个幂指数（例如，10的1次幂叫"德卡"），但是，我并没有将该信息写入表中，因为它并不常用于电气计量单位中。

秒是国际制单位，它被定义为一颗铯原子的微波输出频率（一秒钟振荡9 192 631 770次）。通常，秒的计量前缀远远大于1，但是，秒常常以几千分之一秒（毫秒或msecs）或几十万分之一秒（微秒或μsecs）来计算表示。在本书的大部分项目里，你会发现信号时间以微秒计算，偶尔以秒计算。如果你正在做本书里的一个实验，求解出的值为几十亿分之一秒（纳秒），那么很有可能是你的计算错误。

信号的频率定义为它的周期的倒数，如图3.45所示。在这个图中，我展示了一个周期为n秒的连续信号，信号重复出现所需的时间被称为信号的周期。

表3.6　转换国际制单位

幂指数	前缀	符号	幂指数	前缀	符号
10^3	千	k	10^{-3}	毫	m
10^6	兆	M	10^{-6}	微	μ
10^9	吉	G	10^{-9}	纳	n
10^{12}	京	T	10^{-12}	皮	p
10^{15}	垓	P	10^{-15}	埃	f

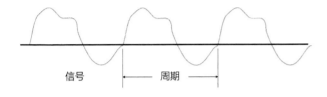

$$频率 = \frac{1}{周期}$$

图3.45　重复信号显示出信号的周期和频率

因此，如果你有一个周期为2 msecs（或0.002）的信号，它的频率就可以按照下面的公式计算出来：

$$频率 = 1/周期$$
$$= 1/2 \text{ msecs}$$
$$= 1/[\,2\,(10^{-3})\,s\,]$$
$$= 500 \text{ 1/s}$$
$$= 500 \text{ Hz}$$

频率的国际单位制是hertz（Hz），其单位是1/s，即在单位时间内完成振动的次数。大多数音频信号的频率范围在100Hz至2,500Hz（或2.5kHz）之内。你可能会听见频率为12kHz或者频率更高的声音，但是语音的频率范围通常在100Hz至2.5kHz之内。在本书中，你会看到频率为几百至大约一百万赫兹的信号（Hz,kHz 和MHz）。你绝对不会看到信号频率为几分之一赫兹的情况（如果你计算的信号的频率单位为微赫兹，那么你应当清楚一定是你计算错误）。

第四章

磁性器件

Chapter 4

当我们说一些事情困难时或者不直观时（即，不能立即令人看明白），我们通常将这种情况称为在某些方面"发展迟缓"。通俗地讲，我们使用"上下颠倒""本末倒置"和"180度大转变"等术语来描述很难理解的事情，但是我们不会使用"斜向一边"等术语来描述这些难以理解的实物（如垂直于或90度异相）。我觉得这种描述很奇怪，因为当我还是大学生时，最令我难以想象或者说理解的事物是磁场以及它们是如何与载流导线发生相互作用的。

基本电磁学非常容易理解。在图4.1中，一件磁化的金属件从磁"北"极（或磁北端）辐射出磁力线，再回到磁"南"极。当把一块磁性金属（通常来说铁金属）放置在这些磁力线内时，这些磁力线（也称为磁场）的走向就会发生变化。

正如电流会沿着电阻最小的路径流动，来保证电流的高效利用率。当磁力线在磁性材料（通常来说是铁金属）中传播或者在非磁性材料中传播时，总会沿着最小距离传输，以保证磁场的高效利用率。如果把一块铁靠近一块磁铁，铁就会为磁场提供一个传输的路径。磁场穿过铁块，并把它拉得更近，这样一来，磁场就变得更小（也更加有效）。

这就解释了为什么当把铁块远离磁铁时，就可以感觉到磁力，但是容易被抵消掉。当铁块靠近磁铁时，吸引它的磁力变得越来越强，直到铁块与磁铁接触在一起，要想将铁块从磁铁上拿下来也很费劲。

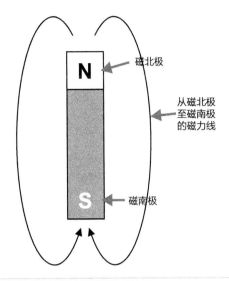

图4.1 条形磁铁显示出两极之间的磁力线

青春年少时，你也许充分利用磁铁同极相斥异极相吸的特性（如图4.2所示），动手制作过一只罗盘。将一块磁铁朝着一个方向摩擦一根钢针（或钉子）数次，然后再将它放在一只瓶塞上，用非铁质的平底锅盛满水，让瓶塞漂浮在平底锅里。通过这种办法，你就能制作一只简单的罗盘了。

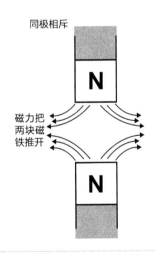
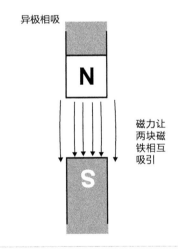

图4.2 两块条形磁铁的相互作用

用磁铁朝着一个方向摩擦钢针数次会让针内的原子朝着相同方向排列，使钢针被磁化。许多人在使用螺丝刀时，会用磁铁摩擦螺丝刀来将其磁化，再用它吸起并拧紧螺丝（这样处理，螺丝就不会在安装过程中掉落）。当磁化的罗盘被放置在瓶塞上，它的北极就会指向地球的磁北极（反之亦然）。将漂浮着的磁铁悬浮在水里（或酒精里）一直是人们几个世纪以来制作罗盘的基本设计方法。

当电流通过导体时，就会在导体附近产生环绕的磁场。图4.3所示为当电流流过一根导线时，产生的环绕磁场的方向。电流的方向可以使用你的右手来预测。弯曲你的手指，用大拇指指向手掌外侧所代表的是当电流流过导线时产生的结果。大拇指的方向是电流的方向，而你弯曲的四指代表磁场的环绕方向。

当绘制导线里的电流时，传统的表示方法是在电流流入（就像一只箭的箭翎）的导线一端画一个交叉的十字，而在电流流出（就像一只箭的箭头）的导线一端画上实心圆点。在图4.3中，我在有电流流经的导线的可见端绘制了一个X符号。

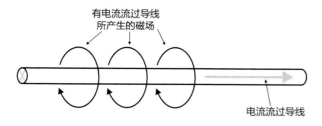

图4.3　有电流流过的单根导线所产生的磁场

如果使用多股导线缠绕形成一个线圈，如图4.4所示，就可以将电磁场集中，从而增强其磁场强度。与判断单根载流导体方法相似，使用右手法则就能判断线圈的电磁场环绕方向，弯曲的四指为线圈中的电流流动方向，大拇指的方向为线圈的磁场方向。

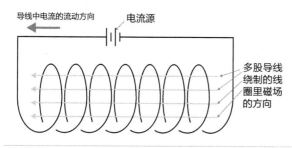

图4.4　有电流流过的线圈所产生的磁场

将一块条形磁性材料（例如，铁）置于线圈内部，线圈内部的磁场强度就会显著增加。这种方法集中了磁场，使其对磁性物质产生一个更强的力。如果线圈绕在一块条形金属上时，就被称为电磁体，它可以产生强度很大的电场。

永磁体和电磁体的使用方法看起来十分直观。当你将两者混合时，要想理解会出现什么现象，将会变得更加复杂和困难。如果你将一根载流导线置于磁场中，载流导线产生的磁场和静止磁场会发生相互作用，造成导线受到力的作用。图4.5所示为载流导体放置在永磁体两极的情况。当流过导体的电流流入纸张里，就用纸张中间画着十字的小圆圈来表示。

图4.5所示为永磁体和导体的磁力线。磁场总是试图沿着北南连接线，从磁北极流向磁南极，但是，载流导体产生的磁场会令磁场方向发生弯曲，导致本来应该从永磁体的磁北极流出的磁力线指向载流导体的右侧。这种磁力

线的改变产生了一种力施加在导线，使得导体不再靠近永磁体两极的任何一个而是偏向两极之间的方向。

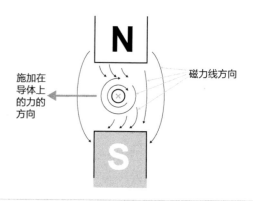

图4.5　载流导线放置在电磁场中间

力的方向很奇怪，但是，这种现象的原因却显而易见。由载流导体产生的环形磁场既有北极也有南极，它们都朝着永磁体的磁北极和磁南极。同极相斥，但是异极相吸。这些磁力的垂直分量会相互抵消掉，而水平分量会增强。使用你左手的食指、中指和大拇指相互成直角就能确定力的方向。如果你的第一根手指（或食指）代表磁场方向，而你的中指代表导体中电流的方向，大拇指就是施加在导线上的力。这个方法叫做"左手定理"。

施加在导线上的水平方向的力非常小，对此，你应当不会感到惊奇。通过增加流过导体的电流的强度或者增加磁场强度（可通过将南北磁极拉近来完成），就能增加施加在导线上的力的大小。另一种增加力的方式是增加导体数量。

传统的（旋转的）电动机中，这种因导体置于磁场中所产生的偏向位移不能轻易地加以充分利用，因为这需要一个磁极在电动机的中心，而另一个磁极在电动机的外部。这种情况的一个实际应用就是线性感应电动机，它在过去被反复提议用于磁悬浮（无摩擦）列车的设计中。

实验23　电磁铁

零件箱

3英尺（8cm）长的钢钉
20英尺（6m）长的22号铜绞线
橡皮筋

带扣的C型蓄电池
各种各样的钉子、螺帽、螺栓和垫片
各种各样的硬币

可能利用电磁铁所能做的最酷的事情就是在James Bond 电影《金手指》里，主角 Auric Goldfinger 谋划了一个计划：抢劫位于Kentucky 州北部的诺克斯堡的联邦银行中的黄金储备，但是需要有组织犯罪分子们的帮助。当他介绍了秘密计划后，其中的一个犯罪集团成员驳斥这个计划不可行，并要求支付他报酬并离去。这个犯罪分子在驾车前往飞机场的路上就被Goldfinger的保镖（"Oddjob"）谋杀（开着Lincoln Continental Mark Ⅱ 轿车，后备箱里放着作为报酬所支付的黄金），他连同他所驾驶的汽车装进一个立方体。这个立方体后来用电磁铁吸上来并装入小卡车里，送回给Goldfinger，这样，车内装的黄金就可以被取回。

尽管这个情节看似不符合逻辑，但这是一个非常棒的视觉场景。我也认为这个场景中造成的浪费令人唏嘘不已。我一直都是Continental Mark Ⅱ 轿车的忠实粉丝，却亲眼看到一辆崭新的车（即使它是一部40年前的电影）就这么被毁掉，真的是说多了都是泪。

这个电影场景显示了电磁铁的广泛用途。在装入立方体后，这辆车变形严重，车体轮廓出现很多锋利的边，很难再吊起来。电磁铁能根据命令制造一个磁场，施加一个力，将撞毁汽车内的所有金属都捡起来，而无需考虑取得的物体的最终形状或者不同的部分是否能支撑立方体的重量。利用电磁铁来处理撞毁车辆实际上是一种非常优雅的解决办法。

我推荐使用铜绞线而不是固体核芯，因为前者更容易缠绕在钉子上。不用担心缠绕得是否整洁或者是否应该用某一特定的顺序缠绕导线。我给的唯一建议是确保缠绕铁钉的两根导线最后应同时绕完。我使用一个小橡皮筋（如图4.6和图4.7所示）将松动的导线固定住。

这就是制造一个电磁铁需要做的所有内容。当给缠绕在钉子上的导线接通电源，电流流过导线，钉子上的每一环导线圈周围都会产生磁场，这个磁场与其他导线圈环路产生的磁场叠加就会产生一个流过铁钉的磁场，这样，铁钉就可以拾取钢铁物体，如图4.8所示。

电磁铁产生的磁场的强度异乎寻常。将两个C电池单元接在电磁铁上，然后用它测试散落在周围的金属物体。你会发现电磁铁很容易拾取标准的垫片、螺帽和螺栓，但是却不能对大多数硬币起作用。螺帽、螺栓和垫片

通常都是钢铁做的，而硬币是由黄铜、紫铜和银等混合制成，因此不受磁场影响。

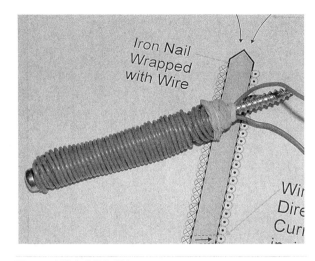

图4.6 制作完成的电磁铁

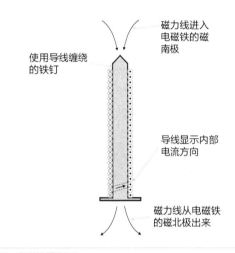

图4.7 电磁铁横断面

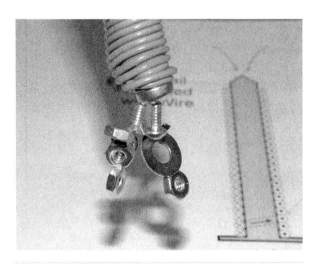

图4.8 操作电磁铁吸附金属

实验 24　继电器

零件箱

若干个 3 英尺（8cm）长的钢钉
20 英尺（6m）长的 22 号铜绞线
橡皮筋
12 英尺长的 24 至 28 号铜绞线
单刀单掷开关或单刀双掷开关
1kΩ 电阻器
发光二极管
带扣的 C 型蓄电池

工具盒

带扣的 9V 蓄电池
电烙铁
焊料

在本书里，我强调不应该在机器人项目中（或在任何电子项目制作中）使用继电器。现在，我会讨论继电器的操作，并向你展示如何使用上一个实验中，用缠绕铜导线的铁钉制成的电磁铁来制作一只继电器。随着我继续深入解释更复杂的电子设备，你必须了解继电器的两个重要特性。

继电器的电子符号（如图 4.9 所示）很能说明它是如何制作的。继电器由电磁铁和磁铁控制的可移动的"接触电刷"（衔铁）构成，接触电刷上固定着一块钢触点。接触电刷是一个钢铜连接件，线圈通电后产生的磁场吸引电刷运动，从而使它成为与"线圈常闭接点"或"线圈常开接点"之间电流传递的桥梁。当继电器线圈中没有电流导通，电刷通常连接至"线圈常闭接点"上。当继电器线圈通电后，线圈中的铁芯产生强大电磁力，吸动接触电刷带动簧片，使接触电刷上的钢触点与"常开接点"接通。尽管我在图 4.9 中标明了继电器里仅有一根接触电刷，但实际上，我应当指出，由于接触电刷具有多种不同中继功能，可同时接通或切断电流链路，因此用一只继电器就能实现控制多个器件。

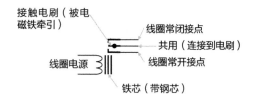

图 4.9　继电器电子符号

继电器接触电刷能连接两个触点的作用方式与单刀单掷开关中的"闸刀"的作用方式完全相同。继电器中的电磁铁接通电源或者不接通电源都会使接触电刷与"常闭"或者"常开"接点连接。当电磁铁失电，电刷连接至其中一个接点。当线圈通电，电磁铁得电，产生强磁场，将电刷从原接触点拉开，并接至另一个接点。

使用上一个实验中制作的电磁铁，你就可以制作如图 4.10 所示的简单继电器测试电路。该电路由两块 C 型电池供电的电磁铁构成，并通过一个简单的串联开关控制。

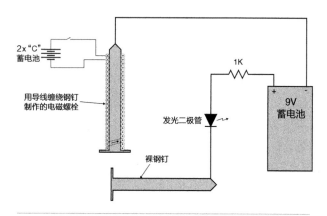

图 4.10　简单的继电器电路仿真

电路中的接触电刷实际上是一个连接着一只发光二极管、一个 1kΩ 电阻器和 9V 电池正极的铁钉。为了简化电路，当线圈通电，电磁铁产生电磁力，并拉动钢钉，将电磁铁内部的钢钉作为电刷触点。

只需要几个小改动，该电路就能作为一项令人印象深刻的科学展会项目。电磁铁可以安装在一个木制框架上（这也是我为什么建议你使用钢钉或者螺栓作为电磁铁的铁芯），接触电刷置于框架下面。你可以用一个带有钢制螺栓的铜铰链来代替钢钉，当电磁铁通电，它就会被电磁力吸引。也可以使用铜制螺栓作为与铜铰链电刷连接的触点。

继电器使电路具有的两个重要特性是：（1）绝缘特性；（2）通过低压或小电流电路控制高压或大电流电路。绝缘意味着驱动电路完全独立于被驱动电路。这个特性对控制一些诸如家用或其他高压交流电路等应用来说，至关重要。

电路的绝缘特性使得低电压或小电流电路可以驱动高电压、大电流电路工作，这个特性在制作机器人时非常有用。本书随后内容所讲的数字逻辑（和模拟）电路运行时的电压电流，甚至比小型玩偶机器人的还要小得多。能用能量信号控制大功率装置的器件对制造机器人而言，极为重要。

虽然，继电器的其他两项重要特性很少被讨论到，但是在设计制作专属的固态电动机驱动的过程中，你就会有所了解：继电器触点上的电压降非常小，自身电阻也很小。当我介绍晶体管时，你就会发现它们具有确定的电压降和电阻，能影响电动机的运行。

如图4.11所示为晶体管驱动电路中用来控制一个简单逻辑电路的继电器。该晶体管驱动电路正好与用来控制逻辑电路电动机所使用的电路完全相同。该电路或许超出了你目前的知识水平，如果是这种情况，你可以在心里记住它，随后需要参考使用时，再回过头来查看该电路图。

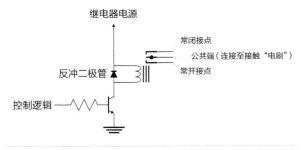

图4.11 继电器控制电路

实验25 测量地球磁场

零件箱

带有面包板的组装印制电路板
罗盘
12至20英寸长的22至26号铜绞线
1kΩ电位器
带扣的C型蓄电池

工具盒

布线工具套装
剪刀
刀子

当你使用数字万用表测量电路中的电压、电流和电阻值时，你必须牢记：万用表的出现实际上是数以百万科学家对电流特性及其测量进行常年科学实验和理论化分析的结果。在Ben Franklin的年代，电流的测试方法是用

手触摸电路，看看会不会产生火花。触摸测试法仅仅能检测相当高的电流是否存在（产生电火花需要的电压高达1500V，甚至更高）。这种电流测试方法很明显不是十分精确，而且还相当危险。一位欧洲科学家重复了Franklin的风筝实验，当他用手触碰绑在线上的钥匙，即刻电击身亡。

随着时间的推移，关于电流是什么的不同理论被科学家们提出，而为了测试这些理论，科学家们又使用仪器做了不同的实验，后来这些仪器实际上成为让我们更好地理解物质世界的工具。验电器（如图4.12所示）就是这种工具的一个最早例证。验电器由一个连接至电路和一块金箔或一个黄金薄片上的铜板构成。当铜板连接至电子电路中时，它与金箔就会互相排斥，这是由于在固定住的金箔内部原子发生了与铜板相似的改变。金箔，由于非常轻盈，就会在电荷产生的磁场下，发生移动。

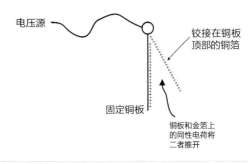

图4.12 早期的验电器

金箔在科学界具有漫长和著名的履历（它是Rutherford对物质特性研究实验的中心问题），因为它具有一些独特和有用的金属特性。首先，它是一个极好的良导体。第二，它不容易与其他元素发生相互作用；你或许听说过它被称为贵族金属。贵族称呼不是来自于它在皇室里被使用，而是来自于，其他金属在常态下不能与之结合，除非是在极端的条件下。黄金的最后一个显著特性，也是令它成为这一类实验的理想选择的特性，就是它的易锻造性。黄金可以被锻造成非常薄的薄片，只有几个原子的厚度。

现代的电子爱好者已经很难制作并使用验电器了。如你所料，找到合适的金箔难度很大，但是，你也会惊讶地发现，找到其他金属材料替代品也很难。一般的家用铝箔不能代替金箔使用，因为铝箔太厚太重。我见过一些用塑料泡沫"花生"来制作的验电器样本，这些塑料泡沫用于在船舶运输过程中保护物品。你可以试着用这种泡沫花生来制作验电器，但是，请记住，它们只能集聚存储静电，而实际上，它们对本书随后的实验中需要使用不同电子元件产生相当大的危害。用泡沫花生验电器进行实验后，应确保泡沫被丢弃，不会对电子器件造成危害。

基于罗盘的安培表是历史上一个功能更加强大的电测量器件，你可以用它进行实验。为了制作这个器件，使用一股绞线围绕一只罗盘缠绕两到三圈，如图4.13所示。然后，让罗盘朝东，让磁北极方向与缠绕导线的方向平行，并将一只9V蓄电池连接至导线的裸露端。

图4.13　用绞线缠绕罗盘制作安培表

你会发现罗盘的针头突然偏转，变得与缠绕在罗盘上的导线垂直，这是因为罗盘根据导线产生的磁场来调整自身的方向。使我感到惊奇的是罗盘的针头会如此迅速地根据磁场方向发生转动，并指向仅仅由缠绕了三两圈的导线所产生的磁场的方向。这说明，由C型电池供电的线圈产生的磁场强度要比地球的磁场强度大得多。

许多早期的科学家都使用安培计来检测电路中电流的大小，这是因为安培计操作简单，价格低廉。几乎不费什么事，就能测量出安培计指针的偏转量所对应的电流的大小值，从而检测出具体位置处的地球磁场强度。虽然，测量过程稍显费力，但是在测量电路中增加一个电位计，如图4.14所示，就能使得测量变得更加容易。电位计限制了流过缠绕在罗盘上的线圈里的总电流大小。我使用本书提供的印制电路板做过该实验，并发现我必须尽量确保线圈和罗盘离9V蓄电池越远越好，以保证蓄电池里的任何铁成分不会使罗盘失效。

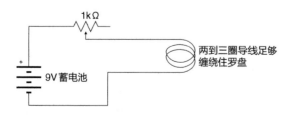

图4.14　测量地磁场大小的实验电路

由线圈（用符号"B"表示，单位是"Tesla"，简写为"T"）产生的感应电磁场由下面公式定义为：

$$B=\mu_0 \times N \times i/(r \times 11.18)$$

此处，μ_0是真空介电常数，大小等于1.257×10^{-7} N/A^2。N是导线的缠绕圈数，i是穿过导线（流入安培计）的电流大小，而r是线圈的半径，以m为单位。放置在线圈里面的罗盘时，确保磁北极与线圈平行，将9V蓄电池插入印制电路板的卡扣里，并调整电位计的大小，直到罗盘仅仅偏移20度。然后，我测量了9V蓄电池的电压值（我的实验中测量值是9.25V），电位计的电阻值，以及导线电阻（12Ω）。根据欧姆定律我计算出流出的电流大小是770mA。知道了电流的大小，我将导线缠绕了3圈，而且缠绕的线圈直径是2英寸（5.08cm），就能算出线圈内部的感应电磁场的强度是1.039×10^{-5} T。

实验开始时，我让磁北极与线圈产生的感应磁场的方向垂直，利用数学的三角函数法就可以求得地球磁场的强度。在图4.15中，我画出了地球磁场方向，连同线圈感应磁场的方向和最终的罗盘方向。将公式转换为正切表达法（而且清楚tangent 20°的值），我就能计算出作用于罗盘指针的地球磁场的大小：

地球磁场＝线圈感应磁场/tan（20°）

　　　　＝1.039×10^{-5} T/0.364

　　　　＝2.86×10^{-5} T

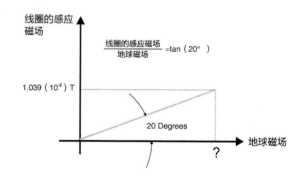

图4.15　垂直磁场的三角关系

普遍接受的地球磁场的值大约为5×10^{-5} T，因此我测量和计算的值比公认值的一半稍稍大一些。这个结果看起来是一个很大的错误，但是令我惊奇的是，使用如此粗糙的设备就能得到如此接近的值。由于做实验时，我选择在家里的厨房进行实验；如果我将实验地点选在外部环境，没有金属或者电源线，我也许可以得到更加精确的数值。当然，我也许得到的是精度稍差的值，这可能受到缠绕罗盘的线圈位置的影响、蓄电池中电荷的影响，或者各种其他因素的影响。再做一个有趣的实验：尽可能用相同的器件在不同地点测量地球磁场的强度，最后进行比对，看看会出现多少偏差。

实验26 直流电动机

零件箱

小型直流电动机
9V或者C型电池组
纸盒片

工具盒

布线工具套装
剪刀

本书的目的之一是制作一些能让你自己动手就能完成的实验，而且上一个实验结果还可以用于随后的实验中。大部分情况下，我认为我的实验都会成功，除了一种装置，那就是电动机。我还不能想出一个电动机设计方案，既能使制作电动机简单可行，又能让电动机成品用于随后的实验里。这很出人意料，特别是考虑到直流电动机仅仅由几个不同零件构成（如图4.16所示）。

图4.17展示了一个小型电动机的不同零件。电动机转子或电枢由电动机的驱动轴和安装于驱动轴上的各种零件构成。将不同的零件在图中展开，从而让人容易辨别清

楚。但是，当你看到一个实际的转子时，如图4.17所示，它的零件都被尽可能地挤压在一起，以节省空间。把各种不同磁性零件尽可能靠在一起有一个优势，就是可以让电动机更高效地运行。

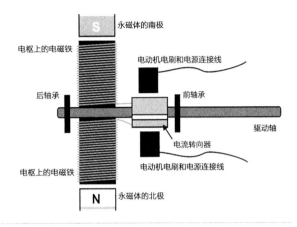

永磁体的南极
电枢上的电磁铁
电动机电刷和电源连接线
后轴承
前轴承
驱动轴
电流转向器
电枢上的电磁铁
电动机电刷和电源连接线
永磁体的北极

图4.16 直流电动机零件

电动机可以被等效成由许多电磁铁构成，它们可以根据电磁转子的位置开启和关闭，如图4.18所示。我绘制了一个有三个电磁铁的电动机，在图左边，1号电磁铁朝上，2号电磁铁产生磁南极，并被吸引至永磁体的北极。3号电磁铁产生磁北极，并被吸引至永磁体的南极。

在图4.18的右边图画中，电动机转轴转动60度，1号电磁铁开启并产生磁南极。2号电磁铁正对永磁体的北极，并被关闭。3号电磁铁依然产生一个磁北极，并持续吸引至永磁体的南极。当电动机转轴如图4.18所示转动60度，1号电磁铁和2号电磁铁会改变操作，以保证有一个持续的电磁力将电磁铁吸向永磁体，并在转轴上提供扭矩。转轴的移动以及由电磁铁产生的扭矩从电动机传递出去，用来驱动任何连接在电动机上的东西转动。

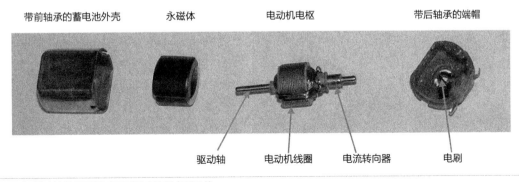

带前轴承的蓄电池外壳　　永磁体　　电动机电枢　　带后轴承的端帽

驱动轴　　电动机线圈　　电流转向器　　电刷

图4.17 玩具电动机被拆卸开显示出不同的电动机内部零件

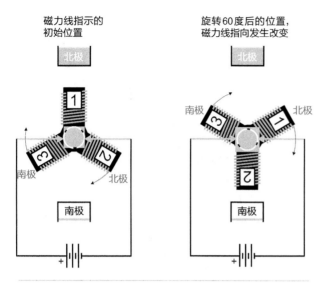

磁力线指示的
初始位置

旋转60度后的位置，
磁力线指向发生改变

图4.18 三相直流电动机的运行

直到电动机的电流变得平稳为止。

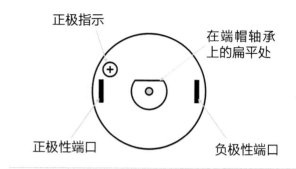

图4.19 电动机端帽上的极性指示

在图4.18中，我标记了电动机转轴上电流转向器触片的位置，以及它们与电动机的两个电刷的关系。请记住，在这个例子里，只有两个电流转向器触片接触到电刷。这种情况不常发生。由于图4.18所示的例子之间的角度差，电流转向器的三个触片都会接触到电刷。

有一件事情没有讨论到，那就是电动机的特性。这个特性使电动机根据电流的流向，仅仅朝着一个方向转动。为了指示电动机究竟朝哪个方向运转，你只需要看看电动机的端帽，就能发现电流方向不仅在其中一个接线处用一个＋符号标记，而且还在转轴轴承上的扁平侧进行了标记（如图4.19所示）。

大多数小型电动机的转速都在每分钟2000至4000转，而且很难看清电动机到底朝哪个方向转动。为了使转动方向更容易被观察到，我用纸盒子制作了一个风扇盘，如图4.20所示。制作风扇盘时，你应当使用圆规和量角器以确保风扇盘尽可能平坦、中心位置准确。再裁剪风扇盘使其具有8个扇叶。用这只风扇盘，你就能根据空气的吹动方向，分辨出电动机的转动方向。

给电动机装上电池进行测试前，先用数字万用表测量并记录电动机的电阻（我的其中一个电动机的阻值为0.9Ω）。这一步骤完成后，将风扇盘压进电动机的转轴，并用图4.21所示的电路测试电动机。测量电动机的电压和流过它的电流值，再根据欧姆定律，计算出它的电阻值。电动机电压7.2V，流出的电流值0.3A，利用欧姆定律，就求出电阻的值为24.3Ω。这个计算得出的值要远远大于电动机静态的电阻值。电动机转动时产生更高的电阻背后的原因是由转换电磁铁时出现的"磁阻"现象导致。当一个线圈导通或关断，它的有效电阻变得非常大，

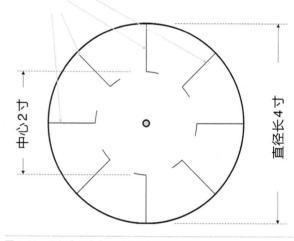

8个切口，每个切口呈45度角

中心2寸

直径长4寸

图4.20 用纸盒风扇盘测试电动机的运转方向

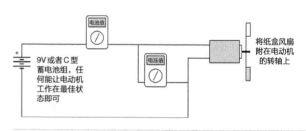

电流值

9V或者C型
蓄电池组，任
何能让电动机
工作在最佳状
态即可

电压值

将纸盒风扇
附在电动机
的转轴上

图4.21 测试直流电动机的实验电路

最后再说一句题外话，一个简单的电动机最初是出现在电视节目Breakman's World里面。它就是我所称呼的单电磁铁电动机，因为该电磁铁仅仅只能朝一个方向极化。这个电动机制作简单，但是运行起来非常复杂，而且它通常只能运转几秒（朝一个方向），然后就停止运行。如果你有兴趣制作这个电动机，你可以在这个网址 http://electronics.howstuffworks.com/framed.htm?parent=motor.htm&url=http://fly.hiwaay.net/~palmer/motor.html.找到制作说明。

第五章

传动系统

Chapter 5

电动机是机器人移动所采用的最普遍的电子器件，即使它不怎么高效，有时候在不同环境中，使用起来有些困难，特别是拿它与其他电子器件比较时，例如：

- 内燃机（气体和柴油）
- 外燃（蒸汽）机
- 液压装置
- 记忆合金

为了让电动机执行与上述器件相同的任务，就必须加装机械附件，从而让电动机在不同环境中，功能更加强大。这些机械附件由多种器件构成，如转轴，耦合器，齿轮，和轮子等。这种由电动机和各种硬件组合的装置，可以驱动机器人工作或者执行一些动作，但我不打算用电动机与机械附件这种麻烦的术语来称呼它，而是使用术语传动装置来定义它。

我能想象到的最简单的机器人传动装置如图5.1所示，它由电动机和一些置于传动轴上的一些小粘块构成。当我看到这种配置的机器人时，常常吓得缩作一团。即使它能让机器人移动，但是设置起来非常麻烦，并且除非是在理想的平滑表面行走，否则，机器人几乎完全不能移动。我见过图5.1所示的用于机器人的小轮，它们要么是使用小型垫片制作而成，能恰好安装固定在电动机的机轴上，要么是使用一部分热熔胶枪棒，熔化后粘在电动机机轴上。

看到这种装备的机器人，我就会全身打哆嗦，因为它的局限性太大了。小型电动机一般每分钟转动几千转，而且，也不能连续不断地运行。这些局限性可能一下子不太明显，但是，如果电动机每分钟2000转（对一些小型电动机而言，多少有点慢），而小轮直径是0.25英寸（6.35cm）的话，这种情况下，它的局限性就变得显而易见了。机器人每秒就会移动大约52英寸（133cm）。这种移动速度远远大于成年人的步行速度，机器人仅仅需要2秒就能穿越一个10英尺（3m）长的房间。一个小型机器人以这种速度移动就变得非常难控制，而且很有可能在大部分时间里它都会撞到其他物体身上，因为它不能从足够远的距离检测到障碍物，从而发出命令停止前进或者转向离开。

你也许会问如何能通过电气手段让机器人速度放慢，答案是可能的。但是，为了减缓机器人移动速度，你就必须大幅度降低通过电动机的电流。当你降低电动机电流时，就不会从电动机上得到大扭矩（旋转力）。这种机器人身上的轮子很小，你会发现需要将很大的力从小轮传递到机器人行走的表面上，才能让机器人行走。如果你降低

了电动机扭矩，你会发现机器人的行动变得不可预测或者干脆不动地儿。这种问题的解决办法是周期地给机器人信号，这是一种解决机器人移动的常用方法——机器人控制器件迅速决定每次电动机启动和下一次启动之间的通电控制时间。这不是一个糟糕的解决办法，但是你的机器人却只能在平坦和水平的表面上移动。

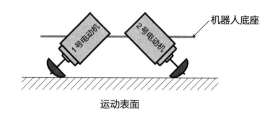

图5.1 机械结构简单的机器人传动系统

解决这类问题的最好方法是降低电动机运行速度的同时，也增加它产生的扭矩。这样的话，机器人就可以安装更大的轮子，也就能让机器人在不平坦的表面上移动，并且非常便于控制。通过图5.2中所示的齿轮就能同时改变电动机的运行速度和产生的扭矩，并且既能改变电动机的旋转方向，也能改变移动时的速度和扭矩。

在图5.2中，我列出一个转速与齿轮上齿数的方程。根据所使用的齿轮的半径、直径或者周长，可以对方程进行修改——不管是哪一个数据改变，齿轮大小的不同都需要考虑。我想要指出的是，齿轮半径、直径，或者周长都可以使用是因为我想让你在考虑和计算时，把它们当做两个圆圈相互接触而不仅仅是两个齿轮。这一点非常重要，我也会在本节内容中，充分利用这一点。

在本书开头我介绍了功率的概念，我给出的机械功是力与速度的乘积：

$$P = F \times V$$

当你计算旋转分量的功时，它看起来稍微有些复杂，但是，像我指出的，旋转力即是扭矩，它的单位是力与测量力的半径相乘，被具体定义为磅·英寸或者N·m。如果旋转用每分钟转数的单位来测量，那么功率方程变为如下所示：

$$功率 = 扭矩 \times 旋转速度$$

$$速度_高 \times 齿牙_大 = 速度_低 \times 齿牙_小$$

图5.2 齿轮啮合在一起，并转换旋转速度和扭矩

它的单位是 W，指的是单向移动或电功率。

回顾起初的方程，它将旋转速度与齿轮大小等同起来，如果我们有一个小齿轮驱动一个具有三倍于小齿轮齿牙的大齿轮，那么大齿轮的转速可以用下式计算得到：

$$速度_{大齿轮} = 速度_{小齿轮} \times 齿牙_{小齿轮}/齿牙_{大齿轮}$$
$$= 速度_{小齿轮} \times 1/3$$

因此大齿轮输出速度是小齿轮转动速度的 1/3。如果功率输入至一定转速的小齿轮里，假设系统没有功率损耗，那么两个齿轮的功率相等，则大齿轮的扭矩：

$$功率_{大齿轮} = 功率_{小齿轮}$$
$$速度_{大齿轮} \times 扭矩_{大齿轮} = 速度_{小齿轮} \times 扭矩_{小齿轮}$$
$$扭矩_{大齿轮} = 速度_{小齿轮} \times 扭矩_{小齿轮}/速度_{大齿轮}$$
$$= 速度_{小齿轮} \times 扭矩_{小齿轮}/(1/3)速度_{小齿轮}$$
$$= 3 \times 扭矩_{小齿轮}$$

齿轮转换转速和扭矩的能力对使用小型电动机制作的机器人而言，至关重要——因为小型电动机通常输出速度非常快，同时输出的扭矩也较小。

实验 27　电动机驱动起重机

零件箱

各种 K'NEX 工具套装（见正文）
电动机驱动套装（见正文）

工具盒

无

尽管我觉得很难认为遥控"机器人"（例如 BattleBots）符合一个真正的机器人的描述，但是我必须承认用来制作遥控机器人的技术也可以应用于自主机器人的设计和开发。如果说遥控电子装置是真止的机器人，那就是说，电动机驱动的起重机（例如你在建筑工地看到的帮助盖大楼的工程起重机，也称塔吊）也可以称为机器人。我发现起重机在解释不同种机器人零件的操作时很有用，因为起重机不会从你工作着的桌子或工作台上跑掉，要么撞得粉身碎骨，零件散落一地，要么就钻进沙发下面，不见踪影。

一个典型的工程起重机有三个自由度（如图5.3所示）。术语自由度是用来形容当一个机构在一个方向上的独立运动不会影响其他方向的运动。起重机可以把吊杆从左边转向右边（一个自由度），将吊钩上下移动（第二个自由度），或者将吊钩远离或者靠近起重机重心（第三个自由度）。对比一下，你的臂膀有七个自由度（其中有两个在肩膀上，一个在肘关节，三个在手腕部（转动手腕是一个自由度），最后一个自由度就是打开和握住你的手）。大部分机器人手臂拥有三个或者更多个自由度，因此起重机不可能被比作机器人。

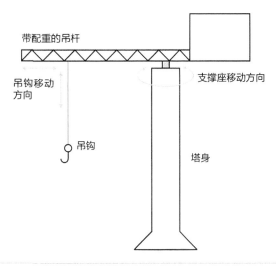

图5.3　工程起重机的各种转轴可能具有的移动方向

我在实验中所使用的起重机是一个单自由度起重机，它是我利用多种K'NEX零件组装而成的。它使用了一个从K'NEX"Kart 赛车"上取下来的电动机（如图5.4所示）。如果你对K'NEX不熟悉，我建议你购买一个实验套装样品——K'NEX是一个建造工具，由各种各样的连接杆儿和连接器构成，可以将它们拼接在一起制作成十分轻巧、强度非常大的大型结构。套装中的各种不同的长短不一的连接杆儿有一个很棒的特性，就是它们不仅能建造正方形和矩形的结构，还能非常轻松地制作三角形结构。大部分实验者的套装都含有制作不同创作物（从雕塑到移动的物体，如马戏团骑坐设施或者简单的车辆），和许多不同的零件（包括齿轮和轮子），它们能让你灵活构想你自己想要的设计制作的产品。

图5.4 使用K'NEX零件制作的起重机

的起重机；这里所介绍的起重机设计绝不是最高效的，而且，根据你的技术和手头能找到的零件，你很可能制作出更棒的起重机样本。

K'NEX套装是做此类实验的理想选择，它比LEGO或者Mechano都要更好，因为它非常适用于制作大型、开放型建筑，例如起重机，而且，它有多种多样的齿轮和轮子。使用K'NEX套装来制作各种结构物很可能不如其他建筑工具套装那样直观。因此，我建议在你开始用K'NEX制作一些新奇玩意前，先通读一遍与你制作的结构相似的东西的制作说明，然后再开始着手制作。本实验中所介绍的"起重机"的初始模型是"风车"，把钉子去掉并改变底座后，我已经将起重机的大部分结构设计完成了。

再看看市面上的其他一些不同建筑工具套装，我对它们的优势和劣势归结在表5.1里。尽管有许多其他种类的建筑工具套装可供使用并具有相似的特性，但是我仅局限地列出了K'NEX，LEGO和Mechano产品的特性。你会察觉一件事情，那就是这些建筑工具套装非常昂贵，特别是如果你要寻找具体零件的时候。你会发现，只购买一部分套装并试着用它们来设计制作所需结构物，或者四处淘宝（车库旧货出售是一个淘宝的好去处）是一个非常棒的主意。

我使用了Kart赛车的灰色电动机作为起重机的绞车来拉动缝纫线，因为它可以直接驱动K'NEX轴动作（无需对它进行切割就能装在电动机驱动轴上）。这个电动机可以被切开，方便你了解电动机的内部布线，而且，使用不同套装所提供的的齿轮和电动机，你能非常轻松地制作一个专属于你的复杂传动机构。

请你不要觉得必须得使用同样的零件来制作你自己

表5.1 各种各样的建筑工具套装

产品	货物名称	优点	缺点	最佳的机器人应用
K'NEX	各种连接杆儿和连接器	适用于制作质量轻巧的大型结构。选择合适的各种齿轮和轮子，就能与产品轻松结合。	弯曲强度或刚性较差。对没有经验的设计者来说，不直观，不易上手。很难找到电动机和部分零件。	差动传动机器人（电动机、齿轮和轮子之间有较高的啮合性）。机器人手臂原型。
LEGO	互相锁扣的积木	强度高的小型结构。"头脑风暴"机器人工具套装的直观性强，快速上手，可提供极好的机器人底座和传感器设置。具有大量可用的零件。	大型结构物会非常重，可能不太坚固。复杂的结构可能容易倒塌。设计制作的电动机或齿轮通常用于具体的产品。	移动机器人原型机。
Mechano	由小螺帽和螺母固定在一起的金属或塑料撑杆	非常坚固。直观，上手快。各种零件容易改造，能用于其他结构中。	与K'NEX和LEGO相比，预设的工具较少。受力时，螺帽螺栓会出现不同程度损坏。	不适用于完整的机器人结构，但是单独的零件能有效轻松地结合到机器人身上。

实验28 给起重机装上滑轮

零件箱

上一个实验中制作的起重机
4个小型K'NEX没有内外胎的轮子
各种不同K'NES零件

工具盒

无

根据起重机所使用的电动机和蓄电池中的电量，你很可能会发现起重机没有多少起重能力。我发现起重机的常备配置不能提起"C"电池组——需要做的是增加起重机的功率。一个显而易见的方法就是增加电动机与绞缆机（缆线在其上缠绕）之间的齿轮比。这么做有效果，但是，所需要的齿轮和用来支撑这些材料的结构又重又复杂。

正如我在整个书中所采取的回头看方法，每当我碰到类似的问题，我就会回头翻书，查看之前这种类似的问题是如何解决的。5000年以前，埃及人面对着同样的问题：如何只用人力和绳索（如图5.5所示），竖起一座方尖碑。假设，方尖碑石的密度是5 000 kg/m³，20m高，平均横截面积为4m²，那么方尖碑的体积有80 000m³那么大，重量高达400 000kg（881 848 磅）。假设一个成年人可以拉动50kg的重量，那么将这个方尖碑竖起来，至少需要8000个成年人。

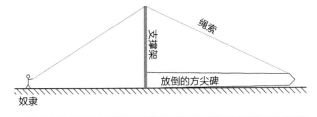

图5.5 使用人力（奴隶）竖起一块巨型方尖碑

5,000 kg/m³是水的密度的五倍，这个数值是普通石头密度最接近的估计值（地球的密度是4,500 kg/m³，我是在这个数值的基础上估计的方尖碑石的密度）。50kg的

力（"kgf"）很可能对于一个现代人来说，是可以接受的，但是对于一个埃及的奴隶来说，这种承受能力显然太乐观了。不论怎样，拉起一块方尖碑需要8000个成年人，这个数量不合理，需要采取一些办法减少人数，使得这个工程更加可控。

解决办法是使用一个叫做滑轮的设备，把绳子长度加倍，这么做可以有效地将单个奴隶施加在方尖碑上的力加倍。滑轮的操作如图5.6所示——电动机依靠一根缆绳向上拽起负重，这么做，它需要施加等同于100%重物重量的力才能提起重物。将缆绳环绕在滑轮上，电动机所需要施加的力就会减半，如果将缆绳分两次环绕在两个滑轮上，电动机施加的力就会变为重物重量的1/4。古代埃及人将拉起方尖碑的缆绳缠绕穿过8个滑轮，从而将原先需要8000个人才能拉提起来的方尖碑，一下子减少到可控的1000人。

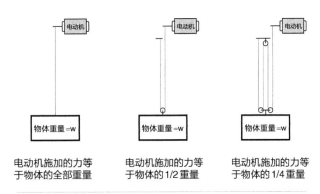

电动机施加的力等于物体的全部重量　　电动机施加的力等于物体的1/2 重量　　电动机施加的力等于物体的1/4 重量

图5.6 使用一个滑轮来改变提起重物的力

希望你不要以为这种力的成倍增加完全是无中生有——正像生活中的每一件事，当你改变其中一件事本来的轨迹，它就会影响到一些其他事情的结果。在这个例子中，移动物体的绳子或缆线的长度随着它缠绕滑轮的次数而增长。距离与力之间的关系可以由下面的数学公式写出：

力（1个滑轮）＝力（n个滑轮）/ n

距离（1个滑轮）＝n × 距离（n个滑轮）

因此，如果用绳子环绕3个滑轮，需要1磅的力将绳子拽动1英尺，那么，施加在物体上的力则是3磅，而物体会移动1/3 英尺。

在本实验中，你可以通过在起重机上安装一只滑轮来验证增加的力（和减小的移动速度）。如果起重机是用K'NEX制作而成，它的顶部以及吊钩将会改装成图5.7所示的造型。在本例中，我用线环绕每一端的两个滑轮，制作出一个带有四个滑轮的起重机，并将起重机能提起的重量增加了四倍。经过改装后，你就可以用起重机吊起更重的物体来测试我的话是否正确——如果，就像我制作的起重机，你的起重机之前不能提起两个"C"型电池，你就会发现，增加了滑轮后，它就可以轻松提起来6个或7个"C"型电池。

图5.7　K'NEX起重机滑轮细节展示

实验29　H-桥结构的开关直流电动机

零件箱

带面包板的组装印制电路板
上一个实验制作的起重机
双"C"型蓄电池扣
两个单刀双掷开关
可安装在印制电路板上的开关

工具盒

布线套装工具
旋转工具
电烙铁
焊料
热塑管

在前面的文章中，我展示了直流电动机转动的方向是受电流流过的方向控制的。通过改变流过电动机的电流方向，它的转动方向也相应发生改变。对于大多数应用而言，电动机只需要朝一个方向转动；即使它们需要反向转动，它们的转动通常会传输至齿轮箱（或变速箱），再由齿轮箱改变输出的转动方向，但同时让电动机沿相同方向转动。对于机器人应用而言，改变转轴的旋转方向的最简单方法是改变流过电动机的电流方向。

如果你花几分钟想想这个问题，你可能会想出一个

电路，如图5.8所示。这个电路提供了两个蓄电池组，可以在任何时候选择其中一个，并让电流流入电动机或流出。这种类型的开关已经在一些机器人中使用，但是却有相当明显的的问题：机器人的运行方向（通常是向前）占据多数时间，用来给机器人提供电能的蓄电池组的电量要比另外一个蓄电池组下降得更快。图5.8所示的电路的主要优点在于它仅需要一个开关。另一个优点是只有一个开关的电压降——当使用机械开关时，就不需要考虑该问题，但是对于电子开关来说却是个问题。

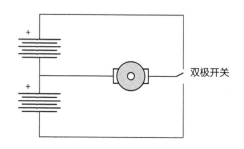

图5.8　用两块蓄电池来控制电动机的转动方向

最常用的控制直流电动机转动方向的电动机控制电路称为"H-桥"（如图5.9所示）。通过关闭相互成对角的开关，你就可以控制电动机的转动方向。我将在本书后面讨论，打开或关闭电动机，以及打开和关闭它的速度，可以很容易地使用简单的电子设备进行控制。H-桥可以用单个电源来控制直流电动机转动的方向，并且通常制作成本非常低。

你应该清楚H-桥有两个主要的问题。第一是电动机电流必须流经两个开关。使用物理开关时，这不是一个问题，不会对电路造成任何影响，但当电子开关与低压蓄电池一起使用时，就可能没有足够的电压使电动机正常运行。

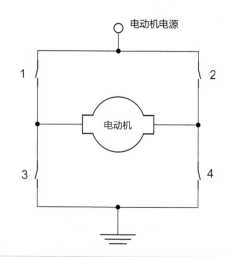

图5.9　H-桥电动机驱动

第二个问题十分微妙，无论任何时候，你都必须注意。当H-桥任意一侧上的一个开关闭合时，电动机就会转动。如果H-桥同一侧的两个开关闭合（如图5.10所示），就会出现一个问题：通过闭合H-桥同一侧的两个开关，电路就会短路。这种短路会烧毁电动机接线、H-桥开关或电源。你所希望短路造成的最小损坏结果是电池的电量会被严重耗尽。当你进行电动机控制电路和软件操作时，必须加以小心，以确保这种情况永远不会发生。

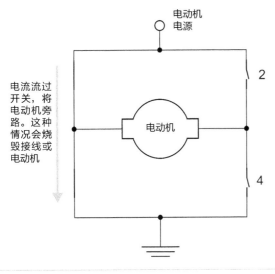

图5.10　H-桥电动机驱动不正确操作时

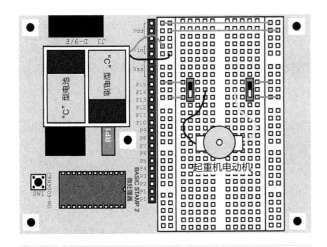

图5.11　用面包板搭建起重机直流电动机H-桥控制电路

如果你使用了和我一样的K'NEX器件来制作起重机的话，你现在或许已经搞清楚灰色电动机上的开关可以命令电动机朝着一个方向或者另一个方向转动，而且很可能内部线路接成H-桥结构。在这个实验中，我希望你能切断（我使用的是旋转Dremel工具切割）连接灰色电动机盒里的直流电动机的接线，从而断开与直流电动机的连

接。拆下开关和小型印制电路板，裸露出直流电动机接线后，我用电烙铁给几根24号实心导线搪上锡，把拆下的电动机连接至本书所附的印制电路板上的面包板上。

完成上述操作后，你可以按照图5.11所示，将电动机接在印制电路板上，作为电路的一部分。在这个电路里，我接上了两个单刀双掷开关，并将开关的移动端，即"刀"连接至直流电动机接点上——这么做，让你可以把电动机一端接入负电压，另一端接入正电压，而不会出现H-桥两侧线路短路的情况。

当你完成电路接线，就会发现它的工作方式与最初只使用了一个开关的电路基本一致，除了一个重要的区别：当两个单刀双掷开关被切换到同一个方向时，电动机停止运行。两个单刀双掷开关切换至同一方向时，电动机里没有电流。因此，如果你继续打开灰色盒子，就会发现在中间位置（断开），没有与电动机有实际连接，因此电动机里没有电流。我指出这一点是因为大家通常不理解，如果在一个设备上没有电压降（如本例中），也就没有电流流过，那么该设备将不工作。

实验30　差动传动机器人底盘

零件箱

带面包板的组装印制电路板
四个可安装在印制电路板上的单刀双掷开关
带焊片的开关
装四节AA电池的电池座
双面胶带
八个4号至40号0.5英寸（1cm）长螺丝钉
四个1英寸（2.54厘米）长的压铆螺母柱
两个小型玩具电动机

两个轮子（见正文）
两个转轴（见正文）
电动机皮带（见正文）
各种大小的螺母和螺栓若干（见正文）
家具腿上安装的滑球，盖帽型螺母，发光二极管或衣钩（见正文）

工具盒

布线套装工具
电烙铁
各种类型的螺丝刀和钳子
胶水和黏合剂

当我在本书其余部分介绍制作的实际机器人时，我

主要会利用差动传动平台进行机器人实验，这些内容我已经在第一节讲过。这种类型的机器人结构简单，制作容易，驱动电路更简单，适用于用软件来进行控制，你应当略知令机器人安装和操作尽可能简单的一些技能。当我干完机器人底盘的工作后，我会根据我的10条"机器人规则"前后参照进行设计。

我觉得差动传动机器人的一个理想布局应如图5.12所示：机器人结构应尽可能紧凑，保持轮子在中间，重心在机器人中间位置。在图5.13中，我在机器人两端标记了小滑轮的位置；小滑轮可以是轮子或者光滑的塑料制品，能让机器人前端或者后端在工作表面上轻松滑行。

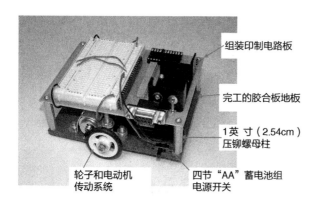

图5.12　带有印制电路板的差动传动机器人的外观

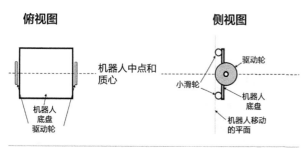

图5.13　理想化差动驱动型机器人设计

质心常常被误认为重心，但是这其实是2个不同的概念，我更愿意用质心而不是重心来形容机器人质量的集中点，因为它会提醒我当机器人启动或者停止时的惯性会改变小滑轮上的力。尽量让滑轮和质量中心接近机器人的中心，小滑轮上受到的力的改变量就会降至最小，即惯性力最小，从而让机器人在不同平面上运行自如（如图5.14所示）。这一点非常重要，特别是如果机器人在地毯上移动或者从一个平面过渡到另一个平面时，小滑轮受到的惯性力很小的话，可以防止机器人摔倒。如果小滑轮受到的力很大，你就会发现如果小滑轮承受太大的力，而驱动轮上的质量较轻的话，机器人会停止不前（如图5.15所示）。

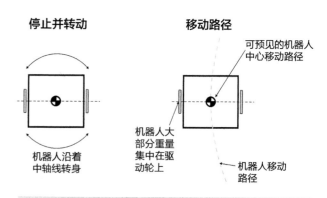

图5.14　理想的差动传动机器人的移动

当机器人的驱动轮安装在一端，质心定位在其他位置，就需要对传感器或控制输入与驱动轮指令进行校正。在最好的情况下，传感器会被直接安装在驱动轮上（在机器人的中心），这样的话，机器人就能转身并服从传感器输入信号进行移动，而不需要对由驱动轮导致的身体无意的移动进行修正。

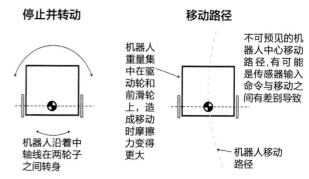

图5.15　欠理想状态下的差动传动机器人移动和潜在的问题

这个实验的目的是在胶合板底座上（使用之前实验中制作的成品）增加蓄电池连接器、电源开关、轮子和电动机。图5.16显示的是电动机传动轴如何紧紧压在一个轮子上的侧视图——这样的安装效果与使用两个不同大小齿轮进行的速度转换相似，可以将电动机转速降低大约14倍。当你运行机器人时，就会发现你将会花很大精力去清洁电动机转轴和轮子组件（即使你认为是在一个清洁的环境下操作机器人）。完美的情况是用一个小盒将齿轮或者滑轮系统封闭在盒内——这个办法会阻止头发丝、毛絮和灰尘的堆积，保护传动系统。

轮子和转动轴支撑件取自Mechano工具套装（如图5.17所示）。转动轴支撑由一个L型旧件构成，可以用两颗6-10号螺栓固定在胶合板上，同时又留出足够空间让两个玩具电动机驱动其工作。电动机用Mechano金属件进行固定。你也可以不使用Machano零件，LEGO零件也具有同样效果或者其他一些能拼凑在一起的玩具套装。万不得已的情况下，你可以去工艺品商店购买轮子并用一个木块来支撑，木块经过打孔可以用螺栓固定在胶合板底座上。

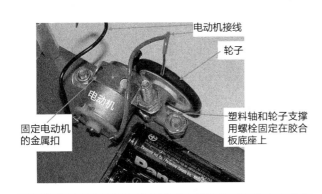

图5.16　差动传动轮尺寸图和细节图

直径为0.090英寸电动机转动轴

直径为1.270英寸轮子

1.27 / 0.09=14.1

电动机速度被除以14.1，产生一个更慢的轮速，但是扭矩是电动机提供的14.1倍

尽管为了想法设法抵消电动机上的装四节AA蓄电池的电池座和印制电路板上的9V蓄电池的质量，我发现我的机器人最后因为AA蓄电池组，还是很重。因此，我只能使用一只滑轮；我将一个可安装在墙上的塑料钩子装在机器人底部。你也可以使用特氟龙涂装的滑轮，甚至可以将一个发光二极管粘贴在机器人底部。最终的滑轮应该像一个自由旋转的模型飞机的尾轮，但是，这些滑轮方案成本可能出奇地高，而且还会占用比机器人底部更多的空间。滑轮的一个重要能力就是能轻松让机器人移动和转身。

电动机接线

轮子

电动机

固定电动机的金属扣

塑料轴和轮子支撑用螺栓固定在胶合板底座上

图5.17　差动传动机器人传动系统细节图

当你搞清楚安装轮子和电动机的方法后，就可以用双面胶带把AA蓄电池座固定在胶合板上。电池组用来给机器人身上的电动机提供电源，而且，必须在线路里加装一个开关，用来控制电动机的开启和关闭。这一点非常重要，因为很有可能出现控制硬件或者软件对电动机发出无效命令的情况，而且，一旦出现这种情况，你一定想关闭电动机。通过一个独立的、带开关的蓄电池组给机器人供电，你就能停止机器人并在机器人不在工作台上移动或造成其他问题的情况下，观察究竟出了什么问题。

现在，你已经准备好测试机器人了。将压铆螺母柱装好并将机器人用螺栓固定好后，就可以按照图5.18所

示将两个H-桥用导线连接起来，然后你就可以手动控制机器人，并通过开关设置令机器人向前、向后、向左和向右移动。按照我提供的办法将4个单刀双掷开关接在线路中，你的电路就不会出现让电源直接经过开关而旁路电动机，导致H-桥短路的情况了。如果你不想只让电动机转动，你可以通过简单的设置让两个电动机开关要么接至Vcc，要么接电源的地。

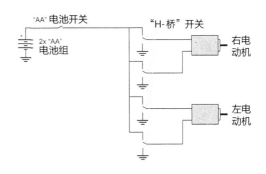

"AA" 电池开关

2x "AA" 电池组

"H-桥"开关

右电动机

左电动机

图5.18　利用开关控制2个机器人轮子运动的电路图

当机器人运行只受开关控制时，它移动起来时的速度比步行速度更快一些。这是一个令人满意的结果，因为晶体管开关会降低电动机的工作电压，还会限制电动机工作电流的大小。即使这些损失不可以避免，你还是想让机器人移动速度比你能忍受的速度更快，因为对于一些你已经制作完毕并开始投入运行的实验品来说，要将它的运行速度放慢比加快容易得多。

实验31　步进电动机

零件箱

带面包板的组装印制电路板
四节带卡扣的AA型蓄电池（参看正文）
四个可安装在面包板上的单刀双掷开关
工作电压为5V 步进电机
可插入步进电机连接器的四针脚面包板
（参看正文）
纸张

工具盒

布线工具套装
剪刀
万能胶
数字万用表

"步进电机"是另一种广泛应用于机器人设计与制造的直流电动机类型，即使它们应用于不同设备上，但是很有可能你还是对它们不甚熟悉。步进电机与标准直流电机不同，这是由于它们缺少标准直流电动机具有的电流换向器——步进电动机通常由一个带有两个垂直线圈、可安装在电枢上的磁铁构成，两个垂直线圈通电后可以将电磁铁拉或推至不同位置（如图5.19所示）。通常，电动机内部电枢以非常低的速度运行，因此，每次电枢转动（45至90度）时，输出轴仅仅转动几度——这种传动装置增加了电动机的扭矩，而且，还让位置移动变得更加精确。

为了让步进电动机转动，两个垂直线圈应该按照表5.2所列方法通电，从而让图5.19所示步进电动机运转。当我列出不同的线圈极性时，我本可以列出如何让一个线圈通电，从而让电枢一次转动90度。这也许是初次执行步进电动机控制软件最简单的方法了。

表5.2 使步进电动机转动的线圈通电顺序

步骤	转动角度	线圈A	线圈B
1	0	南	断电
2	45	南	北
3	90	断电	北
4	135	北	北
5	180	北	断电
6	225	北	南
7	270	断电	南
8	315	南	南
9	360/0	南	断电

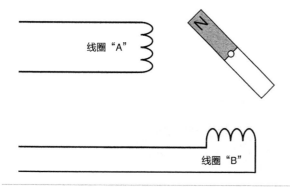

图5.19 步进电动机

为了展示步进电动机的操作，我想制作如图5.20所示的电路，并且按照我在图5.21所示的方法来接线。将四个单刀双掷开关接入电路，这样的话，步进电动机里的每一个线圈都能形成一个H-桥。给电路接线前，你应当使用数字万用表的欧姆挡来测量哪些导线是成对儿的，从而找出步进电动机里的两个线圈（这并不像看起来那么难——很有可能每一个线圈的一对导线会并排从步进电动

机伸出）。当你完成上述步骤后，我建议你将两个开关与每一个线圈接在一起，从而简化开关操作来达到使电动机转动的目的。我没有把我购买的电动机上的连接器剪掉，而是利用两个可安装于印制电路板上且易碎的4针脚单排连接器制作了一个4针脚连接器。

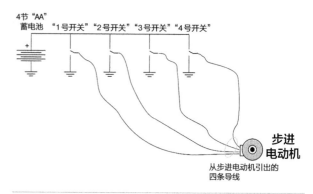

图5.20 用来检测步进电动机转动的电路

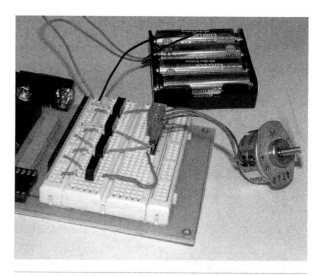

图5.21 安装在面包板上的步进电动机控制（带步进电动机和纸做的指针）

当我制作测试电路时，我剪出一个简单的纸质的指针并将它粘在（使用疯狂万能胶）步进电动机输出轴的末端。这样，我就可以清楚方便地观察电动机的运行，并确定我可以想出一系列开关操作方式，让输出轴朝着连续方向上转动。完成此实验后，你可以将纸质的指针从步进电动机的输出轴末端撕下来，将残留的胶水刮干净，使电动机回到原先的状态。我使用的是工作电压为5V的步进电动机。这种电动机可以非常方便地接在4节AA型电池上。如果你找不到工作电压为5V的步进电动机，那么你就得提出另一种电源方案来满足电动机的工作要求。对工作电压为12V的电动机，你可以把两个4节蓄电池组串联在一起，给电动机供电。

当你第一次给步进电动机加电时，如果它猛然一动，千万不要感到奇怪——这可能是由于开关设置成让一个或两个线圈通电后，电枢立即转动到该位置所造成的。这种情况实际上是在机器人身上使用步进电动机的缺点之一：因为你已经发现，当机器人电源关闭时，步进电动机的输出轴可以轻易转动。尽管电动机发生的位移很可能较小，这对于使用者和观测者来说，已经令人感到震惊（很有可能产生危险）。当步进电动机用来控制机器手臂的位置时，通常不会让所有的步进电动机在加电后回到初始位置，这样的话，在操纵机器人时，它们的位置就是已知的。为了检测并记录步进电动机何时在初始位置，可以再增加一个光传感器或者一个简单的开关，当连接在步进电动机上的机器臂膀触碰到时，它们（光传感器或开关）就会关闭。

完成电路的制作后，你就可以开始按照开关顺序让粘贴在步进电动机上的纸质指针朝着一个方向稳定转动了。在我的实验设置中，我制作了表5.3来记录让步进电动机以顺时针方向转动时的各个开关位置，而且，我推荐你也这么做。记住"线圈A"和"线圈B"的极性只是任意的；我把它们列入表中是作为一个控制手段来确保开关的位置和电动机的响应相互对应。如果你用手去触摸电动机，就会发现它很热——这是步进电动机的一个特点，因为总有电流流过一个或者两个线圈。

在这个表中，我着重标记了使步进电动机（步进电动机上下位置是根据图5.21所示电路的取向）转动所需的独立开关设置的变化。当你连接电路并要完成开关的排序时，我建议你试着一次只改变一个开关状态，就能让电动机转动。这样做既可以让手动控制步进电动机转动更简单，又能让通过对控制器编程来驱动电动机转动变得更容易。

表5.3　实际步进电动机加电顺序

步骤	线圈A	1号开关	2号开关	线圈B	3号开关	4号开关
1	南	下	上	断开	上	上
2	南	下	上	南	下	上
3	断开	下	下	南	下	上
4	北	上	下	南	下	上
5	北	上	下	断开	上	上
6	北	上	下	北	上	下
7	断开	上	上	北	上	下
8	南	下	上	北	上	下
9	南	下	上	断开	上	上

实验32　记忆金属

零件箱

带面包板的组装印制电路板
可安装于面包板上的单刀双掷开关
长度为2.4英寸（60mm），直径为0.004英寸（0.1mm）的Flexinol记忆金属丝（见正文）
39Ω电阻器（见正文）
长度为2.4英寸（60mm），直径为5mm的钢琴丝
长度为0.5英寸（12.5mm）直径为10mm的铝管
单刀双掷开关，可安装在面包板上

工具盒

布线工具套装
剪子
颗粒度600的砂纸
数字万用表
中型尖嘴钳

在本书中，我用了相当多的篇幅介绍和讨论了基于不同直流电动机的机器人驱动系统。直流电动机个头小，能提供相当大的能量，用标准蓄电池供电可以运行相当长的时间，而且容易进行人为干预。但是，尽管有诸多优点，它们也不是唯一一种你所考虑使用的机器人激励器或驱动器。你可以尝试一种更加有趣的选择，即记忆金属（如图5.22所示）。当电流通过时，记忆金属会自动收缩。

你身体中的肌肉也是这种工作机制，通过肌肉收缩来完成某种物理行为。

记忆金属，通常由镍钛合金构成，能够在室温下伸长，当受热时，它会恢复至初始状态，此时的收缩力量惊人。记忆金属可以通过外力加热，但是当它接通电流时，它的固有电阻使得记忆金属变热，从而呈现收缩力。在图

5.23中，我展示了记忆金属温度超过70℃（158 ℉）时，是如何从晶体结构的马氏体（拉伸）状态过渡到奥氏体状态。当记忆金属冷却后，温度降低至40℃（104 ℉）它又会伸展至初始状态。显然，记忆金属最适宜在室温下使用（20℃或68 ℉）。

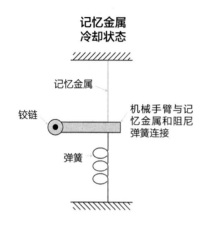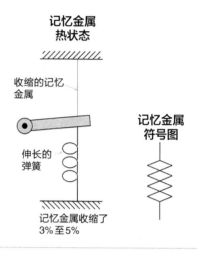

图5.22　记忆金属在不同温度下的状态变化和图形符号

在这个实验中，我使用了直径为0.004英寸（0.1mm）的Dynalloy Flexinol 记忆金属丝。当180mA大小的电流流过它时，该材料可以产生高达150g（5.3盎司）的收缩力。Flexinol 记忆金属丝的初始状态是预拉伸的状态，因此当你把它放入你的应用里时，它应该是紧绷绷的，但是它的张力应不能超过1g(1/16 盎司)。通过访问Dynalloy的网站来获取更多有关Flexinol记忆金属丝（和其他记忆金属）的信息。

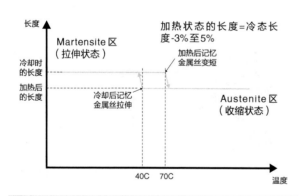

图5.23　记忆金属丝长度变化与温度变化的关系

你能从"Mondo-Tronics,机器人商店"或者从 the "Stiquito"购买记忆金属丝。

Stiquito 是一个基于记忆金属制作的机器人（和智能教科书系列），你可以用它进行实验。Stiquito 充分利用

了记忆金属丝的最优特性，但规避了它的一些缺点。记忆金属丝的优点是它使用起来非常简单；我将会在实验中展示记忆金属丝能用来使金属杆形变，只需进行简单的改动，就能当作激励器或驱动器使用。 当记忆金属被激活时，它显现不出任何变化，而且，只要保持在运行范围内，但实际上，它几乎能永远发挥作用。 记忆金属最大化地节省了人力物力和成本，可迅速用来制作简单的昆虫机器人。

记忆金属的缺点是不能安全地承受较大的重量。如果记忆金属丝被拉伸得太长（拉伸长度超过你开始拉伸前的长度的8%时），它将不能够再收缩到少于8%的拉伸长度。通常，记忆金属丝可以预拉伸至其原始长度的3%至5%。你看到的大多数机器都是基于记忆金属设计制作而成，而电池、控制器和传感器等器件都安装在机器人外部。记忆金属的驱动过程实际上相当缓慢（需要一秒钟收缩，然后再等一秒钟扩张），并且它不能按照特定量进行收缩；就是说，它要么完全收缩，要么根本不收缩。你可能会发现记忆金属有点难以操纵。最后需要说明的是，做同样一个任务时，使用记忆金属所消耗的功率要比使用同等的直流电动机消耗的功率更多。

如果你已经购买到零件箱中列出的记忆金属和其他实验材料，就可以观察它们在实验中的操作了。按照图5.24所示接好电路，就可以看到它能弯曲安装在面包板

上的钢琴丝，如图5.25所示。

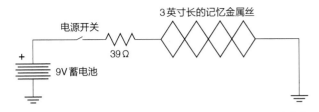

图5.24 测试记忆金属丝收缩和拉伸能力的一个简单电路模型

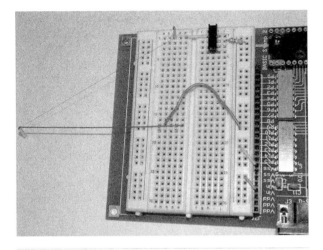

图5.25 在记忆金属电路中让电流通过一截记忆丝来弯曲一截钢琴丝

制作测试电路时，我首先用钳子剪下一段钢琴丝，并将它弯曲成一个类似凹字型的形状。它的直线部分边长3英寸（7.6cm），钢琴丝两端分别弯曲成0.5英寸（12.5mm）长的直角。用颗粒度600的砂纸打磨两个弯曲的直角部分，直到钢琴丝闪闪发亮。然后，剪下一段长1英寸（2.54cm）的钢琴丝，并用颗粒度600的砂纸打磨。打磨的作用是去除钢琴丝表面的氧化物，并尽大可能增强材料的电气连接性能。接下来，剪

下一段5英寸（12.7cm）长的Flexinol记忆金属丝，并用颗粒度为600的砂纸对记忆金属丝两端约1英寸（2.54cm）处轻轻打磨。打磨Flexinol材料时，应小心不要拉伸Flexinol记忆金属丝，或使其出现刻痕（刻痕在随后的实验中会让它折断）。除了这根加工的记忆金属丝之外，再剪两段0.5英寸（12.5mm）长，直径为10mm的铝管。

把两根剪下的钢琴丝经过弯曲和打磨后，再把Flexinol记忆金属丝缠绕并系在这两根处理后的钢琴丝的两端。两截钢琴丝之间应该有3英寸（7.6cm）长的Flexinol记忆金属丝。完成上述工作后，轻轻地将两截铝管套在钢琴丝与Flexinol记忆金属丝上，将铝管套在金属丝上以后，捻动铝管以确保不要把Flexinol记忆金属丝与钢琴丝分开。这个操作必须小心翼翼，你可能得尝试好几次才能成功。当铝管套进令你满意的指定位置时，使用中型尖嘴钳压紧铝管。

规定流过直径为0.004英寸（0.1016mm）的Flexinol记忆金属丝的电流应为180mA。可以将它直接连接在蓄电池上，但是，如果这么做，你就会发现Flexinol记忆金属丝发热到一定程度，会熔化，流淌在面包板表面上。为了避免出现类似的情况，我在记忆金属丝和电源之间串联了一个阻值为39Ω的限流电阻。为了确定限流电阻的值，我设计制作了一个电路，并在印制电路板的电源端口测量了它的阻值。在我的这个例子中，得到的限流电阻值是11.6Ω，这是一个合理的值，因为我使用的Flexinol记忆金属丝的电阻值是每英寸（2.54cm）3Ω。已知电源电压为9V，流经记忆金属丝的电流是180mA时，根据计算，需要的电路总电阻值为50Ω。由于电路里已经包含的电阻值为11.6Ω，这个电阻值是来自Flexinol记忆金属丝和其他金属丝，因此，在该实验电路中，最好应再串联一个39Ω的电阻。

第六章

半导体

Chapter 6

20世纪50年代和60年代的科幻大片的一个主题就是如何定义智能以及如何在有生命的生物体中展现它。这种电影的典型故事线（例如在H.Beam Piper 的电影《Little Fuzzy》中）是人类殖民了一颗星球，却发现早已经有一些"生物"居住在那里，并显现出一些显著的能力来暗示它们是具有"情感"的。其他故事（如《Clark 与Kubrick的2001年》）探索了人类是怎么成为智能生物的。Star Trek（星际穿越）系列电影也对这方面的事情进行了探索。这些故事情节在过去的三十年里逐渐消失，因为你不可能用这个主题创作出许多不同的故事情节来。

在所有这些故事中，都使用了一种简单的测试标准来衡量物种是否具有智能。在《Little Fuzzy》中，会说话和会使用火就算是具有智能。在电影《2001》中，会使用工具就是衡量的标准。许多这些测试的标准都有一个问题，那就是你会发现地球上的动物都能通过这些测试标准。说到"会说话"或者会交流，不同的物种所使用的交流方式也种类繁多，各不相同。例如，蜜蜂通过"跳舞"传递去哪里寻找食物的信息，鸟类通过不同的鸣叫声来传递危险，而黑猩猩们则与众不同些，它们会使用手语和通过对人"说话"完成交流。说到会使用工具，生活在北太平洋海岸的水獭则会使用许多不同工具来收集和处理食物。北极熊会充分利用火将"食物"从隐蔽处驱赶出来。

当我书写本书不同章节的绪论时，我意识到将人类与其他动物区分开来的是能够改变一种物质特性的能力。现在，当你开始用头脑中的各种测试标准来勾勒史前穴居人的形象时，试着考虑一下对一些看起来自然的事物能做的最基本的改变是什么？

如果你想到的是烹饪，那么恭喜你答对了，你可以坐到教室前排了。早期智人很可能发现了如果食物先加热，吃起来会更美味也更容易消化。如鸡蛋被加热以后，就会出现这种最显著的转变："蛋清"里的分子被加热会发生改变，变得更容易结合在一起，将它从明亮的液体变成白色的固体。

随着时间的推移，我们发现有许多方法可以让物质的特性发生改变。在表6.1中，我列举出了一些我们经常改变的物质特性，以及充分利用特性改变而生成的产品样例。

晶体管和其他一些半导体器件可以根据外部条件，改变它们的导电（和电流流通的）性能。半导体器件通常都是由元素锗、砷和硅制作成不掺杂质的水晶体构成。镓

和砷可以结合生成一种同样是半导体的晶体（称为砷化镓）。这些晶体通常是非常好的绝缘体，但是它们的导电性通常随着晶体温度的增加而提高。通过向晶体（称为掺杂剂）添加不同物质的原子，晶体变得能够导电，这是因为新的原子能提供过量的自由电子，从而允许电流流过晶体。

表6.1

特性变换	产品样例
从液体到固体	胶水
从气体到液体	火箭燃料
从气体到固体	干冰
增加张力强度	碳化钢
元素特性	钚（在核子反应堆中产生）
从化学能转化为电能	蓄电池
提高导电性	铜合金
可受控制的导电性	半导体

如图6.1所示，半导体晶体形成的结构很容易加入掺杂剂。掺杂剂可以替换掉晶体原子，而且，根据晶体最外层的电子数量的不同，生成了不完整的分子键（原子状态不稳定），产生多余的电子或者空穴，形成流通的电流。在图6.1中有一个最外层有6个电子的晶体原子和有5个电子的掺杂剂原子。由于电子数量的差别，这就在晶体内部产生一个空穴，生成不完整的分子键（原子状态不稳定），从而很容易吸引电子进入晶体原子。

硅是最常用的基本晶体，因为其广泛性、成本低（沙子和玻璃基本上由硅构成）、易于使用和毒性低等特点被大量应用于半导体工业中。与图例中介绍的最外层具有6个电子的原子不同，硅原子的最外层仅有4个电子——我之所以使用含6个电子的原子结构进行举例，是因为立方体要比仅仅还有4个顶点的三维结构更容易想象（和绘制）。

当一个电子数少于4的原子被用来掺杂硅晶体时，产生的半导体就被称为P型半导体，该原子被注入进图6.1所示的晶体里。P型半导体能接收电子（也称作受主杂质），而N型半导体（使用的元素的原子外层额外多1个电子，并被称为施主杂质）能提供自由电子。硼元素的原子最外层有3个电子，它是一个典型的P型半导体受主杂质。磷元素的原子最外层有5个电子，用来制作N型半导体。

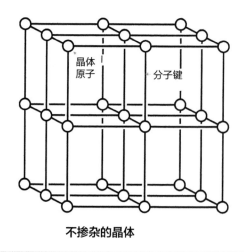
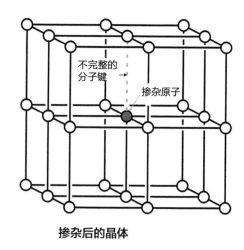

不掺杂的晶体　　　　　　　　　　掺杂后的晶体

图6.1　不掺杂和掺杂的半导体晶体

实验33　二极管

零件箱

组装印制电路板
1N4148 或者 1N914 型硅二极管
1kΩ 电阻器

工具盒

数字万用表
布线工具套装

最基本的半导体应用是二极管，它是一个只能让电流单向导通的电子器件。用我在书中前面内容讲到的水做类比，二极管就可以看作是一个单向导通阀。当一个方向上有压力时，水就会以非常小的压降通过单向导通阀。如果压力反向，单向导通阀关闭，水流截止。在该实验中，你会有机会看到二极管在电路中是如何工作的，并能学到二极管的一些特性。

二极管的电路符号以及实际的外型都如图6.2所示。二极管上的简单标识环用来指明电流的流动方向。在电路原理图中，二极管的参考标号用"VD"或者"D"来表示。

二极管的第一个应用是将交变电流（AC）转换（或整流）成直流。交变电流既有正电压又有负电压，二者呈交替变化，在图6.3中，你就能发现二极管仅仅能导通正电压和正向电流。

二极管电路图符号

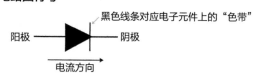

阳极　　　　　　　　　　　　　黑色线条对应电子元件上的"色带"
　　　　　　　　　　　　　　　　阴极

电流方向

电子元件实际外观

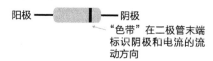

阳极　　　　　　　　　　　　　阴极
　　　　　　　　　　　　　"色带"在二极管末端
　　　　　　　　　　　　　标识阴极和电流的流
　　　　　　　　　　　　　动方向

图6.2　二极管符号

在一个二极管器件中，自由电子从高浓度的N型硅半导体下降到低浓度的P型硅半导体（如图6.4所示）。当自由电子下降时，它们会丢失能量。丢失的能量被转换为光能（光子），正如我在图中所注。对于硅二极管而言，这些光子处在非常远的红外光范围内，而且不被人眼可见。我会在下一节中讨论，通过改变二极管的材料，就能使它发出可用的、不同波长的光。

需要注意的是，在图6.4中，我画出了电子的流动方向而不是电流的方向。我在本书开头曾讲过，电流的方向与电子流动方向正好相反。当你制作电路时，N型半导体应连接到电路的负极来让电流流通，而不是电路正极，这点与你从这张图中看到的内容大不相同。

在这个实验中，我想让你在电路中接入1个二极管，

1个10kΩ的电阻器,并将它们接入到图6.5中的印制电路板和面包板组合电路中去。电路中电压和电流都会被测量,这样你就能搞清楚二极管的运行原理了。

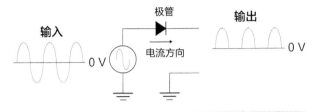

图6.3 二极管对交流信号整流

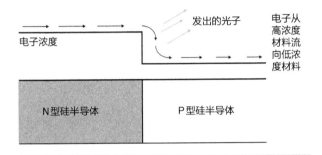

图6.4 二极管工作原理图

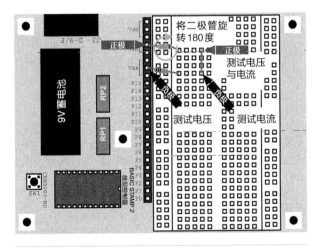

图6.5 二极管测试

1N914型和它的替代产品1N4148型二极管都是通用型二极管器件。术语替代产品用于电子零件时,是指这个零件功能和运行与原器件相同,只是不同的制造商给它们的编号不相同而已。为了避免混淆,我通常不会具体规定电路中的电子元件应使用普通的代替产品,如本例中的1N914,但是,在本实验电路中,1N914是一个非常有用、成本低廉、容易找到的零件。

一旦你制作好电路,就制作一个与表6.2相类似的表格,并测量我在表中和图6.5中列出的电路1的各种指

标。我想指出的是,制作该实验电路时,我使用了一个大容量的镍氢蓄电池,以防止使用9V蓄电池时可能出现电压不够的情况。除去表中所列的测量值,我还额外增加了一个测量值,那就是二极管两端的电压降。很明显,它的电压值是9V电压源和电阻器电压之差,但是,有两点我想拿出来说说。

看表6.2,你就能做出两个我之前有意忽略的结论。第一个结论是二极管上的电压降大约为0.6V——这对于硅制二极管而言是标准值,有时它能高达0.8V。第二个结论是基尔霍夫 电压定律适用于电路中的二极管——二极管上的电压加上电阻器上的电压等于施加在两个电子元件上的总电压。

深入研究一下,你就能发现流经电路的电流值是由电阻器两端的电压产生的——不管从哪个方向上二极管都不起限流作用。这个观察结果在下面实验中非常重要,并说明了电阻器是如何起限流作用的。

表6.2 电路1

蓄电池电压	7.46V
二极管电压	0.59V
电阻器电压	6.85V
电路电流	6.69A

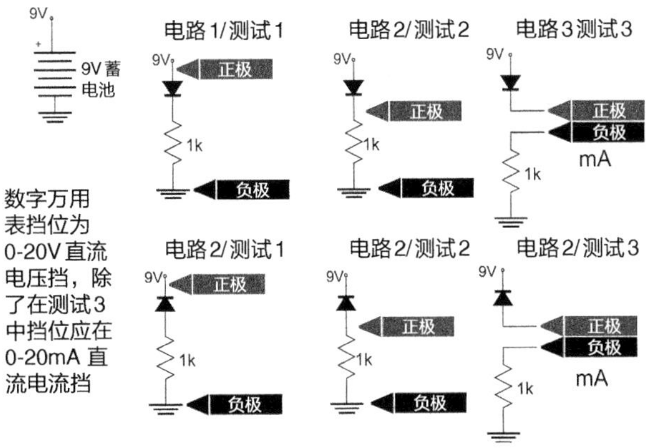

图6.6 二极管测试电路用来检测二极管的运行和功能

现在,反接二极管,再进行一次测量。

当二极管反接时,所有施加在电路上的电压都会在二极管上下降,并且电阻器上既没电压也没有电流流过。再次,基尔霍夫 电压定律依旧对半导体有效,因为它两端的电压降等于电路施加的电压。应用欧姆定律,你应当不会感到奇怪:电路电流等于零(这是因为电阻器两端没有电压降)。这些基于二极管反向偏置所测量的结果应该

能预计到，因为这些结果都是根据二极管的特性及其对交流输入的响应得出的。

最后一点，如果你要运用我之前介绍给你的定律时，就会发现二极管实际上也耗散一些热量。看图6.6中的电路图1，当6.69mA的电流流过二极管时，它两端产生的电压降是0.59V，而它耗散的功率是4.01mW。尽管在本例中不会产生大功率，但是，在其他电路中，有大电流流过时，你将不得不使用一只额定电流等于流经电路的电流，而额定功率为实际耗散功率的二极管。

实验34　发光二极管

零件箱
组装印制电路板
发光二极管，任意颜色
1kΩ电阻器

工具盒
组装印制电路板
数字万用表
布线工具套装

在前面的实验中，我提到过二极管的一个附带特性实际上非常有用。在讨论二极管的半导体部分的工作原理时，我讲解了当电子从高浓度的N型硅半导体流向低电子浓度的P型硅半导体时，会释放出光子。

在前面的实验中，我详细介绍了半导体器件引入电路不会违反基本电子学定律。光子的释放确保了二极管工作过程中不会违反热力学第一定律——即能量不能凭空消失或损失。电子从N型半导体流向P型半导体时所丢失的能量被转化成光子的能量。正如我前面论述的，在一只标准硅二极管里，这些光子的能量非常弱（光子的波长落在长波范围内），而且并没有发挥真正作用。

在表6.3中，我列出了一些用来制作发光二极管的不同半导体材料和它们能输出的不同种类的光。制作发光二极管所使用的大部分材料都有很高的毒性，这也是为什么发光二极管的价格是普通硅二极管价格的10倍甚至以上。

发光二极管本身是圆柱形外观，有点像R2-D2，如图6.7所示。发光二极管的电路符号与普通二极管相似，但是在二级管外有"光线"从内部发出，如图6.7所示。为了标识发光二极管的极性（以及电流的流动方向），从它的外观上可以看到，在圆形底部的一边有一个平面，它表示发光二极管的阴极（连接电路负极）。与普通二极管相同，发光二极管的参考标号一般是"VD"或者"D"，但是在一些情况下，你会发现它的参考标号直接用"LED"来代替。

表6.3　制作发光二极管的半导体材料和发出的光的特性

光的颜色	制作二极管的半导体材料	输出光源的波长
红外线	镓，砷	940—730 nm
红光	镓，铝，磷	700—650 nm
琥珀色	镓，砷，磷	610 nm
黄色	镓，砷，磷	590 nm
绿色	镓，磷	555 nm
蓝色	锌，硒	480 nm

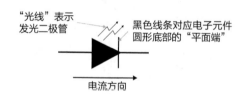

"光线"表示
发光二极管

黑色线条对应电子元件
圆形底部的"平面端"

电流方向

发光二极管实际外观

二极管圆形底部的一边是"平面"，表示电流的流动方向

图6.7　发光二极管符号

发光二极管在电路中具有等同于普通二极管的作用，除了一个重要的不同之处——发光二极管的电压降要高于普通硅制（以及其他半导体材料制作的）二极管的电压降。在本实验中，我将重复之前的电路测试，但是会用一只发光二极管代替1N914或者1N4148二极管。

如果你去一个货物充足的电子产品商店，就会惊讶地发现有各种数目众多、琳琅满目的发光二极管可供选择。除了有许多不同颜色，还有很多不同封装和亮度的发光二极管可以选择。本实验中（以及接下来的实验中），我推荐你购买一袋最便宜的发光二极管。它们通常发出红色的光，外型只有5mm大小，代表负极或电流流向的"平面"在发光二极管底部，如图6.7所示。

该测试电路与前面所使用的电路毫无二致。请牢记发光二极管上的"平面"一端应远离Vin。当你将电路设置好以后，发光二极管就会点亮。

看一看数据，你就会发现发光二极管上的电压降和普通硅制二极管上的电压降大小差别很大。大多数发光二极管的电压降都在2V左右，而普通硅制二极管的电压降只有0.6至0.8V。再观察剩下的数据，你会发现基尔霍夫 电压定律依旧对发光二极管有效，而且流经系统的电流大小由电阻器电压值和电阻器自身的阻值决定。

大多数发光二极管通过5mA电流时就会发光。接入1kΩ电阻器后，电路总电流稍微大于5mA（如表6.4所示）。再增加电路电流不会使二极管发出的光更亮——但是电流过大，容易烧毁发光二极管。虽然，降低电路电流会减少发光二极管的输出光强度，但是实际电路中很难控制发光的强度。

表6.4 发光二极管电路的各种电测量值

电源电压	发光二极管电压	电阻器电压	电路总电流
7.38V	1.99V	5.37V	5.36mA

控制输出光源强度的最好办法是迅速开启和关闭发光二极管电源。这个方法被称为脉冲宽度调制（脉宽调制），我随后会在本书里更加详细地介绍脉宽调制的工作原理和如何产生脉宽调制信号。

电路中1kΩ的电阻器被称为限流电阻，它必须接入电路，因为发光二极管（或者普通二极管）实际上并没有电阻值。如果电阻器不接入电路，你会发现发光二极管很可能依然能正常工作（9V蓄电池不能提供足够大的电流来烧毁它），但是，电源的寿命就会大大缩短。在电路中加入电阻器，流过发光二极管的电流值就会降低至使它点亮的额定值，并不再增加。

在5V逻辑电路中，我使用了一只阻值为220Ω至470Ω的限流电阻器。470Ω是最优值，但在一些情况下，例如，电路中使用BS2微型控制器来驱动发光二极管工作，那么，印制电路板上的220Ω电阻器就足够使发光二极管工作，不再需要额外接入其他限流电阻了。

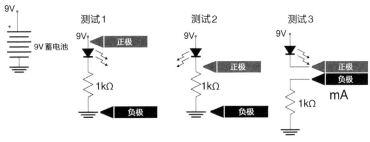

数字万用表档位应选在0-20V直流电压挡，除了在测试3中挡位选择为0-20mA 直流电流挡

图6.8 用来测试发光二极管工作的电路

实验35 NPN型晶体管和双发光二极管发光控制

工具盒

数字万用表
布线工具套装

零件箱

组装印制电路板
两只发光二极管，任意颜色
3个1kΩ 电阻器
两个ZTX649 NPN型晶体管

目前为止，在本书中，当我介绍一种新的电子器件时，我一直都在使用"水的类比"来介绍电子元件如何通过各种你所熟知的媒介来发挥作用。不幸的是，当我开始用更为复杂的半导体电子元件进行实验时，用水的类比作为演示工具就变得几乎不可能了。二极管的工作原理可以通过我之前提到的单向水阀的原理来演示，但是，试图利

用晶体管水阀模型来解释晶体管工作原理就非常困难，而且晶体管的一些重要性能都不能很容易地被观察到。

图6.9说明晶体管由一个简单的阀门构成，这个阀门受引入控制管的水控制。控制水管里的涡轮机稍有动作，就会将装在更粗的水管中的阀门打开。通过水流控制阀的水越多，造成涡轮机转动得越快，继而水阀打开得就更大。像连锁反应似的，水阀开启得越大，则水管中流淌的水就更多。当控制水管中不再有水流时，水阀会自动关闭。

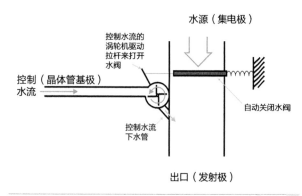

图6.9　用水阀类比模型演示晶体管的工作原理

这个类比实际上是对NPN晶体管工作原理的一个精确描述，但是它忽略了一些要点。首先，通过控制水管的水被倾入出口管。要知道通过粗水管的水量大小是受流过控制水管的水量大小控制的，这一点很重要——水压并不重要。最终，在通过粗水管的水量和流过控制水管的水量之间存在一个乘积因子。通过粗水管的水量正比于通过控制水管的水量。

另一种类比模型是电子模型，工程师和电路设计者用该模型来模拟晶体管在电路中的工作原理。在图6.10中，我介绍了简化的小信号晶体管模型，它被用于集成电路通用模拟程序中。这个电路显示出产生于晶体管控制极或基极的寄生电阻以及耦合电容。带有箭头的圆圈被称为电流源，而且它允许产生固定大小的电流，这个电流值是从晶体管控制极（或者基极）流向出口（或者发射极）的电流值的倍数。流经电流源的电流是从源极或集电极流出，最后再流向发射极。我可不是拿图6.10中的复杂等效电路来吓唬你。当你对电子学越来越熟悉时，这个等效模型就变得非常重要，你就能非常容易看懂吃透电路的不同组成部分。

我不会先试着搞懂NPN型晶体管的最优等效模型及其工作原理，而是完全不用模型，开门见山，先搞清楚它的电路符号以及不同晶体管型号的插脚引线，如图6.11所示。

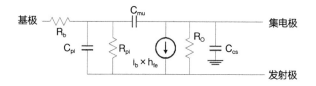

图6.10　简化的晶体管等效电路模型

图6.11显示了晶体管的电路符号图，以及其不同管脚标识。对于NPN晶体管而言，它的基极对应着在前面的类比模型中的控制水管，而集电极和发射极则分别对应水管和水阀。当你正对晶体管的扁平端，且插脚引线朝下时，从左向右看，依次为发射极－基极－集电极的管脚，或者在我的记忆里，应该是"发射极在集电极之前"。

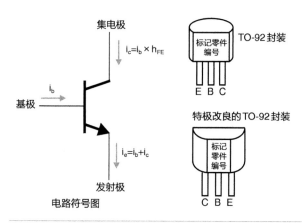

图6.11　NPN型晶体管电路符号及其特性参数

在如图6.11所示的电路符号中，我标识了晶体管电流的流向。简单的说，从集电极流向发射极的电流值等于基极电流乘以 h_{FE}。倍数 h_{FE} 通常被称为Beta（或用 β 表示），它的值在晶体管数据手册中有具体规定。

为了展示NPN型晶体管的工作原理，我画出图6.12所示的电路。当左侧的晶体管基极没有电流流通时，电流流过集电极上的1kΩ电阻，并从右侧晶体管的基极流出。在这个例子中，右侧的晶体管导通工作，其发射极上的发光二极管点亮。

当左侧晶体管基极有电流流过时，集电极上的电流流过发光二极管。在这种情况下，右侧晶体管的基极没有电流，因此它始终处于截止工作状态。

如果你熟悉晶体管的特性，或许会对我选择使用 Zetex ZTX649 NPN型晶体管而感到吃惊。在许多其他介绍基本电子学项目的书里，都会使用2N3904型晶体管。因为它价格很便宜，而且属于一般通用型晶体管。而ZTX649型NPN晶体管价格要比2N3904型晶体管更贵，但是，它能承受2A的电流，这个特性让它成为小型机器人中电动机驱动器的理想选择。该种晶体管的电流放大系数 h_{FE} 为 300，这几乎是 2N3940 晶体管电流放大系数的两倍。

接好电路后，花点时间观察发光二极管的工作原理，然后拆除左边晶体管集电极和右边晶体管基极之间的连接线，再测量流过晶体管的电流值。当右边的晶体管发射极连接的发光二极管点亮，流过基极的电流大约是 6mA；当发光二极管熄灭，基极电流变为零。这个结果并不令人感到惊讶，因为发光二极管熄灭，说明晶体管截止，没有电流流过。

你也可以观察发光二极管点亮和熄灭时它两边的电

压降。在我设计的电路中，当发光二极管熄灭时，它两边的电压降是 1.7V，点亮时，电压降是 2.2V。你会好奇为什么当发光二级管两端有 1.7V 的电压时，它不能“微微地”点亮呢？但是，你必须牢记，虽然发光二级管两端有 1.7V 的电压，却完全没有电流流过它。因为要让发光二极管点亮，就必须满足它的两端既有电压，同时也要有电流流过。我指出这一要点是因为它阐明了一个重要的事实，这个事实你可能会忘记，却又得重新发现——那就是仅仅测量半导体电路的电压值往往不足以说明问题的实质。你必须始终做好准备，测量电子元件上的电压降和流过的电流，只有这样才能完全了解它们的本质。

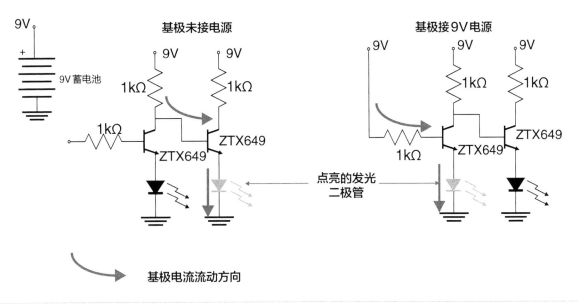

图 6.12　双晶体管轮流导通使发光二极管工作

实验 36　用一只晶体管驱动电动机工作

工具盒

数字万用表
布线工具套装

零件箱

组装印制电路板
ZTX649 NPN 型晶体管
1N4148 或者 1N914 型二极管
两个带电池夹的 C 型电池单元
输入电压为 1.5V 至 3V 之间的任意小型玩具电动机
1 个 110Ω 电阻器
1 个 470Ω 电阻器
1 个 1kΩ 电阻器
1 个 10kΩ 电阻器

在上一个实验中，我向你介绍了 NPN 型晶体管，并讨论它的一些工作模型。我也给你介绍了一个能展示基极电流和集电极电流关系的简单公式。我也展示了如何把 NPN 型晶体管当做电子开关使用，从而点亮其中一只发光二极管。在这个实验里，我将详细介绍 NPN 型晶体管，以及如何利用晶体管控制大电流器件，如电动机。

目前为止，我一直都把晶体管称作 NPN 型晶体管——其实，它正确的叫法应该是双极性 NPN 型晶体管，如果你观察晶体管的侧视图，就会发现一些类似条形的器件，其中N型半导体在晶体管的两端，中间较薄的部分是P型半导体，如图6.13所示。

当晶体管导通，基极电流从发射极N极吸引自由电子，形成一个充满自由电子的导通区。为了理解晶体管如何工作，回忆一下，自由电子的流动方向与电流的流动方向相反——当电流注入基极时，自由电子就从基极流走。

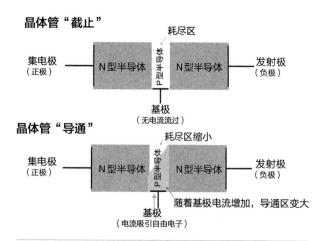

图6.13　NPN型晶体管的工作原理

晶体管的P型区非常薄，从发射极吸引过来的自由电子跳跃到集电极上；这些自由电子形成集电极电流，电流值的大小由从基极吸引的自由电子数目决定。基极电流越大，集电极流通的电流才有可能越大。当双极性NPN型晶体管内部的基极电流增加时，导通区的面积随之增加，而且集电极电流的流通面积也越大。

在这个实验中，我想展示双极性NPN型晶体管其实是一个小电流控制的大电流开关。为了实现此目的，我使用图6.14所示的简单电路图来证明。在图中，我使用了一个470Ω的基极限流电阻，但是，当验证电路的功能时，我想让你改变基极电阻，转而使用工具盒中列举的每一个电阻器。

当我使用一个旧玩具电动机来进行测试时，我发现470Ω的基极限流电阻用来驱动玩具电动机时效率最高。当我换上大阻值的基极限流电阻时，发现电动机的运行速度大幅度降低（扭矩变得更小）或者干脆就不运转。当我换上一个100Ω的基极限流电阻时，基本检测不出来电动机的运行与使用470Ω基极限流电阻有任何差别。因此，从实证角度，我得出驱动电动机运转的最优选择是470Ω的电阻。

9V蓄电池电压测量值是8.91V，而晶体管基极至发射极（地）之间的电压测量值是0.79V，我发现在

470Ω基极限流电阻上有8.12V的电压降，同时，经计算，流入基极的电流值为17mA（我测量的实际电流值为17.1mA）。假设晶体管的电流放大系数h_{FE}是300，从晶体管集电极流向发射极的电流经计算得出为5.18A。你应该立即明白5.18A这个数值并不合理。我在前面的实验中提到过，ZTX649型晶体管能承受的最大电流是2A，而且，如果你查看C型碱性电池单元的器件手册就会发现，它的标称输出电流大约是350mA。流入电动机的电流，经测量大约是190mA。

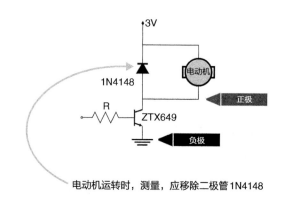

电动机运转时，测量，应移除二极管1N4148

图6.14　NPN型晶体管电动机控制电路

容易产生混淆的地方是晶体管导通工作的范围。当介绍晶体管的工作原理时，我实际一直都是指它工作在"线性小信号工作范围"内，如图6.15所示。当使用晶体管对大电流器件（如电动机）进行控制时，它的运行范围已经超出小信号范围，而进入非线性范围（或者叫"饱和区"）内，当晶体管工作在"饱和区"时，它的工作状态就不能轻易地预测到了。大多数仿真工具都能正确模拟晶体管工作在小信号工作范围之外的运行情况，但是，如果驱动小型电动机，我建议按照我在这里所使用的方法——测试各种不同的基极限流电阻器，直到你找到此应用项目的最优电阻器。

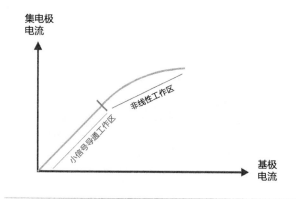

图6.15　NPN型晶体管基极与集电极电流关系

当电动机启动和关闭时（或者甚至可以说当电枢转动，同时新线圈加电时），生成的大感应电压（或者叫反冲电压）会造成电路噪声。如果你回头去看原始电路原理图（如图6.14所示），就会发现我建议你应当测量晶体管集电极和发射极之间的电压。当电动机运行时，我建议你在将二极管接入电路时，测量一次两极之间的电压，再把二极管拿掉，再测量一次两极之间的电压。这么测量之后，我发现集电极发射极之间的电压是一个非常恒定的值，0.030V，变化范围仅为1mV左右。把二极管从电路中拿掉，我发现电压稳定保持在0.030V，但是变化范围高达10mV。为了试验并证实我观察到的实验内容，我用示波器分别查看了将二极管接入电路和不接入电路时的集电极电压（测量时，发射极电压是地）。图6.16所示为用示波器观察到的图像。

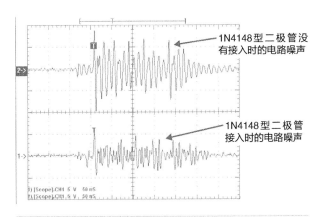

1N4148型二极管没有接入时的电路噪声

1N4148型二极管接入时的电路噪声

图6.16　晶体管对电动机控制的波形

上面的示波器波形是二极管没有接入电路时的集电极电压，显示出高达 ±10V 的反冲电压。下面的示波器波形是二极管接入电路时的集电极电压——此时输出的噪声已经被消减至不到 ±5V。当一个大电压加在二极管上时，二极管可以通过"击穿"来对电路噪声进行滤除。我之前说过，晶体管在极端条件下工作时，会表现出令人出乎意料的结果，同样的，对于二极管而言，当被施加高电压时，也会表现出令人出乎意料的特性。在加在二极管上的电压达到一定值时，它就会停止工作，表现出短路的特性，不再把电流传递到应用电路中的其他部分，而是直接在其内部进行分流。当你制作任何磁性器件控制的应用电路时，应当经常在电路中增加反冲二极管，来保护电路的其他零件不被击穿。

实验37　双极性PNP型晶体管电动机控制电路

零件箱

组装印制电路板
两个 ZTX749 PNP 型晶体管
四个 ZTX649 NPN 型晶体管
四个 1N4148 或者 1N914 型二极管
两个带电池夹的 C 型电池单元
输入电压为 1.5V 至 3V 之间的任意小型玩具电动机
两个 100Ω 电阻器
两个 1kΩ 电阻器

工具盒

工具箱
数字万用表
布线工具套装

双极性 NPN 型晶体管是一种非常棒的工具，可应用于各种不同电子电路中，而且，它也是基本晶体管逻辑电路的基础，我将在随后章节中予以介绍。NPN 型晶体管之所以如此受欢迎是因为它容易安装在集成电路上（这意味着制作成本低），运行速度快，电流控制能力强。不幸的是，NPN 型晶体管不能在所有情况下使用，特别是当电路中需要开关来给电路提供电流而不是减少电流时，NPN 型晶体管就显得表现欠佳。

PNP 型晶体管可以互补于 NPN 型晶体管，它具有很多与 NPN 型晶体管相同的特性，如图6.17所示。PNP 型晶体管的电路符号与 NPN 型晶体管的电路符号相似，但是，不同的是在 PNP 型晶体管里，电流的流向与 NPN 型相反。PNP 型晶体管的集电极电流的计算方法与 NPN 型晶体管集电极电流计算方法相同。最后，PNP 型晶体管的管脚引线的标识与 NPN 型晶体管相同，它们的方向与 NPN 型晶体管完全相同。

当 PNP 型晶体管导通时，电流从基极流出，自由电子注入晶体管的 N 型半导体内。这些自由电子被移动到晶体管的集电极，有些会直接从发射极的 P 性半导体材料跳跃至集电极。从发射极流出的自由电子构成了流到晶体管集电极的电流。

与 NPN 型晶体管相同，如果基极没有电流时，PNP 型晶体管截止，集电极上能够传输的电流大小是基极电流整数倍。与 NPN 型晶体管相同，PNP 型晶体管集电极电流乘积因数也写作h_{FE}，或者β。当制作一只与NPN型晶体管互补的PNP型晶体管时，它通常具有与NPN型晶体管相同的放大系数h_{FE}。

为了展示PNP型晶体管的运行原理，在这个实验中，我制作了与上一个实验相似的电路，用一个PNP型晶体管代替了上一个实验中的NPN型晶体管。在电路原理图（图6.18）中，你会发现我将电路中的晶体管位置颠倒过来。为了让晶体管导通工作，就不能再把基极与电流源（在初始电路中所使用的9V蓄电池）相连，而应该连接到电路的地。

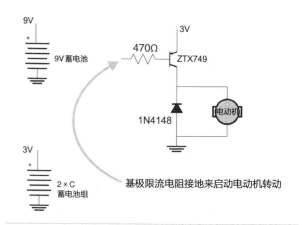

图6.18　PNP型晶体管电动机控制电路

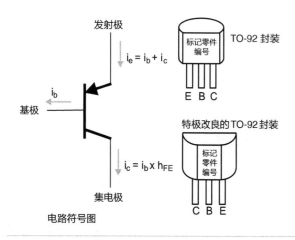

图6.17　PNP型晶体管的电路符号与特性参数

你很可能注意到，即使该电路与前面实验中的电路相似，但是却截然不同。你最好将上一个实验中使用的所有电子元件从面包板上拆下来，再重新制作电路，而不是试图在上一个实验电路的基础上进行修改。尽管两个版本的电路相似，但是一些电子元件在电路中的位置发生改变，而且试图找出电路中的错误之处是一件非常耗费精力和棘手的事情。

与前面的实验相同，你应该实验许多不同的电阻器，直到你找到能让电动机最有效运行的型号。对于我所使用的电动机，应选择470Ω的电阻器，并最好与ZTX649 NPN型晶体管一起使用，就能让电动机非常高效地运行。我使用其他电阻器进行实验，发现使用220Ω电阻器时，电动机获得最快的转速和最大的扭矩，这个现象令人有点惊讶，因为ZTX749型晶体管本来是用来补充ZTX649晶体管的。

PNP型晶体管不如NPN型晶体管效率高。这是因为前者的P型硅制半导体电阻较后者更大，自由电子流通的速度也更缓慢。

由于PNP的低效率以及在集成电路上制作晶体管变得越来越难，在电子工业中，PNP型晶体管没有NPN型晶体管受欢迎。但是，PNP型晶体管在一些应用中非常有用，在下面将要进行的实验中，我会展示如何一起使用PNP型和NPN型晶体管来制作一个驱动直流电动机工作的双向驱动电路。

在结束这个实验前，请注意我在电路中安装了一只防反冲二极管。在PNP型晶体管控制电路中，电动机会产生与在NPN型晶体管控制电路中相同的极高的瞬时电流。两个控制电路的区别是在PNP型晶体管控制电路中，我把二极管与地连接，而不是在上一个实验中所讲的与电流源连接。

实验38　晶体管电动机H-桥

零件箱

组装印制电路板
两个ZTX749 PNP型晶体管
四个ZTX649 NPN型晶体管
四个1N4148或者1N914型二极管
两个带电夹的C型电池单元
输入电压为1.5V至3V之间的任意小型玩具电动机
两个100Ω电阻器
两个1kΩ电阻器

工具盒

数字万用表
布线工具套装

在本章我已经介绍了晶体管是如何用来控制机器人身上的电动机的。首先，我探讨了不同形式的传动系统来制作机器人，最终得出结论，使用差动传动底架是控制机器人移动的最有效方法，因为它不需要使用复杂的、种类繁多的转向齿轮——因为每一个电动机都是用来驱动并转动机器人的。要制作一个带差动传动机构的机器人意味着你必须采用一种方法，让机器人既能向前移动也能向后移动。我在互联网上看到许多机器人设计作品，它们都使用继电器来控制差动传动式机器人身上的电动机，但是我相信采用晶体管来驱动电动机将会是一个更好的选择，因为晶体管成本低，可以集成在电动机上进行速度控制，而且令机器人更加稳健。

在本章开头的实验里，我向你介绍了NPN型和PNP型晶体管的基本原理，并向你展示了如何用它们来驱动电动机工作。在这些实验中，我介绍了如何将NPN型晶体管变作电子开关使用，把信号拉入接地端，这么做，使电流进入电动机，并让其运转。PNP型晶体管能产生电流，而且根据这个特性，它非常适合用来提供电流来驱动电动机工作。将两种类型的晶体管结合起来使用，你就能制作一个电动机驱动电路，让直流电动机要么向前移动要么向后移动。

我已经向你介绍过H−桥直流电动机驱动电路，在该电路中，由四个开关来控制电动机的电流方向。制作这种驱动电路非常容易，尽管必须注意一点，H−桥同一边的两个开关都闭合，就会造成电动机电源与地直接短接，使电动机烧毁或者电源过快耗尽。理想情况下，你设计的H−桥控制电路和软件必须保证H−桥同一边的两个开关绝对不会出现同时闭合的情况。

如果你一直在考虑如何利用晶体管来制作H−桥电路的话，可以参考图6.19所示的电路。这个电路使用了两对互补匹配的NPN型和PNP型晶体管，发挥电子开关的作用。电路中接的二极管用来滤除任何电动机可能产生噪声。

你或许考虑按照图6.19所示，利用一只普通的限流电阻把两个晶体管的基极连接起来。这样一来，只需要两个数字驱动电路，你就能控制电动机的转动方向了。最终设计出的电路看起来简单，而且看起来H−桥驱动电路一边的两个晶体管绝对不会被驱动工作，因为两个晶体管导通的方式不同。PNP型晶体管需要基极流出电流，而NPN型晶体管的基极需要流入电流。

图6.19所示电路有一个非常大的问题，那就是电流可能从PNP型晶体管的基极流出，再流入NPN型晶体

管的基极。在本例中，两个晶体管都导通工作。更糟糕的是这个问题会造成自保持循环放大问题；当更大的电流流过两个晶体管时，基极电流也就变得更大，变大的基极电流又会继续使电流增加。这种过程会重复进行一直到晶体管或者电源被烧毁。

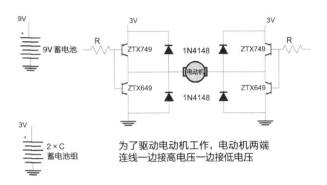

图6.19　H−桥晶体管电动机控制电路

这并不意味着这种自保持循环放大的问题会经常发生。在一些情况下，当使用的PNP型和NPN型晶体管匹配互补，电动机负载适当，这种情况就绝对不会发生。自保持循环放大的问题非常难以预测，你会发现，使用不同的晶体管对、不同的电阻器阻值和布线方法、蓄电池电量水平、防反冲二极管，以及电动机的选择都会对电路产生影响，导致这种问题发生或者不发生。我曾经被这种问题"烦扰"过一次，为了确定它不再发生，我设计H−桥驱动电路时，使用了图6.20所示的电路。这个电路也正是我在这个实验中使用的。

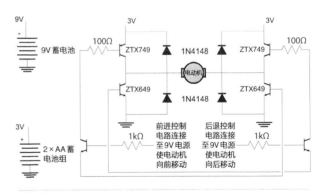

图6.20　H−桥晶体管电动机控制电路

这个电路有两个端口可用来选择电动机转动方向。图6.21所示为电流在电路里的流动方向，施加电压的端口不同，电流的流向也会不同。H−桥的唯一缺点是两个电动机控制端口同时会被驱动或者两个端口电压同时会被拉高。如果两个端口都被加电，那么两边的晶体管开关同时开启，这样一来，就会烧毁电源和（或者）晶体管开

关。写入端口的软件程序应确保每次只能有一个端口加电。

这个电路应用的布线出奇地简单；只需要注意晶体管的管脚引线方向，因为PNP型晶体管相对于NPN型晶体管是反着接入电路的。

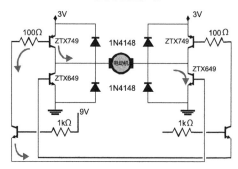

电动机向前移动

左边控制的NPS晶体管开关导通；
电动机电流从左向右流

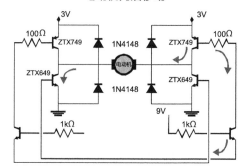

电动机向后移动

右边控制的NPN晶体管开关导通；电动机
电流从右向左流，使电动机转向发生改变

图6.21　H-桥电动机控制运行原理

H-桥电路非常可靠，适用于控制多种多样的小型直流电机。如果用它控制额定电流大于300mA的电动机，那么就需要选择不同种类的晶体管和二极管，而且还得改变电阻器的阻值。如果你对使用的电动机运行参数了若指掌，那么很容易利用SPICE（通用模拟电路仿真器）进行仿真分析。仿真分析的方法能优化电路，这样晶体管导通的电流就不会大于它的额定值。有一点很重要，就是要确保两个控制晶体管的基极不会消耗过多的电流——通过晶体管基极的电流太大会造成无法预期的功率损耗。

第七章

我们的朋友555芯片

Chapter 7

当我还是青少年时，最受电子爱好者所喜爱的芯片就是555定时器集成电路或芯片（如果说它也是当时最受欢迎的商品的话，我也一点不会感到惊讶）。555定时器集成电路芯片可能是我所见到过的用途最广泛的非编程类器件。成百上千个项目都用到它，我敢肯定555芯片的最初设计者绝对不会想到它的应用会这么广泛。555芯片的最初功能是提供一定规律的连续脉冲信号。在本节内容，我将向你介绍555芯片的基本原理，并结合一些实验向你展示555在电路中的应用，以及如何使用它制作一个简单的机器人。

在前面的章节里，我向你展示过许多不同电子元件的管脚引线——它们每一个都有其特殊的波形系数。555芯片通常采用双列直插式封装，这种封装方法广泛用于电子芯片。双列直插式封装通常用其首字母缩略词DIP表示，指的是具有引脚的芯片，在电路安装时能被插入小孔里（如印制电路板上的小孔和面包板上的小孔）。图7.1中，我画了一个555芯片的俯视图和一张555芯片的实际照片。

555芯片的俯视图显示出它的管脚引线，而且，你会注意到从芯片顶部左边第一个管脚开始，我都做了标记。芯片上的小圆圈表示芯片的顶部。许多双列直插式封装器件都在芯片的1号引脚末端铸了一个半圆形符号。根据器件的生产商和器件本身，你会在芯片顶端观察到小圆圈或者半圆，或者同时能看到小圆圈和半圆。当你识别出芯片上的1号管脚，按照逆时针方向依次增加管脚的编号，如图中所示。所有双列直插式封装的芯片都采用这种约定标记方法，不论芯片的体积大小，随着我在本书不同部分向你介绍这种约定标记方法，你会越来越多地看到这些双列直插式封装器件。

观察每个引脚的标识，就会发现大多数标记并不十分有道理。观察芯片，首先映入你眼帘的应该是代表Gnd（地）的1号管脚和代表Vcc（正极）的8号管脚。这两个管脚用来给电子元件供电。当你使用芯片时，就会发现它们需要电源供电，而对于采用双极性晶体管制作的芯片来说，例如555芯片，你总会看到代表Gnd（地）的管脚和代表Vcc（正极）的管脚。

这些内容说得有点超前了，当你看到使用金属氧化物半导体场效应管晶体管制作的芯片时，就会发现芯片的正电源接在Vdd管脚，而地接在Vss管脚上。这种约定俗成的标识方法可能会令人困惑；我倾向于在心里将Vdd转换为Vcc，将Vss转换为地。尽管电源的名称不尽相同，但是从1号管脚逆时针递增方式计管脚号这种约定

俗成的方法也同样适用于基于金属氧化物半导体场效应管晶体管制作的芯片。

图7.1　555芯片的引脚分配

为了试着更好地了解一个芯片特性，我所做的第一件事就是看它的方框图。在图7.2中，我画出了555定时器的方框图。

与管脚阴线图相同，方框图中你应该能认出其中一些电子器件，但是我敢肯定很多元件对你而言完全没有意义。当我第一次看到芯片时，我的感受和你相同，但是我试图从有限的知识储备来搞清楚芯片到底是如何工作的。

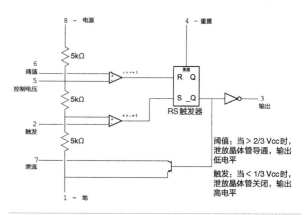

图7.2　555芯片原理图

你应该能识别出来方框图下划虚线上面的两个电子元件。第一个是在电路图中间靠下位置的晶体管。它看起来好像与前面章节介绍电动机控制时的布线相似——晶体管当做电子开关使用，把电流引入电路的地。

另外一个你能识别出来的电子元件是分压器，它位于方框图的左侧，我把它从电路中单独分离出来，如图7.3所示。如果你要计算V控制和V触发的电压，就会发现它们分别是2/3Vcc和1/3Vcc。这实际是芯片如何工作的一个重要

线索。

555定时器分压电路令你感到困惑的一个方面是它对外部针脚的连接，被称作控制电压。这个连接让电路设计者可以改变分压电路的电压电平。这样做，$V_{控制}$就不再是之前的2/3Vcc了，它现在可以是设计者希望的任意值（小于Vcc）。改变$V_{控制}$，$V_{触发}$也就变为1/2Vcc。

$V_{控制}$和$V_{触发}$的电压被送入到两个带有"+"和"-"三角形盒子里，伴随着的还有一个看起来很有趣的方程。这些三角盒子是比较器的表示图形，如图7.4所示，当"+"输入端的电压大于"-"输入端的电压时，电压比较器输出一个高电平。555定时器使用了两个电压比较器来持续比较两个外部电压电平与$V_{控制}$和$V_{触发}$的大小，并将比较结果传输至标有RS触发器的小盒里。

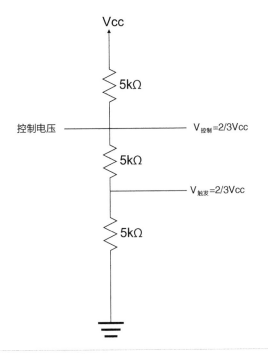

图7.3　555定时器分压器

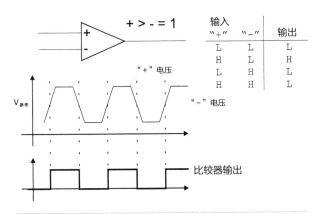

图7.4　比较器工作原理

我会在本书后面的章节解释触发器是如何工作的，但是目前来看，我想把它看做是双线圈继电器（如图7.5所示）。该器件由两个水平放置的继电器线圈构成，线圈上的接触电刷会停留在最后的位置，这个位置是由任意线圈最后加电设置的。

555芯片中的RS触发器发挥着与双线圈继电器相同的功能。在555芯片中，它会保存是哪一个比较最后将高电压传递给它。如果比较器连接至555芯片的阈值管脚，而分压器的$V_{控制}$输出一个高电平电压，那么触发器将会在_Q端输出一个高电平电压，从而让方框图底部的晶体管导通工作。如果其他比较器将一个高电平电压送至RS触发器，那么在_Q端的电压就会拉低，晶体管就会截止。

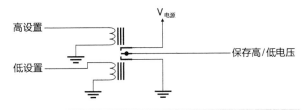

图7.5　双线圈继电器记忆元件作为一个简单的RS触发器使用

最后一个令你感到陌生的电子元件是位于555芯片方框图右下位置的三角型元件，元件后面有一个空心球型（如图7.2所示）。这个电子元件被称为反向缓冲器，它能将高电平输入转换成低电平输出，反之亦然。

以上是对555芯片工作原理最完备的说明，我确定你现在至少和你初次看到芯片的方框图时一样蒙圈。各个独立的电子元件非常容易理解，但是我敢说当把它们放在一起工作时，你感到难以理解。为了完全搞懂555芯片的工作原理，我会在下一个实验里向你介绍一种新型电子元件。

实验39　闪烁发光二极管

零件箱

组装印制电路板
555定时器芯片，8管脚引线的双列直插式封装
发光二极管，任意颜色
470Ω 电阻器
R1=33kΩ 电阻器
R2=100kΩ 电位器
0.01μF电容器，任何型号
10μF35V电解电容器

工具盒

布线工具套装

在介绍555芯片的工作原理时，我忘记需要把接在芯片上的电子元件考虑在内。目前为止，我已经向你介绍了电阻器、二极管和晶体管，但是没有介绍任何储能电子元件。电阻器、二极管和晶体管都能改变电信号的电压和电流，但是它们都不具备储能作用。

有两种最基本的储能电子元件，其中之一是电容器。它由两块有一定间距、能储存能量的金属板构成，它储存的能量是电荷，其电路参考符号为"C"。金属板在电容的电路符号中表示如图7.6所示。图7.7所示为不同的电容器封装以及它们的极化标识。

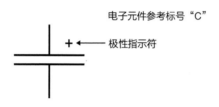

电子元件参考标号"C"

+ ← 极性指示符

在一些参考标号中，符号是：

+ ← 极性指示符

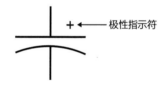

图7.6　电容器符号

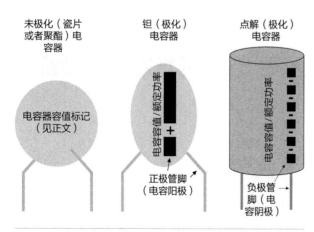

未极化（瓷片或者聚酯）电容器

电容器容值标记（见正文）

钽（极化）电容器

电容容值／额定功率

正极管脚（电容阳极）

点解（极化）电容器

电容容值／额定功率

负极管脚（电容阴极）

图7.7　电容器的外观和标记

电容器存储电荷，它的单位是法拉。1法拉是一个非

常大的电荷单位。也仅仅是在最近几年人们才能制造出能够储存1法拉或更多电荷的电容器；大多数电容器存储的电荷范围都在几百万分之一法拉或者几兆分之一法拉。电容器存储几百万分之一范围以内的电荷时，以单位微法（μF）表示。电容器存储几兆分之一范围的电荷时，以单位皮发（pF）表示。工程师和技术专家们通常称微法为"mikes"，称皮发为"puffs"。

制造电容器可以采用许多不同的技术。所有电容都是通过电解质将两块金属板分开制作而成。电解质增强了金属极板可以存储的电荷，但是两块金属极板不能接触。本书中，所有电路都使用陶瓷或者电解电容器。陶瓷电容器没有极化，因此没有任何额耐压。电容上通常用印有三位数字的标识，显示其容值。它们的容值标记方法与电阻器上的色环标识相似；前两个数字标识代表对数的尾数值，第三个数字代表以10为底的指数值，单位是皮发。例如，如果你有一个330pF的陶瓷电容器，它就标记为331。陶瓷电容器的容值范围通常在pFs与0.1μF之间。

电解电容是极化电容，使用液体作为电介质（电介质是指两块金属板之间的绝缘材料）。它们通常制作成金属罐子的外型，容值印在电容上面，并带有负极管脚引线（阴极）标识，容值范围通常在1mF至几个法拉之间。基本的电容器使用陶瓷材料做电介质，更高级的器件使用聚酯电容器，它采用的电介质材料是钽溶剂或者电解溶液。电介质数值越高，电容就能做得越小，它能储存的电荷也更过，那么价格就更昂贵一些。

电容器发挥的功能与一个城市里的供水系统中的水塔是一样的。通常情况下，水被抽入住户家中，但有时，用水需求大大超出系统的能力，或者住户的用水量不大（例如当我们睡觉时）时，抽入的水量过多。为了改善系统供水的能力，就建了一个水塔来临时储备水，如图7.8所示。如果天气太热，或者有许多用户需要浇自己院子中的草坪，那么在重力作用下，水就会从水塔中流入供水线路中。在夜间，当水泵的容量大大超出水的需求量，水就会直接抽入进水塔，储存以备后用。

电容器可以与一只限流电阻相连接，制作成电阻电容（或者叫RC）网络，如图7.9所示，电容器两端的电压变化速度就比没有限流电阻器时缓慢得多。电阻值与电容值的乘积是一个以"秒"为单位的常数值，我们称它为RC时间常数，并用希腊字母Tau（τ）来标识。RC延迟时间被555芯片用来对电路运行进行"定时"操作。

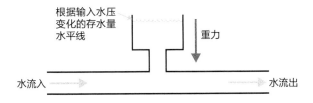

图7.8 用水塔容量类比电容器的储能作用

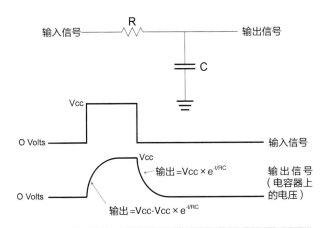

图7.9 RC网络的工作原理

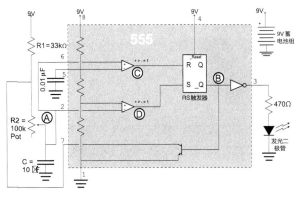

图7.10 555芯片制作的振荡器电路

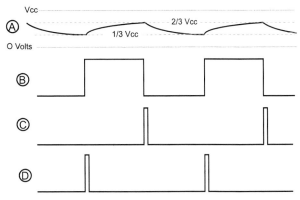

图7.11 555芯片内的电信号

为了展示555定时器芯片如何使用RC网络产生重复信号，我希望你能按照图7.10所示制作实验电路。

当这个电路开始运行时，555定时器芯片实际上变成一个"非稳态"振荡器，伴随发光二极管以每秒一次的速率开启和关闭。你可以通过调整电路中标识为R2的电位器阻值来改变闪烁的速率。当R2电阻值减小，发光二极管闪烁速度变得更快，但是闪烁持续周期变得更短。发光二极管点亮（555定时器输出高电平）的时间可以由下面方程计算得出：

$$T_{慢速}=0.693 \times C \times R2$$
$$=0.693 \times 10\mu F \times R_{电位器}$$

将一个0.01mF的电容器接在555定时器的控制电压管脚，这样它就能当内部电压的滤波器使用。该电容的工作原理非常类似城市供水系统里的"水塔"；如果输入电压改变，电容就会吸收或者释放电荷，来尽可能保持电压恒定不变。

为了更好地理解555定时器如何能当振荡器使用，我们把下面图7.10中的数值进行标识：RC电压（A），RS触发器输出（B，它在555芯片输出的反向端），"阈值"比较器电压（C），以及"触发器"比较器电压（D）。图7.11所示为图7.10所示器件的波形，因此你能观察到改变的RC波形，和两个比较器的输出波形，以及RS触发器动作。

我已经对555芯片的大部分内容介绍过了，你不用担心是否完全掌握所有555芯片的有关知识。你只需要记得电容器用于过滤电压波动或者与电阻器组合在一起用来延迟电压输出值达到输入电压值所需的时间。当你继续进行实验时，这些部分的工作原理和功能就会逐渐变得更加清晰。

实验40 555按键去抖电路

零件箱

组装印制电路板
555定时器芯片，8管脚引线的双列直插式封装
发光二极管，任意颜色
470Ω 电阻器
R=100kΩ 电阻器
10kΩ 电阻器
0.01μF电容器，任何型号
10μF 35V 电解电容器

布线工具套装

在之前的实验中，我除了介绍了555芯片构成的非稳态振荡器之外，还首次向你展示了电容器在电路中的作用。现在，我将上个实验的一些重要点归纳如下：

- 电容器存储电荷。

- 电容器与电阻器一起使用构成RC网络可以用来延迟电信号。

- 555定时器能振荡，能重复发出一定参数的电信号。

在前面的实验中没有提到的是在555定时器中的电阻器和电容器的值应当在下面的区间内，才能保证555定时器稳定可靠地运行：

$$10k\Omega \leqslant R \leqslant 14M\Omega$$

$$100pF \leqslant C \leqslant 1000\mu F$$

555定时器可以被设置成的另外一种基本电路结构是单稳态振荡器。在前面的实验中，我介绍了非稳态振荡器，它可以永远保持稳定运行；而单稳态振荡器仅仅振荡一次，并且需要触发才能起振。我敢打赌，当你看到这里，就能想出非稳态振荡器可以用于哪些应用中，但单稳态振荡能用在哪些应用中则不得而知。

按钮及其工作原理的典型电路如图7.12所示。在这个电路配置下，连接在555定时器输入管脚的电阻被称为"上拉"电阻，它连接在一个按钮上，当按钮按下，线路就会接地。上拉电阻限制了从电源流向地的电流大小，因此它也被称为限流电阻，与发光二极管电路中接入的电阻的作用一样。

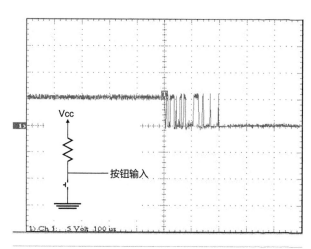

图7.12　开关跳变时的示波器图形

按钮电路实际上是图7.12所示电路中的一小部分；这幅图的大部分内容是一幅示波器描迹图，显示的是送至输入电路的电压信号的波形。当开关关闭，开关内的触点并不是简单地接触后一直保持接触；实际上，它们会在一段时间后跳开，从而导致跳变接触。如果这个波形图输入电路，它可能会被认为按钮被多次按下，因为每一次跳变都被看成是按钮被按下一次。

利用555定时器制作的单稳态电路，就可以忽略电路产生的"跳变"，应用中，就会发现按钮会被按下一次。图7.13所示电路图显示了555定时器如何去除按钮输入信号的抖动，并当按钮第二次按下时，点亮发光二极管。

当按钮开关闭合，555定时器输出的脉冲信号的周期由下列公式决定：

$$T_{脉冲} = 1.1 \times R \times C$$
$$= 1.1 \times 10k\Omega \times 10\mu F = 1.1s$$

像我在前面的实验中一样，我"开启"了图7.13所示的555电路，波形（如图7.14所示）显示为按钮按下时的情况。

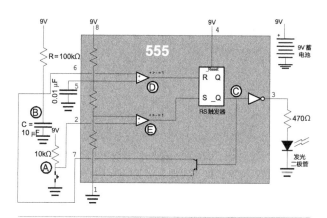

图7.13　555按钮去抖电路

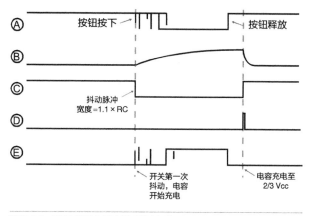

图7.14　555按钮去抖电路工作波形

555定时器的RS触发器开始被重置，使电容电荷流入地的晶体管导通工作。当按钮（A）按下，"触发器"输入端接收一个低电平信号，它的比较器信号（E）输出高电平，改变了RS触发器（C）的状态（而且点亮发光二极管）。当RS触发器状态改变，晶体管截止关闭，电容通过电阻器进行充电。电容根据下面公式充电，直到电容电压达到2/3Vcc。

$$输出 = Vcc - Vcc \times e^{-t/RC}$$

当电容上的电压达到2/3Vcc时，阈值比较器（D）输出高电平，RS触发器再次改变状态，熄灭发光二极管，并导通晶体管，使电容与地短接，将555计时器和电路回复到初始状态。

应注意在图7.14中，我画出了开关打开时的跳变波形图（线路A又变为高电平）。当开关打开，它发生跳变，与开关闭合相同。其次我标识出电容充电电压未达到2/3Vcc时，开关就会被释放；制作该电路时，你想知道，如果你按下开关的时间大于发光二极管点亮的1秒钟时，会出现什么情况。在图中，电容会立即停止通过晶体管放电；就会出现与最初的充电波形相同的指数波形（尽管该波形持续时间更短）。从这个波形可以看出，晶体管的作用相当于在电容与地之间连接了一个电阻器。

你会有一个疑问，这种按钮是如何制作的。在这个实验里（和其他需要一个按钮输入信号的实验中），我用焊料把22号实心线焊接到按钮上，并涂上环氧基树脂以增强其抗拉能力，如图7.15所示。

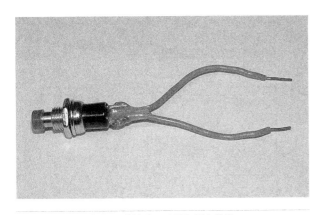

图7.15 焊上导线的瞬时按钮便于在面包板上接线

测试这个电路不会产生太多意外，除非你按下按钮的时间大于1秒钟。快速按下并释放按钮会点亮发光二极管，它的点亮时间是根据电路中所选择的电阻和电容值计算得出。如果你按下按钮的时间大于1秒钟，就会发现发光二极管会一直亮，但是它会周期性地"闪灭"一小会

儿。当电容充电电压达到2/3Vcc，按钮按下时，两个比较器都会对RS触发器输出高电平。这是RS触发器的无效状态，它的输出变得不确定，导致晶体管周期性将电容接地。为了避免这种情况发生，你应该时刻确保555定时器输出的脉冲信号的持续时间应大于预计的输入信号的持续时间。

实验41　无线电（R/C）伺服控制

零件箱

组装印制电路板
556定时器芯片，14管脚引线的双列直插式封装；
4个AA电池卡
4节AA电池组
2.7MΩ电阻器（由2.2MΩ和470Ω电阻器做成）
3个100kΩ电阻器
100kΩ电位器
两个0.01μF电容器，任何型号
R/C伺服系统
伺服系统连接器（按正文规定制作）

工具盒

布线工具套装

如果你见过业余爱好者制作的机器人，就会看到他们大部分人都使用了无线电控制（R/C）伺服系统来转动转向轮或者移动机器手臂，或是启动机械抓爪。无线电控制伺服系统（如图7.16所示）是机器人设计领域里一种极佳的电子设备；它成本低廉，驱动力强，稍稍改进，就能用于机器人的传动系统。在这个实验中，我会向你介绍如何使用555定时器测试并命令无线电控制伺服系统工作。

如你所见，在图7.16中，无线电控制伺服系统是由一个带电缆和尼龙材质的臂状部件的小塑料盒构成，控制和电力电缆从小盒引出，臂状部件用来移动模型的操纵面。尽管它的外形小（一个标准的伺服系统大约1.5英寸【4cm】长，0.8英寸【2cm】厚），伺服系统可以输出2磅（1kg）或者更大的力。针对不同的应用，它们可以被

制作成各种形状和大小不一的样子。在本书设计的机器人中，我要么会使用标准的、低成本的、一般用途的无线电控制伺服系统，要么就使用"纳米"伺服系统，前者一般在大型业余爱好者零售店用不到10美元就能购得，后者则需要花费20美元才能买到。无线电伺服系统需要4.5V到6V的电源供电，而且伺服电动机转动时，电流通常在150mA至300mA之间。

图7.16　无线电控制（R/C）伺服系统

无线电伺服系统采用一个标准的、带有电源转接的3端口连接器来接入电源，你必须单独动手制作该转接器。三个端口是伺服系统的控制信号，Vcc和地，如果你观察大多数伺服，与连接器相连的电缆分别由白色（或者黄色）、红色和黑色导线构成，因此，你很容易就能识别每一根导线的作用。无线电控制伺服转接器由两块带有三个0.1英寸（2.54mm）可脱离顶盖管脚制作而成，这些管脚刚好可以插进焊接在印制电路板上的插座上，这与你在前面的步进电动机实验中的制作方法相同。为了制作这个转接器，我把两个连接器组件的短头焊接在一起。制作连接器时，我推荐你多花点精力，尽你最大可能，多制作一些。这些连接器非常有用，也非常容易损坏。

对于大多数非机器人实验来说，我具体使用的是9V蓄电池电源，并将其焊接在本书附带的印制电路板上。而在这个实验里和其他使用无线电控制伺服或者直流电动机的实验里，我将具体指定你使用4节AA型电池单元。

规定无线电控制伺服的控制臂的控制信号由一个持续时间为1到2毫秒之间的脉冲信号构成。当控制信号是一个1毫秒的脉冲时，控制臂移动至一个末端位置，当发出一个2毫秒的脉冲信号时，控制臂移动至另外一个末端位置，当发出一个1到2毫秒之间的脉冲信号时，控制臂

移动至两个末端之间的位置。这些脉冲信号每20毫秒重复一次，如果没有脉冲信号发送给伺服系统，则控制臂会停留在当前位置（尽管说，如果你试着手动移动控制臂时，它并没有任何阻力）。图7.17所示为无线控制伺服控制信号的波形。

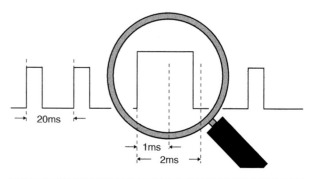

图7.17　伺服系统脉冲宽度调制波形

图7.18所示为你花了不到10美元买到的伺服控制系统。该伺服系统本身由一个驱动控制臂的齿轮减速电动机构成。控制臂机械地连接至一个用电位器制作的分压器上。分压器的输出电压与正比于输入的控制信号脉冲长度的电压进行比较。如果控制臂的位置与控制信号指定的位置不同，比较器的输出信号就会被无线电控制伺服的"电动机驱动"放大，电动机就会朝着正确的位置转动控制臂。当控制臂处在与控制信号脉冲规定的位置一致时，比较器没有输出，电动机不会动作。

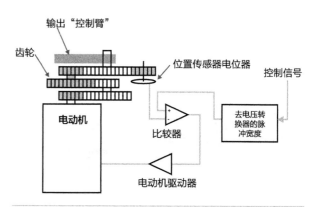

图7.18　无线电控制伺服系统方框图

读到这里并回想前面两个实验，你就会认为555定时器是驱动无线电控制伺服最理想的选择。在实验39中，555定时器被当作非稳态振荡器使用，用来驱动一个不断重复的负脉冲信号。很容易将两个555定时器接在一起，一个被当作非稳态振荡器，另一个被当作单稳态振荡器，两个555定时器合起来就变成能发出连续脉冲信号的555

定时器。对于这个改动，我支持你的所有观点，除了一点，如果不用两个555定时器，而是使用一个556定时器呢？

556芯片（如图7.19所示）由两个接在一起的555振荡器构成。这个有14个管脚的芯片具有与两个接在一起的555芯片（每一边接一个）同样的功能，而且是这个实验的理想选择。在图7.20中，你会看到将左边的电路接成一个非稳态振荡器，而将右边的电路接成一个由左边的555非稳态振荡器触发的单稳态振荡器。

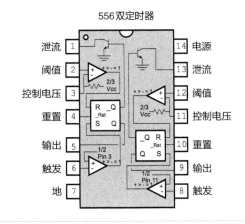

图7.19　556定时器输出引脚分配

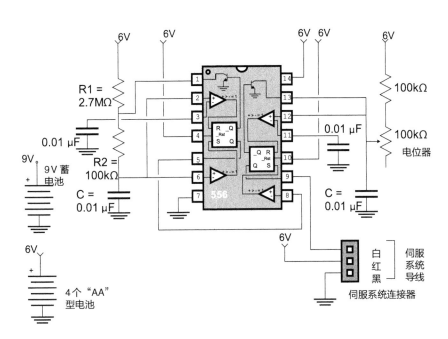

图7.20　基于556定时器控制的伺服控制/测试电路

对于电路中的非稳态振荡器部分，我就算出要产生一个19.4毫秒"高"，700毫秒"低"的信号所需要的电阻和电容器值。选择这个大小的脉冲信号是为了确定"低"时间不会超过伺服系统的工作脉冲（这与在前面的实验里按下按钮的时间过长类似）。我用一个2.2MΩ的电阻器和一个470Ω的电阻器"制作"了一个2.7MΩ的电阻器。为了让单稳态振荡器给无线电控制伺服系统提供控制信号，我使用一个100kΩ的电阻和一个100kΩ电位器制作成一个延迟时间为1.1毫秒到2.2毫秒的延迟电路。虽然这个延迟时间有点超出规定值，但是你会发现大多数伺服系统都会在这个时间范围内动作，而不会出现任何问题。图7.21所示的示波器图形显示的是每20毫秒重复一次，持续时间为1至2毫秒的控制脉冲。

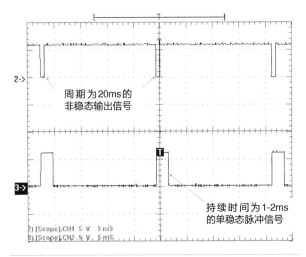

图7.21　用于控制无线电伺服系统的556定时器产生的波形

实验42　光导机器人

零件箱

组装印制电路板
带直流电动机的胶合板底盘
用双555芯片组成的556定时器
两个ZTX749型PNP晶体管
两个0.01μF电容器，任意类型
两个0.001μF，16V电解电容器
4个100Ω，1/4W电阻器
两个10kΩ，光敏电阻（CDS电池单元）

工具盒

布线工具套装
螺丝刀

你现在已经掌握了所有制作简单机器人的知识了。在这个实验中，我将会向你展示如何制作一个会自动追踪光线的机器人。这个机器人与Walter Grey博士在20世纪50年代制作的第一个光导机器人（海龟）非常相似。所不同的是，它是利用555定时器给机器人电动机发出控制信号，代替了Grey博士使用的真空电子管。

实验中的光导机器人会用到附在本书后面的印制电路板，以及你在前面实验中制作的直流电动机，做出来的成品应该如图7.22所示。在图7.22里，我已经对机器人最重要的零件做好标识。传动轮让机器人向看光源移动，通过光敏电阻（LDRs）就能发现光源。

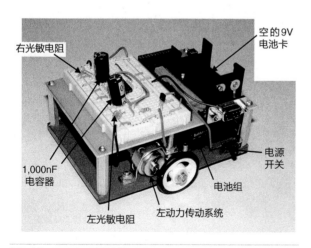

图7.22　555定时器控制机器人

机器人上安装的光传感器是光敏电阻，它是由硫化

镉制作而成，通常被称为CDS电池单元。随着照在光敏电阻上的光强增加，它们的阻值就会降低。在这个实验里，我使用的光敏电阻在常态下的电阻值是10kΩ，当曝露在明亮光线下，它的阻值会降低到2kΩ。

这个实验中的机器人利用光敏电阻的这个特性改变555定时器时基信号的阻值，来控制机器人电动机的动作。在图7.23中，我画出方框图来说明555定时器如何当作非稳态振荡器来产生时基信号来控制机器人。

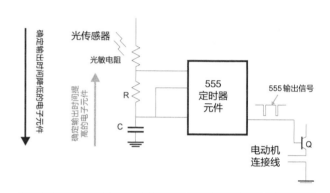

图7.23　机器人光传感器或电动机驱动器方框图

光敏电阻，连同固定阻值的电阻器和电容器一起被用来产生一串连续低压脉冲。该低压脉冲信号可以周期性地导通PNP晶体管，从而提供电流信号给直流电动机。当我计划使用555定时器（或者任何时基信号）来控制电动机时，我喜欢在电路上画出最重要的电子器件，以及预期产生的信号，如此一来，我就能很容易想象到电路中可能出现的各种问题，并在它们真正变得不可收拾前找出问题的原因。

在图7.23中，图形左手边向下的箭头用来指示电阻值。该电阻用来产生信号的高压部分。我在前面的内容里指出，构成RC网络的两个串联电阻，用来提供由大到小的时延信号。向上的箭头指的是仅仅由这个单独的固定阻值的电阻产生由小到大的时延信号。这个指示方法有点助记符的作用，帮助我记住555定时器如何工作，也能提醒我信号高电平的时间总是大于信号低电平的时间，因为向下箭头的总阻值要比向上的箭头的总阻值要大。正如我在前面的实验所展示的，在555定时器的RC网络里的电阻值越大，时延越长。

使用我在本节内容列出的公式，就能计算出输出信号低电平的时长大约是0.7秒，而输出信号高电平的时长可以是1秒至10秒之间的任何值，具体根据照在光敏电阻上的光强决定。光敏电阻上照射的光强越大，在给定时间段内产生的低脉冲更多（低脉冲信号开启电动机），令机器人受到驱动的一边移动得更快。

为了制作光导机器人，需要安装两个这种光敏控制电路，机器人一边的光敏电阻用来控制另一边的电动机。随着照在机器人一边的光敏电阻上的光强越高，另一边的电动机转动速度变得更快，使机器人朝着光敏电阻和光源方向移动。图7.24所示为两个555定时器输出的示波器波形图，该图说明为何输入左边电动机的脉冲信号的频率大于输入右边电动机的脉冲信号的频率。我用手挡在右边光敏电阻上面（位于机器人右边），在这种情况下，机器人向前移动时会向左转动。

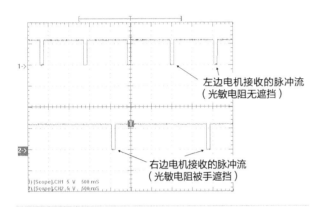

图7.24 556定时器输出信号送至机器人电动机驱动晶体管

尽管我本来可以在电路中用555定时器控制电机的转动，但是我最终决定使用一个556芯片并充分利用556芯片上的两个555芯片。该电路的结构图如图7.25所示。

电路只需要由四节固定夹子里的AA型电池供电，夹子固定在胶合板底座上。记住应确保安装一只通断开关来控制AA型电池的开启和关闭，以保证在你安装电路时，电动机不会突然转动不受控制。根据你使用的电动机以及它们的接法和传动系统的连接方式，你会发现它们的正负极导线与你预期的恰好相反。电动机的红色连接线接PNP晶体管来获得驱动电流，但是在实际的机器人电路中，你得将一条或者两条电动机连接线接至PNP晶体管，从而让机器人朝右边方向移动。

再回头看图7.22，机器人应该看起来更简单一些，但是你脑中应该记住一些内容。首先，机器人驱动轮拉着机器人移动，而不是推着机器人移动。机器人移动方向是从指从电池夹到印制电路板上的面包板。这样一来，安装在机器人上的光敏电阻就会最大限度地接收机器人前方发出的任何光线。其次，组装机器人之前，请记住换上新AA型电池。尽管拆卸并组装机器人并不困难，但是这么做会为你节省几分钟时间，但要确定电池性能良好。

我之前制作过能够每秒钟向光源靠近大约1英寸（2.54cm）的机器人，而制作它所使用的10kΩ光敏电阻、100Ω电阻器，1000μF电容器以及电动机正好都可以拿来用在这个应用上。制作这个机器人时，如果电动机动作不正常或者移动太快并找不到光源，你可以试着改变这些电子元件的值来进行校正。

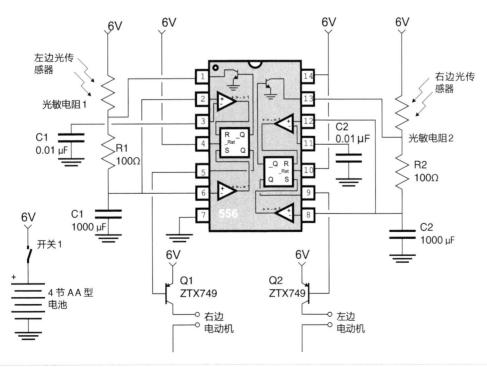

图7.25 基于555定时器的光导机器人电路图

当你测试光导机器人的运行情况时，请在一个普通房间里进行实验。这个房间应该是一个暗室，角落应放置一个手电筒。我随后会在书中更加详细地讨论光导机器人的动作，但是目前而言，只需要看看光导机器人如何工作并看看你是否能为它制定任何规则。作为你进行的最后一个实验，看看你是否能将光导机器人改变为避光机器人（实际上，这非常容易实现：只需要把连接至556定时器的发光二极管反向接入电路即可）。

第八章

光电子学

Chapter 8

一百年以前，科学界争议最大的是光究竟是什么东西。关于它的争论主要分为两个阵营——第一阵营的学者们认为光是由粒子组成，而第二阵营的学者们相信光是一种波。令这个争论变得更加令人困惑的是关于物质究竟是什么的讨论。对光究竟是什么东西的最终确定改变了人类的历史。

19世纪初期，人们认为物质是由胶黏物质构成，这种胶黏物质是由原子和电子挤压在一起组成的。当时，没有工具能够辨认物质的物理特性，而且，这种想法看起来是看待物体构成的一个合理方法（特别是当你面对一杯水或者一块金属时）。这种关于物质构成的模型一直没有受到质疑，直到人们发现当物质材料受到高能粒子的撞击时会发荧光，或发出光来。

这些实验中所使用的高能粒子是在真空里产生的电子。这个产生真空的装置就像图8.1所示的样子。在这个装置里，带负电的电极（被称为阴极）经过加热到足够高的温度时，就会发射出电子，电子被释放后射向带正电的目标（图8.1所示的十字符号）。其中一些电子会打偏，并击中目标物后面的荧光材料，造成它发出光亮。从阴极射出来的电子被称为阴极射线，正是它定义了实验的名字：阴极射线管，它正是今天的电视机和电脑显示器的前身。这个研究结果令许多研究人员感到困惑，因为光是由阴极射线产生的，而不是由热产生的，这与人们普遍接受的观点一致：光是被产生的；荧光物质冷却后依然发光。当时有一种理论认为光粒子是荧光材料的一部分，而且，当阴极射线击中荧光材料的原子时，光粒子被撞飞，所以产生了光。

1900年，Max Planck 根据下面的公式，提出一个单位的光（他将其称之为光子）只能从一个固定能级的原子中被发射出来：

$$E = h\nu$$

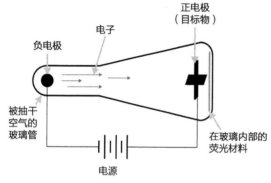

阴极射线管侧视图

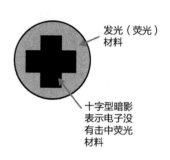

阴极射线管底视图

图8.1　早期的阴极射线管（CRT）

"E"代表光子的能量，"ν"是它的频率，"h"是一个常数，我们现在称之为"普朗克常量"，它等于 6.63×10^{-34} 焦耳秒（Js）。Planck还发现，对于每一种元素，光的输出频率是 $h \times \nu$ 的偶数倍。

经过其他三个实验后，确定光的性质变得更加困难了。第一个实验时用光照射黑暗区域里的一个黑色目标物；观察发现有一个很小但是可以测量到的力被施加在目标物上。这个实验结果，结合Planck理论，似乎说明光是一种粒子。

图8.2所示的实验是另一个证明光究竟是什么物质的一个尝试。在这个实验里，我们让光通过两条狭窄的缝隙（被称为衍射光栅），在衍射光栅后面放置一块板，观察通过缝隙的光在板上呈现的图像。如果光是由小粒子组成，就会在衍射光栅后面的纸板上出现两个明亮的点。这个光的衍射的实际结果如图8.2所示。实际上，在衍射光栅后面的纸板上同时出现了亮点和暗点，实验的结果非常类似波通过衍射光栅所形成的图案，例如在水里产生波纹。

令问题变得更让人惊愕的是Rutherford做的实验，他在实验中用alpha粒子轰击一片金箔；在那个年代，传统的观点认为alpha粒子会穿过金箔。今天，我们称这种"alpha粒子"为氦原子，它们是铀元素（以及其他放射性物质）衰减时产生的副产品之一。Rutherford的实验的目的是找寻被alpha粒子轰击后的金箔出现损坏的证据。可是他却发现，金箔不仅没有被alpha粒子损坏，而且alpha粒子在一些偶然情况下会被金箔反射回去。Rutherford 随后说道："这个结果太不可思议了，它就好像你朝着一片卫生纸发射一颗15英寸的炮弹，可它却被弹了回来，并击中了你自己"。Rutherford提出物质内部应几乎是由空洞的空间构成，在它的空间里，只有非常小的原子核存在，而且它们之间的距离应该相对很远，因此当alpha粒子能穿过金箔，仅有非常少部分的金箔能击中金箔原子。

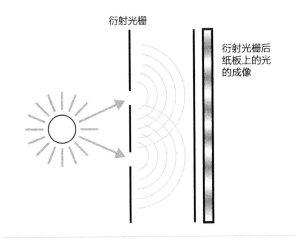

图8.2　光通过衍射光栅在纸板上的实际成像

1950年，Albert Einstein 在一篇论文中提出一个原子和光的模型，用它可以很好地解释这些实验的结果。Albert Einstein的理论认为能量是通过光子（用他的术语）传递给原子或者从原子中释放出来的。光子具有Planck所说的能量量子。能量储存在电子运行轨道上的原子内部（如图8.3所示）。当能量施加于绕原子核运动的电子上时，它就会吸收一个光子的能量，电子就会从低能级跃迁到一个更高的能级（或者称之为激发）。这个吸收的能量是根据本书前面提到的Planck的公式定义的。如果光子的能量水平小于公式的定义值，那么它就不会被吸收；同样的，如果它具有大于Plank公式规定的能量时，它就不能用来提升电子的激发态，即能级。当一个原子释放能量，就会有一个围绕原子核旋转的电子下降至更低的激发态，从而释放出一个具有一定能量的光子。这个现象被称为光电效应。

你在很多实验中使用过发光二极管，从它们的使用过程中，能非常明显地观察到光电效应。发光二极管输出的光的频率由制作它们所使用的化学物质决定。

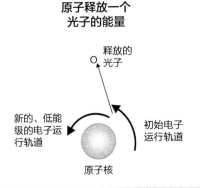

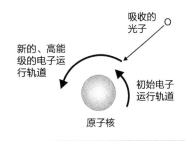

图8.3　光电效应：通过吸收光子或释放光子改变一个原子的能级

光电子学是指利用这里所讲的理论（被称为量子力学），处理来光或者输出来光的电子器件。除了前面介绍的发光二极管，还有许多其他不同的电子器件可以对光做出响应，并能发出光。

光被认为是电磁频谱的一部分，它的波长范围在0.01mm至100nm之间。人眼可见的光波长度范围在400nm至720nm之间。波长大于720nm的光波落在红外光区，波长小于400nm的光波落在紫外光区。彩虹的七种基本颜色的光的波长在表8.1中列出。

当你被问及彩虹是什么颜色时，请记住名字"ROY G. BIV"，它们是这些可见光颜色的第一个字母构成的首字母缩略词。

表8.1　不同颜色的光和光的波长

光的颜色	波长
红外线	720+nm
红色	610–720nm
橙色	580–610nm
黄色	530–580nm
绿色	480–530nm
蓝色	430–480nm
靛蓝色	410–430nm
紫色	400–410nm

实验43 不同颜色的发光二极管

零件箱

带面包板的组装印制电路板
1kΩ 电阻器
红外光发光二极管
发红光的发光二极管
发橙光的发光二极管
发黄光的发光二极管
发绿光的发光二极管
发蓝光的发光二极管
发白光的发光二极管

工具盒

布线工具套装
数字万用表

在本节表8.1中，列出了不同发光二极管发出的光的波长，我做了一个假设，认为发光二极管上的电压降与发出的光的波长有关，发出的光的波长越短（光的频率越高），发光二极管上的电压降就越大。这个假设不是根据我随意记得的内容提出的，而是根据光的频率越高所需要的能量越大的这种理解提出的。彩色的发光二极管与灯丝不同，它们不会因为加热而发出不同频谱构成的光；当原子外围的电子从一个能级跃迁到另外一个能级时，它们会发出单一波长的光。这使得发光二极管在校准光传感器方面发挥着重要作用，因为发出的光的波长是由制作它们的材料决定，而且不会因为环境条件的变化（包括流过它们的电流值的大小）而发生改变。

你可能并没有意识到你忽略了一点，那就是光的波长与能量的相互关系。你可能会意识到，除了光电效应外，Einstein 也提出了光速是物质移动可以达到的最快速度。这个相对论中的部分内容，再精确地说，相对于观察者，没有任何东西移动得比光还快。

问题是，如果你不能让光移动得更快，怎么还能再给光增加能量呢？这个问题的答案是，当你给光增加更多的能量时，它的波长会变短。如果你减少光的能量，它的速度不会降低，而它的波长则会变长。这也许很难理解。

宇航员利用红移测量宇宙中物体之间的距离。这个方法背后的理论是，当宇宙大爆炸发生后，星系和其他物体以不同的速度被抛离宇宙的中心。以最快的速度被抛离的星系就在广袤的宇宙的边缘，而银河系（地球所在的星系）则停留在相对宇宙中心较近的位置，因为它并没有从宇宙大爆炸的过程中获得太多的能量。

当你看到从其他星系发出的"物体"是光的时候，问题就来了；相对于它的观察者来说，光速不能改变。因此，当从远处的星系发出的光到达地球时，它的移动速度依旧是每秒 186,000 英里（ 2.99792×10^8 m/s）。比较一下，这就说不通了：远处的星系正在不断地远离地球，那么现在从星系发出的光的速度与远离之前发出的光的速度竟然是一样的。

为了解决这个难题，请不要将你的认知仅仅局限在速度这个量度单位上；考虑一下，在星系间移动时，一个物理对象的能量和光的能量。对于物理对象而言，当它撞击地球时所具有的能量减少了，这是因为地球相对于逐渐远离的星系发生了相对移动。这种解释同样适用于光；光的速度不会变慢，而是光子的能量减弱。随着光子的能量减弱，光的波长变长。波长变长，光就会朝着频谱的红色部分移动，这也就是为什么宇航员测量宇宙中物理间的距离时所使用的方法被称为光的红移。

在这个背景知识下，我才提出这样的假设：发光二极管发出的光波长越短，它两端的电压降就会越大，因为有更多的电能转化为光能。为了验证这个假设，我使用图8.4所示的简单电路进行验证，并测量了不同发光二极管两端的电压值。实验的结果在表8.2中列出。

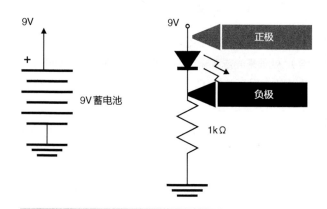

图8.4 测试发光二极管电压降的电路

观察这些结果，你就会发现波长与电压降之间存在一些相关性：发红外光的二极管具有最长的波长，但它的压降最小；发蓝光的发光二极管具有最短的一种波长，但它的电压降最大。难以解释的是那些发出"中间"颜色（红、橙、黄、绿）的光的二极管的测量值。

表8.2 实验测量值

发光二极管光的颜色	电压值
红外线	1.12V
红色	1.96V
橙色	1.82V
黄色	1.86V
绿色	1.95V
蓝色	2.71V
白色	2.76V

这个结果令我感到困惑，直到我想到制作不同颜色的发光二极管所使用的材料是不同的。每一种元素都以不同频率发光。例如，如果你观察钨原子（如图8.5所示），就会发现它有八个自由电子运行轨道（每一个轨道具有各自的能级），而且根据自由电子运行轨道的各种改变，就能发出很多波长不同的光。从以上信息中，我得到这样的结论，发光二极管上的电压降更大程度上是其掺杂材料的函数，而不是它发出的光的波长的函数。

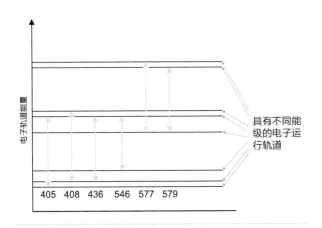

图8.5 钨原子释放和吸收的光的不同波长（以nm为单位测量）

对不同的发光二极管进行测试时，我也对白光二极管做了测试。制造白光二极管时，先制造出蓝光二极管，然后在二极管内添加白磷，再把它们置于环氧镜片里密封。这样一来，发光二极管就能发出整个可见光频谱里的所有的光，从而使二极管发出白光，而不是只有一种频率的光。白光二极管的测试结果仅仅当作参考，我并没有考虑它是这个假设的一部分。

实验44 改变发光二极管的亮度

零件箱

组装印制电路板
555定时器芯片8管脚双列直插式封装
发光二极管，任意颜色
1kΩ电阻器
两个10kΩ电阻器
100kΩ电位器
0.01μF电容器，任意类型
0.1μF电容器，任意类型

工具盒

布线工具套装

当被问及改变一个器件的能量水平时，大多数人脑中第一个解决方法就是减小施加在该器件上的电压。这个方法对于许多不同器件来说，从灯泡到电动机，都讲得通。可问题是，尽管这种方法对大多数器件管用（对一些器件并不管用），但实施起来却非常困难。

在线性调节器电路中，利用一只PNP型晶体管和一个电压比较器，就能完成一个电压电平可变的电源的制作。当我介绍电源的概念和工作原理时，我会更加详细地讨论线性调节器的作用。尽管线性调节器的工作原理对你来说看起来非常简单，但是当你熟悉掌握了晶体管和比较器的工作原理后，就会发现，实际上你很难让它准确地工作。只要线性调节器一个方面出现误差就会对应用产生非常不良的影响，而电源上的小波动则不会对控制电子器件产生较大的影响。

线性调节器对器件提供的可变电压不够理想的原因是由于在PNP型晶体管上损失了一定数量的功率。例如，你想要利用该电路把电压从10V降至5V，负载电流2A，通过PNP晶体管耗散的热功率就是10W。这会产生相当大的热量，它将会被排出到周围的空气里。如果利用线性调节器控制机器人电动机的移动速度，那么通过PNP晶体管耗散的10W功率对机器人的电源来说，是一个非常大的损耗。

一种更好的解决办法是周期性地将负载电源开启和关闭，使得平均功率等于控制器件工作所需的水平。电源周期性地开启和关闭被称为脉冲宽度调制（PWM），如果你在示波器上观察它的波形，就会看到如图8.6所示波形。

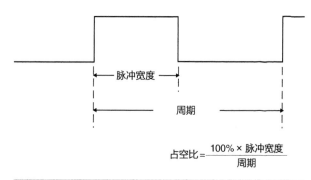

$$占空比 = \frac{100\% \times 脉冲宽度}{周期}$$

图8.6　脉冲波调制的信号波形

你应该可以看到脉冲宽度调制信号（PWM）有两个特性，第一个是信号的周期。脉冲宽度调制（PWM）信号的周期应该在人类视觉可观察范围之外；这就是说如果你使用脉冲宽度调制（PWM）控制的器件，它所发出的光的周期应该小于20ms（这会产生每秒50个PWM占空比或更多）。当该器件能发出声响，则它的脉冲宽度调制信号的周期要么大于20ms（每秒50个PWM占空比或者更少），要么小于66μs（每秒15,000个PWM占空比或者更多）。规定脉冲宽度调制信号速度的原因是为了确保能观察到它的节流效应，而不是脉冲宽度调制信号自身的关闭和开启。

脉冲宽度调制（PWM）信号的占空比是指该信号的动态时间占一个脉冲宽度调制（PWM）周期的百分比。我对占空比的定义稍稍作了修改，因为信号的动态部分既包含了高幅度信号成分（这也是大多数人对占空比的观点），又包含了低幅度信号成分（我在这个实验中使用的部分）。

为了演示采用脉冲宽度调制（PWM）信号控制器件的工作原理，我设计出如图8.7所示的电路。你应该了解这个电路，稍微研究就会发现它是一个无稳态555振荡器，其输出波形高电平的时间是可变的。这个实验的目的是为了演示通过脉冲宽度调制（PWM）信号来控制发光二极管的亮度，并证明设计脉冲宽度调制信号发生器时，555定时器是不是一个好的选择。

设计并测试应用时，你会发现通过改变电位器的值，就能调节发光二极管的亮度，也不会再看到发光二极管因非常快速地点亮和熄灭所造成的频闪现象。因为发光二极管点亮和熄灭的速度太快，你的眼睛只能平均化发光二极管点亮和熄灭的时间，从外观上看它好像是持续点亮，但实际上，它的亮度水平要比百分之百点亮的时间要低。如

果你用一个示波器来观察脉冲宽度调制信号的运行原理，就会发现当发光二极管光线非常微弱时，信号波形看起来如图8.8所示。当输出信号低电平，发光二极管变亮，而输出信号低电平所占时间比例非常短，大约只有一个脉冲宽度调制（PWM）周期的17%。这个17%的比例是当发光二极管输出低电平时，脉冲宽度调制（PWM）信号的占空比。当发光二极管变得更亮时，555定时器重复输出低电平信号的两个周期之期间的时间间隔变小，它的波形看起来就像图8.9所示那样。该信号的占空比大约为一个脉冲宽度调制（PWM）周期的45%。

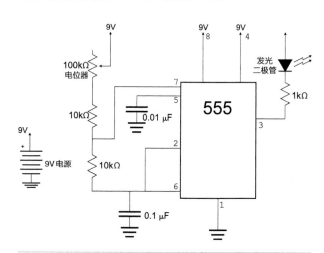

图8.7　555发光二极管脉冲宽度调制（PWM）控制电路

观察图8.8和图8.9所示的两个示波器信号的波形，你会发现一些有趣的现象。我没有改变PWM信号的占空比并保持脉冲宽度调制（PWM）信号周期恒定不变，而是实际上减少了脉冲宽度调制信号不活跃的时间（减少脉冲宽度信号周期）。如果你观察这个信号周期，会看到它大约在10ms至2.2ms范围内，或者在100Hz至450Hz之间。如果你用555无稳态振荡器做过实验，就会清楚无论你怎么改变电路中的时基电阻和电容值，都不会得到占空比大于50%的脉冲宽度调制信号。

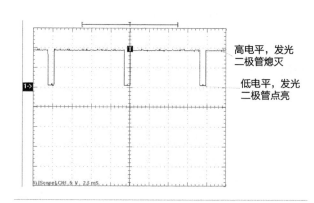

高电平，发光二极管熄灭

低电平，发光二极管点亮

图8.8　占空比为17%的脉冲宽度调制（PWM）信号波形

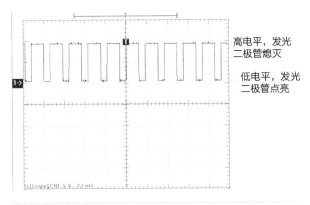

图8.9 占空比为49%时的脉冲宽度调制（PWM）信号波形

使用555定时器产生脉冲宽度调制信号有两个问题需要解决。第一个问题是，当你用555定时器输出高电平来点亮发光二极管时，就会发现信号的占空比范围在55%～83%之间，这对于一些应用来说，并不够好。第二个问题是，改变脉冲宽度调制（PWM）信号的周期，人眼很可能就可以察觉到脉冲宽度调制（PWM）信号的产生。如果你用阻值更大的电阻器替换这两个10kΩ的电阻器，发光二极管的点亮和熄灭就会变得比较明显，也就不可能观察到变化的输出信号。

脉冲宽度调制（PWM）在本应用中可以节省相当多的能量。当脉冲宽度调制（PWM）信号的占空比是50%时，负载上消耗的功率是多少呢？如果你的答案是50%的功率，那就错了——实际上负载消耗的功率是25%，因为在功率计算的等式（P=V×i）中，在一个周期内，只有一半的时间是有电压和电流经过负载的。这对电动机电源会产生一些有趣的影响。例如，当占空比为71%时，电动机运行时消耗的功率是当占空比100%时电动机运行所消耗的功率的一半。

实验45　多段数码显示发光二极管

零件箱

组装印制电路板
普通型的多段数码显示发光二极管
13个ZTX649 NPN型晶体管
两个发光二极管，任意颜色
两个可安装在面包板上的单刀双掷开关
13个1kΩ，1/4W电阻器
13个10kΩ，1/4W电阻器

布线工具套装

现代社会中，最常见的数码显示图标叫作七段数码发光二极管显示器（如图8.10所示）。它起初是在20世纪70年代时，随着数字手表开始流行。自从首次被使用，在那之后的30年甚至更多年以后，它已经是无处不在的现代文明中的一部分。七段数码发光二极管显示器几乎到处都可以看到，不仅仅用于数字手表，还用于厨房家用电器、汽车、仪表，当然还有录像机中。钟表或者录像机上用七段发光二极管显示的不断闪烁的"12:00"说明一个人不能应付最新的科技产品。

尽管它具有的共同特征，七段发光二极管显示用起来并不是没有什么价值。市场上许多芯片都使它在一些应用中使用起来更加方便，但是当你把它们应用在机器人或者你的项目中，就会发现这些"预先写入"的功能并能完全满足你的需要。你会发现必须得自己设计电路来对数据解码，并想出一些办法来满足多种显示的需求。在这个实验中，我向你介绍一种七段发光二极管显示，以及一些必需的电路来对输入的数字位元值进行解码和显示。

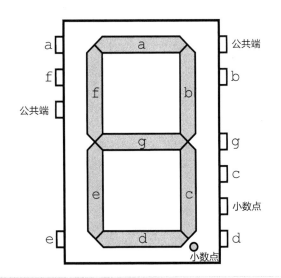

图8.10　七段发光二极管显示的管脚引线

在图8.10中，画出了七段发光二极管显示器的外观；它可以放进与0.300英寸宽、14管脚的双列直插式封装一样的"脚印"，但是有一些管脚（N/C表示"未连接"）它没有。标识为DP的发光二极管表示"小数点"。

七段发光二极管显示器可以被接成共阳极或者共阴

极。在这个实验里，我们采用了共阳极接法，如图8.11所示。对于这个部分，两个"公共端"管脚都连接到显示器的八个发光二极管的阳极上。这种方法简化了布线，使采用多个七段发光二极管显示器来显示数字变得更加容易，我会在随后的实验中展示这种方法。

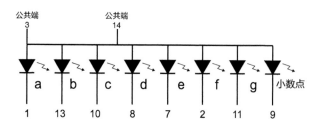

图8.11　共阳极七段发光二极管显示器的内部布线

你可能已经意识到，当不同的发光二极管被点亮时，不同的数字就被显示出来。图8.12列出了点亮不同发光二极管时，就能显示从0到9这十个数字。除了这十个数字可以被七段发光二极管显示外，还能显示一些字母，尽管从外表上看，只有几个字母与其实际书写样子完全相同，剩下的字母就显得不那么完全相像。如果你既想显示数字又想显示字母，那么你就得使用多段发光二极管显示器；目前可以使用的有16段发光二极管显示器，还有发光二极管矩阵，可以用来显示字的字符，与你电脑屏幕上显示的内容一样。

图8.12　数字0到9的七段LED显示

依照惯例，显示器上的每一段发光二极管都可以被接入电路来控制它是否点亮或者熄灭。控制显示器上的每一段发光二极管非常容易，但是，当你控制多个发光二极管时就会变得更加困难，如果你还要用它来显示一些有用的数字或者字母，就会变得难上加难。我起初为本书打草稿时，我就想介绍如何只用几个逻辑芯片就能显示"0"到"9"，和"A"到"F"这些字符，以及如何用它们来显示16进制。当我思考实现这些功能的合理办法时，发现需要使用的逻辑芯片的数量太多，成本太高。然后，我想降低显示功能，来显示"0"到"8"这几个字符时，却发现实现它的电路太复杂，不适于用在插入印制电路板上的面包板进行电路实验。我最后决定只显示"0"和"3"，并使用两条线用于输入。

在决定如何进行布线时，我制作了表8.3，列出了输出四个不同数字时，哪段发光二极管应该点亮（本书随后会做出解释）。输入被标记为"A0"和"A1"用于指示最不重要和最最重要的二进制位，它们可以被分别用来选择所显示的数字。这两个信号可以被看作为两个"二进制"数字。这种二进制数字系统以及与门和或门逻辑门电路也会在本书后面章节予以详细介绍。

表8.3　显示数字所对应的点亮发光二极管

	"0"	"1"	"2"	"3"	表达式	备注
a	1		1	1	!A0 · !A1+A1	与d相同
b	1	1	1	1		常亮
c	1	1		1	!A1+ A0 · A1	
d	1		1	1	!A0 · !A1+A1	与a相同
e	1		1		! A0	
f	1				!A0 · !A1	使用与门，从a&d得出
g			1	1	A1	

制作这个表格时，我确保注意到任何能使电路简化的情况。实际上，除了发光二极管驱动，还需要设计六个特别的电路。我本可以使用晶体管–晶体管逻辑电路（TTL）芯片完成设计，但是我觉得还是用电阻晶体管逻辑（RTL）更好，因为用它会设计出更加有趣的逻辑电路。首先，制作了开关输入（它是倒向的）和两个与门电路，如图8.13所示。注意我对每一个与门的输出都做了同样的标记。

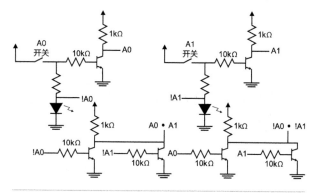

图8.13　用来将两个二进制数解码为能在七段发光二极管显示的十进制数的逻辑电路

对于这四个门电路中的任意一个，流经1kΩ电阻的电流都向晶体管电路的下游流去。下游电路的底部有10kΩ电阻器，用来确保流过晶体管的电流大小和流过1kΩ电阻的电流大小约为7mA。这个条件并不是绝对需要的，但是，它可以作为一个不错的设计规则来确保在晶体管内部不会集聚过多电流，也可以确保同样大小的电流流经每一个发光二极管（确保每一个发光二极管的亮度完全一样）。

发光二极管驱动电路由各种不同的集电极开路的晶体管构成，如图8.14所示。这个应用电路所需要的两个与门非常适用于这种类型的逻辑电路，而且，如果你想制作一个输出超过四位数字的逻辑电路的话，它们还易于扩展。

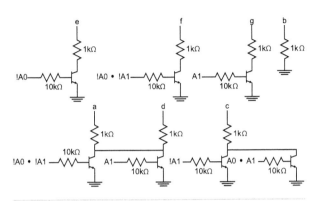

图8.14　驱动七段发光二极管显示器工作的晶体管激励电路

制作这个实验电路有点挑战性。制作时，我建议先从两个开关输入开始，然后是"!A0 · !A1"和"A0 · A1"表达式，再下来是驱动两个发光二极管工作的激励晶体管。制作进行到这里时，应确保每一个晶体管电路尽可能占据最小的面积。

实验46　光电隔离器的锁和钥匙

零件箱

带面包板的组装印制电路板
四个光电断路器
六个Zetex ZTX649 NPN型晶体管
五个红光发光二极管
一个绿光发光二极管
七个1kΩ，1/4W的电阻器
六个10kΩ，1/4W的电阻器
纸板

工具盒

布线工具套装
剪刀

当你爬上机器人"食物链"的顶端，并开始制作质量更重的大型机器人，而不是这里所讲的小型机器人时，你将会进入高电压和大电流电子学领域。大部分情况下，设计制作大型机器人并不困难，而且你会找到现成的零件配合大功率电动机和蓄电池使用，这个制作过程和方法与我在这本书中介绍的利用小型器件制作机器人完全相同。可是当你将机器人的控制器电子器件与电动机系统集成在一起时，问题就会出现：电压电流值的不同会造成控制器电子器件损毁（尽管"故障"一词可能更为精确）。处理这种潜在问题的解决方法是使用控制电子元件驱动的继电器来关闭或开启电动机。正如我在本书前面所讲，我不喜欢在机器人上使用继电器，因为它们都是机械器件，需要大电流才能运行，而且不能在电子速度控制下快速运行，只有在电子速度控制下，才能具有高效的脉冲宽度调制（PWM）电动机控制。

要解决将高电压大电流动力电路与低电压小电流动力电路隔离的问题，可以使用光电断路器这种全电子解决方案。光电断路器（图8.15中的虚线画出的部分）由一个能向光电晶体管闪光的发光二极管构成。发光二极管点亮，发出的光会在光电晶体管内部产生自由电子，自由电子会形成基极电流，使晶体管导通，从而让电流从集电极流向发射极。光电隔离器的发光二极管和光电晶体管通常都制作在一起，它们被安置在一个不透明的黑色塑料制的芯片封装内，这样一来，外部的光就不会影响光电晶体管的工作。光电隔离器不如其他基于晶体管制作的开关电路（需要0.5～5ms来改变状态）响应速度快，而且一次只能切换几毫安的电流。

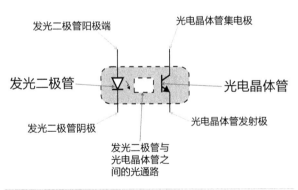

图8.15　光电隔离器

通过光电隔离器的信号通常是数字信号（这意味着它要么关闭要么导通），而且，当高电平信号通过光电隔离器时，它会点亮发光二极管，让电流从光电晶体管的集电极流向发射极，将输出信号与地相连。在相反的情况下，如果通过的信号为低电平，发光二极管熄灭，光电晶体管截止，不工作。

光电隔离器的一个改进应用是光电隔离断路器（如图8.16所示），使用它可以让发光二极管和光电晶体管之间的光通路有一个切断光信号的物理屏障，这样就可以根据一些外部的物理事件"开启"和"关闭"光电晶体管。光电隔离断路器不会出现与物理开关一样的"抖动"，也不需要借用任何外力来操作，这两个优点使它成为一些应用中的最优选择。光电隔离断路器的一个最典型的应用就是操作简单的个人电脑所使用的鼠标；普通的机械鼠标由滚球、辊柱和光栅信号传感器（带孔滑轮上安装的光电隔离器）组成。当你移动鼠标时，滚球转动辊柱，辊柱上有一个带孔的滑轮，它能让光通过，并被光电隔离断路器接收到，如图8.17所示。

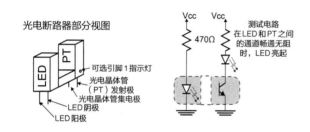

图8.16　光电断路器电路和改进

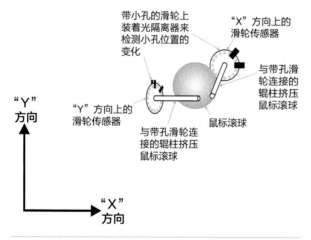

图8.17　在个人电脑的鼠标中使用两个光电断路器来确定游标的移动

图8.17显示鼠标上的每一个轮子都使用了光电断路器。在图8.18中，两个光电断路器不仅用来检测滑轮的移动，也能通过补偿，实现不同角度的开启和关闭；滑轮的转动方向也能被检测到。

我之所以如此详细地解释个人电脑鼠标的操作原理是因为光隔离器的工作原理也用于机器人，机器人通过它来检测移动和位置。光电断路器在机器人上的应用是

测程学的一个重要组成部分，通过它，机器人的移动位置可以被记录下来，从而用来为机器人导航，到达空间的指定位置。

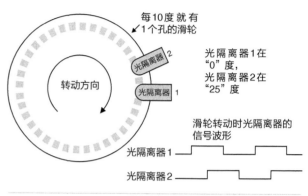

图8.18　装在带孔滑轮上的光隔离器可以检测到旋转位移和方向

对于本实验，我想通过设计一个锁存电路来演示光隔离器或光断路器的操作原理，锁存电路需要纸质"钥匙"来开启，如图8.19所示。这把钥匙是切割一块纸盒制作而成。当你制作好图8.20所示的电路以及搞清楚光断路器之间的距离时，这把钥匙就应该被设计好了。

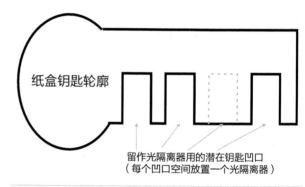

图8.19　为光隔离器锁制作的钥匙

光断路器的作用与电流开关相同。当光通过光电晶体管时，电流从集电极流向发射极；电流的作用是导通"弹子封锁"的晶体管，使其工作。当你看到弹子锁电路的电路图时（如图8.20所示），会发现每一个光隔离器弹子的独立电路非常简单，但是当把各个独立电路结合到一起看时，就有点难理解了。每一个弹子的输出都由一个发射极接地的NPN型晶体管构成，而且它的基极还是采用传统方式控制。通过集电极输出的电路中间有一个接输出电压的中间电阻器。这种输出晶体管的配置方式被称为集电极开路输出，这种输出方式可以让多晶体管电路的输出端在共同配置方式下连接在一起，形成多点与门电路。数字与门电路的输入为高电平时，仅仅能输出一个高电平。图8.20所示的多点与门具有与任何多集电极开路晶体管

并联电路的功能，它能将电路接地（或拉低电路电位）。在随后的章节中，将会讨论数字逻辑电路，到那时，与门的功能就会更加清楚，但是在眼下，你应当记住多点与门。

电路中，当所有的集电极开路的晶体管驱动器截止时，输出为高电平。

在图8.20中，画出了光隔离器开路并封锁晶体管继电器输出，因为每一个弹子都能接至封锁的发光二极管（封锁发光二极管通过一个NPN型晶体管连接至未封锁的发光二极管）。在该图中，除了一个开路的集电极没有连接至封锁的发光二极管，其余的全部与封锁的发光二极管相连。你也可以改变连接方法或者增加额外的光隔离器和晶体管电路，从而让锁更加复杂，也更难以"撬开"。

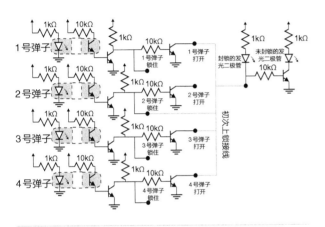

图8.20　光隔离器封锁电路，注意弹子锁可调

实验47　白色或黑色表面传感器

零件箱

带面包板的组装印制电路板
光隔离器
发光二极管，任意颜色
10kΩ 电阻器
两个1kΩ 电阻器
纸

工具盒

布线工具套装
剪线钳

最适用于机械传感器的光的类型是波长不在人眼识别范围内的光。红外光（如图8.21所示）被用于多种目的，包括用于检测闯入者通过传感器的一部分，这种类型的传感器在前面的实验中已经见到，许多不同的传感器应用，我都会在实验中予以介绍。图8.21所示为一些波长不同的红外光，它们可以从不同物体发出。

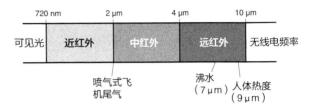

图8.21　红外光和不同波长光的温度

最简单的红外传感器（也是最传统的机器人传感器）是光线传感器，它由一个发红外光的发光二极管和从表面反射光的光电晶体管构成（如图8.22所示）。当表面是白色，你就会发现发光二极管射出的红外线可以被非常高效地反射到晶体管，从而使光电晶体管导通工作。黑色表面倾向于吸收红外线，反射的光线非常少，从而使光电晶体管截止，停止工作。

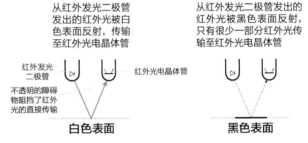

图8.22　用红外线发光二极管和光电晶体管制作的光线传感器的工作原理

制作红外光线传感器的传统方法是在一个木头（或者金属）块上打很多孔，如图8.23所示。如果发光二极管发出的光被某些物体反射，那么这些钻孔可以让发出的光通过，并照到光电晶体管上。发光二极管到光电晶体管之间没有一个直接的路径，这会造成对元件位置和几何形状的要求很高。我不会选择费时费力地去切一块木头或金属（而且，很可能还得将它涂成黑色，从而使可反射的光降至最低），而是采用了一个电子器件。这个电子器件实际上就是为了用于这个应用而设计的，而且，你对它的特性已经了然于心。

解决方案就是用剪刀将你在上一个实验中使用的光隔离器剪断，分开发光二极管部分和光电晶体管部分（如

图8.24所示）。光隔离器通常被设计成双塔式结构，发光二极管在其中一个塔状结构内，光电晶体管在另外一个塔状结构里。剪断之后，二者分离，你就可以将这两个塔状结构并排放置在一起，如果发射的红外光被某些物体反射，它就只会照在光电晶体管上。请记住，在用剪刀分开这两个部分时，应使用白色记号笔标记好哪一个塔状结构里是发光二极管，哪一个里面是光电晶体管（以及发光二极管的阴极和光电晶体管的集电极）。除此之外，应确保自己手头还有一个没剪的光隔离器来帮你搞清楚如何把它接入电路中。

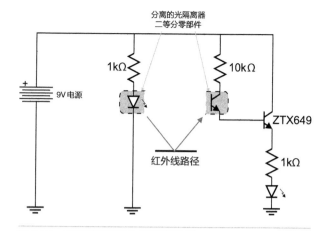

图8.25 光隔离器制作的白黑传感器电路

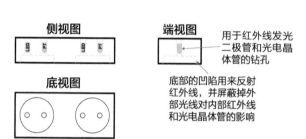

图8.23 用红外线发光二极管和光电晶体管制作光线传感器的简单固定方块

图8.24 常备的光隔离器图片以及被分离的光隔离器二等分型面包板电路中。剪开光隔离器时，应分清楚发光二极管和光电晶体管，以及它们的极性

按照图8.24所示把光隔离器剪成两个部分后，就可以开始制作如图8.25所示的电路了。当你把电池放入电池座，就会发现发光二极管会微微点亮。用一张画着黑色线条的白纸划过面包板中间的槽路时，你就会看到发光二极管非常清楚地闪烁，时亮时灭。

实验48 自动寻线机器人

零件箱

带面包板的组装印制电路板
带有四节AA电池卡子和开关的直流机器人电动机座
两个光隔离器（见正文）
LM339四通道比较器
两个ZTX649 NPN型双极性晶体管
两个XTX749 PNP型双极性晶体管
两个发光二极管，任何颜色

两个100kΩ电阻器
十个10kΩ电阻器
两个1kΩ电阻器
两个470Ω电阻器
两个100Ω电阻器
两个10kΩ可安装在面包板上的电位器
1/8英寸热缩管
铝制雨水槽端帽（见正文）
22英寸×28英寸的白色bristol板（见正文）

工具盒

布线工具套装
黑魔法记号笔
五分钟环氧树脂
锡剪
带硬质合金刀头的旋转刀具

现在，你已经了解了简单的红外线光隔离器可以当白色和黑色探测器来使用，这就可以把它的这个特性应用到机器人项目中，并给你自己一个机会，来与其他机器人设计者一决高下。最受欢迎的机器人比赛之一是"寻线者"比赛，你可以参加。在这个比赛中，机器人按照预期沿着一张纸上的黑色线条行进。利用零件箱中列出的材料，加上你所掌握的知识和实际技能，你就可以设计一个简单的能自动寻线的机器人了。

开始设计时，应先画一条线可以让机器人沿着它移动。我建议先完成这条线，因为在制作我设计的电路时，它能用来测试机器人的运行和传感器灵敏度。使用一块标准的Bristol纸板和一根魔力记号笔，你就能画出如图8.26所示的轨迹。用记号笔在纸板上画线时，让线和纸板的边缘保持4英寸（10cm）的距离，让轨迹的每一个角的半径为3英寸（7.5cm）。所画的线宽度在1/2英寸（1cm）到3/4英寸（1.5cm）之间。如果画线时，你画出了"开始和停止"的记号，就得想办法不让任何机器人的传感器能检测到这些记号的存在，因为它们有可能被机器人错误地认作转弯的标记。

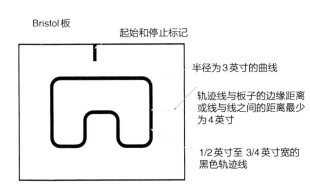

图8.26　在22英寸×28英寸的白色bristol板上画出机器人自动寻线的轨迹图

画好机器人寻线轨迹后，就得制作一个安装板把切割的光隔离器装上。在图8.27中，你会看到我找到一块铝制水槽端盖（我用0.25美元从一处五金商店购得），并将它剪下，这样就能用1英寸（2.54cm）高的压铆螺母柱将它安装在直流动力机器人上。

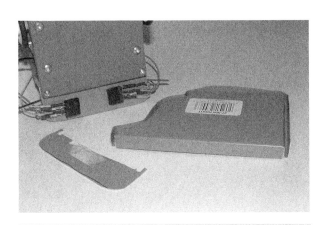

图8.27　未加工的铝制雨水槽，安装着光隔离器的一块切割后的铝制雨水槽；以及安装在机器人上的组件

选择铝制水槽端盖是因为它们成本低，容易塑形。去任意一家"大卖场"五金商店，就能淘出许多不同的产品，经过改装就能用于本实验。塑料制品也行，但我没有

使用，请注意不要使用钢铁制品，因为它们不容易塑形，使用起来也不方便。图8.28所示为金属板的最终尺寸，可用旋转（Dremel）工具和锡剪对其进行加工处理。请注意，我只制作了几个金属耳片，用来把安装板固定在压铆螺母柱和完工的胶合板之间。我没有钻几个安装孔来固定，因为这样做有点费时费事，而金属耳片效果很好。

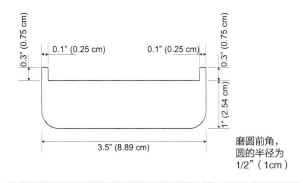

图8.28　红外传感器安装板由轻质铝材制作而成

安装板设计好以后，取两个光隔离器，将它们从中间剪断，并用环氧树脂涂抹等分的光隔离器，它们在安装板上相距1英寸（2.54cm）。等环氧树脂固化，再给每一个等分的器件上加装1kΩ和10kΩ的电阻器，并按照图8.29所示，把它们连接在一起。安装工作进行到这儿，我把热缩管套在焊点处，进行热塑封，以确保焊点处不会出现短路。这么做，我可以将面包板上的布线简化成只有三根线。

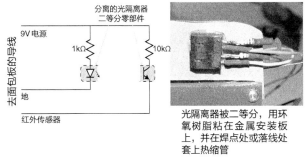

图8.29　安装板上的由光隔离器制作的黑色和白色传感器电路

安装板做好以后，剪切过的光隔离器用环氧树脂固定在安装板上并接好线之后，我设计出了图8.30所示的寻线机器人电路。电路中的两个发光二极管用来指示什么时候传感器在黑色表面上。

这个实验电路的理论实际上非常简单：电动机开启并向前运行，在那边的传感器检测到黑色线条，这时电动机关闭，机器人朝着那边转动。只是机器人向前移动时，会产生轻微的摇晃，但足以让机器人非常有效地转弯。

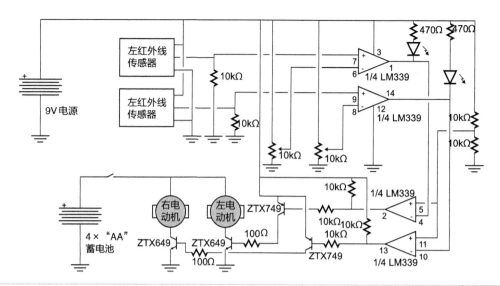

图8.30 直流电动机驱动寻线机器人电路图

这个电路自身可能看起来非常复杂,但是制作它脑海中只需要考虑两点。第一点是当传感器检测到黑色线条时,发光二极管必须点亮。这个功能实际上非常容易实现,只要让电流流过光隔离器中的光电晶体管,再流至10kΩ电阻即可;当电流值增加,10kΩ电阻上的电压也会增加,可以用LM339比较器芯片对电压进行比较。第二点是这个电路既可以直接通电工作,也可以在Parallax BASIC STAMP 2控制器下工作。这一点可实现采用多达三种不同的电源(9V为电路电源,5V为调节电压,6V为电动机电压),并以两种不同方式对电路供电,而且必须使用PNP型晶体管对电动机驱动NPN型晶体管提供工作电流。

进行该实验时,我建议你首先应该让光隔离器在黑色线条上时,就让发光二极管点亮。因为光电晶体管的输出电平可以变化,我加装一个电位器,用来调节当检测为黑色和白色线条时的电压的变化。若传感器工作可靠,就可以将电路与另外两个比较器(将第一个比较器的输出信号倒相)相连接,然后再接入电动机驱动。请记住,务必要装一个开关来控制四节AA电池组的通断和开启——这个应用是防止机器人胡乱移动。

电动机驱动晶体管的限流电阻使用阻值应为100Ω,该阻值电阻是电动机电路的最优选择;机器人应该每秒移动大约2英寸(5cm)长的距离。你可以用不同的电阻进行实验,让电动机和机器人可以达到最佳性能。

我们想当然地认为几乎没有什么东西还要比音频电子器件还要"简单"，例如无线电收音机、立体声放大器，以及CD和MP3播放器。很遗憾，这种观点显然缺乏了解。因为这些电子设备不仅仅具有很多与高性能计算机系统相同的技术，而且还具有高级模拟电子技术，可以让它们提供低成本、失真小的高电平模拟信号。即使这些电子设备都具有音频效果稍差的数字技术的支持，但是，音频电子器件这门学科还是非常先进的技术。

音频电子学可以追溯到150多年以前，当时Samuel Morse首次实现了电报信息的传送。尽管最初的实验报文是写在纸袋上（当纸袋从电报机中抽送出来时，虚线和圆点被印在上面产生长度变化的线条），但是，当听到一连串由简单的电磁扬声器发出的滴答声时，它就变成实际可用的仪器了。电磁扬声器由一块经过改造塑形的钢板（或者振动膜片）和电磁体构成，当电流通过电磁体时，膜片就会振动发出滴答声响。

电报控制器经过改进就可以当做扬声器使用。当扬声器上产生一个特定电压值，就会造成膜片发生局部振动。这种动态扬声器由一个永磁体和一个由导线线圈缠绕的振动膜片构成（如图9.1所示）。通过迅速改变加在扬声器上的电压，振动膜片的位置也不断发生改变，从而产生人耳可听到的声响。这种电子设备的第一个实际应用就是电话机。

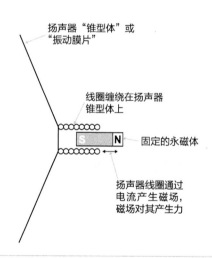

图9.1 动态扬声器原理图

除了动态扬声器外，还有其他几种电子设备可以将电压和电流信号转变为声音信号。如果你有一副耳机，那么很有可能它的发声原理是通过一个压电水晶扬声器发出你可听到的声音（如图9.2所示）。当电流通过压电水晶时，它的大小会发生一个小的但是可以测量出的变化。压电水晶的这种特性可以用来驱动扬声器膜片工作。

压电式扬声器与动态扬声器对比有如下优点：成本低、对小电流信号响应快，工作性能稳定。动态扬声器更适合于用大功率信号驱动扬声器工作的情况。如果你用个人MP3播放器听交流或直流信号发出的音乐，就需要使用装有晶体扬声器的耳机来听，但是，如果你去听现场音乐会，那么从Angus Young的吉他发出的音乐就会用（大型）动态扬声器驱动放大。

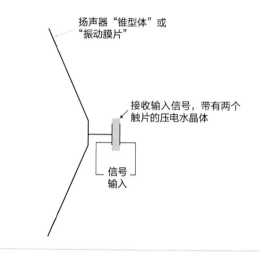

图9.2 压电水晶扬声器工作原理

第一个实际应用的麦克风是由Emile Berliner于1876年发明的（电报机扬声器首次出现于1837年）。这个应用在当时是为了展示通过发报电键的电流是由施加在电键上的压力值决定的。Berliner发明的麦克风是根据石墨颗粒具有随所受压力变化而改变电阻值的特性设计而成。这种麦克风由一个振动膜片、平板和装在金属杯的碳颗粒构成，平板与膜片连接，并能挤压碳粒。Berliner发现这个装置的电阻值会根据振动膜片接收噪声产生的振动而发生变化。

利用图9.3所示电路就可以将碳粒麦克风电阻的变化转换为电压值的变化。给麦克风加上电压，电阻值的变化就被转换为电路电流的变化。通过变压器就能将电流的变化放大，并转换为电压的变化。

碳粒麦克风工作性能非常好，但是价格高昂（也很脏），并且由于碳颗粒互相之间持续摩擦，会产生低电平噪声（或嘶嘶声）。为了获得更好的性能，科学家们又发明了许多不同类型的麦克风。第一种类型叫做动态麦克风，它的工作原理与动态扬声器工作原理相反：没有对麦克风电路施加电压从而产生声音，相反，通过声音的振动让位于磁场中的线圈产生位移，从而产生感应电压。压电式麦克风工作原理也与压电式扬声器工作原理相反。你可以做一个有趣的实验，将耳机插入立体声麦克风输入端，观察当你对着它说话时会出现什么情况。当你在聚会场合需要唤起大家的注意时，这个方法是一个很有用的临时应急扩音系统。

大多数现代麦克风的工作原理与这里所讲到的截然不同；它不是根据输入声音改变电阻或电压，而是改变装在麦克风上的电容值。这种类型的麦克风被称为电容式传声器（condenser是电容的最初称呼），它制造起来非常简单，具有较好的频率响应。与碳粒麦克风一样，容值的改变也可以转换为电压值的改变。

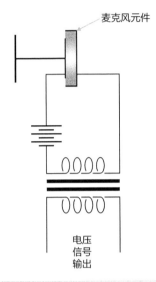

图9.3 转换电路将碳粒麦克风电阻值变化转换为电压值变化

图9.3所示电路工作性能良好，但是作为整个系统的一部分时，多少显得有点臃肿。理想情况下是去掉电路电源和电阻。把一块永久带电材料（特氟龙是这类应用的良好材料）放置在电容器其中一块板上，就可以实现。现在，当电容器的平板移动，就会产生出一个微小的感应电压，与压电式麦克风或者动态麦克风产生的电压一样，这个感应电压可以被放大和使用。这种类型的麦克风被称为驻极体或电介体（如图9.4所示）麦克风，也是当今最流行的麦克风。

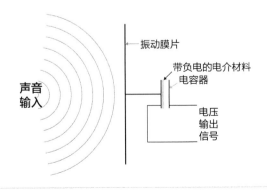

图9.4 驻极体麦克风

实验49 蜂鸣器

零件箱

带有面包板的印制电路板
工作电压范围为3 ~ 20V的直流蜂鸣器
可安装在面包板上的单刀双掷开关

工具盒

布线工具套装

有一些东西从我的孩提时代到现在还不曾改变，其中之一是一种基本的电子器件。用它你就可以制作一个只需要一块电池驱动，就能发出叮当响的电铃。在当时，这种电铃几乎用于所有的报警应用中，即使今天它们大多已经被电子报警器所取代。这些电子报警器通常是公共广播系统的一部分。电铃的基本设计方案如图9.5所示，它是由一个电磁体和一个弹簧构成，二者可以相互挤压。弹簧保持铃锤远离电铃，当电路闭合，电磁体产生感应磁场，会将铁杆（以及铃锤）吸向它。当铁杆开始移动，电路断开。

电磁体吸引铃锤击打电铃后，弹簧再将铃锤拽离，只要电铃装置接通电源，这一过程会永久重复下去。从实际角度来说，电铃每响一次，电铃装置的接触点和铜触片（如图9.5所示）必须进行周期性地改变和调整，因为触点会发生氧化，重复动作也会让它磨损。实际上，电铃已经存在150多年了，因此它的功能和原理已经被大家广为了解，需要极小的维护工作就能让它稳定报警。

尽管电铃的报警效果好，但是将它们应用在许多电子项目中并不现实。它们不实用的原因是占据空间大、声音输出的频率相对较低而消耗的电流又相对较大，并会对电路产生的额外影响。电磁体的重复接通和断开造成电路电源产生突增的瞬间电压。在过去50年左右，大多数产生声音输出信号的小型电路中，要么接有一个振荡器来驱动扬声器发出声音，要么接有一个蜂鸣器（如图9.6所示）。通常情况下，蜂鸣器需要50mA或以上的工作电流，并且需要图9.7所示电路来驱动。

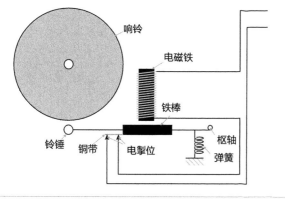

图9.5　机电铃

查看蜂鸣器的参考信息就会发现一个有趣的事实：

蜂鸣器的工作方式与电铃完全相同。它们如此相似，甚至蜂鸣器里的一个零件，会像电铃里的零件一样，当电流经过电路时会移动，而且，当没有电流时，这个零件会恢复到初始状态；尽管如此，这两个装置的其他部分则完全不同。蜂鸣器中不含任何磁铁元件，这一点与电铃不同；相反地，它是充分利用压电材料的特性来重复发出告警声音。

压电材料用于蜂鸣器中时，需要用导线将它的一端固定住，而另一端用一块铜片与其接触。当电流流过压电材料，它会发生形变，与接触片的连接断开；这样，压电材料又会恢复到初始状态，再将连接接通，如此反复。

内部组件

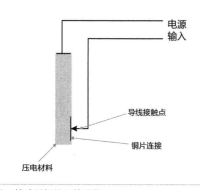

蜂鸣器外观

图9.6　蜂鸣器组件和外观图

围是测量声压大小的量度单位，或者说是从蜂鸣器发出声音的大小的量度单位。

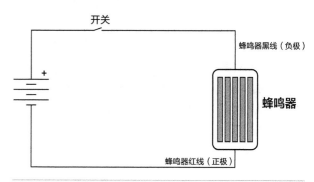

图9.7　低电流驱动器激励蜂鸣器工作的电路

图9.8　蜂鸣器电路原理图

图9.8所示电路可以测试蜂鸣器的工作情况。电路中的开关可以控制蜂鸣器的开启和关闭。

我想要强调一点，当蜂鸣器工作时，千万不要把耳朵直接贴着它去听声响。除了这一点，在购买蜂鸣器时，不要挑选额定声压超过75分贝（dB）的蜂鸣器。分贝范

当物体发出声响，声波会以球型图案逐渐远离声源（对此不必好奇）。令人感到好奇的是当声波远离声源时，它的功率衰减程度与距离的平方成正比，而不是与距离成线性关系。这个陈述或许难以理解并概念化。

在现实中，当你远离目标时，会发现它的外表尺寸

会随着你与它的距离发生变化。在图9.9中，当机器人远离你的视线时，它的大小与你的眼睛与它之间的距离成正比例关系。为了证明这个论述，在距离你的眼睛一定远的地方放置一个物体，距离你眼睛两倍远的地方再放置一个同样的物体。距离你眼睛两倍远的物体看起来要比距离近的物体小一倍。如果将物体放置在距离你眼睛三倍远的距离，物体的大小看起来就只有近距离观察的物体的三分之一大小。用数学来解释，物体的外观尺寸应该由下面的公式定义：

$$机器人大小 = 机器人大小@1m × 与眼睛的距离$$

人眼观察机器人的夹角
距离人眼1m的机器人大小是距离人眼2m的机器人大小的两倍

距离眼睛2m远　　距离眼睛1m远

图9.9　观察机器人的距离

"外表尺寸"是一个主观术语，使用它来描述物体时，你仅仅只考虑它的一个维度的尺寸（物体看起来只有一半大小，因为它只有一半高）。你一定记得物体有两个维度的尺寸，而且两个尺寸被等分，那么，当眼睛距离它两倍远时，所观察到的物体的实际面积就只有原来的四分之一大小。

当讨论声音或者光与人耳或者人眼的距离时，出现的现象与此恰好相反。当声音传播两倍远的距离时，它就会覆盖四倍的面积，因为同样大小的声音能量现在沿着X方向和Y方向分别覆盖了两倍的距离。用数学来解释，声压可以定义为：

$$声压 = 声压@1m × (距离^2)$$

距离声源越近，声压就会按照同样平方律递增，这也是我为什么特别强调不要将耳朵靠近距离蜂鸣器只有几英尺的地方。蜂鸣器靠近耳朵时，耳膜承受的声压增加得非常快，很容易达到损害耳朵（和听力）的水平。

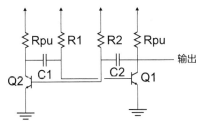

图9.10　基于NPN型晶体管的非稳态振荡器

实验50　基本晶体管振荡器编码练习工具

零件箱

带面包板的组装印制电路板
三个ZTX649NPN型双极性晶体管
8/16Ω扬声器
瞬时开关和莫尔斯码电键（见正文）
两个1.5kΩ电阻器
一个4.7kΩ电阻器
两个470Ω电阻器
两个0.01μF电容器，任意类型

工具盒

布线工具套装

当我渐渐地长大时，周围所有的教学电路和电子爱好者设计电路都是采用单个晶体管制作而成——直到20世纪70年代中叶至末期，集成芯片，如555定时器、LM339、LM386和LM741才开始普遍作为这些电路的基本构成要素。这些芯片都非常容易配置，但是没有一个具有离散晶体管的运行范围和低成本的特点。在这个实验中，我本来可以向你介绍一种简单的，能驱动扬声器工作的振荡器，这个驱动电路用来了解555定时器下的莫尔斯码。但是，我想回到过去，向你展示如何使用一些晶体管、电阻器和电容器来完成这个任务。

我将要使用的振荡电路是基本的张弛振荡器电路，如图9.10所示。图9.10也显示出当输出为高电平和低电平时的计算公式，以及一个非常重要的公式，即电阻R1和R2的值（定时电阻）必须等于晶体管放大倍数h_{FE}乘以上拉电阻（Rpu）的值。如果电阻R1和R2的值小于这个乘积，那么，振荡器将不能可靠起振，也不会以一个稳定的频率振动。

$$输出_{高电平} = Q1_{Off} = 0.69 × R1 × C1$$
$$输出_{低电平} = Q1_{On} = 0.69 × R2 × C2$$

$$R1/R2 = h_{FE} × Rpu$$

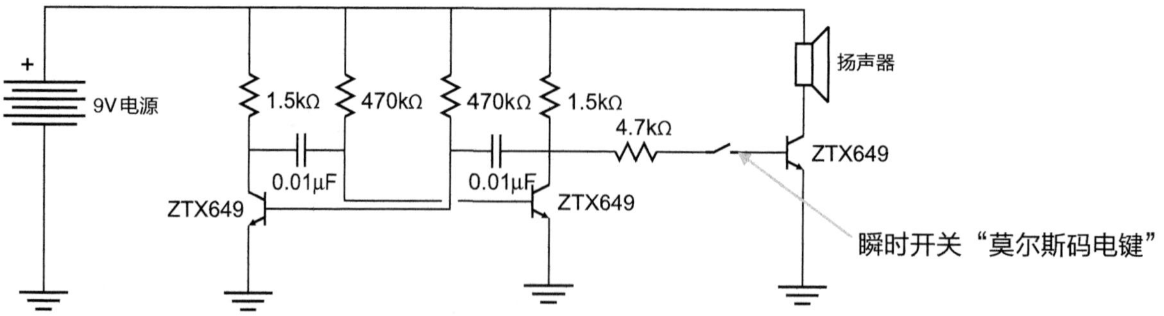

图9.11　非稳态振荡器作为莫尔斯码练习工具来使用

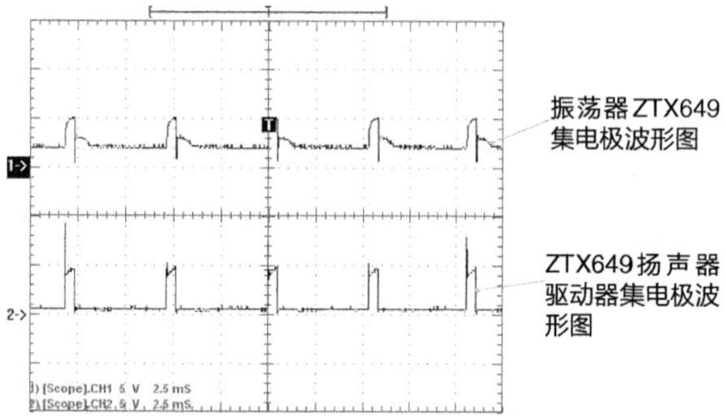

图9.12　非稳态振荡器波形图

我设计的晶体管张弛振荡电路如图9.11所示。如果按照图9.10给出的公式去计算，振荡器频率为154kHz。观察实际振荡器信号的示波器图形（如图9.12所示），就会发现信号的周期相当接近182Hz，尽管图形的样子很可能与预期的很不相同（示波器显示图形不是方波或者是光滑的正弦波），而且，它只能激励扬声器晶体管工作很短的一段时间，不到你所期望波形的50%。这种情况很正常，如果需要方波或者正弦波，那么就需要另外一种类型的振荡器，或者说这种信号会被滤波并改进，从而产生理想信号波形。

表9.1　国际编码标准

字母	莫尔斯码	字母或字符	莫尔斯码
A	.–	X	–..–
B	–...	Y	–.––
C	–.–.	Z	––..
D	–..	0（零）	–––––
E	.	1	.––––
F	..–.	2	..–––
G	––.	3	...––
H	....	4	....–

续表

字母	莫尔斯码	字母或字符	莫尔斯码
I	..	5	.....
J	.–––	6	–....
K	–.–	7	––...
L	.–..	8	–––..
M	––	9	––––.
N	–.		
O	–––	.（句号）	.–.–.–
P	.––.	,（逗号）	––..––
Q	––.–	?（问号）	..––..
R	.–.	;（分号）	–.–.–
S	...	:（冒号）	–––...
T	–	/（斜线符号）	–..–.
U	..–	–（破折号）	–....–
V	...–	'（撇号）	.––––.
W	.––	_（下划线）	..––.–

看不清莫尔斯码，应属于绘图负责人；

自从Samuel Morse的第一条信息（“上帝创造了什么”）成功发出，莫尔斯电码并没有保持一成不变。今天，莫尔斯电码的国际标准如表9.1所列；一个短声调（一个“di”的音）用句号（.）表示，一个长声调（一个“dah”的音）用破折号（–）表示。使用瞬时开关按钮，或者如果你想认真练习莫尔斯电码，可以从二手商店，或者“无线电爱好者”产品零售商淘来一个电键。除了电键，还可以买到很多书和录像带来帮你学习和应用莫尔斯电码。

练习莫尔斯电码时，你或许可以开始练习下面所示的信息：

-- -.-- -.- . . .- - ... .-- --- .-. -- ... .-.-.-

实验51 电子听诊器

零件箱

带面包板的组装印制电路板
LM386 8管脚音频放大器
驻极体（电介质）麦克风（见正文）
塑料吸管（见正文）
10kΩ 可安装在面包板上的电位器
10kΩ 电阻器
10Ω 电阻器
两个 0.01μF 电容器，任意类型
220μF 电解电容器
8/16Ω 扬声器

工具盒

布线工具套装
橡胶黏合剂
剪刀

实验的最初目的是试图找出拨浪鼓在"沿墙导航机器人"的位置，本书随后会介绍这种机器。当机器人左轮运行时，我听到一种有趣的噪声。机器人运行时，我无法找到、也无法用耳朵听到这种噪声源。解决的办法就是回去借鉴在汽车引擎里寻找有趣的噪声源时所采用的老技巧。如果你从来没有见过机械师如何在汽车引擎盖下查找噪声源的话，那我告诉你他们用一段花园浇水用的水管就可以查找噪声源。水管把传入内部的噪声沿着管子传递到机械师的耳朵里。这种方法很可能是现代汽车所采用的最

简单的诊断工具，但是，它也常常是处理各种情况——如隔绝碰撞的阀门等最有效的处理手段。

为了找到问题（电动机内部有一块金属发出咔嗒咔嗒声）所在，我借鉴了与用花园浇水水管查找汽车电动机故障一样的原理，但是，将问题缩小到在小型机器人身上查找噪声源。用花园浇水水管来查找小零件的毛病显然是朽竹篙舟，不合时宜。对此，你应感到不足为奇。但是，切下一根长3英寸（7.62cm）的喝苏打水的吸管就能事半功倍地解决问题。为了避免经过的人看到我一边把一短截苏打吸管插入耳朵，一边拿起一个运行的机器人时的尴尬情景，我决定设计一个放大器电路，把从吸管传来的噪声传入一个麦克风，然后再送到一个扬声器上。完工的"电子听诊器"原理框图如图9.13所示。

这个项目最困难的地方是必须找到一个大小合适、能刚好装入苏打吸管的驻极体麦克风。我竟然真的在一家电子商店淘得一个相当窄小的驻极体麦克风，并在一家快餐店找到一根大号的奶昔吸管。将吸管切短后，把麦克风粘在它的一端，注意不要把黏合剂抹到麦克风的正面。当这些工作完成后，我就制作图9.14所示的电路。

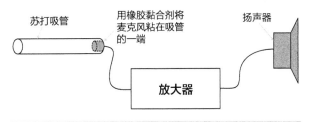

图9.13 电子听诊器原理框图

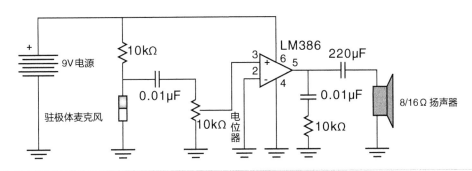

图9.14 电子听诊器电路原理图

制作听诊器的基本元件是LM386（如图9.15所示）。这个芯片是一个一般用途的差分高电流输出驱动器，增益范围从20至200。它常常用于类似这里所讲的应用，输入一个"小信号"源，然后将它放大后输出。它也用于多种多样的其他应用，包括驱动非常小型的电动机工作——

不采用脉冲宽度调制（PWM）方法驱动电动机，而是采用将放大器接成电压跟随器，用模拟电压来驱动电动机工作，如图9.16所示。

像555定时器和一些其他芯片在20世纪70年代被普遍使用一样，LM386 的参数可以被大刀阔斧地改进。

最受欢迎的改进之一是改变芯片的增益（放大器能将信号放大多少倍）。这一改进工作可以通过在芯片的两个增益管脚上接入一个10μF和一个电阻器即可实现，如图9.17所示。根据图9.17中的公式，选择一个电阻器将放大器的增益提高到200（从标称值20），此时输出信号的幅度会是输入信号的200倍。

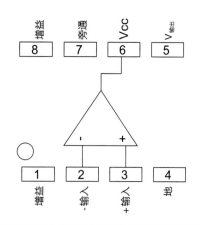

图9.15　LM386管脚引线

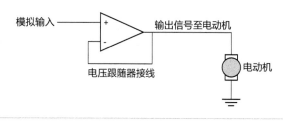

图9.16　用LM386放大器驱动电动机工作

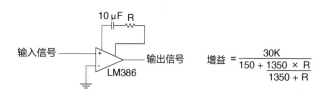

图9.17　改变LM386输出增益

这种放大程度应当仅仅适用于非常小的信号；当输入信号电压为1V，即使电路增益为20倍，其输出也会被两个晶体管驱动器"削波"。这个驱动器（被称为"图腾柱式"或"推拉式"驱动器）仅仅能驱动地与LM386的功率输入之间的输出信号，如果信号大小超出这些临界值，就会被削波。有时候削波功能应用于音频录制中，以获得独特的声效，但是，大多数情况下，它会被认作失真，应当不惜一切代价避免。

搭建实验电路的过程中，会发现当扬声器一靠近麦克风或者把10kΩ电位器与地的连接断开时，电路会发出尖啸声。导致这种现象发生的原因是电路中出现了正反馈（如图9.18所示），扬声器的输出信号被麦克风所拾取，送至放大器，再从麦克风输出，形成一个大环路。正反馈，如削波，无论在任何可能情况下都是应该避免的，这也是使用苏打吸管连接麦克风的第二个原因；它确保了麦克风正前端之外的声音不被拾取并放大。

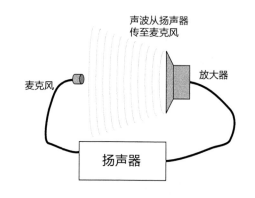

图9.18　放大器电路发生正反馈造成尖啸

术语"反馈"或许会令你感到困惑，因为在许多不同场合都听过它。负反馈经常用于机械和电子系统（例如无线电控制伺服），因为它是相对于伺服控制臂的规定位置，从实际位置减去（负增加）的量，而且如果实际与预计位置有偏差，在负反馈的作用下，控制臂会再移动以匹配最佳的规定位置。正反馈，如这个电路发生的尖啸现象，并不会在输入端负增加输出值，而是正增加一个输出值，因此原本的小输入信号被不断地放大、拾取、再放大，直到放大器饱和，而且所有的其他输入信号都被尖啸所掩盖。

LM386的最后一个特性是它的输出频率响应可以改变，你可以用这个特性增强信号的低频响应。这个特性连同它的许多其他可能的应用都在该芯片手册中予以介绍，其中还包括把LM386接成振荡器或者调幅广播的一部分来使用。

实验52　声级计

零件箱

面包板和组装印制电路板
LM386 8管脚音频放大器
LM339四通道比较器
四个高亮度发光二极管（见正文）
驻极体（电介质）麦克风（见正文）
100kΩ可安装在面包板上的电位器
三个10kΩ电阻器
10Ω电阻器
10μF电解电容器
三个0.01μF电容器，任意类型

工具盒

布线工具套装

人们脑海中的机器人通常是一个外形似人的庞然大物，它依照创造者的命令（通常是口头命令）肆意破坏。这些命令说出来很正常，尽管它们听起来比正常讲话的声音大一点、僵硬一点，并且每句命令前都说出机器人的名字，以确保它能理解它的名字之后的指令是发给它的。这些指令很少会被误解，尽管一些完全是照字面意思去执行，但是，它们总是会被盲目又高效地执行。在这个实验中，我想看看基本的讲话声音通过麦克风被转换为电信号后会变成什么样子，以及为了能够显示这些电信号所采用的工具。

在前面的实验中，我介绍了LM386音频放大器。这个芯片能够将从麦克风输入的小型电信号转变成功率信号，以驱动扬声器工作。这些电信号通常用示波器来显示和观察，观察示波器描迹会看到随着时间的变化，电压电平的幅度也会改变，如图9.19所示。

如果观察一个非常老式的示波器内部结构，就会看到如图9.20所示的内容。应用于阴极射线管的电子枪持续保持在激活状态，发出的电子束在屏幕上移动，从左至右扫描，然后再回扫到屏幕左边，如此反复。电子束的移动是由一对受扫描发生器驱动的经典偏转板控制的。扫描发生器产生的锯齿波通过偏转板，从而造成电子束从左到右移动。

这是对示波器的一个非常粗略的介绍，却足以帮助你理解当我在书中放入示波器屏幕截图所显示的内容。示波器往往相当昂贵（500美元，甚至以上）。使用一个非

常基础的、价格便宜的示波器就能观察一个或者两个频率高达几MHz的不断变化的信号。价格更昂贵的示波器具有两个以上的输入信号通道，并能观察频率高达GHz（微波波段）的信号。

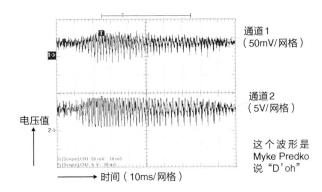

图9.19　麦克风输入和放大器输出的示波器描迹

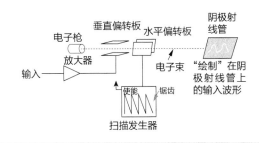

图9.20　示波器内部结构图

不要求购买一个示波器来观察信号波形，在这个实验里，我会介绍一个简单的电路，它可以用来观察简单的电信号，如音频输入信号。这个电路（如图9.21所示）能将小音频信号转换为可以被比较的信号。根据声音信号的输出电平，发光二极管就能被点亮。电路仅提供四个输出，对应四个发光二极管。这些发光二极管安装在本书提供的印制电路板上的面包板上。

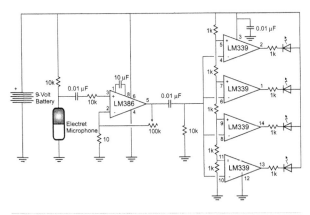

图9.21　简单声级计电路图

组装这个电路时，应该注意几个问题。第一个问题是，电路工作时，发光二极管会在出现大噪声和语音时，点亮非常短的时间。为了让它们点亮看起来更明显，应当使用能找到的亮度最高的发光二极管。如果上互联网查看，就会发现有一些电路可以将电压保持几百毫秒，让发光二极管点亮几秒钟。第二个问题是，观察电路，你就会发现我必须在LM386上接一个100kΩ大小的电位器来提高LM386的增益；在LM386增益管脚两端接电容器正常可以将它的增益提高到200倍，而接入的电位器应保证增益超过200倍。电路的实际增益大约为5000倍，输出电压被放大到发光二极管会显示出不同的声音输入电平。你必须改变与LM386连接的电子元件的电阻和电位器值，才能让接有麦克风的电路正常工作。最后一个问题是，可以买到很多具有同样功能的芯片，而且非常容易就能将它接入电路中。我决定利用分立元件制作电路，让你更好地理解音频信号是如何转化为电信号，以及比较器是如何工作的。

LM339（如图9.22所示）含有四个集电极开路输出电压比较器。在这个实验电路中，我设计制作了一个电阻分压器"阶梯"，它可以提供一组步进电压值来与LM386的声级输入信号进行比较。这个电路与立体声设备中的电路非常相似，利用许多发光二极管来显示电路音频的输出。用来显示声级的发光二极管数量可以增加，只需要在电路中添加另一个LM339芯片和另外四个10kΩ电阻器，从而给比较器提供额外的电压"台阶"。

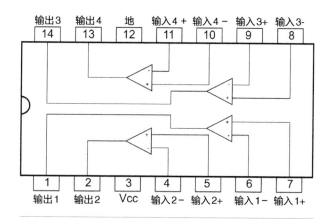

图9.22　带集电极开路输出的LM339四通道比较器

当声音传入麦克风，如果它接在分压器上，就会产生一个小电压信号，如图9.23（右）所示。信号通过电容器和电阻器，然后经由LM386被放大。在最终的信号进入LM339比较器前，它是0.01μF电容器和10kΩ电阻器下的零基信号。最后的电压分离器起到音量控制的作用，而且确保LM386的输出信号不被削减。图9.23所示为输入电路的不同部分以及通过的信号波形（在示波器上呈现出来）。

为了对不同幅度的信号有一个清晰的认识（并理解"小信号"究竟是什么），注意观察图9.23（左）的底部，每一个信号的电压电平都显示出来。电压水平由示波器屏幕上网格之间的电压的差值确定，网格为示波器图片（也是本书所含的任何其他示波器图片）中的虚线。

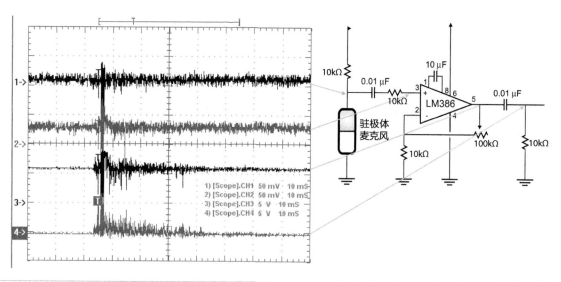

图9.23　声音显示电路LM339放大器工作时对应的示波器描迹图

第十章

数字逻辑

Chapter 10

逻辑数学的产生来源于人们需要理解哲学论述，如：

现在，一些观念已经变得如此清楚，与此同时，又如此简单，以至于我们如果不对它们信以为真，就再也不去思考它们。我思故我在，或者说木已成舟，覆水难收，这些事实都是一些真理的例证，对于这些例证，我们很明显能够肯定。因为除非我们思考它们，否则无法去质疑；但是，在不去信以为真的同时，我们就不能去思考它们，正如所预料到的一样。因此，在不去信以为真的同时，我们就不能去质疑它们；即我们决不能去质疑它们。

——Descartes 的哲学著作集，第一卷和第二卷

通读这里引用的文字，有可能会理解在这个命题中，Descartes 试图所表达的内容，但是，尽管我花了很多时间去研读这段文本，并试图将它拆分为一些简单的陈述，结果却是，我几乎完全不能理解这段文字究竟表达了什么意思。问题的一部分是这个引用使用了看似题外的陈述以及看似不严谨的用词，从而令人感到非常困惑。如果你同我一样，不能理解 Descartes 在这段话里想要表达的内容，不要惊慌失措；我们也只是那些几百年以来试图毫不费力和清晰地理解哲学家想要表达的内容的芸芸众生的一员。

有一个人在帮助哲学家搞清楚到底其他哲学家究竟在表达什么内容时发挥了重要作用。这个人就是名叫 George Boole 的一位学校教师。Boole 致力于定义一种能把书面的命题（例如"所有的狗都有两只耳朵并长着毛皮"）转换为一系列数学陈述的方法，以更好地了解命题并测试它们的合理性。通过用列数学方程的方式来重述一个文本命题并作出假设，即所有命题要么是真要么是假，在这一前提下，George Boole 发明了一套简单的规则。这些规则后来成为了数字电子技术和计算机系统的基础，也帮助人们来理解像 Descartes 一样的哲学家的胡言乱语。

如果我有一只年老的杂种狗，它与其他的狗撕咬争斗，并被咬掉一只耳朵，那么根据前面提到过的用来定义一只狗的逻辑陈述，这只掉了一只耳朵的狗就不再是一只狗：

1. 我的宠物长着毛皮。（真）
2. 我的宠物有一只耳朵。（真）
3. 我的宠物是一只狗。（假）

最后一句陈述是假命题，因为最初的命题是所有的狗都有两只耳朵并长有毛皮。任何不符合此标准的动物都不能被真正地称为狗。你也许会认为使用命题"所有的狗

都有两只耳朵并长有毛皮"作为验证方法，就能断言一只猫或一只兔子就是一只狗，而且你很可能是对的。

将数学原理应用于陈述这种创意令我们感到十分有趣。如果我们认为一些事物既可能是真的，也可能是假的，那么我们就可以将这种新知识与其他一些知识扩展，继而检验一些事物是否是真的。在上面提到的"狗"的例子中，我提出一个命题，认为如果动物有两只耳朵并长有皮毛，那么它就是一只狗。如果你有一只没有皮毛，但是长着两只耳朵的动物，则它不能被认为是一只狗，就好像你有着一只长着三只耳朵、浑身无毛的动物。将这些陈述以表格形式（被称为真值表）来表达，我们可以将这个命题以一种容易理解的方式写出，如表 10.1 所示。

在数字电子技术中，不使用"真"或者"假"来定义命题，而是使用术语"1"和"0"，或者"高电平"和"低电平"。在如表 10.1 所示的"与门"真值表可以用这些术语进行重新叙述，使用标识"A"代表"两只耳朵"，使用标识"B"代表"皮毛"，如表 10.2 和表 10.3 所示。真值表 10.1 到真值表 10.3 是"与"函数的例子；当且仅当二者都为真时，输出的结果才为真。

表 10.1 使用"真值表"用来定义一只"狗"

两只耳朵	毛皮	是狗
假	假	假
假	真	假
真	真	真
真	假	假

表 10.2 逻辑"与"真值表

A	B	A 与 B
0	0	0
0	1	0
1	1	1
1	0	0

表 10.3 电压电平"与"门输入输出真值表

A	B	A 与 B
低电平	低电平	低电平
低电平	高电平	低电平
高电平	高电平	高电平
高电平	低电平	低电平

当我写出"A"和"B"的不同赋值时，应注意，书写过程中我一次只改变其中一个赋值。这么做的原因是当逻辑计算变得愈加复杂，对它们进行简化的需要就变得更加重要，而且，只有一次改变一个赋值，才能让两个值之间的关系变得更加明显。

除了"与"操作，Boole 还发现，如果其中一个条件或者两个条件都为真时，在"或"陈述中，两个值都为真（例如"一只具有爪子或者坏秉性"的动物是一只猫）。使用与"与"运算相似的真值表表达式，"或"运算关系如表10.4所示。

表10.4　逻辑"或"真值表

A	B	A 或 B
0	0	0
0	1	1
1	1	1
1	0	1

在现代英语口语语体中，我们常常认为"或"要么指其中一个值，要么指另外一个值，而不是同时用两个值来表达一个条件为真。这并不是一种定义"或"运算的精确表达方法；因为如果两种值都为真（或者为1或者为高电平）时，那么输出结果也为真。

Boole 发现的最后一种基本逻辑运算是"非"或"否"。如果它的赋值是假（例如"一辆车没有六个车轮"），这个运算结果是真。"非"不同于"与"或者"或"运算，因为它只有一个输入值（被称为参数）可以用来验证。"非"运算的真值表如表10.5所示。

表10.5　非运算真值表

A	Not A
0	1
1	0

Boole能够将这三个基本运算结合起来执行非常复杂的运算（例如验证在本节开头引用的句子中提出的命题）。在《An Investigation of the Laws of Thought》（1854）中所讲的这些定律被出版许多年以后，它们被正在开发第一代电子计算机的工程师和设计师发现，这些运算规则可以廉价而有效地识别高低电平，并对它们进行简单的运算。

Boole 定律成为计算机技术领域运算的基础，并被人们称为布尔代数。在接下来的实验中，我会介绍许多布尔代数的复杂运算，以及实现这些复杂运算的基本电子电路。

实验53　基本门逻辑运算

零件箱

带电池组装印制电路板
两个单刀双掷开关
两个1kΩ电阻器
470Ω电阻器
三个发光二极管，任意颜色
74C08，互补金属氧化物半导体与门
74C32，互补金属氧化物半导体或门
74C04，互补金属氧化物半导体非门
0.01μF电容器，任意类型

工具盒

布线工具套装

我认为要理解数字逻辑运算的最好办法是真正地去设计制作一些电路来进行测试。这个实验中的电路只需要几秒钟就能制作完毕，通过接入发光二极管，就会看到输出量是如何根据输入值改变的。尽管现代的晶体管–晶体管逻辑（TTL）芯片使用起来方便简单，但是它们需要5V可调节电源供电。为了避免需要独立电源对不同逻辑芯片供电，本节所介绍的电路都会使用74Cxx逻辑芯片，其工作电压范围从3V到15V，非常适合采用9V碱性无线电电池供电。

TTL是基于双极性晶体管逻辑的技术，最初发明于20世纪60年代中叶，从那以来，在电子电路领域一直很受欢迎。这些芯片本身具有快速的响应性能（8ns长的转换时间或更少）和较强的输入电流能力（大约20mA）。74xx芯片的逻辑功能被称为"逻辑门"，因为它们根据输入的信号来选通输出信号。

74xx逻辑芯片具有与标准TTL（晶体管–晶体管逻辑）芯片（本节末尾会介绍）相同的管脚引线，可在广泛的电源输入下运行，并能提供足够大的电流来点亮发光二极管。74xx逻辑芯片的运行速度与TTL芯片不同，而且提供或者泄放的电流也远不如TTL芯片。大部分情况下，74xx逻辑芯片都可以置入任何使用标准TTL芯片的应用中，只要牢记互补金属氧化物半导体（CMOS）逻辑是基于电压的器件，而TTL是基于电流的器件。我会在本节中详述二者的重要区别。

如果你熟悉电子器件，就会惊讶地发现我不会使用40xx系列的CMOS器件。40xx系列的CMOS器件是CMOS逻辑家族中最受欢迎的电子器件，但是它没有足够强大的电流驱动能力来点亮发光二极管。如果要用40xx系列CMOS器件驱动发光二极管工作，就必须使用一只双极性晶体管来放大其输出电流，如图10.1所示，当电流从CMOS门输出至晶体管的基极，会有电流流过发光二极管。

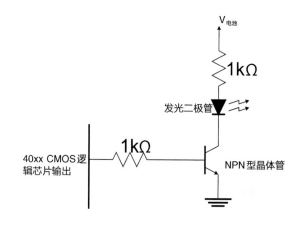

图10.1　40xx型CMOS逻辑芯片电流输出放大器驱动发光二极管工作

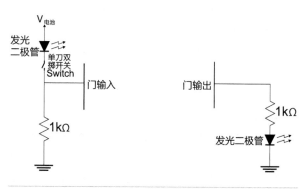

图10.2　发光二极管电路用来测试逻辑输入与输出

为了改变逻辑芯片的输入电压，可利用图10.2所示的左边电路调整它的输入电压。在这个电路中，开关闭合，电源接通，经过发光二极管，流通至1kΩ电阻器。在开关和1kΩ电阻器之间的电压值应等于电源电压减去发光二极管上的电压（它总保持足够高的电平，才能让门输入被认为是"高电平"电压）。如果开关断开，门输入通过1kΩ电阻器接地，发光二极管就不会点亮。利用这

个门电路，就可以实现"高电平"电压（或者"1"来表示）点亮发光二极管，"低电平"电压（或者"0"来表示）不会点亮发光二极管。当电压输出为"高电平"时，输出电路（图10.2右侧电路）会点亮发光二极管，当电压输出为"低电平"时，输出电路不会点亮发光二极管。这两种电路能让你无需使用数字万用表或者其他测量仪表，就能轻松掌握逻辑电路的工作原理。

最明显的逻辑功能或者门电路是"与"门电路（电路原理图符号在图10.3中表示），在该门电路中，只有当两个输入信号都是"高电平"时，门电路才会导通输出电信号。图10.4所示为一种使用两个继电器设计制作的一个可实现的与门电路；当输入信号导致两个继电器都吸合，V电源输出。为了测试与门电路的原理，设计了如图10.5所示的电路。在图中，我依照惯例使用发光二极管指示门电路的每一个门输入输出口。

图10.3　与门

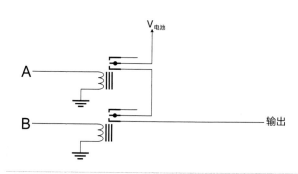

图10.4　用两个继电器制作的与门

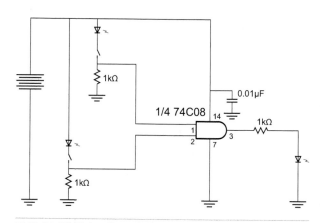

图10.5　测试与门工作原理的电路

电路制作好以后，前后移动开关来测试与门电路的

功能。根据前面分析可知，当发光二极管点亮，相对应的输入信号为高电平输入，就可以制作一个类似于表10.6的表格来研究与门的工作原理；你会发现电路表现出的功能与本节开始前所讲的内容相同。

表10.6 测试与门和或门的真值表

管脚1 电压	管脚2 电压	管脚3 （输出） 电压
低电平（发光二极管熄灭）	低电平（发光二极管熄灭）	
低电平（发光二极管熄灭）	高电平（发光二极管点亮）	
高电平（发光二极管点亮）	高电平（发光二极管点亮）	
高电平（发光二极管点亮）	低电平（发光二极管熄灭）	

图10.6 或门

当你对与门电路的原理已经驾轻就熟，就能研究或门电路（电路符号图如图10.6所示）的工作原理了，如果或门电路两个输入中的任意一个输入为高电平，则输出为高电平。测试或门工作原理的电路如图10.7所示，或门面包板上的布线方法与与门相同。

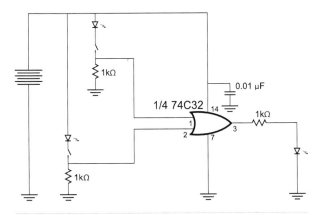

图10.7 测试或门工作原理的电路

最后一种基本门电路是非门（电路符号图如图10.8所示），它能将逻辑信号从高电平转换为低电平。非门与或门和与门不同，它只有一个输入。

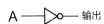

图10.8 非门

按照图10.9所示来制作非门测试电路，电路搭建完毕后，做一个两列三行的表格，记录输入值和与之对应的输出值。

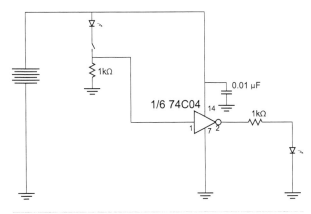

图10.9 测试非门工作原理的电路

实验54 互补金属氧化物半导体（CMOS）触摸开关

零件箱

带电池组装印制电路板
24号实心导线
74C04芯片
10MΩ电阻器
1.5MΩ电阻器
1kΩ电阻器
发光二极管，任意颜色
0.01μF电容器，任意类型

工具盒

布线工具套装
剥线器

我们很容易误解数字逻辑总是使用电压作为输入信号。通常，我们会认为通过电压而键入数字输入，但是也并不是往往如此。电压信号用来检验逻辑电平的高低，但是，我会在这个实验和接下来的实验中展示，使用最流行的电流控制而不是电压控制的逻辑器件，数字逻辑既可以通过电压键入也可以通过电流键入。

在我的青少年时代，经常会看到很多产品都是使用触摸开关制作而成，使用者只需简单触摸电子器件上的金属垫，该器件就会执行某种动作。图10.10所示为最初的触摸开关电路；当使用者触碰金属垫时，在人体感应出的遍布整个房间的115V交流电通过运算放大器放大，并被传送到其他电路中。

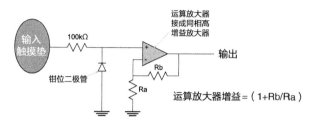

图10.10　一个基于运算放大器的简单触摸开关

电路中的二极管用来限制输入电压的大小，并确保只有信号的正序分量通过放大器。放大器被接成同相放大器结构，放大系数（也称增益）按图10.10中所列公式定义。放大器的输出通过分压器反馈回运算放大器的负极输入端，并将任何通过正极输入端的信号进行放大。电路的增益应在200或以上，以确保当开关不被触摸时没有任何输出，或者当开关被触摸时输出为正电平电压，并确保人体电压被引入运算放大器。

CMOS（互补金属氧化物半导体）逻辑是电压控制器件，可以用来模拟高增益放大器的放大作用，如图10.10所示的运算放大器。CMOS非门（反相器）逻辑如图10.11所示。

CMOS非门由两个钳位二极管构成，它们的作用是确保电压输入电平不超过电源电压的范围（而且很可能损坏芯片内部的晶体管）。CMOS逻辑门所使用的N沟道和

P沟道MOSFET（金属氧化物半导体场效应管）晶体管非常容易受到静电冲击（也被称为静电放电或简称ESD）而损坏，两个钳位二极管可以有效避免过电压通过晶体管造成的损坏。

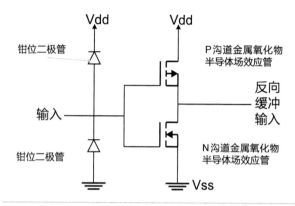

图10.11　基本CMOS反相器电路

MOSFETs和双极性晶体管的主要区别是前者是电压控制（不是电流控制）器件。基于MOSFET技术的逻辑门电路的制造成本更低，这是因为在它的逻辑电路中去掉了电阻器，需要的制造工艺步骤变得更少了。

CMOS反相器中的两个晶体管的工作原理如图10.12所示。当高电压输入至逻辑门时，与地连接的N沟道MOSFET晶体管接通，并将输出接地（Vss或者CMOS逻辑）。当输入低电压时，与地连接的N沟道MOSFET晶体管截止，P沟道MOSFET晶体管导通，将输出接至芯片的电源输入端（Vdd）。

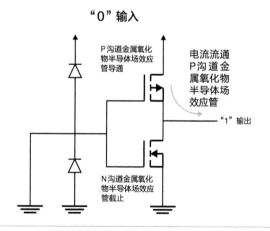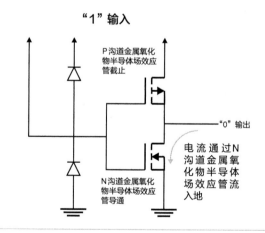

图10.12　不同输入时CMOS反相器的工作原理

为了展示CMOS反相器如何工作以及如何只受电压控制，我设计了图10.13所示电路。电路反相器的输入电压被一个与地相连的10MΩ电阻器拉低，但是，当输

入端与电压源连接时，就会改变低电平输入状态。

连接电路时，应确保两根裸导线并排放置，如布线图（图10.14）所示。这两根裸导线实际上就是触摸开

关：当用手同时触摸两根导线时，就会形成一个导通电流非常小的闭环电路，CMOS门的输入会被上拉至高电平，同时令发光二极管熄灭；把手移开，CMOS门的输入会被拉低接地（通过10MΩ电阻器），同时发光二极管点亮。

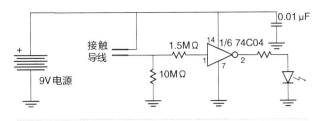

图10.13　实际触摸开关电路

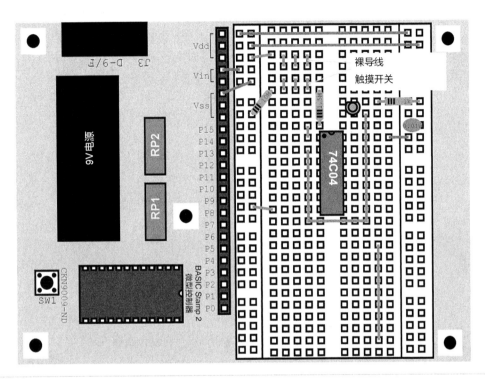

图10.14　制作CMOS触摸开关电路。注意两根裸导线一根接 + 5V 电源，一根接触摸传感器

或许你打算移除与电源Vdd连接的裸导线，看看身体的感应电压是否会导致反相器改变输出状态。如果你在一个有荧光灯的房间里，这种尝试很有可能会成功，也不会造成任何问题。如果你在一个有白炽灯的房间里，由于白炽灯辐射的能量没有荧光灯多，就会发现触摸裸导线开关并不会熄灭发光二极管；这就是为什么我将裸导线与电源Vdd连接。人体皮肤通常具有大约1.5kΩ的电阻值，因此，当用手触摸与电源Vdd连接，以及1.5MΩ和10MΩ电阻器连接的两根裸导线时，实际上，这就会构成一个分压电路，反相器输入端的电压大小大约与电源Vdd大小相同。如果进行数学运算，就会发现CMOS门上的电压大约是电源Vdd90%的电压值。

当用手触摸裸导线或者只是在芯片上挥手，就会发现发光二极管的点亮变得不可预测。在这个电路中，你的身体会产生一定的感应电压，感应电压偶尔会很大，足够让CMOS输入端判断为高电平输入。CMOS门工作原理非常类似超高增益的放大器（例如图10.10所示的运算放大器电路），鉴于这个原因，每一个未被使用的CMOS输入端都必须与电路中的Vdd或者Vss连接，否则，你会发现在不同情况下，电路会出现各种意外的输出响应。

请注意，在触摸开关前，不要试图通过在合成材料地毯上来回踱步或直接用手触摸家中的火线来给自己的身体"充电"。这么做出现的第一种情况是，你将会把大量的瞬时能量引入CMOS门输入端，尽管它的输入端已经接入两个钳位二极管来防止过电压，但是，这种情况损坏芯片有极大可能性。

实验55　基于双极性晶体管的TTL（晶体管－晶体管逻辑）的"非"门

零件箱

带面包板的组装印制电路板
四个ZTX649型晶体管
两个1N914/1N4148硅二极管
1kΩ电阻器
150Ω电阻器
2.2kΩ电阻器
1.5kΩ电阻器
4.7kΩ电阻器
两个100kΩ电阻器
可安装于印制电路板上的10kΩ电位器
单刀双掷开关

工具盒

布线工具套装
剥线器
数字万用表

大多数人最开始使用的一种最流行的数字逻辑器件叫做"晶体管－晶体管逻辑"（TTL）。TTL是由NPN型双极性晶体管和电阻器装配在一块硅芯片上制作而成。与CMOS（互补金属氧化物半导体）逻辑不同，TTL是电流控制器件，它具有多种不同工作特性，我将会在本实验中予以展示和介绍。

在介绍光电子器件的章节中，我用电阻和NPN型晶体管反相器实现了多种不同的逻辑功能。你可能会把它与TTL逻辑门混淆，但是，实际上，电阻－NPN型晶体管反相器与TTL截然不同；虽然这种电路作为反相器使用，而且很多个反相器可以级联，执行具体的逻辑功能，但是，它并不是TTL逻辑门。这种作为反相器使用的门电路实际上被称为RTL（电阻－晶体管逻辑）门，这种技术实际上是TTL技术的前身。

RTL可用来实现逻辑功能（正如我在前面的章节所演示的），但是它没有TTL抗干扰性能好，损耗也大。TTL逻辑门则力图解决RTL门逻辑的两个难题。第一个难题是RTL中只有非常有限的电流通过与晶体管集电极相连的电阻器。虽然可以使用小阻值的电阻器，但是如果晶体管导通，大量的电流会通过电阻直接流入地，造成了能量的显著浪费。

第二个难题是电源与晶体管集电极之间使用了限流电阻。回顾我在书中介绍的555定时器的有关内容，就会知道电阻器是RC网络的一部分，RC网络用来设定555芯片的工作时间，而信号会需要一定时间完成升降。这种延迟的升降减缓了信号发送的时间，减弱了RTL逻辑电路的作用性。

尽管TTL反相器（如图10.15所示）看起来更加复杂，但它实际上是一个设计非常巧妙的电路，它的优点，我会在实验中予以解释说明。实际上，它具有的一些特性使它比CMOS逻辑芯片更易于应用，在本节实验中，我主要采用TTL逻辑芯片。

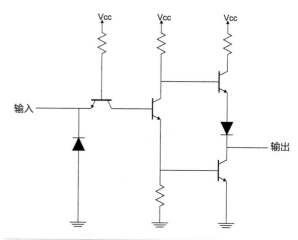

图10.15　TTL反相器电路

我想介绍的第一个引起注意的特性是TTL与CMOS逻辑芯片不同，它不是电压控制器件。当有电流流过时，TTL导通工作。输入二极管，电阻器和晶体管可以被等效为三个二极管和一个电阻器。你会看到当电流流入输入端口，而且它来与芯片供电电源连接的限流电阻器。

由于在输入晶体管的发射极接有一只反偏二极管，因此电流不能进入TTL门的输入管脚。这就说明，虽然是电流控制器件，但是控制电流是在芯片内部，这样一来，你就不会有任何疑虑，就不会想着应向门电路输入多大的电流来使器件正常工作。

当TTL反相器门输入没有电流流入，那么电流会按照图10.16所示路径在器件内部流动。按照图中所示的电流路径，你会发现电流最终会使底部靠右侧的晶体管导通工作，将门电路的输出管脚接地（低电平输出）。当电流从TTL输入管脚（如图10.17所示）流入，使底部靠右侧的晶体管导通的电流就会消失，因为在门电路中，产生了一个不同路径的电流。电流方向的改变最终会使顶部靠右侧的晶体管导通工作，这个晶体管实际上将门电路输出与电源相连，并输出一个高电平。

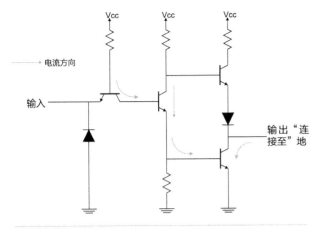

图10.16 1输入时或浮动输入时的TTL反相器工作电路

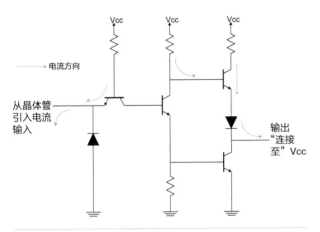

图10.17 0输入时的TTL反相器工作电路

为了搞清楚TTL反相器的工作原理，可以设计制作如图10.18所示的电路。将单刀双掷开关接地，就会让电流从TTL反相器流入地，使得右上边的晶体管接通，使电流流入发光二极管，从而点亮发光二极管。当开关断开或者连接至9V电源，如果此时检查输入管脚的电压值，就会发现输入管脚没有电压；这是因为门电路中的反向二极管阻止了电流的导通。

电路设计到这一步，就能把电位器接入电路，来观察电路的模拟特性，如图10.18所示，不断调节电位器的阻值，直到发光二极管忽亮忽灭。测试电位器上的电压，然后将电位器从电路中拆下，再测量电路阻值（如图10.19所示）。根据欧姆定律，就会计算出设计制作的反相器电路具有的阈值电流大约为1mA。

TTL反相器可以用来进行逻辑非运算，但是你可能会好奇，它是怎么与利用TTL逻辑制作的多输入门联系的。冒着窃取随后实验灵感的风险，我只想说，所有

TTL逻辑都是基于该电路设计的。基本的TTL逻辑门没有使用仅有一个单独的发射极的输入晶体管，而是使用具有多个发射极的晶体管来实现各种逻辑功能的。这种电路结构的改进将反相器变成一个与非门。所有其他TTL逻辑门都是在与非门的基础上设计出来的（如图10.20所示）。CMOS逻辑是根据或非门设计而成的。

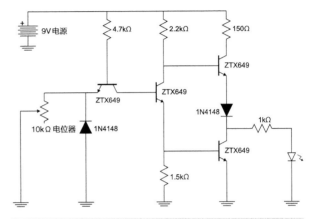

图10.18 测试TTL电流消耗的电路

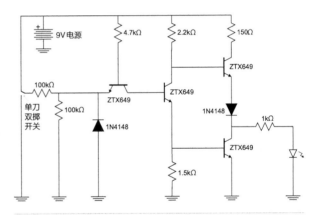

图10.19 测试TTL电压控制工作原理的电路

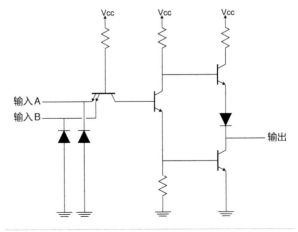

图10.20 使用双发射极晶体管设计的TTL与非门

第十章 数字逻辑 **131**

实验56 积和电路

零件箱

带电源的组装印制电路板
三个单刀双掷开关
三个1kΩ电阻器
四个发光二极管，任意颜色
74C08, CMOS（互补金属氧化物半导体）
与门
74C08, CMOS（互补金属氧化物半导体）
或门
74C08, CMOS（互补金属氧化物半导体）
非门
三个0.01μF电容器，任意类型

工具盒

布线工具套装

我在介绍基本逻辑电路时，有一件事情可能不太清楚：这些基本逻辑电路都只是复杂电路的构成要素，并不一定能完成各类应用所需的功能。当把这些逻辑电路的基本功能结合起来时，就能让电路有多个输入来产生特定的输出，以满足具体要求。例如，当你启动录像机的"程序"功能时，要么按下机器前面板上的录制和播放按钮，要么按下遥控面板上的录制按钮。你可以按照下面的陈述写出这个命令：

如果录像机前面板上的录像与播放按钮被按下，或者遥控面板上的录像按钮被按下，即开始录像功能。

这个逻辑陈述远没有本节开头伟大的哲学家提出的逻辑陈述那么复杂晦涩，但是，这个陈述同样遵循本节开始介绍的逻辑规则。如果我们假设当按钮被按下，按钮为真，并用逗点（·）代替与运算，用加号（＋）代替或运算，这个功能就能写成如下方程：

开始录像 =（"面板录像"·"面板播放"）
+"遥控录像"

这两个与运算和或运算符号都是根据这两个函数的运算定义的。与运算就好比乘法运算。使用二进制数值时，只有当两个输入全为1时（如果一个输入是零，那么零被任何数相乘都得零；1与1的乘积是1），输出的结果是1。或运算可以用加法运算代替，因为如果其中一个输入不为零，那么输出结果就不为零。感叹号（！）用来表示非逻辑函数。

查看上述的方程，就会发现首要的事情是将所有输入汇聚一起，要让输出为真，所有输入都必须为真。这些与运算的输出被结合起来，送至一个或门，产生最终的输出结果。使用前面介绍的科学命名法，与运算输出可以表示为一个乘积，而或运算输出可以表示为一个加运算。

这就是术语乘积之和的来源或出处。这种方法是表示复杂逻辑函数的一个非常直观的表达方法，本书（大部分其他书）都会使用这种表达法。在这个实验中，我会介绍如何将逻辑函数以乘积之和的形式结合起来，从而产生出一个复杂的函数。

在图10.21中，我绘制了一幅虚构的、只有八个内存位置的计算机内存图。其中四个内存位置位于一个单独的芯片上。它们在灰色区域，当一个管脚上有高（1）电平时，才可以被访问。图10.21中绘制的表可以被看作是译码器函数的真值表。我把这三个地址线的输入看作为一个3比特二进制数值（我会在本书后面更详细地解释），按照有序递进方式改变这三个二进制数值，确保每一个可能的值都列在真值表中。

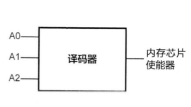

A1	A2	A3
0	0	0
0	0	1
0	1	0
0	1	1
1	0	0
1	0	1
1	1	0
1	1	1

灰色区域是"内存
芯片使能"线工作
时的内存地址

图10.21 一个简单的三地址线内存图

结合A2与A1得到的高电平输出是我之前讨论的"乘积"结果之一。这个真值表可以重新调整为含有两个输入组，使之产生"输出高电平"，从而观察它们是否也具有任何共同点。在表10.7中，我把第五个输入移动至第一个输入旁边，并发现如果!A2 AND !A0为真，则输出为高电平。

要让这个结果为真，则A1和A0的值必须反相，因此，在它们被与运算之前，零值被转换为1。这个转换通过非门即可实现，而且产生该函数的逻辑电路如图10.22所示。

你或许会好奇是否真的有一种叫"和积"的方法来

表示逻辑。答案是肯定。确实有这种逻辑表示法，但是它的设计非常困难，因为将或运算输入加起来，再对结果进行与运算并不直观。图10.23所示为译码器的和积逻辑电路的结构图，该译码器用于这个实验。电路非常直观，尽管要真正了解它的工作原理，你就得设计一个真值表，并将真值输入逻辑门中来证实该电路确实具有这个功能。

表10.7　输出结果

A2	A1	A0	输出	备注
0	0	0	1	如果!A1 · !A0为真，则输出高电平
1	0	0	1	
0	1	0	0	
0	1	1	0	
0	0	1	0	
1	0	1	0	
1	1	0	1	如果A2 · A1为真，则输出高电平
1	1	1	1	

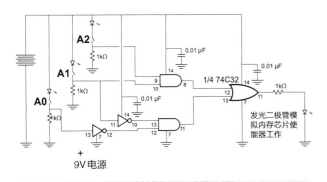

图10.22　三地址线译码器电路

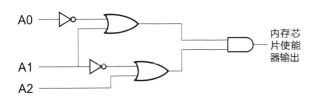

图10.23　和积逻辑具有与本实验中使用的积和逻辑同样的功能

实验57　利用非或门设计而成的普通逻辑器件

零件箱

带电源的组装印制电路板
两个单刀双掷开关
两个1kΩ电阻器
470 Ω电阻器
三个发光二极管，任意颜色
74C02，CMOS（互补金属氧化物半导体）非或门
两个0.01μF电容器，任意类型

工具盒

布线工具套装

购买前面两个实验的芯片时，你很可能会认为它们都是用与门、或门和非门组成。正如我在前面的实验中所讲的，一个复杂电路是利用这三种基本门电路制作而成的一样，这些门电路是由更简单的逻辑门制作而成的；CMOS逻辑技术使用了非或门（如图10.24所示）。

图10.24　非或门

当非或门的两个输入端为低电平（0）时，输出为高电平（1），而且它很容易利用CMOS技术制作。从你目前掌握的角度来观察非或门，它是由一个输出被反向的或门构成。或门符号的末端的小圆圈表示其输出被反向。(A + B)是非或门的字面表达式。

利用CMOS技术就能非常轻松地制作非或门，这听起来令人不可思议。图10.25所示为利用四个MOSFET（金属氧化物半导体场效应管）晶体管制作的双输入逻辑非或门。当把这四个MOSFET晶体管分布在硅芯片上时，在非常小的范围内，不需要任何铝焊接轨迹就能实现该功能，这些铝焊接轨迹与芯片上的门互联布线相互连接。

非或门的工作原理如图10.26所示。在左边的绘图中，我画出当两个输入都为低电平时，可能出现的结果。在这种情况下，两个P沟道MOSFET晶体管都导通，并提供一个直接的从芯片的电源流向输出端的电流通路。当输入为低电平时，N沟道MOSFET晶体管截止，并与地断开。在图10.26的右边的图中，其中一个输入信号为高电平，且与这个输入端连接的P沟道MOSFET晶体管截止，而N沟道MOSFET晶体管导通。在这种情况下，电源电流被阻断，输出端直接接地。

我在本节介绍过使用非或门来实现这三个基本功能非常简单；这也是本实验的目的。在设计开始前，我建议按照图10.27所示对面包板布线；在这儿，你会设计出自定义连接来制作不同的逻辑门电路。与我在图10.27中把接入的一个发光二极管作为电路输出有所不同，在这个实验里每一个电路都会使用一个发光二极管作为输出。尽管有这么多电路，我建议设计一个真值表，它与本节的第一个实验所设计的真值表类似，用来证实输出结果，并确保

组合的逻辑门与基本逻辑门功能相同。

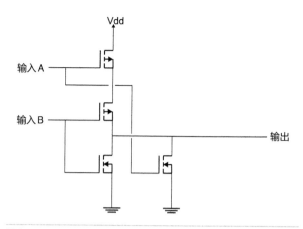

图10.25　CMOS 非或门

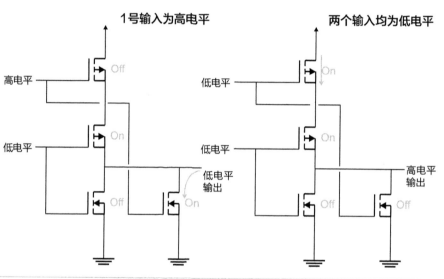

图10.26　具有不同输入的CMOS非或门工作原理

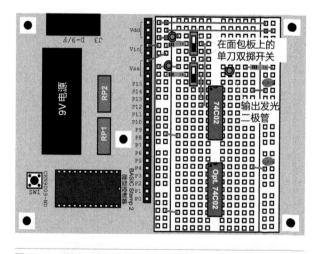

图10.27　测试双输入非或门设计而成的具有不同功能的门电路的基本布线

最基本的逻辑门是非门，它可以按照图10.28所示来实现。非或门的一个输入端接地，它的输出就取决于单输入的值。你或许也看见过一些电路将两个输入连接在一起，而不是仅仅使用一个输入，而将另一个输入接地。我已经将非或门的一个输入端接地，使驱动输入的电路所具有的负载最小。该电路中，负载通过与印制电路板电源连接的开关接入，因此，负载的存在完全不会对电路造成任何不良影响。利用CMOS输出电平来驱动电路输入时，必须考虑与输出相连接的输入端的数量，而且，作为经验之谈，理想情况下应保证每个输出对应不超过两个输入。

利用非或门能使信号无效的特点，可以用两个非或门制作一个简单的或门，如图10.29所示。该电路的工作原理应该很容易看懂；非或门的输出反相是为了得到一个

正或门功能。

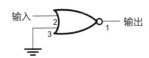

图10.28　使用非或门制作一个非门

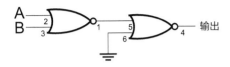

图10.29　使用两个非或门制作一个或门

三个基本逻辑门的最后一个是与门，它可以通过图10.30所示的设计电路来实现。该电路具有同与门一样的功能，这一点令人感到更加好奇。为了用非或门制作一个与门，我在该实验的末尾列出了实现它的推导定律。已知我要实现一个与门逻辑功能，而手头上只有一个负（非）或门时，我运用De Morgan 定理和一个双重否定的与运算表达开始进行设计。

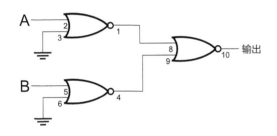

图10.30　使用三个与非门制作一个与门

利用下面所讲的Boole 代数基本规则，几乎能让你使用基本门电路或者手头上具有的任何东西，就能设计出任意功能的逻辑电路。我承认我显然很快就能利用非或门设计出和与门逻辑功能相同的等效逻辑电路，但是，当你对数字逻辑和下面所列的Boole代数规则越来越熟悉时，你就能够扩展它的基本定律，利用基本的非或门（用于CMOS逻辑）和与非门（用于TTL逻辑）设计出非常复杂的逻辑电路。

恒等函数

$A \cdot 1 = A$

$A + 0 = 0$

输出设置或重置

$A \cdot 0 = 0$

$A + 1 = 1$

双重否定律

$!(!A) = A$

互补律

$A \cdot !A = 0$

$A + !A = 1$

幂等律

$A \cdot A = A$

$A + A = A$

交换律

$A \cdot B = B \cdot A$

$A + B = B + A$

结合律

$(A \cdot B) \cdot C = A \cdot (B \cdot C)$

$(A + B) + C = A + (B + C)$

分配律

$A \cdot (B + C) = (A \cdot B) + (A \cdot C)$

$A + (B \times C) = (A + B) \times (A + C)$

定理

$!(A + B) = !A \cdot !B$

$!(A \cdot B) = !A + !B$

实验58　异或门和加法器

零件箱

带电源的组装印制电路板
两个单刀双掷开关
四个1kΩ 电阻器
四个发光二极管，任意颜色
74C08,CMOS（互补金属氧化物半导体）与门
74C86,CMOS（互补金属氧化物半导体）异或门
两个0.01μF电容器，任意类型

工具盒

布线工具套装

本章的内容就讲到这里，我已经向你介绍了六个基本逻辑门电路中的五个（与门，或门，非门，与非门和或非门）。这些逻辑门具备的功能几乎能够满足任何数字电路的需求。最后一种类型的门电路可以满足数字逻辑中的

基本数学运算功能，我会在本实验中予以演示。

任意时刻只要异或门其中一个输入为1，另一个输入不为1时，它的输出即为1。在许多教科书和参考资料中，都使用一个用圆圈包围的加号（＋）来表示异或运算。在本书中，我使用符号^来表示异或运算（这个符号同在PBASIC中运用的符号相同）。异或运算表示为

输出 =A^B

异或运算的真值表（如表10.8所示）以及如图10.31所示的符号。

图10.31 异或门电路符号图

异或不属于任何逻辑类型中的基本运算。它通常为复合运算，并以积和的形式书写为：

$$XOR（A,B）=（!A \cdot B）+（A \cdot !B）$$

异或也可以以和积的形式书写为：

$$XOR（A,B）=!（（A + !B）\cdot（!A + B））$$

为了证明这些表达式全部正确，可根据前面实验所列出的Boole代数定律求证，或者设计一个真值表，如表10.9所示，通过计算输入的每一个中间值来得到最终输出结果。真值表这种计算工具在检查一个逻辑等式是否成立（或者为什么它不成立）时很有用，而且，花不了多久就能设计出来。

表10.8 异或门真值表

A	B	A^B
0	0	0
0	1	1
1	1	0
1	0	1

表10.9 异或门工作原理的真值表

A	B	A + !B	!A + B	（A + !B）·（!A + B）	!（（A + !B）·（!A + B））
0	0	1	1	1	0
0	1	0	1	0	1
1	1	1	1	1	0
1	0	1	0	0	1

当你碰到需要将两个二进制数加起来的情况时，异或门就能发挥作用了。当我开始讨论编写程序时，会更详细地介绍二进制的概念，但是在这个实验中，当我将两个二进制数值相加时，会使用两只发光二极管来显示计算结果：如果只有一个二进制值为高电平（或为1），只会点亮1号发光二极管；如果两个二进制值都为高电平，那就只会点亮2号发光二极管（1号发光二极管不点亮，因为两个输入值都为高电平）。

点亮2号发光二极管是一个非常简单的数学命题——如果两个输入信号都为高电平，你只需要将两个输入信号一起进行与运算就能点亮发光二极管。当只有一个输入为高电平时，如果要点亮1号发光二极管就有点困难。在进行本实验前，拿一根铅笔和一张纸，根据我在前面介绍的Boole代数规则，试着计算出如何能使用与门、或门、非门、与非和或非门就能将发光二极管点亮。

如果你设计出能实现该功能的逻辑电路，可能就是我在这里提到的异或门。尽管我已经介绍了异或功能的两

种表达式，但是也可以用下面的公式来表示：

$$XOR（A,B）=!（!（!A \cdot !B）+ !（A \cdot B））$$

这个公式可以用来设计基于CMOS逻辑（使用或非门）的异或门，而且也是74C86芯片的基础。在图10.32所示的电路图中，当只有一个输入为高电平时，74C86芯片被用来点亮1号发光二极管。图10.32所示的电路被称为半加器，只有当一个输入为高电平时会点亮1号发光二极管，当两个输入都为高电平时就会点亮2号发光二极管。

当图10.32中的电路作为加法器电路的一部分时，1号发光二极管的输出被标记为"S"，表示"和"，2号发光二极管输出被标记为"C"，表示"进位"。1号发光二极管的输出为将两条输入线的相加后的比特结果，进位（2号发光二极管）输出为1，如果结果大于1，否则为0。这个电路是计算机中的加法器电路的基础，但是为了让它可以用于计算机中，还需要增加一些其他电路。

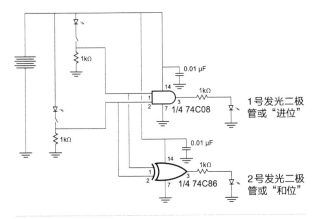

1号发光二极管或"进位"

2号发光二极管或"和位"

图10.32 半加法器

当低位的比特数向高位进位时,这个电路还需要增加其他电路来完善其逻辑运算能力。在这种情况下,比特数实际上有三个输入,而且必须将这三个数全部加起来,并输出一个"S"和一个"C"比特位,正如半加法器将两个比特位相加,再输出一个比特数一样。为了实现这个功能,可以按照图10.33所示将两个半加法器连接起来。

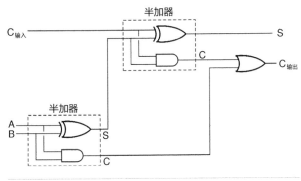

图10.33 全加器电路

当几个全加法器组合起来形成一个能将两个多比特位的数相加的加法器时,得到正确结果所需的时间是一个信号通过所有不同半加法器并得到最高有效位的最长时间。当信号在电路中通过时,结果会变化,因此这种电路被称为涟波加法器(或逐位进位加法器)。在很多应用中,涟波加法器以及其运行时间延迟是可以接受的,但是,在高性能计算应用(例如个人电脑中的微型处理器)中,信号通过加法器所需的时间太长,因此,另外一种加法器(被称为先行进位)被使用,它能在产生输出值的时候,通过检测输入值,产生进位输出,并不需要一个信号进行涟波进位。

实验59 上拉与下拉

零件箱

带面包板的组装印制电路板
两个发光二极管,任意颜色
三个1kΩ电阻器
10kΩ电阻器
74C00,CMOS(互补金属氧化物半导体)四通道与非门
0.01μF电容器,任意类型
三个可安装在面包板上的单刀双掷开关

工具盒

布线工具套装

当你设计第一个"实用"数字电路时,很可能会发现必须将一些数字电路输入设置为高电平。解决这种窘境的显而易见的方法是将输入管脚直接与Vcc相连(得到高逻辑电平)或者与地直接相连(得到低逻辑电平),如图10.34所示。这种方法虽然很有效,但是这种直连的方法绝对不能使用,我会在实验中解释其中原因。

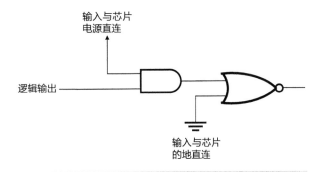

输入与芯片电源直连

逻辑输出

输入与芯片的地直连

图10.34 将门输入与逻辑高电平和逻辑低电平直接连接

将输入与芯片电源直连会造成输入状态再也不能改变的问题。我推荐一种方法,即在电源与输入端之间串接一个10kΩ的电阻,如图10.35所示,而不是直接将逻辑输入与电源输入直连。这么做会让CMOS和TTL输入都为高电平,而且,如果需要将它从高电平输入变为低电平输入,可以接一个开关(甚至一个简单的导线)将输入电平拉低。如果需要将逻辑电平下拉,通过开关或者导线即可实现,此时只有100μA的电流经过电阻器流入地。

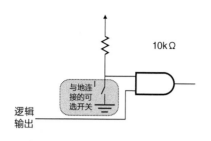

图10.35 设计上拉逻辑门的最佳方法

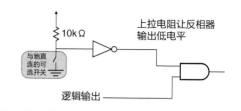

图10.37 我建议用来拉低逻辑输入电平的方法

计算有多少电流流过上拉逻辑门可能看起来显得多余，但实际上，当你设计这些批量制造的逻辑门器件时，就必须充分考虑到这一点。在线测试（ICT）是一种非常普遍的生产测试方法，它具有很多可以充分与产品印制电路板接触的管脚引线（这些管脚被称作"针床"并如图10.36所示）。在线测试仪的最简单版本中，每一个管脚探头（或称为"针"）具有一个逻辑输入和一个集电极开路驱动器，它的每一个管脚都与其中一根电路连接线（或"网"）相连。为了测试门的工作情况，在线测试仪要么通过检测电流逻辑值，要么通过将管脚电平降低来观察"下游"测试管脚的结果。

尽管一个下拉电阻（不大于470Ω）可以用来拉低CMOS和TTL门输入电平，但是真正的问题是，下拉电阻的阻抗低于许多在线测试器能够克服并使其输出为高电平的值。在实际电路中这看起来造成的困难要多于它产生的价值（事实上对所有电子爱好者实验项目都是如此），但是，如果你在实验中大获成功，就应该知道对电路做哪些改进，更加易于制造。

在这个实验中，我介绍一下目前所讨论过的上拉电阻的工作原理。使用的电路是由两个与非门制作的与门逻辑电路，如图10.38所示。当与10kΩ上拉电阻连接的开关断开，输出就是一个标准的与门输出。当上拉电阻开关闭合，不管其他两个开关的状态如何，输出都为高电平（发光二极管点亮）。

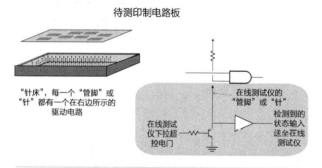

图10.36 在线测试仪的针床与印制电路板连接

即便考虑到你的应用根本没有可能被批量制造，使用上拉电阻来改变逻辑门的电平还是一个不错的创意，如图10.35所示。如果你想禁用电路中的不同部分，利用上拉电阻就可以让逻辑门的直连或者开关连接接地。过去的很多年，在很多次实验中，我都庆幸自己的先见之明，在实验电路中加装了上拉电阻而不是将逻辑门管脚与电源或者地直连，虽然这意味着我必须将逻辑门管脚引线进行拆焊，然后再加装一只电阻器。

根据逻辑发展规律，你很可能会想到加装一只与地连接的电阻器就能"拉低"逻辑输入管脚的电平。实际上，这种方法是应该避免的；相反地，应当接一只上拉反相器来拉低管脚的电平，如图10.37所示。

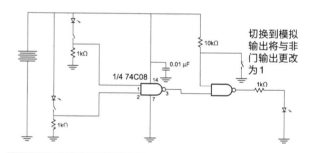

图10.38 电路演示上拉控制和门

实验60 米奇老鼠逻辑

零件箱

带面包板的组装印制电路板
三个发光二极管，任意颜色
470Ω电阻器
三个1kΩ电阻器
三个10kΩ电阻器
74C08,CMOS（互补金属氧化物半导体）
四通道与门
两个1N914或者1N4148型硅二极管
两个ZTX649 NPN型晶体管
三个可安装在面包板上的单刀双掷开关
0.01μF电容器，任意类型

工具盒

布线工具套装

设计数字电子电路时最令人沮丧的一点是当你完成时，常常会发现缺少一个或者两个逻辑门，你得思考是否应该在电路里再加一个芯片。大多数情况下，使用一些电阻器、二极管或者一个晶体管就能够胡乱拼凑一个逻辑门。

这些简单拼凑的逻辑门通常被称作米奇老鼠逻辑（MML），因为它们看起来不正统，也很简单。为了能成功地在电路中使用，MML必须与不同逻辑器件系列相匹配，而且不会造成较长的开关时间，否则会影响应用的运行。

最基本的MML逻辑门就是"反相器"，这一点不足为奇。使用两个10kΩ电阻器和一个NPN型晶体管就可以制作MML反相器电路。当反相器没有丝毫电流（非常小的电流）驱动时，它的输出为高电平。当电流流经逻辑门时，晶体管导通，输出被接地（具有较好的电流陷落或吸收能力）。

为了测试RTL（电阻晶体管逻辑）反相器的工作原理，设计如图10.39所示的电路。图中的阴影区代表MML逻辑门的位置，当我介绍不同门电路时，就会使用到该带连接线的阴影区。

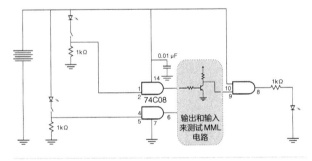

图10.39　米奇老鼠逻辑测试电路；方便起见输入接Vdd

这里所介绍的电路很可能看起来要比实际需要更加复杂，因为图中电路采用CMOS与门作为输入并驱动输出发光二极管工作。该电路（以及我会在该实验中介绍的其他MML逻辑门）都不适用于高电压或者大电流输入和输出，也不适用于商业化生产的逻辑门，更不能满足缓冲的需求。当考虑在一个应用中使用MML逻辑门时，需要对MML门的输入与输入进行缓冲处理，这一点非常重要。作为约定俗成的规则，MML门必须被置于整个逻辑电路系统的中间部分，而不是输入或者输出部分，这样一来，如果你期待电路具有某种特性（例如驱动发光二极管

工作的特性），它就能够满足这种要求。

组装电路时，通过不断改变开关位置来测试电路并观察输出如何变化。也可以根据电路设计制作一个简单的真值表，或者按照下面介绍的电路来确定其输出能如你所愿。

一旦测试完反相器的工作原理，就可以对电路进行简单改进，如图10.40所示，通过再加装一个晶体管和电阻器，就能将电路变为一个RTL或非门。RTL与非门如图10.41所示。

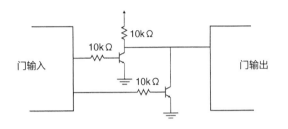

图10.40　RTL或非门

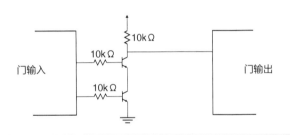

图10.41　RTL与非门

利用MML逻辑门设计一个与门或者一个或门有点复杂，而且需要很好地理解逻辑器件系列的各种参数。在图10.42中，我介绍了一种制作或门的简单设计方法，只需要使用两只二极管和一个电阻器即可。使用下拉电阻可能有点奇怪，但是选择它主要是为了让逻辑门能同时用于CMOS逻辑和TTL逻辑。在这种情况下，如果任何一个输入都不是高电平，那么电阻会直接将输入接地。如果输入是CMOS逻辑门，那么输入表现为始终接地。选用一个阻值为470Ω的电阻器就能让TTL输入电流入地，而且输入表现为始终是低电平。不管哪一种情况，当其中一个输入变为高电平，输出引脚就会保持高电平，与或门输出连接的门就好像接入一个高逻辑电平。

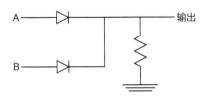

图10.42　或门模拟电路

第十章　数字逻辑　　　**139**

从电子元件的复杂程度来看，MML与门（如图10.43所示）是最简单的器件。当它的两个输入均为高电平时，电路中的二极管和电阻器一起产生一个高电平输出，但是当其中有一个输入被拉低，则电压电平被拉低，电流会从输入门流出。

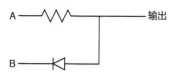

图10.43 　与门模拟电路

尽管这里介绍的MML与门和或门实际上适用于任何应用，但是你会选择使用一个470Ω电阻器与TTL，以及一个10kΩ电阻器与CMOS逻辑应用。选择后者主要是为了把应用所消耗的电流降至最低；使用一个470Ω的电阻器，当门输出为低电平时，电流损耗大约为10mA。如果使用一个10kΩ电阻器，而不是这两个门中所用的电阻器，电流消耗会降低至100μA。

仅供参考

你应该意识到，对于TTL芯片的作用，有两个许多人普遍相信的错误观点，而且，你自己应当理解为什么这些观点不正确。TTL门通常被认为是内置上拉至电源（Vcc）高电平。这种说法不够准确，虽然没有接输入引脚的门与输入直接接至Vcc具有完全相同的作用。第二个错误观点是，必须把一个未使用的TTL输入接在Vcc上，因为电子噪声会影响它的工作。TTL为电流控制器件，电流在芯片内部产生，外部电压变化不会导致疏忽的错误输入。另一方面，CMOS逻辑（甚至74Cxx芯片），也会受到噪声的影响，而且它也不是内置上拉。任何悬空的CMOS输入都表现出低电平输入，而且还受到电子噪声的影响。通常来说，应始终将CMOS输入与电压或者地连接（本节内容随后会介绍最好是通过一只上拉电阻与电压相连，而且，通过上拉电阻将未使用的TTL输入与电压或者地相连）。如果你总是将未使用的输入端与电压或地连接，就不用担心何时应该连接，何时不应该连接。

为了帮助你选择不同的逻辑芯片，我汇编了一个基本芯片列表，根据列表，你就会考虑应该使用哪一种芯片。对于不同种类的TTL, C,AC和HC/HCT逻辑家族（或逻辑器件系列），零件初始编号为74。对于4000系列的CMOS芯片，它们有一个四位零件编号，以4为初始编号。表10.10列出了你想使用的不同种类的逻辑芯片的不同点。

电源电压为5V时的输出灌电流有具体规定。如果增加标识的CMOS零件（用"*"标记）的电源电压，它们的输出电流源也随之增加，而且吸收电流能力也显著提升。

在表中，我将TTL输入阈值电压标记为"不可用"，这是因为，正如我在本节中所讲的，TTL是电流驱动器件而不是电压驱动器件。CMOS逻辑是电压驱动器件，因此输入电压阈值规定是一个合理的参数。

表10.10 逻辑芯片

芯片类型	电源电压	过渡时间	输入阈值电压	"0"输出	"1"输出	输出灌电流
TTL	Vcc=4.5 – 5.5V	8	N/A	0.3V	3.3V	12mA
L TTL	Vcc=4.5 – 5.5V	15	N/A	0.3V	3.4V	5mA
LS TTL	Vcc=4.5 – 5.5V	10	N/A	0.3V	3.4V	8mA
S TTL	Vcc=4.75 – 5.25V	5	N/A	0.5V	3.4V	40mA
AS TTL	Vcc=4.5 – 5.5V	2	N/A	0.3V	Vcc – 2V	20mA
ALS TTL	Vcc=4.5 – 5.5V	4	N/A	0.3V	Vcc – 2V	8mA
F TTL	Vcc=4.5 – 5.5V	2ns	N/A	0.3V	3.5V	20mA
C CMOS	Vcc=3 – 15V	50ns	0.7 Vcc	0.1Vcc	0.9Vcc	3.3mA*
AC CMOS	Vcc=2 – 6V	8ns	0.7 Vcc	0.1V	Vcc – 0.1V	50mA
HC/HCT	cc=2 – 6V	9ns	0.7 Vcc	0.1V	Vcc – 0.1V	25mA
4000	Vcc=3 – 15V	30ns	0.5 Vdd	0.1V	Vcc – 0.1V	0.8mA*

第十一章

电源

Chapter 11

在本书的大部分内容中，我花了一定篇幅详细说明了可以与多种不同电源搭配使用的电子元件，它们只需要简单的电池组供电，就能工作良好。仅仅对能在许多不同电源（电池组）下工作的电子元件进行具体说明即可。这些不同种类的电源可以提供2.4V至9V的电源电压。这些有关电源和电子元件的具体说明使本书中的实验变得容易进行，并增加了首次实验成功的可能性，但是在实际中，实验中用到的电子元件的电源必须设定在一个固定的电压值，电源电压的变化范围不能超过几十毫伏，否则电子元件就会停止工作。为避免出现这种因电源电压波动较大造成的元件停止工作的情况，就必须设计一个叫做供电电源的电路，它能够调节电压值并提供足够大的电流让电路可靠稳定地工作。

我已经介绍过直流功率的等式为：

$$P = V \times I$$

在这个等式中，"P"是电路消耗的功率（单位W），"V"是电路工作电压，"I"是电流源提供的电流（单位A）。例如，在一个+5V的晶体管–晶体管逻辑（TTL）电路中，如果电源提供0.15A的电流，那么电路耗散的功率为0.75W或者750mW。

在本书前面的内容中，我提到分压器的概念（如图11.1所示），它可以把输入电压转换为更小一点的输出电压。你或许会考虑在电路中应用分压器把较高的电压转换为电子元件所需要的工作电压，但是这种做法非常有问题。为了阐明在电子电路中使用分压器可能造成的问题，试考虑这样一个电路：使用机器人18V电池源向TTL电子器件提供5V，100mA的电源。使用分压器计算公式可以得出具体的电阻器阻值：

$$V_{输出} = V_{输入} \times (Rs/(Rn + Rs))$$

且：

$$V_{输出} = 5V$$
$$V_{输入} = 18V$$

为了计算出Rn和Rs的阻值，利用欧姆定律（假设我需要产生一个+5V电压和110mA电源）

$$R = V/I$$

而：

$$V = 5V$$
$$I = 100mA$$
$$R = 50\Omega$$

计算出的 R 值实际上就是分压器公式中的 Rs，它实际上是电子元件在5V电源下工作时的电阻器的等效负载。这个值（即使它从来没有被使用过）必须经计算得

出，因此经计算，限流电阻Rn应为：

$$V_{输出} = V_{输入} \times (Rs/(Rn + Rs))$$
$$5V = 18V \times (50\Omega/(Rn + 50\Omega))$$
$$Rn = (18/5) \times 50\Omega - 50\Omega$$
$$= 130\Omega$$

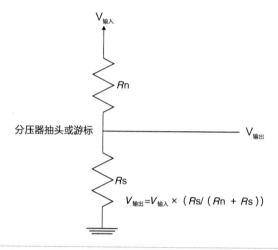

图11.1 分压器

找一个或者自己制作一个130Ω的电阻器不是什么难事；只是它不是本书实验项目中所使用的1/4W标准功率耗散电阻器。当你开始寻找一个与这个电阻具有同样耗散功率的电阻时，问题就来了。如果根据这个计算公式（了解到130Ω电阻器上有13V的电压降），得出电阻的耗散功率为1.3W。尽管你用1分钱左右就能购买一只1/4W的电阻器，但是买一只2W的电阻器就得需要几美元，而且当它工作时，会变得异常热（这些耗散的功率本可以用于机器人）。

该电路的另外一个问题是如果负载变化或者电源输出改变，电路会出现什么意外情况。正如我在本节内容所讲的，电池输出电压或电流会随着使用时间发生改变，在本例中，电路使用了一个TTL，其工作电压范围从4.5V到5.5V之间。这意味着，如果机器人电源输出的电压小于16.2V或者大于19.8V，该电子器件将不再工作（而且还会损坏）。这种输出电压变化的情况在机器人运行中很常见（特别是当电动机启动和关闭的瞬间会产生电压波动）。

这种电源输出改变的情况对于需要恒定电流的电子器件而言更加重要。如果你的机器人电路中接有多个发光二极管，那么当点亮或者熄灭这些发光二极管就会极大地影响电子元件的有效负载，而且，继而影响电子器件上施加的电压值。假设当一只发光二极管接入电路，需要通过5mA的电流才能点亮，当130Ω电阻器上的电压提高

5%，或者从13V增加至13.65V时，那么该电子元件上的电压就是4.35V。因为4.35V是该电子元件的最小工作电压，那么当点亮一只发光二极管时，机器人逻辑电路就会停止工作。

你不用抓耳挠腮地去想解决这些问题的变通方法，我教你一招就能简单对付。使用一个电压调节器，它能将电压从一个值转变为另一个值（该值是电路中的电子元件的工作电压），更为重要的是，当电源电压发生波动，以及负载电流发生变化时，它仍然能持续稳定输出。在本节内容里，我会介绍一些简单的电源电路，它们具有如下特性：

- 使用者和电路设计者可以安全使用
- 在转换为电压电平的过程中损失的能量较少，能量利用率相对高效
- 能提供非常精准的电压电平，不受输入电压或者应用电路所需电流影响
- 成本低廉
- 针对具体的应用，可以对其电源设计优化

本书还介绍了一些重要点：我将专注设计一种能提供1A或更小电流的电源以满足各种应用的需求。你的个人计算机上所使用的250W电源的设计方法和电路结构与这里所讲的简单电源的设计方法和电路结构差别非常大。

尽管我会考虑不同方法来给机器人控制电路提供电源，但是对于在应用中加电源滤波电路，我还是会谨慎一些。至少，我会建议在控制器电源输入位置放置一个高容值（10μF或者更高）和一个中等容值（0.001～0.1μF）电容器。大电容用来滤除低频电源干扰，容值较小的电容用于滤除高频瞬变干扰（由电动机开启和关闭造成）。除了使用电容器来进行滤波，也可以考虑使用串联电感器滤除瞬变电流。

实验61　齐纳二极管

零件箱

带面包板的组装印制电路板
220Ω，1/4W 电阻器
200Ω，1/4W 电阻器
330Ω，1/4W 电阻器
5.1V齐纳二极管
发光二极管，任意颜色

工具盒

布线工具套装
数字万用表

本书的开头部分，我用水的工作原理来类比电学概念，但是当开始介绍半导体器件时，便立即停止这种类比方法。因为很难通过水的类比来有效模仿这些半导体器件的工作原理。一些基于半导体器件的电路，例如齐纳二极管电源（如图11.2所示）却可以通过水的工作原理（如图11.3所示）来进行模拟。齐纳二极管电源与并联稳压器工作原理相同，对额定工作电压下的电路施加一个特定电流，并将剩余电压以耗散功率的形式进行分流。

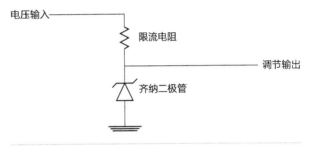

图11.2　齐纳二极管电压调节器

说到术语"分流"时，它只是指多余的电流通过齐纳二极管，而不进入工作电路中，这个概念可以通过图11.3所示的水压调节器工作原理来阐述。水压调节器的结构为底部带孔的集水池；从孔里流出的水的压力由水在水池的深度决定。为了维持水的深度（以及水池底部的水压），即使当水从底部的孔流走，水也会持续不断地注入集水池。当注入集水池的水超过从集水池底部的孔流出的水量时，多余注入的水就会从集水池边上溢出。

这正是齐纳二极管的工作原理，只是额外的电流不会"从边上溢出"，而是从二极管流过（或分流）。二极管本身应该是以反向偏置接入电路中，它会让电流流过，使二极管阳极（正极端）电压电平保持在固定值。二极管的这种特性叫做击穿，这并不是齐纳二极管才有的特性。当足够大的反向偏置电压施加在二极管上时，所有的二极管都会击穿。当电压施加在反偏的二极管上时，它会阻止流过的电流，当反向电压增加到一定值时，二极管内部的反向PN节被击穿，二极管开始反向导通。齐纳二极管的击穿电压通常规定为1.5V～25V之间，一个典型的二极管的击穿电压（例如，我通常使用的 1N4148/1N914型二极管）在75V～100V之间。

指定齐纳二极管作为应用电路中的电源并不太难，但是这需要你了解输入电源的具体规格，以及工作电路所需要的电流。电路的工作电压与齐纳二极管的额定电压应该不同。对于5V电路，我使用额定电压为5.1V的齐纳二极管。要确定与齐纳二极管一起使用的电阻器的阻值和齐纳二极管的额定功率有点复杂。必须小心考虑这些值，从而确保在所有情况下，都有足够的电流来驱动电路工作，包括输入电源因消耗下降的情况（如果电路是由放电蓄电池提供电源）。为了保证这一点，在设计电路时，必须考虑留有一定的电源余裕。

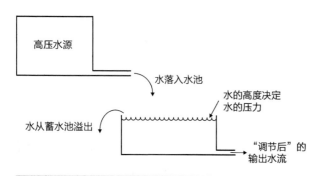

图11.3　根据基本分流原理保持水压恒定

在这个实验中，我使用额定电压为5.1V的齐纳二极管作为发光二极管电路的电源。电路如图11.4所示，在搭建电路之前，必须确定齐纳二极管的限流电阻R的阻值。因为对于齐纳二极管而言，从电流角度看，电源效率是100%（因为没有电流会从齐纳二极管分流），电阻R必须加在电路中，因为它两边的电压降产生的电流就是加电电路的电流。在这个应用电路中，我假设发光二极管有一个2V的电压降，那么，由基本电路公式，我就能确定流过发光二极管的电流大小：

$$i=V/R$$
$$=(5.1V－2V)/330\ \Omega$$
$$=9.39\ mA$$

假设蓄电池产生恒定的9V电压，电阻R的值经计算可知：

$$R=V/i$$
$$=(9V-5.1V)/9.39\ mA$$
$$=415\ \Omega$$

虽然没有现成可用的标准415 Ω电阻器，但是我可以把一只220 Ω电阻器和一只200 Ω串联，制作一只420 Ω电阻器。这样一来，电路就会产生一个9.29 mA大小的电流（与目标电流值相差约1%）。

制作电路时，我使用了一个廉价的9V石墨电池（能

产生9.12 V的输出），并测量出流过发光二极管的电流为9.4 mA。

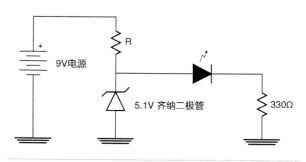

图11.4　齐纳二极管电压调节器实验电路

为了检验电路的稳定性，我让它一整夜都在运行，在早晨时，发现发光二极管不再点亮。经测量，石墨电池的输出电压只有6.3 V，通过发光二极管的电流只有2.5 mA（这个值小于能正常点亮发光二极管所需要的5 mA电流）。齐纳二极管和330 Ω电阻器上的电压依然是5.1 V，但是没有足够大的电流通过它们，造成发光二极管无法点亮。这是齐纳二极管电源的最大问题：它不能够很好地适应因电池消耗造成输出电压降低的情况。在设计齐纳二极管电源时，我通常设计电路通过电阻器的电流是所需电流的两倍（因此，齐纳二极管将转移50%的电路总电流）。在这个实验里，我用一个220 Ω电阻代替串联而成的420 Ω电阻，发现发光二极管又再次点亮，即便电池只有6.3 V的输出电压。测量发现流过发光二极管的电流大小为5.1 mA。

当50%的电路总电流被齐纳二极管分流，就必须计算出由电阻器和齐纳二极管所耗散的功率。电阻器产生的最大耗散功率是70mW，而齐纳二极管产生的最大耗散功率是90mW。尽管这些耗散功率都非常小，也很容易通过1/4 W的电子元件耗散掉，但是会出现功率耗散需要额定功率为1/2W或者更大的电子元件。

观察电路中不同元件耗散的功率，其中发光二极管和330Ω电阻器二极管电路耗散的功率是30mW，齐纳二极管和与之连接的电阻器耗散的功率是160mW。从功率角度来看，这使得齐纳二极管调节器应用只有15.8%的效率，或者换一种方法来说，供给齐纳二极管，电阻器和发光二极管应用的电路的功率中有六分之五都因耗散而浪费掉了。鉴于此，齐纳二极管调节器很少用于采用蓄电池供电的应用电路中；它们只适用于采用家庭墙壁电源供电的应用。

令齐纳二极管调节器在电源应用中引人注目的一点是它的限流电阻。如果通电的电路出现短路或意料之外的很大的漏电流，限流电阻就能避免具有破坏作用的大电流流入电路。

实验62　线性电源

零件箱

带面包板的组装印制电路板
78L05+5V电压调节器，采用TO-92封装
220Ω，1/4W电阻器
200Ω，9个电阻器串联，单列直插式封装
10μF电解电容器
0.01μF电容器，任意类型
发光二极管，任意颜色
八位置单刀单掷开关

工具盒

布线工具套装
数字万用表

齐纳二极管调节器的作用就相当于集水池对水压进行调节，把不用的水溢出。当我介绍这个原理时，可能很多读者会苦笑，因为他们知道有很多电子器件在调节水压方面效果更好。如果本书写于20世纪80年代（或更早），正当大家都知道一种被普遍使用的液体调节器，这种调节器被称为化油器，在老旧汽车中使用（如图11.5所示）。

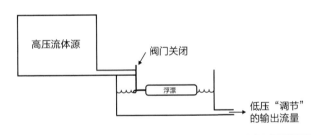

图11.5　化油器作为流量调节器来使用

化油器是一种非常灵巧的装置，它能根据需求提供燃料。在图11.6中，我画出了没有燃油从化油器中流出的情况；浮子室中有一个与简单阀门连接的浮漂，当浮子室装满油料时，浮漂的高度会让与之相连的阀门关闭。

当油料从浮子室中流出，浮子室中的油料水平会下降（浮漂也随之下降），阀门打开，让更多的油料从油箱源流入浮子室。

化油器起到调节器的作用，按照需求提供一定体积大小的油料（流），而且，当浮子室中的油料变浅，使输出的压力（压力调节）比高压油料源（油泵）产生的液体压力更低。化油器的电路模型如图11.7所示；从高压源流出的电流被导入PNP型双极性晶体管，晶体管的控制

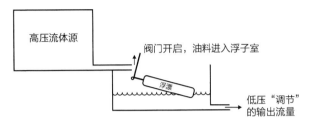

图11.6　汽车化油器进油

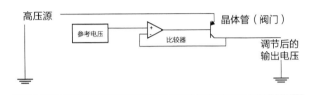

图11.7　简单的调节器控制电压

你可以购买到许多不同的线性调节器芯片，这些芯片都是根据上面的原理框图设计而成；我建议当你首次将它们用于电子设备时，不要使用这些线性调节芯片，因为它们缺乏两种我认为非常关键的特性。如果调节器的运行范围超过正常运行临界值，则这两个特性就会关闭调节器。用来描述调节器关闭的术语通常被称为交叉开关，而且，如果调节器输出电流超过额定值，或者调节器温度超过正常运行范围，交叉开关应该启动。

具有交叉开关功能的最受欢迎的正线性电压调节器是78xx和78Lxx系列。如图11.8所示为78xx系列电压调节器（"xx"表示电压值，因此5V电压调节器表示为7805），这种调节器通常能提供高达500mA输出电流，带散热器时能提供高达1A的输出电流。散热器用来驱散热耗散功率，并让调节器温度保持在125℃以下，这个温度恰好是交叉开关工作温度。对于低电流应用（高达100mA），可以使用78Lxx系列电压调节器（如图11.9所示）。不论使用哪一种设备，输入电压都至少高于调节器输出电压2V以上。将调节器接入电路中时，应该在输入端安装一只容值至少为10μF的电容器，而在输出端安装一只容值为0.1μF的电容器（如图11.10所示）。

为了演示线性调节器的工作原理以及如果电流参数或温度参数越限时它的自行关闭能力，制作了安装在印制电路板上的面包板实验电路，如图11.11所示。这个电路包含一个9V电池和一个78L05电压调节器，通过调节器可以将电池的输出电压调节到5V。78L05电压调节器给

发光二极管、限流电阻器和八个开关控制的，采用"单列直插封装"的220 Ω电阻器提供电源。

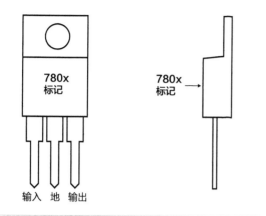

图11.8　采用TO-220封装的780x电压调节器

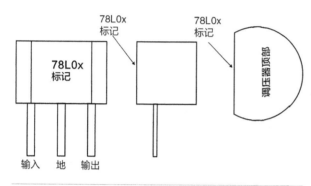

图11.9　TO-92封装的78L0x调压器

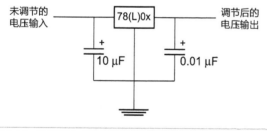

图11.10　使用780x调压器

　　电路制作完毕，打开所有开关并接入9V电池。发光二极管应该点亮，而且通过测量它的电压值以及限流电阻的电压值，就会发现它恒定输出电压为5V（有些微小偏差）。调节后的输出电压保持非常稳定，即使关闭开关，增加调压器的输出电流，电压值也不会波动。用指尖触摸78L05电压调节器，检查它的温度。当9V电源接入电路，且一个开关闭合时，7905电压调节器触摸起来应该微微发热。接下来，开始一个接一个地闭合开关，再等两三分钟让78L05电压调节器温度稳定。如果有一个带有温度传感器的数字万用表，你就可以观察当每一个开关

关闭时，78L05调压器温度上升的情况。在某一温度值，发光二极管会熄灭（我实验时是七个开关闭合）；这个温度值是交叉开关启动时的温度。再断开两到三个开关，然后等几分钟，发光二极管就会重新点亮，因为78L05调压器又开始工作。交叉开关通常不会锁存。为了测试是否如此，当发光二极管重新点亮，用短路线将78L05调压器输出与地直接连接。当移除短路线，如果调压器不能恢复输出，直到移除接入电路的9V电池，然后再接入，说明交叉开关电路被锁存。

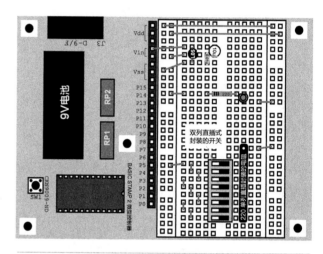

图11.11　接好线的测试电路用来找到78L05调压器停止运行的温度值

实验63　开关电源

零件箱

带面包板的组装印制电路板
LT1173CN8-5型开关电源
两个74LS123双通道多谐振荡器芯片
1N5818 Shottkey 二极管
发光二极管，任意颜色
双C开关电池夹
100 uH 电感线圈
两个100kΩ 电阻器
10kΩ 电阻器
470Ω 电阻器
100 μF 电解电容器
三个10 μF 电解电容器
两个0.01 μF 电容器，任意类型

工具盒

布线工具套装

尽管本章目前所介绍的齐纳二极管电源和线性电源很有用，而且使用便捷，但是，它们有两个特性，当在机器人上使用时，这两个特性会使它们出现问题。第一，它们需要比调节电压更高的电压。如果你打算使用非常简单的电源，如使用两节AA型电池单元驱动机器人时，这就会产生问题——记住尽量让机器人重量减到最小一直都是实验的重要目标。第二，它们的效率不是很高。如果说，对于齐纳二极管电源来说，80%或更多的输入功率被损失掉；对于线性电源，40%或更多的输入功率被损失掉，那么这种情况一点也不奇怪。因此需要采用一个电源电路，既高效，而且还会产生"阶梯"电压。

尽管这两个需求看起来不可能满足，但是实际上通过开关电源（SMPS）就能轻松实现。基本的开关电源电路（如图11.12所示）非常简单，而且，基于电感线圈的储能特性实现，我还没有详细解释电感线圈的储能特性，而只是提到当电动机开启和关闭瞬间会出现电源瞬变的问题。鉴于电容器以电荷形式储存能量，而电感线圈以电磁场形式储存能量，电磁场是由通过线圈的电流产生并维持的。当电流突然停止，电磁场就会产生一个突增的瞬间电压（我在讨论电磁器件时称它为反冲电压，这些电磁器件可以用作输出电压的成分）。

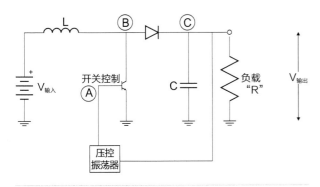

图11.12　开关电源电路

利用图11.12所示的带圆圈字母，我绘制了可以在开关电源中看到的波形图（如图11.13所示）。控制信号是由压控振荡器（VCO）产生的脉冲宽度调制（PWM）信号。压控振荡器会根据输入电压以不同的频率振荡。开关电源中的压控振荡器的输入是电源的输出；压控振荡器的振荡频率会根据电源输出改变，以保证输出电压尽可能保持所需要的电压稳定。压控振荡器的输出是晶体管的基极，它周期性地把电感线圈的一端接地，并让电流流过线圈。当连接到线圈上的晶体管截止，线圈中不再有电流流过，造成电磁场"反冲"，感应出更高电压。

压控振荡器PWM输出的工作原理，以及电感线圈

的响应和输出电压如图11.13所示。当压控振荡器导通晶体管，电感线圈（用符号"L"表示）接地，电流流入线圈。当晶体管截止，就会观察到线圈产生反冲电压，任何电压，只要大于目前电源输出电压，都会通过二极管，将能量存储在电容器上。正如我所说，如果输出电压比目标电压高或者低，压控振荡器的振荡频率会随着晶体管控制的PWM信号变化，将输出电压加入线路中。

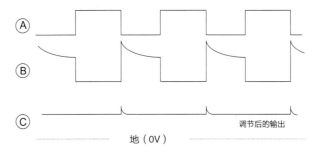

图11.13　开关电源运行原理

根据下面的三个公式，在已知输出电压（$V_{输出}$），以及预期的输出电流（$I_{输出}$）和输入电压（$V_{输入}$）时，就可以确定线圈的电感量以及PWM参数值。这三个公式在求解"L"（电感量），$T_{导通}$（晶体管导通的时间），和$T_{截止}$（晶体管截止的时间）的值时重复使用，直到它们的值可以从合理的硬件中产生。

$$I_{峰值} = 2 \times I_{输出} \times (V_{输出} / V_{输入})$$
$$T_{截止} = L \times I_{峰值} / (V_{输出} - V_{输入})$$
$$T_{导通} = (V_{输出} / V_{输入}) - 1$$

设计一个开关电源可不是一件简单的事情。尽管你考虑使用类似555定时器的东西来设计它，但我建议你使用商业化生产的现成芯片，例如LT1173-5芯片就能够提供给你所需要的功能。这个芯片可以将3V电压变为5V（TTL逻辑和很多CMOS逻辑芯片都采用5V电源驱动）的稳定输出电压，它的基本电路图如图11.14所示。

开关电源可以将两节AA电池提供的3V电源升压，我想使用一些切实有用的方法，而不是仅仅采用一个发光二极管或者555定时器驱动发光二极管频闪（由两节C型电池驱动的555定时器可以驱动发光二极管频闪）等方法来展示开关电源的工作原理。查看我提供的关于组合逻辑芯片和顺序逻辑芯片的资料，注意到有一种类型的逻辑功能我没有介绍到，而这种逻辑功能在一些应用中极为有用。

这种逻辑功能被称为多谐振荡器或者程序定时，当一个芯片中的各种功能需要顺序进行时，这种程序定时逻辑功能就显得极为有用。我喜欢在手头备一些74LS123双通道多谐振荡器芯片以备电路需要延时功能的情况下可以

使用。每一个74LS123芯片包括有两个多谐振荡器构成，包括三个输入（当A输入下降或者B，_CLR输入上升时，延迟功能触发）和两个输出端。Q输出通常是逻辑低电平，提供正脉冲，它的持续时间由外部电阻器和电容器具体规定，而_Q输出通常是逻辑高电平，提供具有同样持续时间的负脉冲信号。74LS123芯片上的两个多谐振荡器不能被接在一起形成一个非稳态振荡器，但是利用两个不同芯片产生的延迟功能可以用来产生如图11.15所示的振荡器（每一个多谐振荡器延迟的上升沿会触发另一个多谐振荡器工作，产生占空比为50%的信号或方波信号）。

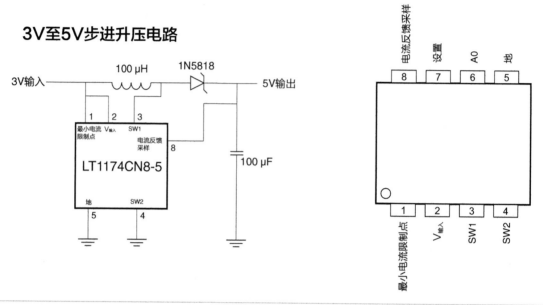

3V至5V步进升压电路

图11.14　LT1173CN8-5 5V 开关电源控制器芯片

与这里介绍的开关电源和多谐振荡器相比，频闪的发光二极管看起来是一个微不足道的小应用（特别是因为用一个555定时器，几个电阻器和电容器就可以展示它的作用）。这个电路的目的是为了展示用一块碱性电池或可充电电池就能为机器人内部的数字电子器件提供驱动能量，而不是依靠能输出更大电压的电源为电子器件供电，从而令你的机器人变得更笨重、更大，远远超过设计需求。

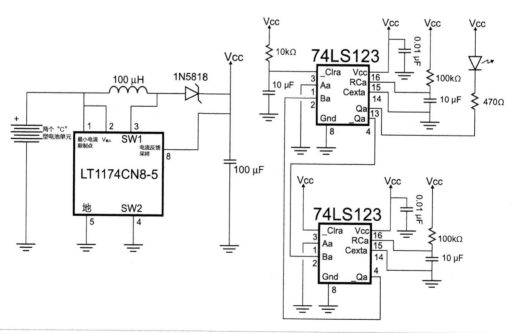

图11.15　闪烁电路

第十二章

时序逻辑电路

Chapter 12

初次应用数字电子器件时，你会感到用它们实现简单逻辑并搭建具有不同功能的应用是一件饶有兴趣的事。我总是喜欢利用不同的工具（真值表、卡诺图和Boole代数等式）来找寻能够实现逻辑功能的不同方法，并试图找到最简化的方法。很不幸，在现实中，简单的逻辑功能（被称为组合逻辑电路）并不那么有用，因为它们并不会随着时间的推移而自行发生变化，或者提供一个运行序列。

事实上，你应用的所有逻辑电路都被称为时序逻辑电路，因为它们设计的目的就是提供运行序列。时序逻辑电路的一个很好的例子就是数字时钟；当前时间存储于记忆功能中，并在不同点可以及时更新。除了使用当前时间作为输入数据，负责格式化数据输出的组合逻辑电路使用输入按钮就可以设置时间。图12.1所示为一种可实现的数字时钟的原理框图。

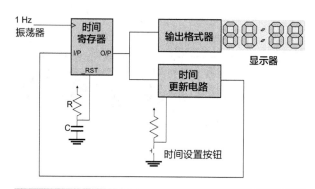

图12.1　数字时钟原理图

方框原理图是我使用时序逻辑电路时常常使用的一种理清思路的方式，它多少有点类似于计算机程序流程图。我会在随后章节予以讨论。方框原理图的作用有两方面：第一，它可以展示出电信号通过电路的路径，第二，它可以将电路的工作方式拆分成容易设计的小部分。

图12.1中的"时间存储器"框图是一个存储器单元，它根据1Hz振荡器输入指令实时更新。连接至1Hz振荡器的"时间存储器"单元上的三角形标识被称为时钟输入信号，它是逻辑框图中用来指示存储设备输入引脚的一个常用符号，该存储设备可以存储I/P（输入）引脚的逻辑值。对于数字时钟而言，每一秒都会出现这种存储逻辑值的情况，因此，当"时间更新电路"和"格式化输出电路"根据"时间存储器"里存储的逻辑值执行逻辑功能时，增加的秒（以及分钟和小时）都会被存储。

图12.1中所示的1Hz振荡器输入为常规信号时，它通常被称为时钟信号，如本例所示的情况。你也可能把它看成一个时基或触发器，具体根据电路的功能。在大多数

顺序电路中，时钟输入用来存储内存电路的更新值，正如本应用所示。

时间存储单元上的_RST输入的作用是将内存值重置为初始值，这样电路就会以一个已知的、有效的状态重新开始工作。在本电路中（以及大多数我使用过的顺序电路），我使用一个RC网络来提供一个时延上升信号；用一个10kΩ电阻器和一个10μF电容器，可以产生一个10ms～20ms的逻辑低电平。

尽管该信号为低电平，但是，不管其他输入信号是高电平还是低电平，大多数数字逻辑存储器设备都会令存储单元重置。

"时间更新电路"是一个传统的组合逻辑电路，当按钮释放时它会增加（加1）读秒计数器，或者当第二个按钮按下时它会增加读分计数器。假设"时间存储器"中含有以秒、分和时为单位的值，那么时间更新电路可以用下面的逻辑陈述语句来建立模型（模拟）：

- 如果时间设置按钮被按下，那么读秒计数就被设置为59；否则，读秒计数被设置为当前秒数加1。
- 如果读秒计数为59，那么读秒计数器被设置为0，而读分计数器被设置为当前分数加1。
- 如果读分计数为59，那么读分计数器被设置为0，而读时计数器被设置为当前小时数加1。
- 如果读时计数为11，那么读时计数器被设置为0。

上面所说的这些逻辑陈述语句执行非常迅速（只需要几十亿分之一秒），因此，当更新的时间被载入时间存储器单元时，就不会出现错误值存在的情况。从图12.2所示的状态图中可以看到，当1Hz振荡器发出的信号从高电平转换为低电平时，时间存储器单元就会被更新。在转变发生后，时间存储器单元的输出改变，这个改变值进入时间更新电路。更新值被送入时间存储器单元的输入端，当1Hz振荡器发出的信号再次从高电平转换为低电平时才会被存储。

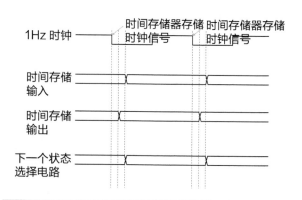

图12.2　数字时钟定时图

"时间更新单元"逻辑陈述语句类似于程序设计语句，我随后会在书中介绍该语句。我在这里使用逻辑陈述语句是因为实际的 Boolean 逻辑函数十分复杂。例如，为了清除或者增加最低位的时比特位，就必须执行如下的逻辑函数

Hours.0.Input = ((Hours.0.Output ^ 1)
· !((Hours.0.Output ^ 0)
· (Hours.1.Output ^ 0)
· (Hours.2.Output ^ 1)
· (Hours.3.Output ^ 0))

在这个逻辑函数中，最低位的时比特位与1进行异或运算。如果构成当前小时数值的该比特位与其他三个比特位不等于十进制数的11（二进制数为1011），并且不等于0，那么该比特位存储值为1。

图12.3所示的输出格式化电路的定义方法与时间更新电路如出一撤。它的输出，不是被返回至时间存储器单元，而是用来驱动四个七段发光二极管显示器工作。

顺序数字电路的一般形式如图12.3中方框图所示。它看起来与图12.1所示的时钟方框图有诸多相似之处。不同之处是我所使用的存储器单元可以被清零，其输入也可以作为下一个状态（或时间）更新电路的一部分使用。

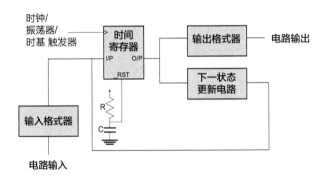

图12.3 基本顺序电路方框原理图

实验64 RS 触发器

零件箱

带面包板的组装印制电路板
四个 1kΩ 电阻器
四个发光二极管，任意颜色
两个可安装于面包板上的单刀双掷开关
74C02 芯片

工具盒

布线工具套装

在本书前面的内容里，我介绍了一种使用两个线圈继电器来制作存储器件的创意。这个器件经过设置可以保持两种状态的其中一种，根据哪一个继电器线圈最后被通电，从而用产生的磁场力将继电器触点（衔铁）拉紧，从而改变状态。一旦线圈中没有电流，那么状态会保持直到另一个线圈重新稳定。这个器件的工作原理与最基本的电子存储器件的工作原理非常相似，本实验中将用到的这个最基本的存储器就是重置－设置（RS）触发器。

由于继电器器件是依靠摩擦力保持存储值恒定不变，而电子存储器单元则充分利用了反馈来存储状态值。在讨论无线电控制伺服时，我提到过模拟反馈的概念（在伺服电动机中，控制臂的当前位置与伺服电动机的具体规定位置进行比较，如果它们不匹配，控制臂会自动移动至具体规定位置）。这种对控制臂实际位置进行采样，再将采样值传回并与具体规定位置的值进行比对的过程叫做反馈。当前的输出值是为了确定伺服控制臂是否应该移动。这是一个模拟反馈的例子。控制臂返回的位置可以在一系列范围值内，而不是具体的开或关的位置（真或假，1或0）。

数字反馈只能是两个值的其中一个值，因此它在电路中的应用看起来比模拟反馈在电路中的应用更为有限。这种说法不假，除了当数字反馈被用来存储电路结果时，如图12.4所示的或非门触发器电路，它才发挥了比模拟反馈更大的作用。通常来说，两个输入都为低电压电平，除了电路状态改变时，即其中一个输入被抬高至高逻辑电平。

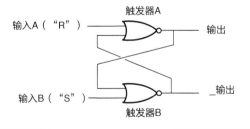

图12.4 基于或非门的触发器

如果第一次看到这个电路，它很可能看起来是一个不太可能的电子器件。这个器件看起来它自身就很有可能

产生振荡，因为如果一个门逻辑（1号）的输出值被送到另一个门逻辑（2号），而第二个门逻辑的输出又被送至第一个门逻辑，当一个不断改变的值会在两个门逻辑之间循环时，这种情况看起来符合逻辑。幸运的是，这种自激振荡并不会发生；相反，当一个逻辑值输入电路时，它会保持不变直到它的状态改变或者电路电源被拿掉。图12.5所示为如何一次升高一个引脚电平，来改变两个或非门的输出值。

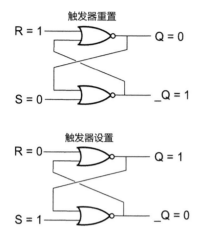

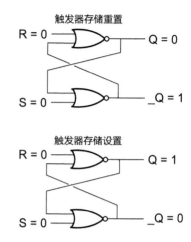

图12.5　或非门触发器的不同状态

当R和S输入为低电平，只剩下一个信号会影响或非门的输出值，而且这个信号是来自另一个或非门的输出值。当Q为低电平，低压电平信号会传至另外一个或非门（第二个）的输入。另一个或非门（第二个）输出为高电平，因为它的另一个输入为低电平。这个或非门（第二个）的输出高电平又会送至第一个或非门的输入端，并让该或非门输出低电平又送至另外的一个或非门，如此循环重复。

触发器的输出端被标记为Q和_Q。Q是正输出，而_Q是对应Q的反输出——就好比_Q是Q通过反相器的输出一样。输出标识Q前的下划线（_）表示反向。当反向输出出现在电路图中，要么用下划线前缀标记，要么在标识上用水平线标记。你不会在标识的前面看到!（感叹号）字符，因为这说明信号已经通过反相器。观察一些芯片的原理图时，就会发现一些输入端前面有下划线或在引脚标识上有水平线。这表示当引入的信号为低电平时，该引脚有效。我会在本节后面内容解释反电平有效输入。

触发器的R和S输出引脚被称为重置和设置引脚。当R输入为高电平，Q输出为低电平，当S输入为高电平，Q输出则为高电平。当R和S返回正常低压电平时，Q值被储存。Q_0和$\_Q_0$是它们的传统速记方法，用来指示这两个比特位之前的值，这个标记法表示Q和_Q的当前值与前一个状态的值相同。真值表经常用来描述触发器的工作原理，或非门触发器的真值表如表12.1所示。你可以动手制作专属的或非门RS触发器，它可以通过两个开关对它的状态进行设置，如图12.6所示。

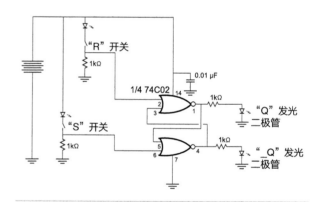

图12.6　测试触发器运行原理的电路

在真值表中，我标记出如果R和S都为高电平，同时输出都为低电平，那么输入将无效。这是因为当R和S都变成低电平，不知道会出现哪种状态。如果一条线比另外一条线电平还低，那么触发器将会存储当前状态。如果R和S被同时变成低电平（这不是一个无关紧要的壮举），那么触发器就会出现亚稳状态，Q既不是高电平也不是低电平，但是任何打破触发器平衡的波动都会造成触发器改变成亚稳状态。亚稳状态，尽管看起来不需要也不是令人满意的状态，但是实际上，作为一个充电放大器，它非常高效——它能用来检测电容存储的微量电荷。

表12.1 或非门RS触发器状态表

R	S	Q	_Q	备注
0	0	Q_0	$\_Q_0$	存储当前值
1	0	0	1	触发器重置
0	1	1	0	设置触发器
1	1	0	0	无效输入条件

除了使用或非门制作触发器外，也可以使用与非门制作触发器（如图12.7所示）。这个电路工作原理与或非门非常相似，除了当它的两个输入都为低电平时，它会出现亚稳态，而且在低电平下，输入端有效，如表12.2所示。

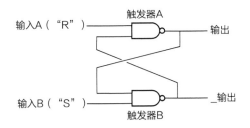

图12.7 与非门触发器

表12.2 与非门RS触发器状态表

R	S	Q	_Q	备注
0	0	1	1	亚稳状态
0	1	0	1	触发器重置
1	0	1	0	设置触发器
1	1	Q_0	$\_Q_0$	存储当前值

实验65 边缘触发器

零件箱

带面包板的组装印制电路板
两个74C00四通道双输入与非门芯片
三个发光二极管，任意颜色
10kΩ 电阻器
三个1k电阻器
47μF电解电容器
两个0.01μF电容器，任意类型
两个可安装于面包板上的单刀双掷开关

工具盒

布线工具套装

RS触发器适用于许多随机类型的顺序电路，在这些电路中，触发器状态异步触发（或者不论什么时候合适的输入信号都有效）。对于大多数高级顺序电路（例如微处理器），使用RS触发器非常具有挑战性，也很少被用于顺序电路里。相反，大多数电路都使用边缘触发器，在电路需要时，它们仅存储一个比特位的值。你可能会发现边缘触发器（也可以成为时钟控制锁存器）在应用中非常有用，而且要比一个简单的RS触发器更加容易设计。

时钟控制锁存器的运行原理十分简单（如图12.8所示）。一条数据线和一条时钟线同时接入触发器。当数据线保持恒定，触发器的状态不会翻转。当时钟线从高电平到低电平时，数据存储在触发器里；这叫做下降沿时钟控制触发器，也是你将要应用的最常见的触发器类型。

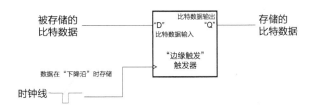

图12.8 时钟控制锁存存储器，用时钟线可以存储一个比特数据

边缘触发器是在RS触发器的基础上设计产生的。在这个实验中，我会展示如何使用与非门设计制作一个边缘触发器。不把这个电路叫做上升沿触发器或者时钟控制锁存器，而是把它通常称为D触发器。在该电路中所应用的触发器配置看起来复杂，但是它的运行原理实际上非常简单；双输入触发器控制时钟信号和数据线，而且，当时钟信号下降时，仅通过一个状态发生变化的信号，如图12.9所示。

注意在图12.9中，我已经标记了触发器的状态，而在此之前，它们的比特值是不可知的。这一点实际上非常重要，当设计电路时，必须将这一点牢记在心里。你不可能期望触发器被翻转到一个具体状态，除非它是被某种重置电路（在下一个实验中会讨论到）设置在该状态。边缘触发器的输出状态始终未知直到被写入一些值。如果观察送至右侧触发器的信号，就会发现输入信号状态未知，直到数据线上为低电平时，此刻，右侧触发器的两个输入为高电平，而未知的比特值会真确地存储于触发器中。

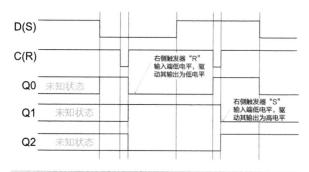

图12.9　D触发器运行原理和波形

写入边缘触发器的初值为零；数据线在时钟线之前被拉低为低电平，而且它并不能改变任何一个触发器的输出状态。当时钟线上变为低电平时，它输出一个逻辑1（高电平）信号至右侧触发器，使它保持在目前的状态。当时钟线变为高电平时，右侧触发器则会装载当前的数据值。时钟线变为高电平后，右侧触发器的状态不会因数据线变为高电平或低电平而发生改变。

在这个实验中，我想让你设计一个边缘触发器，如图12.10所示。跨接在时钟线电阻器上的47μF电解电容器是用来去除开关信号的抖动，并使得D触发器的上升沿操作更容易被观察到。

测试这个电路的工作情况时，边缘触发器的工作原理就变得非常明显，尽管可能会出现一个小问题。你会发现当时钟开关开启或者关闭时，数据不仅在上升沿，也会在下降沿被锁存。这是因为时钟线上的开关抖动所造成的。尽管加装一只47μF电解电容器会尽最大可能降低此类现象，但是增加一个延时时间很长的555单稳态振荡器（其动态周期为1秒或2秒）就能明显去除信号的抖动。

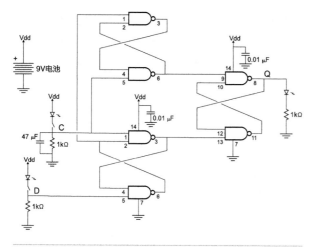

图12.10　D触发器测试电路

实验66　全D触发器

零件箱

带面包板的组装印制电路板
78L05型5V电压调节器
74LS74双D触发器
五个发光二极管，任意颜色
五个470Ω电阻器
10kΩ电阻器
47μF电解电容器
10μF电解电容器
两个0.01μF电容器，任意类型
四个可安装于面包板上的单刀双掷开关

工具盒

布线工具套装

在设计制作电路时，我发现D触发器经常是首选的触发器选择。它使用简单，能非常容易地与微控制器和微处理器对接。尽管如此，将它接入电路是非常困难的，特别是将它用于全电路中，复杂的接线程度如图12.11所示。这个电路不仅在时钟线的上升沿存储数据，而且当另外两条线_CLR（时钟）和_PRE（预置）线变为低电平时，会分别使触发器输出为0（低电平）或者为1（高电平）。这样一来，在电路中使用D触发器时就会有多种不同选择，令你测试一些数字逻辑的神奇功能时能大获成功。

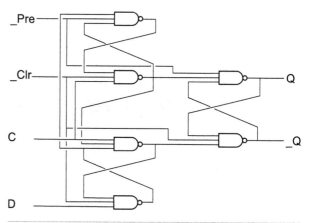

图12.11　带设置和重置控制的全D触发器

查看图12.11，你或许会考虑整个电路可以轻松升级来执行全D触发器功能，但是在你这么做之前，我想告诉你事情远没有你想象的那么简单。如果想要将一个双输入的与门或者或门变成一个具有三个输入的门，仅仅只需要把两个输入信号和它的输出信号接至第二个门的一个输入端，将第三个输入接至该门的第二个输入端。我忘记指出这种小技巧并不适用于与非门和或非门。例如，如果想要使用双输入的与非门制作一个三输入的与非门，就得设计一个如图12.12所示的逻辑功能；将两个输入通过与非门接在一起后，然后就必须将其输出反向，这样的话它们才能通过与门连接在一起，并且将它们一起接至与门的另一个输入端。一个具有三个输入端的或非门也可以用同样的方法制作而成。

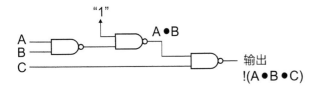

图12.12 使用双输入与非门设计制作的三输入与非门

用三个门逻辑可以制作一个双输入与非门，制作18端口的与非门则需要全D触发器功能才能实现，这就需要4个半7400芯片。为了演示该电路的工作原理，可以使用两个7410（三个三输入与非门），或者像我这样图省事，只需使用一个74LS74芯片来实验全D触发器的不同功能。

7474芯片由两个D触发器构成，它们的Q和_Q输出都接至芯片的引脚。四个输入，如图12.11所示（这四个输入是数据和时钟信号以及两个能设置或重设触发器状态的引脚，设置和重置触发器状态时，无需数据或时钟引脚），都用于芯片上的两个触发器上。7474芯片是一个具有多种功能的芯片，可以使用于一系列广泛应用中。

使用7474进行实验时，我决定选用74LS74芯片，它需要使用5V电压调节器和用于控制不同输入的四个开关，如图12.13所示。

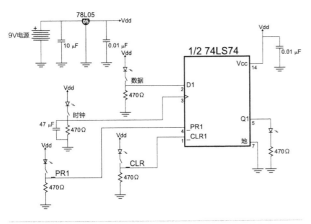

图12.13 D触发器测试电路

当电路制作完毕，现在就可以利用7474型D触发器

的工作原理进行实验了。给电路加电前，把四个开关都拨到向上位置（闭合位置，发光二极管点亮），避免_PR和_CLR线信号影响触发器的工作。实验工作进行到这里，通过切换数据和时钟开关，就会看到数据被保存在触发器里，这个过程与使用与非门制作触发器保存数据的工作原理如出一辙。

当你熟悉了带数据和时钟开关的触发器的工作原理后，将两个开关都拨到向上位置（闭合位置，发光二极管点亮），断开（拨到向下位置）_PR1和_CLR开关，并观察发光二极管接至触发器Q输出端时的实验结果。你会发现当_PR1发光二极管熄灭时，触发器的输出为高电平。当_PR1为低电平时，如果试图利用数据和时钟信号存储数据，就会发现触发器状态不能变化。测试_CTR开关时，就会发现它的操作与_PR1开关相同；当_CLR开关为低电平时，输出为低电平，而且，任何受时钟信号控制的输入数据都会被忽略。最后检查时，同时关闭_PR1和_CLR开关（发光二极管熄灭），并观察发生的现象。如果再回头看图12.11，你就能理解为什么触发器这样动作（暗示：沿着_Pre线，并观察它连接至何处）。

当完成这个实验后，先不要拆卸该电路；你在下一个实验中还会用到它。

实验67 触发器重置

零件箱

带面包板的组装印制电路板
78L05型5V电压调节器
74LS74 双D触发器
五个发光二极管，任意颜色
五个470Ω电阻器
10kΩ 电阻器
47μF电解电容器
两个10μF电解电容器
两个0.01μF电容器，任意类型
四个可安装于面包板上的单刀双掷开关

工具盒

布线工具套装

如果把前面实验中制作的D触发器的电源打开关闭几次，就会发现初始态（或初始值）可以是零（发光二极

管熄灭）或者是1（发光二极管点亮），无法预测它是哪一个值。这种情况很正常，因为电源加到触发器上，如果电路中任何不平衡（例如，残留电荷或感应电压）出现于任意一个与非门的输入端，触发器都会发生翻转，翻转状态就是它的初始态。通常来说，这种随机初始态不是所期望的；相反，为了让电路正确工作，电路接通电源时应在一个具体的已知状态。

当电路接通电源时，具体规定电路状态的过程被称为初始化，而且，初始化不仅仅顺序电路需要，其他电路也需要初始化。讨论程序设计时，我会讨论一个程序（被称为变量）的内部参数是如何必须被初始化至一个具体值，从而让程序正确运行。初始化通常发生在电路重置时，或者等待开始执行时。在这个实验中，我会展示如何对前面实验使用的D触发器进行改进，当每一次接通电源时，它的输出为0。

为了避免以后引起混淆，当提到数字电路时，我会阐明本书介绍的两种类型的电路重置。在前面的内容，当我介绍简单的组合逻辑电路时，我也曾讲过低电平或者0值电平表示被重置或清零（高电平或者1表示设置）。在这个实验中，当使用术语重置（清零）时，我是指当电路初次接通电源时的状态或电路停止从初始重启的状态。当你在本书后面内容（以及其他书中）看到术语重置时，请记住如果描述一个单独的比特位或引脚时，术语重置表示该比特位或引脚输入值为0或者为低电平。如果一个顺序电路（比如一个微型处理器）被"保持复位"或"复位加电"，这说明它被允许从一个已知状态执行操作。

在前面的实验中所使用的74LS74芯片总能在接通电源后，输出为低电平。只要用图12.14所示的电阻电容网络替换掉开关、1kΩ电阻和接在_CLR引脚上的发光二极管就能实现输出低电平。

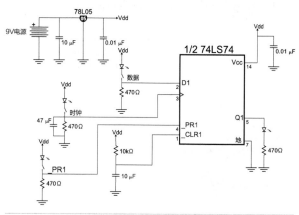

图12.14　带RC重置电路的D触发器

_CLR引脚被称为负电平有效控制位，当输入为低

电平时（与前面实验中演示的情况相似）它才有效。为了在加电时，并且芯片能正常运行时让该引脚有效，TTL输入引脚上的电阻电容网络延迟了引脚电平的上升（如图12.15所示），这样一来，当电源正常时，该引脚为有效的低电平。当_CLR引脚上的信号变为高电平，清除功能不再有效，芯片能在初始已知状态正常工作。

通过下面的等式，可以估算出RC网络达到电压阈值的时间：

$$时间延迟 = 2.2 \times R \times C$$

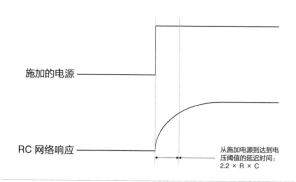

图12.15　加电RC延迟电路工作原理

在机器人中使用微处理器和微控制器时，你应当安装一个更加复杂的重置电路。BS2电路是一个基于比较器的重置电路，如图12.16所示，我接下来会向你介绍BS2电路。这个电路控制着一个集电极开路（或者漏极开路）的晶体管输出引脚，当电源跌落至某一阈值之下，晶体管输出引脚会拉低负电平有效重置引脚的电平值。这种电路通常被包装成处理器重置控制芯片，并被置于与小型晶体管相同的黑色塑料封装内。

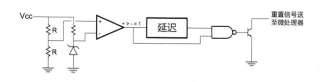

图12.16　一种可实现的微处理器重置电路

处理器重置控制芯片可用于多种不同大小的截止电压，2.2V以上（含2.2V）都可用。图12.17所示为当输入电压跌落至设定值以下时，处理器重置控制芯片的内部元件的工作原理；比较器停止输出1信号，而且延迟线有效。延迟线用于滤除电源线上出现的任何后续的小故障，并确保处理器从重置位返回并继续执行前，电源一直稳定可靠。当比较器输出低电平或者延迟线继续输出低电平时，它们连接的与非门输出为高电平，该高电平使集电极开路的输出二极管导通，从而将电路接地。

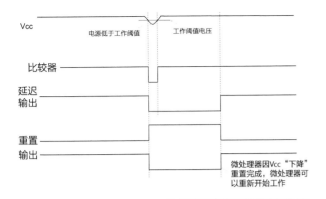

图12.17　一种可实现的微处理器重置电路

实验68　并行数据

零件箱

带面包板的组装印制电路板
78L05型5V电压调节器
74LS174十六进制D触发器
六个发光二极管，任意颜色
六个470Ω电阻器
八个10kΩ电阻器
两个10μF电解电容器
两个0.01μF电容器，任意类型
可安装于面包板上的八个双列直插式封
装模块

工具盒

布线工具套装

第一个微处理器（Intel 8008）能够一次处理4比特数据。4比特一组的数据被称为处理器的一个"字"的大小，而且，如果你要绘制个人电脑随着时间的递进图，就会发现在过去的大约25年里，处理器的字的大小已经大大增加了。第一款受欢迎的个人电脑是苹果电脑，它的处理器的一个字由8比特位构成。五年之后，使用8088处理器的IBM个人电脑可以一次处理具有16比特的数据（为了在随后避免收到令人愤怒的电子邮件，我要指出虽然外部数据总线为8比特位，处理器自身却可以处理具有16比特位的数据字）。第一款IBM个人电脑出现的再一个五年之后，第一款具有32比特字的、基于Intel 80386处理器的个人电脑上市了。今天，如果你密切注意计算机新闻报道，就会发现最新的计算机系统和

服务器都配置了64比特位的Intel Itanium 微处理器或者AMD Opteron 微处理器。随着处理器的字的大小的增加，它们快速执行复杂数学运算的能力增强，处理大量数据的能力也随之增强。字的大小的增加要归功于广为人知的Moore定律。该定律的结论可叙述为：晶体管（依据推理，它们的复杂度和处理数据的能力）的使用数量每18个月增加一倍。

目前在本书中，当介绍实验中的数字电子电路时，我一直将焦点集中在一次处理1比特数据上。你可以设计出极为复杂的电路，而它们只能一次处理1比特位信息，但是，不需要设计并使用复杂电路，只需要使用多比特并行电路使数据处理变得更加容易（也会更快，如果速度也是一个标准的话）。这也是为什么更加强大的系统通常能一次处理更多的比特位数据，这些比特位是处理器字的大小的一部分。

在本书接下来的部分，我都会以某种组合并行方式处理多比特数据。你或许认为如果电路中需要多个芯片来处理多比特数据，那么电路就变得不易控制，但是，我会充分利用一些现成的产品，让它们能同时处理多比特数据。有一种能同时处理多比特数据的芯片叫做六（或"十六进制"）D触发器芯片，即74LS174。

74LS174芯片所用的D触发器与我在前面实验中所讲的74LS174芯片中的D触发器相似，所不同的是74LS174芯片中的D触发器的时钟和重置控制引脚是所有六D触发器的公共端。很明显，将这些引脚"公共端化"是为了节省芯片上的引脚（对于一个6D触发器芯片，如果用户需要它的6个触发器独立不接公共端的话，就需要38个甚至更多的引脚），但是六D触发器共用时钟和重置控制引脚是为了存储6个独立比特位的数据，或者一次全部清除这些数据。

目前在本书中，我一直都是一次处理1个比特数据。而在这个实验中，我想重复第一个D触发器实验，只是一次处理6个比特数据。为了测试这个应用，我设计了如图12.18所示的电路。

将双列直插式封装的8个开关来回拨动，就能看到发光二极管的输出会随着时钟开关的切换而变化，这个测试非常有趣。数据处理能力的提升很可能一下子看起来不明显，但是，如果把这个实验中的测试电路与第一个74LS74实验电路对比的话，就会发现为了存储每一比特信息需要开关动作的次数降低了。这是因为在设置了每一个比特值之后，只需要下上输出时钟信号一次即可。每一个比特能与其他比特位同时（并行）被设置，这进一步节省了时间。如果使用单个D型触发器来存储6比特位数

据，就需要12个开关周期（6个用于数据设置，6个用于时钟脉冲），如果使用该十六进制D型触发器来存储6比特位数据，则只需要2个时钟周期（1个用于设置数据，1个用于发出时钟脉冲）。

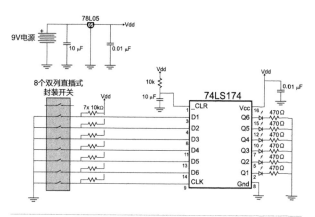

图12.18　十六进制D型触发器测试电路

实验69　交通信号灯

零件箱

长型面包板
9V电池和电池卡
78L05型5V电压调节器
555定时器芯片
74LS74十六进制D触发器
74LS139双二四译码器
74LS00四通道双输入与非门
ZTX649双极性NPN型晶体管

两个红色发光二极管
两个47kΩ电阻器
两个黄色发光二极管
两个10kΩ电阻器；
两个绿色发光二极管
1kΩ电阻器
六个470Ω电阻器
三个10μF电解电容器
六个0.01μF电容器，任意类型

工具盒

布线工具套装

　　打破常规，不适用传统的小型面包板，在本实验中，我想让你制作一个安装在长型面包板上的电路，如图12.19所示（这个电路不能安装在传统的小型面包板上）。长型面包板如图12.20所示。当电路制作完毕，就会产生一个顺序电路用来实现玩具交通信号灯在两个不同方向上

工作。你会发现，当一组信号灯为红灯时，另外一组信号灯会变绿一秒钟，然后再变黄一秒钟，在这之后，另一组信号灯会变红并重复该过程。这个电路实验是应用于模型列车布局中的一组交通信号灯的基础。

　　我相信不需要任何介绍，你就能制作这种电路，查看电路图时，你应该可以认出几乎所有的电子零件，但是，你很可能对它们如何一齐发挥作用深感困惑。回头看本节的开始部分，我介绍了一个非常简单的原理方框图来解释组合逻辑电路是怎样工作的。而图12.19所示电路无论从哪一个方面都与本节开始的原理方框图不同。

　　我提供这个电路图的原因是为了向你展示如何轻松地使用组合逻辑电路来设计该电路。组合逻辑电路可以用电路设计者认为合理的某种方法进行优化。尽管我强调你应该使用本书之前介绍的原理方框图设计组合逻辑电路，但是我还是会使用这个电路来解释如何观察看起来复杂的电路并搞清楚它们的作用。交通灯电路是这种问题的一个非常好的例子，因为当我设计电路时，我总试图优化它，令电路能刚好安装在小型面包板上。小型面包板可以安装在本书后面附着的印制电路板上。很不幸，我失败了，而只能选择采用更大形状系数的面包板，但是还是没有办法改变电路结构（当你对电路进行重新布线时，这种情况很常见）。

　　为了搞清楚电路的结构和原理，把它分解成几个功能模块，看看自己是否能理解它们。如果是我的话，面对这样一个复杂电路，我会将它分解成以下几个功能模块（带注解）：

　　1. 电源部分。9V电源和78L05型调压器，提供标准的5V，100mA电源。

　　2. 555定时器。将电阻器R和电容器C接入单稳态触发器公式，就会发现它的延迟周期大约为1秒。

　　3. 发光二极管输出。发光二极管和470Ω限流电阻器。

　　4. 重置电路。当电路加电时，10kΩ电阻器和10μF电容器为低电平。与非门通过电阻器和电容器以及反向D型触发器输出的反馈的原理令人困惑。同样地，集电极开路电阻器驱动器的原理也令人困惑。

　　5. 17LS174芯片的运行原理和应用也非常令人困惑。看起来它也与重置电路相连接。

　　6. 74LS139是什么？看看这个电路，它看起来好像某种组合逻辑电路，但是电路的目的并不明显。

　　因此，迅速查看电路的主要构成部分，发现我对三个部分感到困惑。先说3号部分，但是它看起来与74LS174的工作原理紧密联系，因此让我们从74LS174开始观察，看看我们能否搞清楚它是如何工作的。

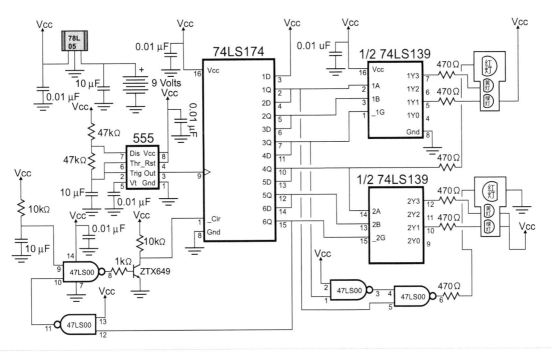

图12.19 交通信号灯组合逻辑电路

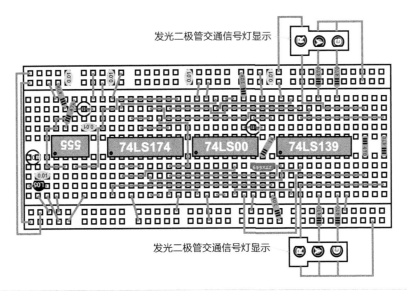

图12.20 搭建在长型面包板上的交通信号灯电路，因为它太大了不能安装在附在书上的印制电路板上的面包板上

74LS174与不同触发器的输出端相连，这些触发器连接至输入端。第一个输入端连接电源正极，因此它总是以高电平信号1加载第一个触发器。因为每一个触发器的输出都与它的输入相连，你会期望高电平信号1会在触发器之间传递。唯一的问题是当它们全部加载为高电平信号1时会出现什么情况。如果观察触发器链中的最后一个触发器输出信号，就会发现该信号被反向，而且通过一个与非门和集电极开路驱动器，连接至芯片的触发器重置端。如果你循着这条线，就会发现当6Q变为高电平时，74LS174的_CLR引脚变为低电平，芯片上的所有触发器被重置。如果芯片上的所有触发器被重置，那么加载高电平信号1的过程就会重新开始，如图12.21所示。图12.21里的"短时脉冲干扰"是6Q输出变为高电平时，它会与所有其他比特位被重置。

现在你知道重置电路每一个部分的作用了（电路3号部分），而且应该可以看到，它与RC网络一起可以用来清除加电时，或者重新设置后，所有的174触发器状态。遗留的唯一问题是集电极开路驱动器的作用。因为集电极开路驱动器仅仅与一个输入端相连，我猜测它是一个米奇老鼠逻辑（MML）反相器，因为很明显，74LS00的四个与非门都已经被使用了。

最后需要搞清楚的零件就是74LS139，以及它在电路中的功能。当你碰到一个你从未见到过的芯片时，我建议你查一查，看看能否搞清楚它的功能。你可以利用Google™搜索引擎查找它的信息或者查找该器件的经销商。查看74LS139的零件介绍，就会发现它是一个双二四译码器（这个信息或许能对你有所帮助，也可能没有帮助）。

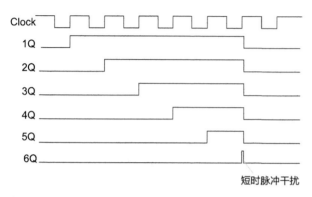

图12.21　交通信号灯D型触发器运行原理

74LS139以及三八译码器（74LS138）是极为有用的电子芯片。当你需要实现任意逻辑功能，而且不想在电路中接一堆与门、或门和非门逻辑时，它们是最佳选择。译码器（也称为多路输出选择器）将二进制数值转换为独立的输出线，并且主要用来对单个芯片的内存地址进行解码。在图12.22中，我写出了每一个二四译码器的逻辑，这些译码器接在174上，并列出了输出方程。

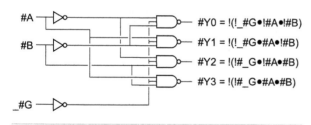

#Y0 = !(!_#G•!#A•!#B)
#Y1 = !(!_#G•#A•!#B)
#Y2 = !(!#_G•!#A•#B)
#Y3 = !(!#_G•#A•#B)

图12.22　二四译码器电路

译码器的作用很可能讲不明白，但是当我解释如何设计该电路和它的不同运行状态后，它的作用就会明晰起来。让信号1"通过"74LS174 的D触发器，我设计了一组不同比特数据，它们可以用来确定哪一个交通信号灯应该点亮。使用图12.21中所示的状态，我制作了表12.3来具体规定哪个灯应该点亮。从表中，我可以具体规定当不同发光二极管点亮时的方程。

北/南 红灯 = $!Q_3$

北/南 绿灯 = $Q_3 \cdot !Q_4$

北/南 黄灯 = $Q_3 \cdot Q_4$

东/西 红灯 = $!Q_0 + Q_2$

东/西 绿灯 = $Q_1 \cdot !Q_2 \cdot !Q_3$

东/西 黄灯 = $Q_1 \cdot Q_2 \cdot !Q_3$

表12.3　交通灯运行

状态	北/南 发光二极管	东/西 发光二极管
$Q_0=0$	红灯亮	红灯亮
$Q_0=1$	红灯亮	绿灯亮
$Q_1=0$	红灯亮	黄灯亮
$Q_2=0$	红灯亮	红灯亮
$Q_3=0$	绿灯亮	红灯亮
$Q_4=0$	黄灯亮	红灯亮

观察这些等式，你会发现四只发光二极管的表达式非常简单（可以使用译码器接入）：有一只发光二极管可以直接与数据比特位连接；另有一只发光二极管（东/西红色）的表达式相当复杂，它需要经过分析才可以计算出是否点亮，因为我不打算在电路中再增加任何芯片（尽力让电路可以搭建在一个短小的面包板上）。

幸运的是，我可以根据DeMorgan定理，利用与非门来改变它的表达式：

东/西 红灯 = $!(Q_0 \cdot !Q_2)$

虽然表达式简化了，我还得将一个值进行取反运算，使用一个剩下的与非门或者MML反相器，就能轻松实现取反运算，这与我在重置电路中的做法完全相同。

实验70　移位寄存器

零件箱

带面包板的组装印制电路板
7805型5V电压调节器
555定时器芯片
74LS74 双D触发器
74LS74 十六进制D触发器
八个发光二极管，任意颜色
10kΩ 电阻器
两个2.2kΩ 电阻器
八个470Ω 电阻器
10μF电解电容器
1μF电解电容器
四个0.01μF电容器，任意类型

在本书接下来的内容里（书中的大部分内容），我会着眼于能来回传递数据的电路，这些数据可以从一个芯片传递到另外一个芯片，或者从芯片模块传递到另外的芯片模块。这种来回传输数据的要求并不局限于计算机系统；通常它也发生于机器人中的控制芯片或子系统之间。

这种数据通常由多比特位构成，每一个比特信息都是发送的整体数据的一部分。当多比特数据来回传递时，你就会好奇：这些数据应该是并行传递还是串行传递？在本书中到目前为止，我一直介绍的是多比特数据并行传输的电路；每一个比特数据都有独立的接线或引脚。并行数据传输非常快，但是还需要一个时钟或者使能比特位来指示接收端将要发送的数据已经准备好，等待处理。如果有大量比特数据需要传输时（传送16比特数据要比4倍的4比特数据的传输造成的麻烦大得多），并行数据就会变得非常耗时。

并行传递数据的另一个方法是将多比特数据剥离，将它们一个一个沿着一条单独的数据线串行传输，如图12.23所示。这种方法被称为串行数据传输，事实上它用于个人计算机中的所有接口中。现代个人计算机中唯一保留的并行数据接口由处理器前端总线、外部控制器接口（PCI）总线和并行端口（如果有的话）构成。串行数据传输，即使它需要硬件设备才能串行化，然后再串行变并行来传递数据，实际上是所有应用优选的数据传输方式。

为了并行发送6比特数据，则需要6个传输驱动器和同等数量的接收器。为了能串行发送6比特数据，则只需要1个驱动器和接收器，但是数据发送电路必须有一个移位寄存器发信机，而且接收电路必须含有一个移位寄存器收信机。并行数据可以用发送1比特数据所需的时间，而串行数据则需要足够的时间来发送6比特数据中的每一个比特数据。

串行传递数据很可能看起来需要许多额外开销，而且还会降低数据传输率。在做这个假设前，应该考虑多种因素。第一个因素是大多数逻辑芯片不是由单独的逻辑门制作而成的，与这里介绍的简单芯片大不相同；逻辑芯片通常是非常密集的电路，有成千上万个门电路构成，再添加一些移位寄存器对它造成的影响非常小。另外一个需要考虑的因素是在高速电路中，很难同步所有的并行比特数据并让它们同时到达收信机。最后一个需要考虑的因素是多个数据线会造成空间浪费，而且制作成本非常昂贵。如果芯片或者子系统中有移位寄存器，那么数据并行传输就讲得通了（既实用又经济）。

数据可以以三种不同方式串行传递（如图12.24所示）。如果你熟悉RS-232（串行接口）（将会在Parallax Basic Stamp 2予以讨论）接口，那么你就了解异步串行数据传输模式，在这种模式下，只有一根数据线来发送比特数据。当数据异步传输时，每一个比特数据的长度都相同，而且会有一个起始比特位表明一个数据包正在发送中。同步或者时钟串行数据需要两根线，一条数据线和一条时钟线，它们用来表明何时传递的数据值是正确的。我会在本实验中介绍，接收触发器是边缘触发器，发送的数据是在时钟信号转变时存储下来的（如图12.25所示）。串行数据传输的最后方法被称为Manchester编码，而且它根据一个信号低电平或高电平的长度来指示数据值。Manchester编码是应用于红外线电视遥控器的一种非常流行的编码格式。对于大多数简单应用，数据是在两个芯片之间串行传输的，在本实验中你将会看到一个同步串行数据流。同步串行收信机和发信机电路易于搭建，而且不需要任何特殊的异步编码方法或Manchester编码方法所使用的同步设备。观察图12.25，就会发现如果在时钟信号下降沿（此时数据被锁存）之前，数据线变为无效值，并且返回到正确值，这个无效值就不会被存储。如果这种无效值出现在异步或Manchester编码串行线上，则会产生一个错误。

在图12.26中，我已经介绍了一种简单的同步串行电路，当数据从一个D触发器的输出传递到另一个D触

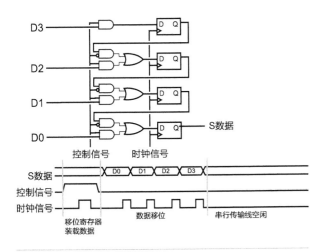

图12.23　并行至串行数据转换

发器的输入时，它会持续将1信号移动至移位寄存器。当电路加电时，与移位寄存器连接的所有D触发器都会被清零，除了加载1信号的D触发器之外。这个1值会以每秒五次的速率通过D触发器进行移位。

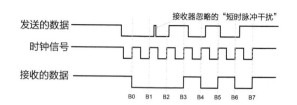

接收器忽略的"短时脉冲干扰"

图12.25 细节特写同步串行的工作原理

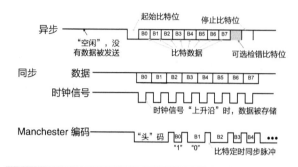

图12.24 异步、同步和Manchester 编码串行数据流

在这个实验中，我将移位寄存器的输出端与它的输入端相连，这样做它内部存储的值就绝对不会丢失。在一个典型的移位寄存器电路里，传送移位寄存器的输入接至Vcc或者地（因此在数据发送以后，已知数据会持续被发送），而接收移位寄存器的输出比特并不会将数据传递至另一个移位寄存器。

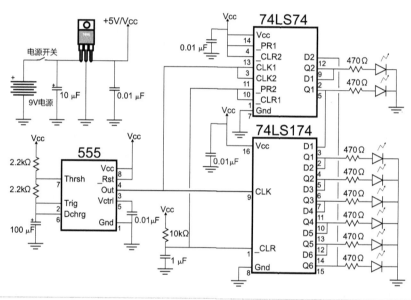

图12.26 使用移位寄存器旋转发光二极管

实验71 圣诞装饰

零件箱

原型印制电路板
9V电源夹
9V电池座
7805 5V型调压器
NE555 定时器芯片
74LS174十六进制D型触发器
74LS74四比特加法器
74LS86四通道双输入异或门

八个发光二极管，任意颜色
两个47kΩ电阻器
10kΩ电阻器
八个470Ω电阻器
三个10μF电解电容器
六个0.01μF电容器，任意类型
面板安装单刀双掷开关

工具盒

28-32号导线
包线/原型电缆
电烙铁
剪刀
焊料
旋转刀具（见正文）
钻与钻头
具有二进制算数功能的可编程计算器

实际上在我写的所有书中，我都讲了一种能随机点亮并熄灭发光二极管的电路，并建议读者将该电路制作成一个圣诞树，闪烁的发光二极管被用来装饰圣诞树。介绍该电路并不是为了散播节日氛围，而是为了阐述一种非常有用的二进制逻辑电路，即线性反馈移位寄存器（LFSR，如图12.27所示）。

简单的线性反馈移位寄存器（LFSR）如图12.27所示，它能通过异或门反馈移位寄存器的第五比特位和第七比特位的数据至系统输入。这种反馈根据下面的公式改变了移位寄存器中的比特值。

$$Bit_0 = Bit_{输入} XOR (Bit_5 XOR Bit_7)$$

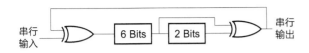

图12.27 带串行输入的基本8比特线性反馈移位寄存器

线性反馈移位寄存器通常用于三个目的：

- 产生一个校验和值，即循环冗余校验，它是表示一串比特数据的特殊值或识别标志。当发信机和收信机都通过线性反馈移位寄存器传递数据，在这个过程的结尾，发信机产生的循环冗余校验会与收信机产生的循环冗余校验进行比对。如果两个循环冗余校验不同，则收信机将会要求发信机重新发送数据。

- 对一串比特数据加密。线性反馈移位寄存器可以用作加密和解密工具。加密的一部分为线性反馈移位寄存器的初始值。从线性反馈移位寄存器的输出值取决于载入它的初始值。解密数据也是通过线性反馈移位寄存器完成的，但是，只是将它配置成互补功能的寄存器。

- 产生伪随机数。计算机系统的一个最具挑战性的任务就是产生一系列随机数。通常来说，计算机系统被认为是确定性的系统，就是说它们在任意时间处理任何任务都是可以通过数学方法计算出来的。这个特性对于大部分应用来说非常重要（没有人想要一个每次启动都千差万别的计算机，或者文字处理程序对键盘输入随机响应），但是这个特性对许多机器人应用却是个问题，因为机器人必须开始移动。

在所有这些应用中，线性反馈移位寄存器是解决此类问题的理想选择，因为只需要几个门逻辑（成本低，运行快）就能轻松制作出一个线性反馈移位寄存器。我会在本实验介绍线性反馈移位寄存器也能应用于软件中。

在这个实验中，我会让你设计一个8比特线性反馈移位寄存器，如图12.28所示。如果你打算向其他人介绍你所设计的线性反馈移位寄存器，就可以把12.28的图发给他们，或者按照下面所列的多项式向他们介绍你的设计：

$$f_x = 1 + X^4 + X^5 + X^6 + X^8$$

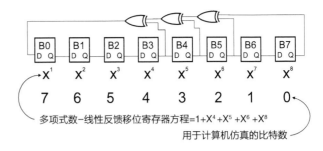

多项式数-线性反馈移位寄存器方程=$1+X^4+X^5+X^6+X^8$

用于计算机仿真的比特数

图12.28 能产生伪随机数的实际的8比特线性反馈移位寄存器

这个多项式是说明线性反馈移位寄存器工作原理的传统方法，数学家用它来计算线性反馈移位寄存器的操作。

你应该了解关于线性反馈移位寄存器的一些重要实际情况：

- 线性反馈移位寄存器绝对不可能含有零值的情况。如果它包含零值，那它绝对不会设置任何比特值。

- 理想的线性反馈移位寄存器能够产生2^n-1个不同值。

- 一个没有良好规定的线性反馈移位寄存器可能会产生零值的结果。

在这个实验中，我使用如图12.28规定的线性反馈移位寄存器制作了一个圣诞树装饰。这个实验是一个555定时器驱动一个8比特线性反馈移位寄存器工作。每一个比特位都装有一只发光二极管作为圣诞树上的彩灯使用。电路图如图12.29所示。

你应该注意到关于这个电路的一些特点。我令74LS174和74LS74内的一个D型触发器上的清零电路有效。在74LS74内的另外一个D型触发器上，我令设置电路有效，从而保证在加电时，至少有一个比特位设置为1，不是所有的比特位都被清零，否则，就会产生一个状态不发生变化的电路。

在原型印制电路板上切出一个圣诞树造型并设计制作前，我决定用两种方法测试线性反馈移位寄存器。第一种方式就是使用可编程计算器（它能够进行二级制运算并执行Boole代数运算）来保证能产生255个不同数值。

另外一种方法是将它安装在面包板上进行电路测试。这个测试电路类似于前面提到的交通信号灯实验（但是所使用的调压器不同）。电路制作完毕，令其先运行10分钟，以保证它不会因任何意外原因停止运行（一个糟糕的线性反馈移位寄存器设计可能出现此类情况）。我使用7805调压器，而不是78L05调压器设计电路时出现过这类情况。

当我证实使用可编程计算器和原型电路都可以确保电路正常工作后，就开始设计制作圣诞装饰来显示线性反馈移位寄存器的操作。为了剪出圣诞树的造型，我使用装着硬质合金切割砂轮的旋转刀具（Dremel牌）进行切割操作。切割时，应务必带上护目镜和防护面具。当切好

造型，我安装好电池（和电源开关），接着是芯片，最后再绕着"圣诞树"周围安装上发光二极管，作为闪光灯使用。图12.30所示为电池如何安装在印制电路板上，并用来当作圣诞树的"立柱"使用，该图还包含了电路的点到点布线的后视图。

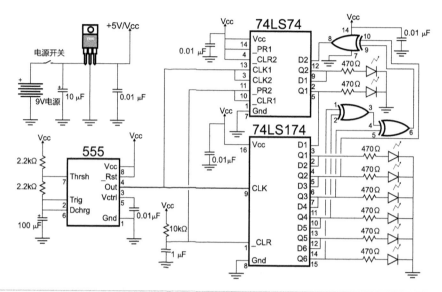

图12.29 用作圣诞树装饰的线性反馈移位寄存器电路图

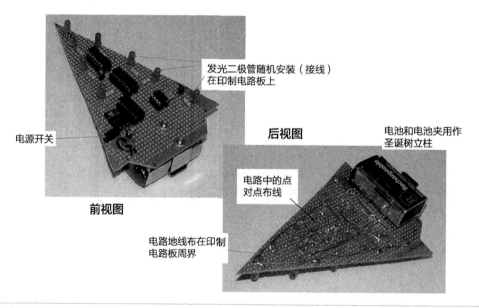

图12.30 圣诞树原型电路细节图

实验72 随意移动机器人

零件箱

带面包板的印制电路板
带AA电池夹的直流电动机座
555定时器卡扣
74LS174十六进制D型触发器
74LS86四通道双输入异或门
两个1N914 or 1N4148硅二极管
三个10kΩ电阻器
两个100Ω电阻器
47μF电解电容器
1μF电容器，任意类型
三个0.01μF电容器，任意类型

工具盒

布线工具套装

当你设计机器人时，会制作线性反馈移位寄存器实际上是机器人制作环节中非常重要的一环。通常来说，你希望机器人在完成一个任务后，能随机地在房间里移动，这样的话，它就能为下一个任务做好准备，或者如果它将自己困在一个角落，让它从角落出来的一个非常有效的方法就是让它随意移动并重启它困住的活动命令。在本书随后的内容中，我会介绍如何利用BS2微控制器提供的随机程序指令机器人在房间内随机移动，但是在这个实验中，我想使用前面实验中提到的线性反馈移位寄存器来驱动直流电动机控制底座在房间里随机移动。

设计机器人中使用的线性反馈移位寄存器电路时，

我要确定它能非常合适地落在面包板上和本书实验中提到的机器人底座上。在前面的实验中，很多逻辑电路都不能局限在小型面包板上，因此设计的电路应尽可能地简洁。我设计的线性反馈移位寄存器如图12.31所示，只需要一个6比特D触发器和一个含有两个异或门逻辑的芯片就能制作而成。

第二个异或门起到反相器的作用

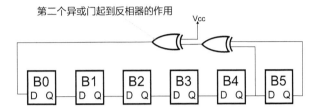

图12.31　6比特线性反馈移位寄存器控制机器人的伪随机移动

使用前面实验中提到的可编程计算器程序就能验证6比特线性反馈移位寄存器的运行情况（输出位置）。

我之前在本书讨论移位寄存器时，提到我更喜欢使用基本的D触发器芯片并按照需要制作应用电路。这个实验电路和圣诞装饰电路正是为什么采取这种最佳方法的良好例证；74LS174可以直接安装在移位寄存器上，这个移位寄存器可以是8比特或者6比特线性反馈移位寄存器。

在这个实验里，我设计制作了一个简单的机器人，它能在如图12.32所示的线性反馈移位寄存器的控制下随机地向左、向右和向前移动。为了让整个电路能装在机器人上的小型面包板上，我只需要让电动机向前转动即可。当一个电动机关闭，另一个开启，就能完成转向。这个成型装置并不是我所考虑的真正意义上的机器人，但是它能展示在线性反馈移位寄存器控制下，可能产生的随机移动。我设计的电路如图12.32所示。

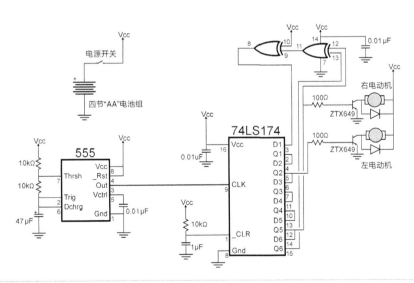

图12.32　用来控制机器人随机移动的线性反馈移位寄存器

该机器人的一个不同寻常之处（对于我）是我使用了一个单独的蓄电池组而不是AA电池组来驱动机器人电动机工作，而且使用了一个9V电源和电压调节器来驱动逻辑芯片（和555定时器）工作。我本可以使用7805调压器（和所需要的电阻器），但是选择这个器件会造成电路线路过于密集。最后，只使用了一个电源，机器人就能非常好地运行。

这个机器人电路的另外一个非同寻常之处是我使用了一个异或门，它的一个输入接Vcc，作为反相器使用。在前面内容，我介绍如何使用与非门和或非门制作反相器，但是我忽略了使用一个异或门就能实现同样的功能。

实验73 计数器

零件箱

带面包板的印制电路板
7805 +5V t调压器
555定时器卡扣
74LS174 十六进制 D 型触发器
74LS283 4比特加法器
四个发光二极管，任意颜色
三个10kΩ 电阻器
四个470Ω 电阻器
两个47μF电解电容器
1μF电容器，任意类型
四个0.01μF电容器，任意类型

工具盒

布线工具套装

你可以购买到的一种预先封装的时序逻辑电路是计数器（如图12.33所示）。计数器由一个能将输出送至加法器的多比特锁存器构成。这个加法器递增（加1）锁存器输出，并将加1后的输出值返回到锁存器输入，每一个时钟周期，这个增加的值都会被存储在锁存器中。计数器具有多种不同的功能，而且，有非常重要的一点需要牢记，时钟是一个恒定的频率时钟（为了对事件定时）或者是一个外部事件，事件的数量可以使用计数器进行记录。

在图12.33中，你会注意到我包括了计数器加法器的进位输出。当锁存器值加1后大于锁存器能够存储的值时，进位比特有效。这个输出值可以传递给另外一个

计数器（如图12.34所示），来驱动它工作，并记录两倍的比特数。当你设计低水平的计算机程序时，计数器的进位功能就显得非常关键，它能让你实现数字的数学函数功能，这些数字需要的比特位数大于处理器的处理能力。

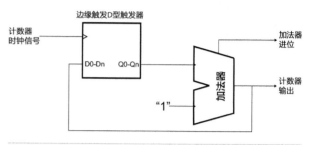

图12.33 基本计数器设计

在这个实验中，我会介绍如何使用独立加法器和锁存器芯片制作计数器。当你在应用中增加计数器功能时，你很可能会用到预封装的TTL和CMOS功能，如74161和74193芯片。这两种芯片都是4比特计数器，但是74161只能递增计数，而且计数值变化（清零和载入）都随着时钟信号被锁存。74193可以递增或递减计数，而且计数值变化会被立即（异步）处理，而不会随着输入时钟信号（同步）被处理。

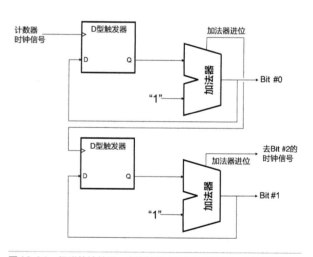

图12.34 级联的计数器一个比特值进位被传递至下一个计数器

74160与74161作用基本一致，前者的比特计数值最大到9，而74161的比特计数值最大到15（74192的比特计数值也只到9）。对于"非科学鬼才"们来说，使用这些计数器就可以轻松实现十进制计数器显示（使用七段发光二极管显示器和标准显示驱动器）。

除了74161和74193计数器外，还有许多不同的TTL和CMOS芯片可以提供计数功能，你可以在机器人

设计中考虑使用它们。我个人使用这两个芯片是因为它们可以在很多不同应用中使用，而且能非常轻松地级联在更大数值的计数器上。在大多数TTL计数器中，数值在时钟信号的上升沿被更新；记住这一点非常重要，因为进位值在一个适当的瞬间具有一个上升沿，这样就能保证更高比特位的计数器会在正确的时间递增。

在这个实验中，计数器电路的运行原理可以通过一个555定时器来演示。555定时器输出一个每秒1个周期（1Hz）的时钟信号，它能驱动一个由74LS174十六进制D型触发器锁存器和一个简单加法器（如图12.35所示）构成的时钟电路工作。这个非常简单的电路会根据发光二极管显示值来计数递增，直到所有发光二极管点亮（显示的十进制值为15或者二进制值为1111），然后再清零重新计数递增。

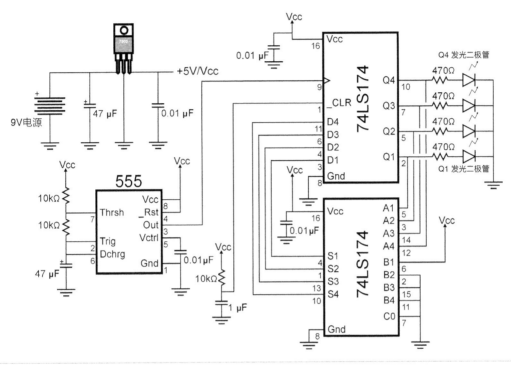

图12.35 使用分离元件制作的计数器电路图

实验74 Schmitt 触发器输入和按钮去抖

工具盒

布线工具套装

零件箱

带面包板的印制电路板
78L05 +5V t调压器
74LS191 4比特加/减计数器
74LS14 十六进制Schmitt触发器输入反相器
两个10kΩ电阻器
四个470Ω电阻器
三个0.01μF电容器，任意类型
瞬时按钮
安装在面包板上的单刀双掷开关

我认为开发机器人应用时，你必须处理的最重要、也最令人恼火的问题就是关于开关和按钮的去抖。尽管你认为电气连接是瞬时发生的，但是，你会吃惊地发现在开关常闭接触前，开关中的触点实际上会跳动几次。这个现象可以在图12.36中观察到。

当我向你介绍Parallax Basic Stamp 2 微型控制器时，我介绍了如何读取开关量信号以及如何滤除开关抖动。将开关抖动直接引入应用会产生问题，因为开关的多次抖动通常会被电路认为是开关来回断开闭合很多次。

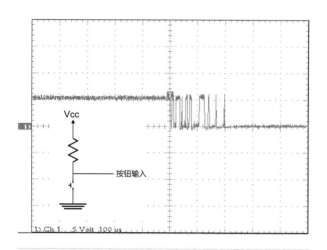

图12.36 开关抖动的示波器显示图

开关去抖的一种方法是制作一个小型触发器，并通过一个如图12.37所示的双掷开关来改变其状态。该开关可以将输入接在右边逻辑反相器上，不论它在什么状态，而输出值会送到左边反相器，改变它的状态并使电路达到平衡。当开关抖动时，既不与正极电压接触也不与地接触时，两个反相器的输入和输出保持触发器的值。

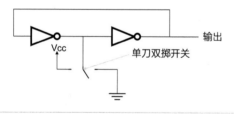

图12.37 基于触发器制作的开关去抖电路

我推荐你使用的去抖电路如图12.38所示。该电路由一个阻容网络构成，该网络可以在一个给定时间内充电或通过闭合开关或按钮迅速放电。图12.39所示为抖动信号的滤除示意图；虽然它并不能完全滤除开关抖动信号，但是处理后的信号要比我们开始使用时改善很多。

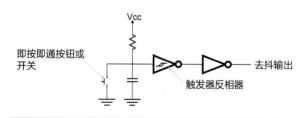

图12.38 RC网络和Schmitt触发器去抖

图12.40所示的标着有趣符号的反相器叫做Schmitt触

发器输入反相器，它具有一个特别好的过滤按钮输入信号的方法。Schmitt触发器输入可以在迟滞信号的上升沿或者下降沿改变状态，如图12.40所示。滞后现象是Schmitt触发器输入的特性，信号上升沿的阈值点与信号下降沿不同。观察图12.40，就会发现上升沿阈值在正常门电压阈值之上，而下降沿阈值电压在正常门电压阈值之下。

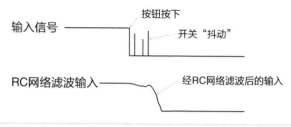

图12.39 RC网络去抖滤波作用

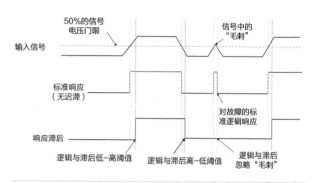

图12.40 逻辑信号滞后

这些变化的阈值正是这些反相器上的奇怪符号的含义，它表明Schmitt触发器的输入。图12.41所示为输入与门响应关系的X-Y坐标图。X轴表示输入电压，向右的方向表示升压，而Y轴表示Schmitt触发器输入的响应。跟着这些数字，就会发现输入的响应以及它形成的符号与我画在反相器门上的相同。比对一下，传统的逻辑门不适用这种符号；上升沿和下降沿信号的响应阈值是相同的。

在这个实验中，我将假设你手头没有示波器。为了演示按钮抖动现象以及滤波电路，如图12.38所示，我将按钮的输入信号送至一个计数器，如图12.42所示。在这个电路中，按下按钮，计数器输入被拉低，如果按钮抖动，计数器会技术增加几次。为了反复测试电路，我增加了一个清除按钮。清除按钮不需要去抖，因为我们不关心每次按钮释放时，计数器被清除了多少次。

当你按照图12.42所示完成电路的制作，就可以测试它了（记录每次开关按下时的抖动数量），增加74LS14反相器和10μF电容器可以去除按钮输入的抖动。

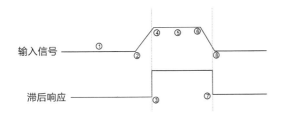

输入信号 ①

滞后响应

输入与滞后响应的标准 "Y-T" 坐标图

输入与滞后响应的标准 "X-Y" 坐标图

图12.41 绘制的具有滞后现象的逻辑信号

使用一个特别的噪声按钮并将信号直接送到74LS191计数器上,我发现把按钮按下10次后,每次按下按钮时,开关平均抖动10.1次,发光二极管上的二进制显示值的范围是1到14。加入74LS14 Schmitt触发器输入后,我发现平均抖动值降至1.2次,而显示值的范围为1到2。尽管去抖电路并不能完全实现去抖,但是这已经远远好于不加去抖电路时的情况了,而且,去抖电路的成本只有几分钱。我知道很多人都在设计中使用Schmitt触发器输入(例如74LS14),并加入一些额外芯片,来去除输入抖动。

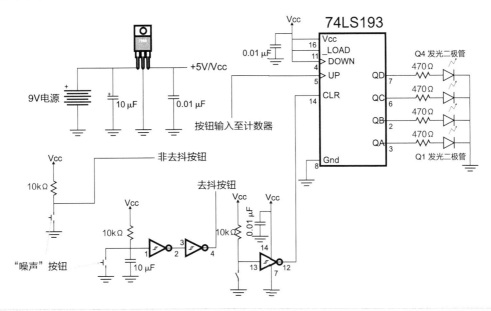

图12.42 计数器电路来测试去抖策略

实验75 PWM(脉冲宽度调制信号)发生器

工具盒

布线工具套装

零件箱

带面包板的印制电路板
78L05 +5V t调压器
74LS191 4比特加/减计数器
74LS85 4比特数值比较器
4比特双列直插式封装开关
发光二极管,任何颜色
两个4.7kΩ电阻器
470Ω电阻器
10μF电解电容器
五个0.01μF电容器,任意类型

在本书中,我会向你介绍许多不同方法来产生PWM(脉冲宽度调制)信号,用来控制电动机的速度或者发光二极管的亮度。在本书前面的内容,我讲过如何使用555定时器产生简单的PWM信号,尽管会出现一个全开或者全关的信号时不能产生这一问题。当我讨论Parallax Basic Stamp 2微型控制器时,我讲到内置的PWM计算机程序指令是如何工作的,但是这个PWM信号的运行频率只有1kHz，它很可能只能产生一声刺耳的嘎嘎声，并不能持续发出声音。Parallax Basic Stamp 2微型控制器程序指令产生的另外一个问题是当其他程序指令执行时，它无法执行。这个实验所需要的PWM发生器是一个能提供占空比为0到100%的PWM信号的发生器，而且它能不受控制器所造成的任何干扰而持续工作。

因为这个实验需要，让我们看看一种制作这种类型的PWM发生器电路的设计方法。我想使用的PWM发生器是基于由555定时器驱动的二进制计数器制作而成。计数器的输出会持续与一个比特值比较，当这个比较比特值大于计数器的值时，输入为1。我构思的该电路方框原理图如图12.43所示，令人大为吃惊的是，当我初次制作完成，它使用起来非常棒。

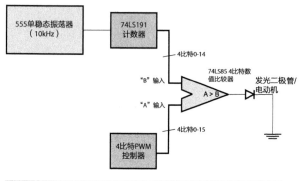

图12.43　PWM发生器方框原理图

观察图12.43，很可能有一个地方讲不通；我提到的计数器计数范围从0～14，而不是典型的4比特计数器从0～15的计数范围。为了让计数器在数字14时重置而不是在数字15时重置，因此，对二进制值进行比较时，当设置值大于计数器值，就能产生占空比为100%或者占空比为0的输出信号。如果计数器从0计数到15，当输入值大于计数器计数值时，电路就不能通过简单输出1信号，而产生占空比为100%的PWM信号。

为了产生从0到14的比特数，我使用了74LS191芯片向下计数，并将_LOAD引脚接至_RIPPLE引脚，并使输入信号为14。当芯片从一端翻转到另一端时，_R（纹波输出）引脚变为有效，而且当_LD引脚有效时，它能将输入引脚的值移动至计数器锁存器中。通常来说，当一个4比特计数器从0到15计数时，它会翻转，但是将_R引脚接至74x191上的_LD（负电平有效负载）引脚，当计数器为零值，并准备翻转时，就可以载入一个新的计数值。这个特性是该应用的理想选择，因为它保证了计数保持在0至14之间。

将电路原理图转换为电路图非常简单直观（如图12.44所示），电路安装印制电路板上的面包板会显得紧凑，但是，这并不是一个难度太高的工作。PWM输出值由4位置双列直插式封装开关来具体规定。

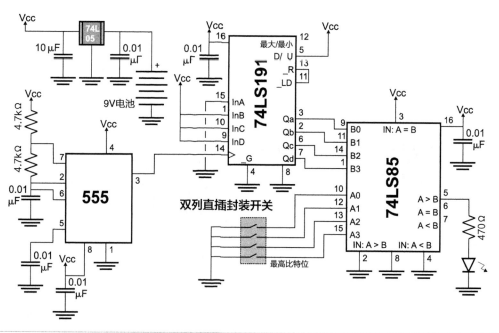

图12.44　PWM信号发生器电路

我之所以使用TTL（以及78L05调压器）而不是CMOS芯片是因为找到74C85芯片非常难。在电路中使用TTL逻辑而不是CMOS的一个优点是无需加装上拉电阻，就能简单地把比较器的输入接地。如果用CMOS芯片来制作电路，应务必在双列直插式封装开关上加装上拉电阻来保证高压信号通过比较器。

电路制作完毕，就会发现发光二极管的亮度取决于双列直插式封装开关上的电压值。令人困惑的是开关上的值看似与PWM信号的值相反。当所有的开关拨到ON（在开关上标记出来）位置时，发光二极管会熄灭，当所有的开关拨到OFF位置时，发光二极管会全亮。造成令人困惑的原因是开关的ON标记指示的是当所有开关闭合时，而不是当信号是1或者是高电平（会被误认为是点亮）；当开关闭合，比较器输入被接地，输入值为零。

PWM发生器的操作可以用示波器观察，如图12.45和图12.46。图12.45所示为当最低位开关断开，其余三位高位开关闭合时PWM输出信号。在这种情况下，与计数器读数比较的值是1，当计数器取值为零时（唯一小于1的值），电流会流过发光二极管。图12.45所示为中间值。当开关全部闭合（占空比为0）或全部打开（占空比为100%）时，没有PWM输出值，因为PWM输出只是一条平滑的线。

观察图12.45和图12.46，你也许会想我真是一个幸运的人；看上去我有一个五通道（或者更多）的示波器。实际上并不是如此，只是我非常聪明地使用了电脑软件来读取示波器描迹。我触发计数器的最高位（比特3），然后将另外一根探针移至不同信号处来提供五通道显示图。

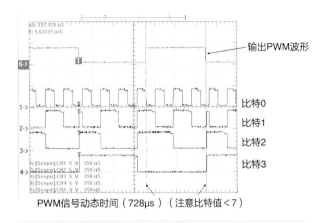

PWM信号动态时间（728μs）（注意比特值＜7）

图12.46　中间设置（7）PWM信号

如果把该电路应用于机器人上，我将不采用双列直插式封装开关，而是用一个控制器驱动的移位寄存器来代替开关。使用其中的两个信号和一个8比特移位寄存器就能制作一个简单的差分机器人。16电平值应该能满足大多数应用的需求，但是如果还不够，就需要在电路中串联另一个计数器和比较器。这样一来，该电路就能提供256个可供选择的PWM信号占空比，从而更加准确地控制电动机或者其他装置。尽管如此，级联电路有一个负面因素，那就是必须提高时钟频率。为了使电路产生频率为20kHz的PWM信号，就必须提供一个300kHz的时钟信号；一个具有256个阶梯电平、频率为20kHz的PWM信号发生器需要的时钟信号频率是5.1MHz。

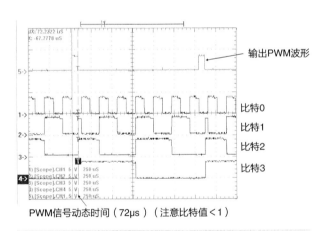

PWM信号动态时间（72μs）（注意比特值＜1）

图12.45　最低动态设置PWM信号（一）

第十三章
使用Parallax BASIC Stamp 2 微型控制器学习编程

Chapter 13

过去一些年，人们开发了许多不同工具来教授程序设计和编程机器人。现在，很多人都是通过LEGO^R Mind Storm和Spybotics来学习程序设计，这两个工具都是通过图像界面进行程序设计。程序设计的方法令人联想到计划项目时制作的流程图，而且非常容易让人理解。一生中从来没有接触过程序设计的人不用耗费多少精力就能设计专属于自己的MindStorms程序——LEGO^{R}极大地减少了设计者开发机器人应用产品时产生的忧虑。

为了让你了解流程图是什么样子，以及如何使用它（或者图像界面）设计一个机器人程序，我画出了一个双轮差动机器人的流程图（如图13.1所示），这个机器人会像飞蛾一样活动，并会扑向房间最亮的点。椭圆形表示程序的起始和结束（或停止）点。菱形表示程序的判断点。正方形表示程序或应用发生了什么事件。程序在不同正方形、椭圆形和菱形之间的流动由带箭头的线条表示，如图13.1所示。

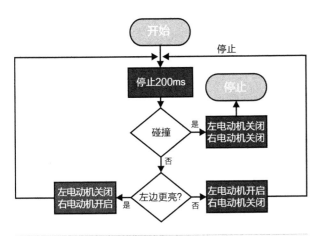

图13.1　机器飞蛾程序设计流程图

看着流程图，很容易发现程序最初停止200ms。接下来，机器人检查（或顺序询问）碰撞传感器，如果机器人正前方有什么障碍物，电动机就会停止转动，机器人停止行进。如果机器人正前方没有任何障碍物，光传感器重新校验，电动机启动，机器人就会朝着光源最亮的方向移动（如果左侧更亮，右侧电动机向前转动令机器人朝亮光处移动）。电动机启动后，机器人返回程序启动阶段，运行200ms后，再次顺序询问它的碰撞传感器。即使没有这个解释，你很可能也会理解这个程序是如何自己运行的——流程图很可能看起来要比书写的程序更容易理解。

如果我说这将会是本书中最后一次使用流程图来阐释整个应用系统，我并不是要表现得不近人情。不幸的是，使用流程图进行图形程序设计有许多缺点，它们使书中提到的不同机器人应用的开发过程变得十分低效。其中一些缺点为：

- 很难阐明复杂应用。在图13.1中，我刚刚达到可读性临界。

- 很难更新或者改进应用。在图13.1中，你会发现，当碰撞被检测到时，我不得不将指令执行的方向"折回"，使其向上执行。通常来讲，程序指令向下执行。我本来可以改变这部分图中的流程方向，但是这么做对整个图形改动太大。

- 设计软件将图像转换成计算机可以执行的程序的成本。LEGO^R MindStorms套装成本的一大部分都是在你的个人电脑上运行的软件的成本。

- 无法包容不同硬件。在LEGO^R MindStorms套装中，记得它只能与LEGO定义的硬件设备匹配使用。而你所设计的机器人要用到很多不同设备，包括一些家里东拼西凑的零件（讽刺的是，深圳可以使用一些LEGO积木零件）。使用LEGO^R MindStorms工具，如果你想开启或关闭电动机，只需要使用简单的命令模块即可，但是，如果是你设计的机器人，就得计划一下怎么能命令电动机运行和停止，而且开发出不同的控制命令来控制机器人的速度和转向。

实验76　加载个人计算机里的BASIC Stamp 视窗编辑软件

零件箱

工具盒　　个人计算机

在本书接下来的内容，我会使用Parallax BS2 微型控制器来操控不同的硬件实验和整个机器人实验。BS2微型控制器是一个自成体系单元，带有电源调节器、处理器、可重复编程应用内存、可变内存、时钟和24引脚的标准输入输出接口、双列直插式封装格式印制电路板或封装，如图13.2中的原理方框图和插脚引线图所示。

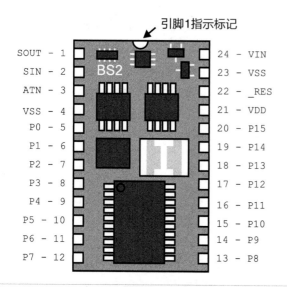

引脚1指示标记

SOUT - 1	24 - VIN
SIN - 2	23 - VSS
ATN - 3	22 - _RES
VSS - 4	21 - VDD
P0 - 5	20 - P15
P1 - 6	19 - P14
P2 - 7	18 - P13
P3 - 8	17 - P12
P4 - 9	16 - P11
P5 - 10	15 - P10
P6 - 11	14 - P9
P7 - 12	13 - P8

图13.2 BASIC Stamp 2 微型控制区布局图

如果你还没有这么做，现在就去购买一个BS2微型控制器吧。有很多不同现成可用的BS2微型控制器模型可供选择，我推荐你购买一个入门级的BS2微型控制器，根据本书封面印刷的信息，你就可以直接从Parallax购买一个降价的BS2微型控制器。其他种类的BS2微型控制器可以提供更快的应用执行速度和一些额外的特性，但是这种价格低廉的入门级BS2具有最优性价比，并能提供所有本书项目所需要的所有特性。在我完成BS2应用时，我会强调一定要把各种应用想透想明白，不要过于依赖处理速度更快、内存更大的微型处理器来让各种应用顺利实现。随后，你或许想测试不同的BS2模型，但是，目前还是应使用这种入门级的基本微处理器。

开始用BS2微处理器工作前，需要下载响应开发软件套装（被称为Stamp 视窗编辑器），并连接好BS2微处理器的接线。在这个实验中，会有一个将Stamp 视窗编辑器装载到个人计算机上的过程。在接下来的实验中，我会设法将应用装载并下载到BS2微处理器上。BS2安装在本书附着的印制电路板上。

除了介绍如何下载应用软件，我还会告诉你应该下载一个操作手册作为参考，并加入两个Yahoo！技术群来帮你处理各种技术难题。

你使用的个人计算机必须能安装运行某一个Microsoft

Win32 操作系统，系统磁盘空间最少应该有100MB（系统应该也至少具有32MB的主存储器空间）。我推荐使用的操作系统为Windows 98 Release 2，Windows/Me，Windows/NT 4.0，Windows/2000，或者Windows/XP。如果个人计算机运行Windows/NT 4.0、Windows/2000或者Windows/XP操作系统的话，你必须具有管理员权限。个人计算机需要能接入互联网来下载Stamp 视窗编辑器软件，并能查询所使用的不同电子元件的信息。

打开你的个人计算机互联网浏览器，键入www.parallax.com网址，并下载Parallax Stamp 视窗编辑器。

当你载入Parallax 网页，移动鼠标至下载图标，此时一个下拉菜单会出现或者另一个网页会弹出。当菜单中的选择项出现，用鼠标点击BASIC Stamp 软件。

从下载下拉菜单处点击BASIC Stamp 软件选项后，就会进入下载网页。用鼠标左键点击下载BASIC Stamp 视窗编辑器软件。我推荐下载完整的软件安装文件，而不是"安装时需要互联网连接"的文件。其他初学者通用符号指令码（BASIC）Stamp应用程序可能会吸引你的注意力，但是就目前而言，你应该只需要下载并安装Stamp 视窗编辑器（如图13.3所示）。

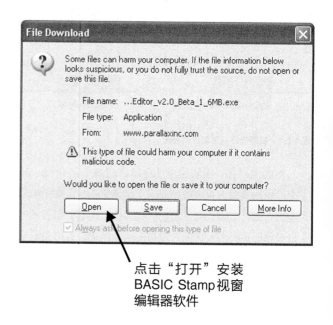

点击"打开"安装
BASIC Stamp视窗
编辑器软件

图13.3 下载选择对话框

一个对话框会弹出提醒你打开或者运行应用，或者是保存应用。我建议点击打开或运行按键，让程序下载并自行安装。根据说明选择典型安装，并让程序图标在电脑桌面显示。

软件下载下来后，会被询问选择何种安装软件安装方式。只需要选择继续默认安装（和典型安装）即可，但是确定程序图标显示在电脑桌面上；这么做能让你快速启动BASIC Stamp 视窗编辑器软件。当BASIC Stamp 视窗编辑器软件安装完成后，就会在电脑桌面自动生成一个软件图标。双击图标就可以启动软件；只需要点击窗口右上角的"X"标就可以关闭软件（关闭其他Windows对话框也采用此方法）。第一次启动编辑器时，会被要求给文件分配扩展名".bs2"，以及其他文件。从浏览器窗口选择BS2源文件时，点击"是"，BASIC Stamp 视窗编辑器软件就会自动启动，准备载入文件。BASIC Stamp 视窗编辑器软件是一个Windows 对话框，如图13.4所示。

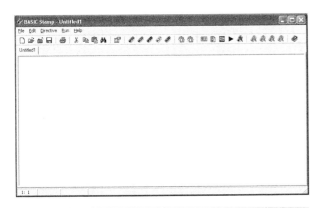

图13.4　BASIC Stamp Windows编辑器操作

BASIC Stamp 视窗编辑器软件初次启动时，它会给你一个关于微处理器编程的新提示。我建议通读每一个新提示以更好地理解BS2是如何工作和进行程序设计任务。如图13.3中所示，我下载了软件的Beta测试版本。下载BASIC Stamp 视窗编辑器时，它是软件的发行版本，可能会与本书屏幕截图中的显示有点不同。

BASIC Stamp 视窗编辑器组件包含一个卸载工具，如果你打算下载一个新版本的软件，则可以用它卸载原版本软件。从"开始"菜单可以找到软件的卸载应用程序。

一旦BASIC Stamp 视窗编辑器安装完毕，我推荐你返回到Parallax 网页，将鼠标移动至"下载"，并点击"文件资料"选项，下载并打印BASIC Stamp 用户使用手册。这份300多页的文件会介绍BS2的不同电气特性，比本书更详实地介绍了PBASIC 程序设计语言。Parallax也将该用户手册预先打印并装订成书，你也可以购买用户手册的纸质版本。

作为使用个人计算机进行本书介绍的机器人实验的最后一个步骤，你应该加入我创建的科学鬼才机器人

Yahoo!技术组，以及Parallax BASIC Stamp Yahoo!技术组。这些技术交流组的URL地址（统一资源定位地址）是：

- http://groups.yahoo.com/group/evilgeniusrobotssuport/
- http://groups.yahoo.com/group/basicstamps/

实验77　将印制电路板和BS2连接至个人计算机并运行第一个应用

零件箱

安装BS2的组装印制电路板

工具盒

个人计算机
RS-232 串行数据通信标准接口电缆

个人计算机安装并加载BASIC Stamp 2 软件后，现在就可以把BS2微处理器与计算机相连，系统加电后，下载你的第一个应用程序。我假定你已经进行了每一项实验，组装好（将焊接的零件安装在）印制电路板，并安装好电池。现在回到前面做的实验中，组装印制电路板，安装BS2 微型处理器和9V电源。

开始安装前，我要强调一点，BS2 微处理器的软件和硬件都非常稳定；因为它们现在经过持续多年的更新，并经过很多人进行彻底的调试和纠错，这些人的机械技术很可能还不及你。因此请放松，你几乎不可能在实验过程中毁坏BS2微处理器或个人计算机。

安装BS2微处理器并将它与个人计算机连接的过程十分简单，尽管根据你所运行的个人计算机和操作系统，你还需要设法克服一些其他问题。

在随后的内容里会讲到，你需要将BS2微处理器插入本书附带的印制电路板上（在印制电路板的介绍说明

里），并将新的9V碱性电池或者刚刚充完电的镍氢电池插上。我推荐在插进BS2微处理器前，先移除电池，并确保不要将连接线插入印制电路板上的面包板上。

接下来，使用9针直通串行连接线（通常称为串行数据扩展器）将印制电路板连接到个人计算机上RS-232串行数据接口。正如我提到过，大部分台式和立式个人计算机都有内置RS-232串行通信接口。RS-232串口可以是9针或者25针公头连接器，应该将它与9针公头输出连接器相连，如图13.5所示。但是大部分个人计算机不带9针D型公头对母头直连线缆，你必须购买一根。

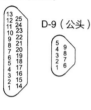

DB-25（公头）
D-9（公头）
9针公头RS232连接器

图13.5 IBM个人计算机DB-25和D-9针RS-232连接头

有一些个人计算机带有一根公头25针RS-232端口连接器。它是RS-232串口所使用的标准连接器；IBM在1984年设计推出了一款用于个人计算机AT（高级技术）的9针连接器，但是，IBM公司发现在一个适配器卡槽上没有足够的空间插入两个25针连接器（一个用于并行数据接口，另一个用于串行数据接口）。如果你的个人计算机具有一个25针的RS-232端口连接器，那么你可以购买一根扩展器线缆将25针RS-232端口转换成9针连接器，或者使用一根能将25针转换为9针的端口转换器。在电子或计算机零售店应当有许多不同的端口转换器供你选择，总可以找到一款合适的公头9针D型连接器用来与印制电路板连接。

现在大多数笔记本电脑（和一些家用个人计算机）都没有外部RS-232端口。如果个人计算机没有9针RS-232接口，我建议你购买一个USB RS-232 硬件接口。我使用BS2微处理器时，同时使用了RS-232 USB 接口（带有4个RS-2329针连接器）和一个普通的USB接口，后者是作为BS2微处理器的个人数据助手（掌上电脑）来使用。

我不建议购买一个RS-232端口ISA或者外围设备接口卡（除非个人计算机不具有USB接口），因为这样一来，你就得打开个人计算机机箱，而且需要手动配置串行

数据端口。USB适配器价格相当便宜（通常比外围设备接口卡还便宜），并且容易安装，只需要使用CD-ROM，花几分钟就可以完成安装。

使用的RS-232端口仅用来对印制电路板上的BS2微处理器进行程序设计。Windows操作系统并不能很好地进行资源共享，如果你想与其他设备（例如掌上电脑）共享端口，就会出现操作系统试图判断是否应该让Basic Stamp 编辑器访问该端口。

当确认好个人计算机上的RS-232端口位置后，用电缆的一头连接计算机的RS-232端口，另一头连接印刷电路板，如图13.6所示。完成这一步骤，启动计算机上的Stamp 视窗编辑软件（如图13.7所示），并在标记的白色文本方框内键入如下程序：

```
' The first application
'{$STAMP BS2}
'{$PBASIC 2.5}

    debug "Hello World!"

    end
```

图13.6 安装好BS2微处理器和电池的印制电路板

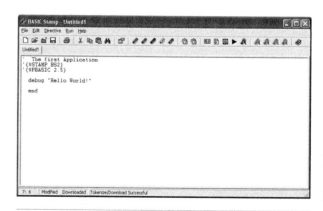

图13.7 输入第一个程序的BASIC Stamp 视窗编辑器屏幕截图

用鼠标点击"运行"或者指向左边的三角图标，程序就会被下载并运行。当一个状态对话框弹出并消失后，"调试终端"就会出现。

调试终端对话框是一个小型的显示界面，程序的PBASIC"调试"语句写入终端，将状态信息返回用户。在这一节内容里，我会使用它来展示不同程序设计操作的结果。

如果你按照我所说的指示写入程序语句，那么有很大可能运行的"你好世界！"程序不会出现任何问题。如果万一你的应用无法工作，你可以排查以下几点内容解决该问题。第一，确定RS-232端口不用于任何其他个人计算机应用。

对印制电路板进行接线时，应保证Basic Stamp编辑器软件能检测到BS2微处理器，并能自动开始下载程序至BS2微处理器。其他设备也许以同样方式接入，这会造成Basic Stamp编辑器软件误认为该设备为印制电路板。如果出现此情况，点击"特性"，然后再选择"调试端口"，手动选择你要使用的端口。手动选择端口的另外一个优点是，Basic Stamp编辑器软件不需要寻找连接BS2微处理器的端口（这意味着下载速度要比带有许多串行数据端口的个人计算机快）。

实验78 在个人计算机上保存应用程序

零件箱

带BS2微处理器的组装印制电路板

工具盒

个人计算机
RS-232串行数据通信标准接口电缆

你现在就可以创建并下载应用到Parallax BASIC Stamp 2里面了。在前面的实验中，将印制电路板通过RS-232串口电缆与计算机相连，启动Basic Stamp编辑器软件，并键入一个简单的应用程序，将应用程序下载到BS2微处理器中，并运行它。在这一节的内容里，我想稍微解释一下这个过程是如何工作的，并建议一种方法能保存应用程序以备后来使用，这种方法能让你迅速轻松地获取保存的应用程序。

根据你对个人计算机操作的经验，你或许还不了解计算机有许多不同方式在硬盘上存储信息。保存一个文件的最基本方法就是将它保存在计算机桌面上。这样，你就能在任何时候看到文件，而且，如果你用适当的文件扩展名设置了个人计算机，当你用鼠标双击这些文件时，就会有适当的软件运行读取或者处理信息。如果你从互联网上下载MP3，那么电脑桌面可能已经满是MP3格式的文件了。

在最新的Windows（Windows/Me，Windows/2000和Windows/XP）操作系统下，你可以将文件保存为很长的描述性字符串。在前面实验所讲的"你好世界"的示例应用程序中，你可以将该程序命名为"科学鬼才——第一个BS2程序——你好世界！"

这种文件名描述准确，让人一看就知道它的内容，如果对它进行修改，你就得将它保存为"科学鬼才——第一个BS2程序修改于02.11.19——你好世界！"

这种文件名保存方法低效而且非常容易令人混淆。这种文件保存方法会非常快地将你的计算机桌面布满各种不同文件，而且当它们在计算机桌面上显示时，很多文件名信息都是看不到的，除非你用鼠标单击该文件图标。

Stamp Editor Software默认将文件保存在计算机硬盘里的文件夹内（当我称这些文件夹为"目录"或者"子目录"时，我的年龄就该暴露出来了）。如果你用鼠标单击文件并打开它，就会看到你可以从许多示例BS2程序中选择一个。你可以在这个文件夹里保存"你好世界"应用程序，但是再次找到它就会有些难度了（特别是当你几个月以后去寻找时，就不能100%确定文件的名字了）。

为了使保存本书提到的所有文件变得更简单些，我需要充分利用Windows操作系统（以及大多数其他操作系统）的三级文件结构。三级文件结构提供了一种分组和标记文件（以及文件夹）的方式，这种方式将文件列于易于查询的目录下。如果你查看计算机里的"C"磁盘，它会像图13.8所示安排文件。

在图13.8中，我从你用鼠标双击"我的电脑"时的位置开始。从那里，我进入到"本地磁盘（C：）"中，然后点击进入"科学鬼才"文件夹，再进入其目录下的"你好世界"文件夹里。从图13.8可以看出，我已经将应用程序保存在"C:\科学鬼才\你好世界！"文件夹。

不同文件夹中所用的空间是动态分布的；你不用担心每一个文件夹占据了多少空间。这意味着你可以在任何文件夹中存储你需要的尽可能多的信息（多到硬盘空间可以提供的空间）。

为了创建一个独立的文件夹来存储本书用到的BS2应用程序，点击"我的电脑"，进入"本地磁盘（C:）"。创建"科学鬼才"文件夹时，点击"本地磁盘（C:）"目录下的"新建文件夹"。这样一个新文件夹就会被创建，系统提示你键入文件夹名称。将新建文件夹命名为"科学鬼才"。双击"科学鬼才"文件夹，用同样的步骤在其目录下创建"你好世界"文件夹。现在，你可以保存应用程序了。

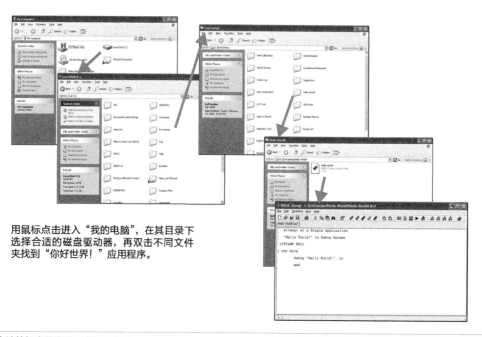

用鼠标点击进入"我的电脑"，在其目录下选择合适的磁盘驱动器，再双击不同文件夹找到"你好世界！"应用程序。

图13.8　在个人计算机中的文件及文件夹管理

正如前面实验所说的，当"你好世界！"应用程序被输入进Stamp Windows Editor 后，点击文件并选择"另存为"来保存文件。此时，一个新的对话框会弹出，如图13.9所示。

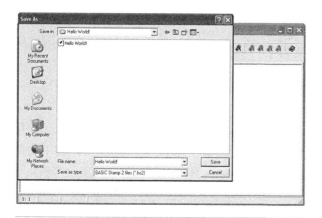

图13.9　在文件夹内保存文件

为了在"科学鬼才"文件夹目录下的"你好世界！"文件夹下保存"你好世界！"应用程序，你得在"本地磁盘（C:）"目录下，从"另存为"对话框（如图13.9所示）顶部的"保存"工具栏中进行引导。这个工具栏有一个下拉菜单，可以让你在目前的目录下选择文件夹或者将文件从目前的文件夹下移动至文件放置的文件夹中。

计算机的文件系统看起来复杂，但是一旦你开始使用它，就会发现实际上很容易创建、保存并（最重要的是）查找文件。我不鼓励将所有文件保存在计算机桌面的做法，因为这么做很难追踪记录不同应用程序并让它们与其他保存在桌面的文件（如MP3文件）分离开。我喜欢保存每一个实验的应用程序在其自己的独立文件夹内，这样我可以在同一个文件夹下修改代码并保存它，令寻找和追踪更新文件变得更容易。对于本书的每一个应用程序，我都在"科学鬼才"文件夹目录下创建的文件夹中保存了每一个实验的应用程序代码，而且，我建议当你开发自己的应用程序时继续用这种方法保存文件，使它们与个人计算机上的其他文件分离开，这样做，当你回头再寻找这些文件时，就很容易找到。

实验79 解读"Hello World!（你好世界！）"应用程序

零件箱

带BS2微处理器的组装印制电路板

工具盒

个人计算机
RS-232串行数据通信标准接口电缆

BS2微处理器使用的程序设计语言是PBASIC语言，它是BASIC程序设计语言的一个变化版本。BASIC程序设计语言已经被用于教授人们设计程序30多年了。在本节接下来的内容，我会介绍程序设计的基本内容以及如何将PBASIC代码写入BS2微控制器。

在BS2微控制器上运行的第一个程序就是"你好世界！"，它用来显示个人计算机与安装在印制电路板上的BS2微控制器已经建立连接。该印制电路板附在本书后面。查看这个应用程序，很有可能就知道它的作用是什么。

该程序由下面七行程序语言构成：

```
'   The first application
'{$STAMP BS2}
'{$PBASIC 2.5}

    debug "Hello World!"

    end
```

上面列出的程序被称为应用程序源代码或者仅仅为代码。源代码是一组人类可读懂的指令，通过编译器可以将它转换为计算机能够直接处理的格式。上面的七行程序被转换为一组计算机符号语言并被下载至BS2微控制器中执行。每一个计算机语句的符号通常有一个或者两个字节（或字）的长度。BS2微控制器可以非常快速地读取并执行它们。源代码仅仅对程序设计者有意义，它并不能被直接装载至BS2微控制器。

该程序初始三行代码开头有一个单引号，它是用来表示一个从行头到行尾的注释的开始，在本例中，注释表示这样的信息："第一个应用程序"。注释被程序设计者用来记录源代码，并帮助解释程序的作用。它们可以置于源代码中的任何位置（包括放在一个程序指令的后面）。对计算机语句进行有意义的注释非常有用，它能用来解释一些对你自己和其他想要看懂源代码的人有用的内容。

发一发个人的牢骚，我痛恨一些应用程序的注释重复或者改述一行代码的作用。我本可以将第一个应用程序写成如下内容：

```
'   The first application
'{$STAMP BS2}
'{$PBASIC 2.5}

  debug "Hello World!"
'   Print greeting

  end
' Stop the program
```

这个代码解释了程序指令（称为计算机语句）的作用，但是并未解释为什么指令会出现在那里或者为什么需要它们来执行需要完成的任务。当我设法处理本书的应用程序时，试着注意一下我是怎样书写注释的，以及我是怎样使用它们来解释发生了什么或者为什么我使用了代码，而没有解释每一个指令是如何工作的。

接下来的两行不是注释，而是发送给BS2微控制器编译器的指令。两行中的第一行（'{$STAMP BS2}'）告诉编译器目标设备是BASIC Stamp 2，并且它发出该设备特有的计算机符号。第二行具体规定代码使用PBASIC 2.5版本的程序设计语言编写。

程序中的第四和第六行不是向BS2微控制器发出的指令，而是被称为空白的空行。我建议将空行放在代码块周围使其从视觉上间隔开。在一个代码块前后加上空行，读者的视线会直接被吸引，使代码块的开始和结束显而易见。明智而审慎地在应用程序中使用空行会令阅读和理解程序更为容易。第五行（debug"Hello World!"）是编译的第一句计算机语句，它被转换成计算机符号，并下载至BS2微处理器。该语句会命令BS2微控制器向个人计算机发回字符串"Hello World!（你好世界！）"，该字符串会显示在"调试终端"对话框内。

"调试"语句的操作是将应用程序执行情况返回至个人计算机的主要方法。在本节内容和接下来的内容里，我会使用"调试"将反馈信息从BS2微控制器返回至个人计算机。

除了"调试"语句外，在创建应用程序源代码时，还有许多其他嵌入式"函数"语句可供使用。这些内容我都会在本节和随后的章节里予以解释。

只需要移动光标至Stamp Windows Editor（Stamp视窗编辑器）里并改变里面的信息内容就可以改变双引号字符串的内容（"Hello World!"）。你或许想把双引号内的字符串信息改变为"Hello from Myke"（"来自Myke的问候"），当用Ctrl-R或者Stamp Editor Window（Stamp 编辑器窗口）上的"运行"按钮再次执行命令时，观察出现什么情况。

当改变字符串时，也就改变了程序的源代码。在BASIC Stamp Windows Editor（BASIC Stamp 视窗编辑器）底部会出现"已修改"的信息，这说明应用程序已经被修改，但是改变没有保存。如果此时关闭程序编辑界面，就会弹出"源代码已经更改，是否需要保存它"的提示信息。如果你点击"是"，BASIC Stamp Windows Editor software（BASIC Stamp 视窗编辑器软件）就会将修改的源代码保存为"Hello World!"。

这也是我之前提到的为什么要对每一个应用程序创建独立的文件夹的原因。不需要将更改后的源代码保存为"Hello World!"），只需要点击文件，然后选择另存为；你可以将文件（在"Hello World!"文件夹内）保存为"Hello from Myke"或者"Hello World——已更新"。

"Hello World"应用程序源代码的最后一行（也是计算机语句）是"end"（"结束"）。这个语句使BS2微控制器停止执行命令，并进入掉电待机模式，此时BS2微控制器仅仅消耗40μA电流，等待Stamp Windows Editor 的另外的命令。

初次编写BS2应用程序时，应当经常性地在应用程序末尾写上"end"语句。当BS2微控制器被加载时，它只是将程序存储在BS2微控制器的程序内存中，而不会清除之前的任何程序。如果当前的应用程序比前一个内容要短，并且没有一个"end"语句，那么BS2微控制器在执行完当前的应用程序后，还会继续执行前一个应用程序代码。对大多数机器人应用而言，执行命令是持续重复地循环，不会出现执行命令超出代码范围的危险——但是，为了安全起见，记住在程序末尾加一行"end"语句，以确保在你认为命令执行会超出范围时，BS2微控制器能及时停止运行。

实验80　变量和数据类型

零件箱

带BS2微控制器的组装印制电路板

工具盒

个人计算机
RS-232串行数据通信标准接口电缆

机器人（以及控制它们的计算机程序）是被设计用来在不断变化或者各种环境中工作的。在某些环境中，变化来自内部，令其继续过程中的下一个步骤，而其他一些变化则是由于机器人工作的环境的改变。当应用程序执行时，变化的数据必须被存储并重新读取。

变量是存储在计算机系统内存里的数字或者字符数据，它用来存储或检索应用程序需要的数据。作为规定，变量能写入，变量赋值可以读回。除了解释变量的含义之外，我会回顾一般可用的不同的数据类型以及在PBASIC程序设计语言中的不同数据类型。

在前面的章节中，我介绍了触发器的概念，以及如何使用它们存储被称为比特的单独的单位数据。BS2微控制器可以提供256比特数据供程序使用。尽管在某些程序设计例子中单独比特（数字赋值为0或者1）数据比较有用，但是，对大多数应用程序而言，需要更大数量的比特数据。不需要额外开发程序源代码从而将比特数据组合在一起，PBASIC 程序设计语言可以自动提供该功能。

PBASIC处理单比特数和组比特数的方法见表13.1。

定义变量时，会使用"说明"语句并以下列格式进行说明：

```
VariableName var Type
```

"VarableName"（"变量名"）可以是任意具有32个字符长度的字符串，从下划线符号（"_"）开始或者字母表顺序（从a到z，或者从A到Z）开始。变量名除了可以使用下划线符号和字母符号，数字符号（从0至9）也可以用来定义变量名。

表 13.1 PBASIC 数据大小和数字范围

比特位数	数据类型	数据范围
1	Bit（比特）	0 至 1
4	Nib（半字节）	0 至 15
8	Byte（字节）	0 至 255 或 128 至 127
16	Word（字）	0 至 65535 或 −32768 至 32767

变量说明中的"类型"是指上表所列的四种数据类型之一。"Nib（半字节）"是单词"nybble"的缩写，通常用于描述 4 比特位数据。半字节是非常有用的数据类型，特别是能非常有效地显示非十进制数据。

PBASIC 变量能"覆盖"在其他变量上，或者部分变量可以作为独立变量使用。为了使用覆盖变量获取变量的一小部分，可以使用列于 BS2 快速参考中的"修改器堆栈"。例如，在"Flag"变量中定义一个比特可通过下面编码完成：

```
Flag var byt        ' 8 Bit Variable
LED var Flag.bit1   ' Single Bit of "Flag"
```

这个编码可以重复用来定义"Flag"变量中的 8 比特数据。使用"bit#"修改器，就能对一个字节中的每一个比特做出具体规定，这是使用修改器的一个优点，因为在某些情况下，PBASIC 编译器会按照它自己的字节定义每一个"比特"。如果你想拥有几个比特变量时，就会发现存储器空间（开始只有 26 字节【206 比特，8 比特/字节】）占用非常快。

为了测试变量的运算，启动 Stamp Windows Editor（Stamp 视窗编辑器），并键入下面的程序：

```
' Variable Display - Write to and Display
Different Variable Types
'{$STAMP BS2}
'{$PBASIC 2.5}

' Variables
BitVar var bit
ByteVar var byte
WordVar var word

' Assignment Statements
    BitVar = 0    ' Bits can be 0 or 1
    ByteVar = 0   ' Bytes can be 0 to 255
    WordVar = 0   ' Words can be 0 to
                    65,535

' Display Variables using debug statement
    debug ? BitVar
    debug ? ByteVar
    debug ? WordVar
```

```
    end
```

当输入完上述程序后，在"科学鬼才"文件夹目录下，给该程序创建一个变量显示文件夹，并将该程序保存为变量显示文件。创建完成后，分别给三个变量赋 0 值和赋不同值时来运行程序。可以试一试给变量赋的值大于每一个数据类型时，编译器会输出何种信息（以及在调试终端对话框中会出现什么内容）。

当给变量赋的值大于变量可以保持的值（试一试"Bit Var = 3"）时，就会发现小于最大值的一部分数会保存在变量里。我已经把这些最大值在表中列出。而且，这么做也不会出现错误信息。PBASIC 程序对保存在变量中的值和变量能保持的最大值进行与运算。记住这一点非常重要，因为有时候你会发现，由于这个与运算，所期待的变量的值要远远小于它应该保持的值。

这个应用程序首先定义了三个变量（一个比特、字节和字），给它们赋不同的值，并在结束程序之前，将赋值的变量输出。令变量等于数值的计算机语句叫做赋值语句。将一个常数值赋值给一个变量是最简单的一种赋值语句形式（正如本实验中对变量赋值的例子），这种赋值方法可以用来进行更加复杂的运算。

调试语句中，变量的内容会被显示，但是我使用"？"格式器将变量名与它的赋值一起显示出来。输出变量名和它的值后，显示器上出现一条新语句。我会在随后的一些实验中介绍采用格式器和不同方法，使用调试语句将数据显示出来。

实验 81   数据格式

零件箱

带 BS2 微控制器的组装印制电路板

工具盒

个人计算机
RS-232 串行数据通信标准接口电缆

当我介绍一些机器人应用程序时，其中一大部分工作是将数据量化或转化为数字形式，这样BS2微控制器就可以处理它。在本书后面的内容里，我会讨论位置、速度、光度级、输入输出比特状态，以及其他参数的恰当的数据格式，这些数据会让从机器人应用程序回传的数据更容易让人理解。在进行到这里前，我会介绍PBASIC语言里可用的、适用于BS2微处理器的不同数据形式，以及如何使用它们。这些不同的数据形式用来向你或其他用户，或另外的计算机系统输出数据。

多数位由几个数字构成，每一位数都是由一个乘数去乘以10为底，以数所在位置为幂的数。这正好是以十为底（基数）的十进制数的书写方法。如图13.10所示为数"123"实际上是每一个数的值的加法和。

在工程和计算机科学领域，第一位数通常是0而不是1，这一点正如你所料。这是因为使用二进制数值时，最小的可能值就是零；如果数字都是以1开始，那么第一个可能值就会被忽略。

图13.10所示的方法可以使十进制数来表示二进制数（二进制数的每一个数都有两个不同的值0或1），反之亦然。例如，考虑一下十进制数42。根据图13.11所示内容，除了数8（二进制比特位是3）和数2（二进制比特位是1）对应的乘数都是1之外，数32（二进制比特位是5）对应的乘数也是1。剩余的其他数对应的乘数都是零。在PBASIC程序设计语言中，二进制数的数字前面都有一个%前缀。如果没有%前缀，那么这个数就不是二进制数。在PBASIC中，十进制数42用二进制数表示为%101010。

书写并说出多位二进制数值需要花较长的时间；这

种情况的一个显著的例子就是在电影《Futurama（飞出个未来）》中，主角Bender参加机器人教堂活动并以二进制数朗读词语"Grace（恩典）"时花了好几个小时。为了避免这种情况，大部分人都使用十六进制（以16为基数）数来表示二进制数据。4位二进制数（一个半字节）代表一个十六进制数。在表13.2中，我列出了表示16个十六进制数的二进制、十进制以及助记符表达方法。十六进制通常缩写为三个字母Hex，正如二进制数被缩写为bin，十进制数被缩写为dec一样。对于大于9的十六进制数值，使用字母A至F来分别表示10至16，而且也经常使用这几个字母的语音助记符来表示10至16的十六进制数。十六进制的数字前面有一个$前缀字符，用来表示它们是以16为基数的数。

$$1 \times 10^2 = 100$$
$$+\ 2 \times 10^1 = 20$$
$$+\ 3 \times 10^0 = 3$$
$$\overline{123}$$

图13.10　十进制数123用10的幂级数之和来表示

$$1 \times 2^5 = 32$$
$$+\ 0 \times 2^4 = 0$$
$$+\ 1 \times 2^3 = 8$$
$$+\ 0 \times 2^2 = 0$$
$$+\ 1 \times 2^1 = 2$$
$$+\ 0 \times 2^0 = 0$$
$$\overline{\%101010 = 42}$$

图13.11　十进制数42用2的幂级数之和来表示

表13.2　十进制、二进制、十六进制以及助记符相互参考

十进制	二进制	十六进制	十进制	二进制	十六进制	助记符
0	0000	0	8	1000	8	
1	0001	1	9	1001	9	
2	0010	2	10	1010	A	"Able"
3	0011	3	11	1011	B	"Baker"
4	0100	4	12	1100	C	"Charlie"
5	0101	5	13	1101	D	"Dog"
6	0110	6	14	1110	E	"Easy"
7	0111	7	15	1111	F	"Fox"

PBASIC语言会自动将数据转换成不同进制的数字。我推荐你使用一个价格便宜、内置数据转换功能的科学计

算器。计算器的这种功能很少被介绍到，因此当你寻找计算器时，应该找按键上除了带有A至F字母外，还应带有

DEC、BIN、HEX和OCT功能的计算器。OCT表示以8为基数的计数方法，八进制数在30年前非常流行。除了在某些C语言程序设计情况下使用，八进制很少被使用，因为它使用起来非常不方便（每一个数都由三个比特数构成，而且不能刚好构成一个字节或者一个字）。

为了以现成可用的不同格式来显示PBASIC语言中的数字，你可以键入下面的数字格式应用，并将它保存在"科学鬼才"文件夹目录下的文件夹（"数字格式"文件夹）内。和前面的应用程序一样，改变赋值语句，然后再次运行应用程序来观察在不同格式下，不同十进制数值的表达方法。

```
' Number Format - Display a Value in
Different Number Formats
'{$STAMP BS2}
'{$PBASIC 2.5}

' Variables
Value    var byte

' Assignment Statements
     Value = 123 'Arbitrary Value to
Display

' Display Variables using the debug
statement

  debug "Decimal ", ? Value
  debug "Binary ", IBIN ? Value
  debug "Hex ", IHEX ? Value

  end
```

在调试语句中，我将IBIN和IHEX格式器放在字符前面来输出变量名以及值变量的内容。IBIN和IHEX格式器会把值变量的内容转换为二进制数和十六进制数，并在数值前标记%和$数据格式符。除了IBIN和IHEX格式器，在调试语句中还有许多其他可用格式器，它们被列入本书结尾的BS2微控制器参考中。

我推荐你只使用这两种格式器（除了用del表示十进制）来转换数字数据，以保证当数字10被输出时，你不会自以为它是十进制数的10，而不是二进制数表示的2或者十六进制表示的16。当你初学程序设计，且不清楚所显示的数据的含义时，如果使用其他一些能将值变量内容转换为十进制、二进制和十六进制数的格式器时，可能会令你感到困惑。

选择不同的数字格式可以让读取数据输出和对硬件接口编程变得更容易。初次程序设计时，我推荐你尽可能地坚持使用十进制（以10为基数）数，因为你对它最熟悉。在下一章节中，我会举例说明当与硬件设备对接时，

最好选择使用二进制和十六进制数进行程序设计。

在进行接下来的实验前，我想与你分享一个有趣的故事，来说明我们的实验已经进行到何种程度了。你也许知道，也许也不知道，hex并不是表示16的正确前缀符（hex实际上表示6）。实际上表示16的正确前缀符应该是sex（性），而以16为基数的数应该被称为sexadecimal（性进制）。这明显是早期的程序员的快乐之源。当IBM在20世纪60年代推出他们的System/360计算机时，文献资料将以16为基数的数称为hexadecimal（十六进制），因为IBM公司对计算机用sex编程的想法感到非常不适，而且认为它不适用于可以进行程序设计的机器，不适宜被各种不同的人群使用，因为其中一些人可能是女性。

实验82 ASCII码

零件箱

带BS2微控制器的组装印制电路板

工具盒

个人计算机
RS-232串行数据通信标准接口电缆

在前面的实验中，我介绍了如何将几组比特数结合产生大数值，以及用不同数值格式来显示数值的大小。对于大多数计算机通信和计算机程序设计及界面连接，都使用字节来表示不同的英文字母、数字和不同的字符。表13.3列出了表示不同字符的最普遍方法，即美国信息交换标准编码字符集合。

你想要使用的（以及对应的PBASIC 语言字符）特殊字符（32字节，赋值范围为$00至$1F）都列在表13.4中。其他现成可用的控制字符可以用来控制调试端口，它们都可以在BS2微控制器参考内容找到。

128个不同的字符通常用一个字符表示，并被送入收信机。在实验中，你已经使用ASCII码表示信息和数

据，并通过调试语句将它们送入调试端口。

在本章前面的内容中，我讲过一个字节由8个比特构成，能表示256个不同的数值（从0到255）。ASCII码组被设计用来表示具有7比特位的数值（它最大能表示128个不同的数值）。ASCII码组的增强功能在标准字符的基础上又提供了额外的128个字符，以适应不同情况时，能一个字节一次发送256个不同字符。最流行的ASCII增强功能是IBM公司20多年以前为满足个人计算器需求设计开发的。IBM增强型字符组能为英语之外的其他语言提供特殊表示字符，具有将文本范围利用图形框选择的能力，并具有不包含在标准ASCII字符组内的常用字符（例如希腊字母）。

表13.3　ASCII码

1	2	3	4	5	6	7	8	9	10	11	12	13	14	15
NUL	SOH	STX	ETX	EOT	NQ	ACK	BEL	BS	HT	LF	VT	NP	CR	SO	SI
16	17	18	19	20	21	22	23	24	25	26	27	28	29	30	31
DLE	DC1	DC2	DC3	DC4	NAK	SYN	ETB	CAN	EM	SUB	ESC	FS	GS	RS	US
32	33	34	35	36	37	38	39	40	41	42	43	44	45	46	47
SP	!	"	#	$	%	&	'	(	)	*	+	,	−	.	/
48	49	50	51	52	53	54	55	56	57	58	59	60	61	62	63
0	1	2	3	4	5	6	7	8	9	:	;	<	=	>	?
64	65	66	67	68	69	70	71	72	73	74	75	76	77	78	79
@	A	B	C	D	E	F	G	H	I	J	K	L	M	N	O
80	81	82	83	84	85	86	87	88	89	90	91	92	93	94	95
P	Q	R	S	T	U	V	W	X	Y	Z	[	\	]	^	_
96	97	98	99	100	101	102	103	104	105	106	107	108	109	110	111
`	a	b	c	d	e	f	g	h	i	j	k	l	m	n	o
112	113	114	115	116	117	118	119	120	121	122	123	124	125	126	127
p	q	r	s	t	u	v	w	x	y	z	{			}	~	DEL

表13.4　最常用的ASCII码和PBASIC控制字符

符号	PBASIC符号	功能
NUL	CLS	ASCII-通常用来终结一个字符串。在PBASIC中，它用来清除调试终端对话框
SOH	HOME	ASCII，数据头开始。在PBASIC中，它用来将光标移动至调试终端对话框的左上角
BEL	BELL	使系统（个人计算机或BS2微处理器）扬声器发出声响
BS	BKSP	退格
TAB	TAB	水平制表符
LF	None	新行或（换行）
CR	CR	回车

在本书的所有实验中，我只会使用普通的ASCII码。

不同的个人计算机以及不同应用程序中所用到的字体对增强ASCII功能的128个字符的定义都不尽相同。这说明应用程序在某个个人计算机的应用中运行起来外观很漂亮，而在另外一个计算机或者另外一个应用中就看起来不佳（甚至无法辨认）。

除了显示标准字符外，ASCII码组有许多"控制字符"（与PBASIC对应的字符在表13.4中列出）。这些码可以将字符移动至调试终端窗口或标示一行的结束（"cr"字符）。

将ASCII码显示应用程序保存在"科学鬼才"文件夹目录下的专属文件夹下：

```
' ASCII Display - Display the ASCII Character
for a numeric Value
'{$STAMP BS2}
'{$PBASIC 2.5}

' Variables
```

```
Value var byte

' Assignment Statements
Value = 123                    ' Arbitrary Value to
                                 Display

' Display Variables using the debug statement
debug "ASCII ", ASC ? Value

end
```

与前面的实验相同，当把值赋上不同的常数值后，运行ASCII显示。如果想赋一个大于127（$7F或%1111111）的值来检验增强型ASCII字符在个人计算机上（运行Stamp Windows Editor）的情况。

在本实验和前面的实验中，应注意到我将一个常数字符串（ASCII）与输出值联系起来。只需要在两个输出项中间加一个逗号（，）就会显示输出结果，运行输出结果时，它们也不会产生任何空白或新一行字符；这种情况叫做级联。我指出这一点是因为使用一个单独的调试语句，就可以让数据以不同方式只在一行中编排在一起；稍微发挥一点想象力，你就能在调试终端上产生一些非常吸引人的显示。

字符串是由许多一起存储在计算机系统里的字符构成。字符串常数被PBASIC语言识别为一组封闭在一对双引号（""）内的ASCII码。字符串常数的一个主要功能就是向机器操作者——人——提供一个消息，正如我在本节内容中的程序中所做的那样。

实验83　可变数组

零件箱

带BS2微控制器的组装印制电路板

工具盒

个人计算机
RS 232串行数据通信标准接口电缆

当你看到一台个人计算机时，你很可能在一定程度上对它的具体规格比较熟悉。当购买计算机系统时，你会考虑大多数个人计算机具有的三个存储器规格。硬盘空间（或者存储器）是以几十亿字节（被称为千兆字节）为单位衡量的，而系统的主存储器是以百万字节（被称为兆字节）为单位衡量的。为了加快应用程序的执行，处理器也具有被称为缓存的本地内存，它是以几千字节（被称为千字节）为单位衡量的。个人计算机中的三个区域中的任意一个存储器（如图13.12所示）都能用来存储任意可变数据。我敢确定如果发现BS2微控制器仅有一个可变存储器空间，而且只能存储26个字节时，你会感到相当震惊，因为它的存储容量比最原始的计算机中可用的最小存储空间的容量要小30 000倍。

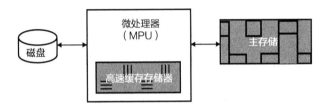

图13.12　计算机中的内存系统

如果你思考我在这里讲的内容，很可能会疑惑BS2微处理器究竟能做什么有用的事情；甚至要运行一个最小的应用程序或者游戏时所需要的存储空间都要比BS2微处理器所能提供的微不足道的26字节要大得多。如果你数一数本书中每一段句子中的字符数量，就会发现实际上所有字符需要存储构成它们的ASCII字符所需要的空间都远远大于26字节。如果观察前面的应用程序，并数一数调试语句中的字符串字符数量，就会发现它们需要19字节，只留下7个字节用于编码和值变量。

在跑题前，我应当指出BS2微控制器的可变存储器与个人计算机存储器的比较不是两个设备储存能力之间的"同一基准的"比较。对于个人计算机，磁盘、存储器以及缓存要么可用于存储代码，要么用于存储变量，而在BS2微控制器中，它的26字节存储器仅仅用来存储变量。图13.13所示为带有两个存储芯片的BS2微控制器，以及不同的存储器的位置。

电可擦除可编程只读存储器具有两千字节的存储容量，可用于BS2微控制器中应用程序代码和常数的存储。该存储空间用于存储引证字符串，例如在前面的实验中，调试语句中使用的字符串，按下Ctrl-M（如图13.14所示）就可以看出BS2微控制器存储空间的使用情况。如果查看前面的应用程序，就会发现26个字节的可变存储中只有一个字节是用于应用程序，然而，存储应用程序代码和引证字符串则几乎需要30个字节的存储容量。

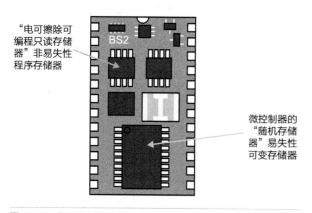

图13.13　标记存储器位置的BS2微控制器

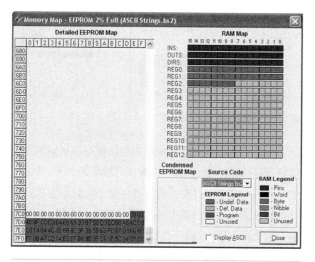

图13.14　显示使用Ctrl-M带来的BS2内存利用率的对话框

尽管可变存储器和应用程序代码存储的位置在BS2微处理器上与个人计算机上不同，但是在这两个设备上，可变存储器的作用却是相同的。目前在本实验中，我一直都能直接定义和访问单变量字节。可变存储空间可以让计算机用多字节或字对变量进行定义，也可以让计算机通过指针任意访问单独比特、字节或者16比特构成的字。索引是明确规定或者数学上规定的一个数值，它允许计算机非常自由地访问可变数组中任意数据。

计算机系统的所有可变存储器被设置成数组，并通过指针就能实现对所有可变存储器的间接访问，计算机系统的这种设置很重要。列出一组数组的经典方法就是像将邮箱排成一列，分拣邮件那样把可变数组列成一排，如图13.15所示。投递的街道地址就相当于变量名，访问邮箱获得邮件地址，因此就必须知道住宅的街道号码（对应变量的指针）。

数组变量使用的陈述语句与我在前面的实验中提到的陈述语句略有不同：

```
VariableName var type(size)
```

图13.15　数组中的变量字节的组织方式

"大小"是指数组（多达26个字节或13个字）占用的字节或字的数量。"变量名"和"类"与我在前面所讲的相同。

因此，定义一个10字节的数组，可以使用下面的语句：

```
ArrayVariable var byte(10)
```

将第三个字节（也称为数组的第三个元素）输出至调试终端，使用下面的语句：

```
debug ASC ? ArrayVariable(2)
```

数组的第一个字节的指针数值为0，因此我使用数值为2的指针访问上面语句中的第三个字节。

数组可以用来存储数字数据和字符数据，由此产生的数据与引证字符串相似。在本实验中，我会介绍数组是如何被定义，如何装载数据，然后与引证字符串一起被输出。程序代码应该以ASCII码字符串的形式保存在"科学鬼才"文件夹目录下的专用文件夹里：

```
' ASCII Strings - Read and write to a
byte Array
'{$STAMP BS2}
'{$PBASIC 2.5}

' Variables
ASCIIArray var byte(5)

' Assignment Statements
    ASCIIArray(0) = "E"  ' Load "Evil"
                                into
    ASCIIArray(1) = "v"  ' "ASCIIArray"
    ASCIIArray(2) = "i"
    ASCIIArray(3) = "l"
    ASCIIArray(4) = 0

' Display Variables using the debug statement

    debug STR ASCIIArray, " Genius", cr
end
```

我用一个零（或ASCII 中的NUL）字符作为存储于ASCII数组里的字符串的结束，你可能会对此感到惊讶。数组字符串结尾处的零指向STR格式器，表示该字符串结束，不再有多余字节输出。结束字符串的NUL字符是一个ASCIIZ字符串。

实验84　在赋值语句中使用数学运算符

零件箱

带BS2微控制器的组装印制电路板

工具盒

个人计算机
RS-232串行数据通信标准接口电缆

既然你已经了解了PBASIC语言中（以及大多数其他程序设计语言）有关变量的所有信息，我想看看在应用程序中使用它们可以做些什么。PBASIC提供了许多用于处理数字数据的不同数学运算（你对大多数数学运算都耳熟能详）。如果你已经熟悉程序设计，就会发现PBASIC语言与其他你进行程序设计所使用的计算机语言极为相似，但是还有一点你不得不注意的小插曲。

基本形式的PBASIC语言数学赋值语句为：

```
DestinationVariable = {ValueA} Operator
ValueB {Operator ...}
```

等式符号右边的内容叫做表达式。表达式除了用来具体规定赋值语句中的值之外，也用于其他语句中（以及PBASIC函数中）。括号（"{"和"}"）用来表示其中的字符为可选字符。省略号"…"用来表示前面的字符串在语句中重复使用。这些符号是定义程序设计语句、函数和运算的常用符号。

"值"可以是变量、数组变量元素或常数。这些值也可以是包括在圆括号内带运算符的值。如果数值被圆括号

包括，则这些数值被首先计算。"运算符"可以是表13.5所列的其中之一。

我已经标记A值为可选项，因为有很多一元运算符能对一个单独变量执行运算。

我在实验开头所提到的小插曲就是应该怎样求解运算符。在大多数高级语言中，不同的运算符被指定运算顺序或优先顺序。但对于PBASIC语言则不是如此；它从从左至右对表达式求解。

在传统的高级语言中，如果你要得到用4乘以3再加上5的结果（得到17），需要使用下面的语句：

$$A = 5 + 3 * 4$$

但是在PBASIC语言中，这种语句会被判定为首先是5加3（得8），然后再乘以4得到结果32。为了克服PBASIC语言的关于运算符没有优先顺序的问题，你必须将语句拆分为两个部分，第一个部分将表达式（3 * 4）的第一个计算结果保存在临时变量，然后再用5与这个乘积值相加：

$$Temp = 3 * 4$$
$$A = Temp + 5$$

这种方法虽然需要一个额外变量来保存临时值，但是效果显著。

第二种方法是通过将第一个运算的运算符和参数都放在圆括弧里"强制"先求解第一个运算。

$$A = 5 + (3 * 4)$$

这种格式经常用于高级语言中，而且要比第一种方法更容易读懂。请记住，将圆括弧包括的小表达式加到更大的表达式并不是毫无限制的；我建议在每一个赋值语句中不应该使用超过两个的圆括弧来建立表达式。

表13.5　PBASIC 数学运算符

运算符	功能
+	返回两数之和
−	返回两数之差；返回数值取反
*	返回两个数值之积
*/	返回两个16比特数乘积的中间两个字节
**	返回两个16比特数乘积的前两个字节
/	返回除数与被除数之商
//	返回除数除以被除数的余数
<<	返回数值向左位移后的第一个值
>>	返回数值向右位移后的第一个值

运算符	功能
&	返回按位进行与运算
|	返回按位进行或运算
^	返回按位进行异或运算
~	返回一个数的补码
MIN	规定最低值的极限值
MAX	规定最大值的极限值
DIG	返回规定数的十进制数
REV	对数值中的具体的比特位数取反
ABS	返回正或负数值的绝对值
DCD	返回具体规定的比特数组的值
NCD	返回一个数值的最高比特位
SQR	返回一个数值的平方根
SIN	返回正弦值（假设该值具有256个点的圆，半径为127）
COS	返回余弦值（假设该值具有256个点的圆，半径为127）

试一试简单的运算符测试应用程序（在"科学鬼才"文件夹目录下的专有文件夹内）：

```
' Operator Test - Look at how different
operators behave
'{$STAMP BS2}
'{$PBASIC 2.5}

' Variables
Result var Word

' Assignment Statement - change to test
different operators
  Result = 25 + 32

' Display Result
 debug ? Result

 end
```

在这个实验中，用表中所列的运算符替换加运算符（＋），并改变相应的参数。在大多数情况下，不同的运算符应该非常容易理解，除了三角函数运算符（SIN和COS）。

实验85 设计简单的程序循环

零件箱

带BS2微控制器的组装印制电路板

工具盒

个人计算机
RS-232串行数据通信标准接口电缆

当我上第一堂计算机程序设计课时，看到一个典型程序（如图13.16所示）下的原理图。根据我在本章节中目前为止向你介绍的内容，你就能设计按照数据流程运行的应用程序了。变量初始化语句是输入，输入的任何变化（数学运算）就是数据处理，调试终端的结果是输出。根据以上内容，你就可以把BS2微控制器当作一个简单的计算器来使用，但是如果对机器人进行编程的话，这些内容还远远不够。

输入 ⟶ 数据处理 ⟶ 输出

图13.16 基本编程模型

为了让机器人不停地执行程序命令，你首先得设立初始条件，然后再重复一系列语句。如果思考如何能让应用程序执行命令，就很可能得像图13.17所示，让同样的命令反反复复重复执行。如果观察流程图，从程序底部返回顶部的码流看起来就像是一个环或者循环。程序运行循环会让处理器反复执行同样的命令。

在PBASIC中，"do（执行）"和"loop（循环）"语句（通常仅仅被称为"do loop"（循环语句））让计算机代码循环执行，如图13.17所示。这两个语句的形式如下：

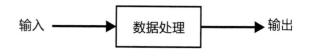

```
do ' Start of Code to repeat
```

```
' Statements that execute repeatedly
 loop
```

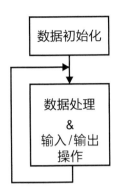

图13.17　循环程序流程图模型

为了展示循环语句如何提供一种能重复一系列语句的方法，将下面的代码键入 Stamp Windows Editor 软件中。进行到这里后，将它以循环语句保存在"科学鬼才"文件夹目录下的专有文件夹内。

```
'  Looping Statements - Demonstrate the
operation of the "do - loop"
'{$STAMP BS2}
'{$PBASIC 2.5}

'  Variables
Counter var Word

'  Initialization
 Counter = 0

 do ' Return here for next counter value

'  Processing
   Counter = Counter + 1
' Increment counter

'  Display the Counter Value
     debug ? Counter

     pause 500
' Delay 500 msecs before repeating

 loop ' Loop around and do again
```

当你运行这个应用程序时，计数器每秒钟增加两次；停止语句会命令BS2微控制器在数毫秒内停止执行命令。规定500ms时，BS2微控制器会停止执行500ms，或半秒。停止执行并不是让BS2微控制器在低功率模式下运行。

查看这个程序的执行路径，就会发现它初次初始化计数器变量为0值，然后输入循环语句。在这个循环中，计数器计数增加（或者计数值加1）。接下来，计数器的

当前值输出，在停止语句的命令下，程序运行停止半秒钟，然后循环回至执行语句，并重新开始这一过程。

这个程序会无限循环下去（只有将电源从BS2微控制器移走或它被重新编程后才会停止）。因此，这种程序被称为无限循环。在传统程序设计中，应该避免写出无限循环语句，因为程序运行变为无限循环，它就永远不会返回或停止。当我们设计机器人运行程序时，就会发现无限循环并不是坏事，很多机器人应用程序都包括一条无限循环程序，只有当机器人电池耗尽时（或者你执行"关机"应用程序，在随后的实验中会讲到它），无限循环才会结束。

实验86　条件循环

零件箱

带BS2微控制器的组装印制电路板

工具盒

个人计算机
RS-232串行数据通信标准接口电缆

结构化程序设计定义的一个重要方面就是能够循环运行程序，使用重复语句去执行一个具体的任务。在前面的实验中，我介绍了编程语句中的循环语句，它能重复循环应用程序代码，但是不能让你任其无限循环下去。在这个实验中，我会介绍如何在执行循环语句的同时还能保持一组条件有效，并介绍在PBASIC（和大多数其他计算机语言）中如何测试这些条件。

PBASIC下有三种退出循环语句部分的代码的方法，但是我将要专门介绍do while 循环，它能在循环中执行代码，同时，受测试的参数在有效范围内。使用下面的表达式格式就能进行参数测试：

```
ValueA Condition ValueB
```

A值和B值可以是变量、数组元素或者常数值。条

件是测试，可以是表13.6中列出的六个测试中的其中一个。判断表达式，如果为真，程序将会继续执行循环。如果判断为假，程序将会在循环语句之后，跳到第一条语句去执行。

表13.6　PBASIC条件执行测试

条件	操作	补充
=	如果ValueA不等于ValueB，则返回真	<>
<>	如果ValueA不等于ValueB，则返回真	=
>	如果ValueA大于ValueB，则返回真	<=
>=	如果ValueA大于或等于ValueB，则返回真	<
<	如果ValueA小于ValueB，则返回真	>=
<=	如果ValueA小于或等于ValueB，则返回真	>

如果想要输出从1至10的数，并且，当前数小于或者等于10时，执行do-while循环码中的代码即可，你可以使用下面的代码完成输出：

```
 Number = 1
do while Number <= 10
' Loop while Number is Less than 11
  debug ? Number, cr
  Number = Number + 1
loop
end
```

为了指明do-while循环语句里的代码，我对"debug ? Number, cr"和"Number _ Number _ 1"语句首行缩进两格。这使得它们在循环语句里容易识别，这也是我建议你在应用程序中使用的编码格式。首行缩进量以本人感到适度为宜。个人而言，我喜欢首行缩进两格，但是你可以选择缩进更多或者选择给源代码做标签。如果对代码贴上标签，就要记住对不同的应用程序，源代码显示方式各不相同（例如，在BASIC Stamp Windows Editor上看起来非常棒的代码可能使用互联网浏览器打开网页时就会看起来混乱不堪）。如果你打算在别的地方显示应用程序代码，那么我建议你仅仅使用空格键移动代码，在右侧写上注释，并确保不管用何种方法显示它，都能让代码与之前显示相同。

为了展示do-while循环结构的作用，我打算将上面的简单例子进行扩展，并根据不同的理论计算前十六个平方值。几百年以前，人工计算数值（如平方值）非常困难。不需要依靠复杂的运算，如乘法和除法，通过加值和减值的方法（被称为差分）计算最终值，差分值在算法上可以预测。Babbage的"差分机"使用这种方法来执行复杂的计算，计算过程无需乘数和除数。

如果观察不同平方值，就会发现当前的平方值与之前的平方值相差一个Delta值，这个Delta值要比用来计算平方的值大2。在表13.7中，我列出了前五个平方值以及适当的差值。Delta值是每一个差值的增量。

表13.7　使用不同差分值计算数的平方值

"n"	平方值	差分	Delta值	"n+1"的平方值
1	1	2	1	4
2	4	2	3	9
3	9	2	5	16
4	16	2	7	25
5	25	2	9	36

根据差分理论，我用平方运算程序计算了前十六个平方值，该平方运算程序应该保存在"科学鬼才"文件夹目录下的"平方运算"文件夹下。

```
'   Squares - Calculate squares based on
difference
'{$STAMP BS2}
'{$PBASIC 2.5}

'   Declare Variables
n var byte
Difference var byte
Delta var word
Square var word

'   Initialize Variables
  n = 1
  Delta = 1
  Difference = 2
  Square = 1

'   Find Squares for first 16 numbers
  do while n <= 16
  debug dec n, " squared = ", dec
Square, cr

'   Calculate New Square and Delta value
  Square = Square + Delta + Difference
  Delta = Delta + 2
  n = n + 1
```

```
    loop
    end
```

在这个程序中，我使用do-while循环语句重复平方计算代码，直到n值大于16为止。当n值大于16时，do-while 条件不再为真，程序执行跳出do-while循环。在本例中，下一个语句是结束语句，它停止了应用程序。

实验87 "关机"应用程序

零件箱

带BS2微控制器的组装印制电路板

工具盒

个人计算机
RS-232串行数据通信标准接口电缆

完成循环应用程序后，就可以关闭Stamp Windows Editor，将印制电路板从个人计算机上拔掉，并以为BS2微控制器停止运行。不幸的是，事实并非如此；只要BS2微控制器的存储器中存储着当前的应用程序，它就会一直运行当前的应用程序。停止指令不会让BS2微控制器进入低功耗模式，只要9V电池安装在印制电路板上，它就会继续消耗9V电池能量。更糟糕的是，经过组装用来运行BS2微控制器的印制电路板没有关闭开关；只要电池插在电池座里，应用程序就会持续运行。

在普通操作下，BS2微控制器会消耗8mA的电流。当电源为一个崭新的9V碱性电池时，大约能有不到一天的使用寿命。掌握了这些信息，你会好奇设计印制电路板时，是不是出现了一个错误。

当我设计本书附着的印制电路板时，我想充分利用BS2微控制器可用的低功耗模式，并避免安装电源开关。这么做并不违反我的"机器人定律"。正如在所有应用程序中一样，电动机在电源驱动下工作，给电动机供电的

电源都装有开关以确保机器人能被真正关闭并避免四处乱动。

通过执行结束语句，BS2微控制器进入低功耗（省电）状态，此时仅仅消耗40mA大小的电流。当BS2微控制器在低功耗状态下时，一个崭新的9V碱性电池估计具有超过1年的使用寿命。因为BS2微控制器具有低功耗运行的特性，我决定放弃在印制电路板上加装电源开关，充分利用BS2的低功耗模式，只需通过简单执行一条"结束"语句，就能让BS2微控制器进入低功耗模式。我将这种在应用程序中使用的"结束"语句称为"关机"：

```
'  Put BS2 to sleep with to save power
(and not remove
'    battery).
'{$STAMP BS2}
'{$PBASIC 2.5}

'  Constant Declaration
AllInput con 0

  outs = AllInput
' All Pins now I/Ps to avoid
'   current source/sink

  debug "Goodbye...", cr

  end
```

利用本书随后所讲的任何应用程序或者电路就能启动关机应用程序，只需要简单地把印制电路板连接至个人计算机并运行（Ctrl-R）该应用程序即可。观察这些程序代码，你很可能对里面至少一条语句不甚清楚。

在该应用程序中，我介绍了常数的概念。这些都是数据标签，它们与赋予常数的变量标签相似。与变量不同，常数标签不能通过应用程序改变。例如，如果你输入下面这条语句：

```
AllInput = 42
```

Stamp Windows Editor 会返回"认定为一个变量、标签或者指令"的信息，表明该常数标签不能改变。

"outs=AllInput"语句迫使所有BS2微控制器上的输入输出引脚变为"输入"，而且它们不能向其他设备提供电流，或是从其他设备汲取电流。这么做，我敢确定，当这个应用程序"关闭"BS2微处理器时，它不会有任何额外的电流消耗。

当所有的输入输出引脚被强制设置为输入模式，我会发送一个"再见"信息，指示该应用程序运行正确，并使用结束语句让BS2微控制器进入低功耗模式。

如果你读过BS2微控制器的文献资料，很可能就会

得到结论：一个只有一条结束语句构成的应用程序会执行与我在这里所做的任务相同。那么"再见"信息当然就不需要了。如果你阅读了BS2微控制器的文献资料，就会发现新的应用程序被下载，BS2微控制器被重置，所有的输入输出引脚会自动设置为输入模式（这意味着"outs=AllInput"语句是多余的）。但是如果我介绍的是只有一条结束语句构成的应用程序，那么我就没有机会向你介绍类似变量的寄存器输入输出引脚接口，或者向你展示如何定义应用程序中的常数。

实验88　条件执行代码

零件箱

带BS2微控制器的组装印制电路板

工具盒

个人计算机
RS-232串行数据通信标准接口电缆

能让应用程序实现循环是编程能力一大进步，使用循环可以设计出有意思的程序，也能让你设计出能重复、无限执行同样操作的机器人应用程序。尽管如此，这种编程能力并不能处理不同条件下的程序，而且当应用程序代码执行时不能进行输入操作。PBASIC有好几个不同的内置语句，如果具体的条件满足时，它们能让你改变执行命令。最基本的内置语句是if语句，如果某一个具体条件为真时，它能让程序执行跳到应用程序中的不同位置。在程序中出现if语句决定的问题是你并不清楚应如何排列PBASIC代码。为了避免出现混淆，我不喜欢将条件执行代码仅仅用一条语句来描述，而是使用三条语句来描述——表明当条件为真时，以及条件为假时，会执行何种命令，以及两个代码块结合在一起时的执行结果，如图13.18所示。

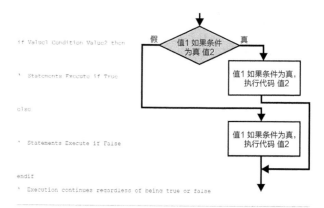

图13.18　if流程图2

在图13.18所示的流程图左边，我写出了构成条件执行代码的PBASIC语句，它以if语句开头。第一条语句是if-then语句，用来测试决定执行哪个程序块所需要的条件。如果条件为真，则代码会按照if-then语句执行，直到碰到else或者endif语句为止。除了在条件为真时会执行代码外，条件为假时，也可以通过将代码置于else语句之后再执行代码。endif语句表示条件执行代码完成，不论条件为真或为假，程序执行都会重新开始。

Else语句是可供选择的条件执行码的一部分。如果条件为真时，你仅想执行代码，可以删除else语句以及它后面的语句，只需要键入下面的代码：

```
if Value1 Condition Value2
' Execute if Value1 Condition Value2 is
true
 endif
' Execute if regardless of being true or
false
```

在一些应用程序中，你会发现程序员只想在条件为假时执行代码。程序员设计的代码内容看起来会如下面内容所示：

```
 if Value1 Condition Value2
 else
' Executes if test result is false
 endif
```

我不建议使用这种类型的程序设计方法，因为它非常难读懂。本节前面提到的列出不同条件的表格中，我列出了PBASIC可用的六个基本条件的"补充"条件。

不需要使用互补条件，你也可以将"否"字放置在Value 1 Condition Value 2表达式前，但是这么做会使代码非常难读懂（尽管在某些情况下，它会使代码功能更加清晰）。两种不同选择的例子如下：

```
if A <= B then

if not A > B then
```

个人而言，我经常使用第一种例子的形式书写应用程序，因为在阅读源代码时，感觉它表达的内容最清楚。你或许不同意我的观点，会使用第二种方法书写应用程序。

也可以将"值"写进类似下面的表达式：

```
if A + 4 < 37 then
```

但是，我不建议这么做，因为当你初次编写程序时，这种表达方法非常难读懂。尽管当你越来越熟悉程序设计时，会使用这种代码表达式，但是当你正开始想要尽可能地使程序语句变得简单时，这种方法会令执行程序更有效。如果你要使用这种表达式，则需要将数学表达式放进圆括弧内，以使程序语句更容易读懂。

除了"非"运算符外，if 语句也包含"与"和"或"运算符，它们能产生更复杂的if语句。"与"和"或"运算符的功能就像我在本书前面提到的数字逻辑里的"与"和"或"功能。与复杂的数学语句一样，条件语句也是从左向右读，只有当所有条件达到后，代码才会开始执行。使用这些运算符编写的一些代码如下：

```
  if A > B and A < C then
'  Execute if "A" is between "B" and "C"

  if A = CR or A = 10 then
'  Execute if "A" is a line end character
(10) or Carriage Return
```

测试 if 语句的运行情况，试一试"If Test"（它应该存储于"科学鬼才"文件夹目录下的"If Test"文件夹内）。这个应用程序会输出从 1 ~ 30 之间的能被 3 整除的数：

```
'  If Test - Print Numbers evenly
divisible by 3
'{$STAMP BS2}
'{$PBASIC 2.5}

' Declarations
i var byte
j var byte

  i = 1

  do while (i < 31)

    j = i // 3
' Store the remainder of i/3
    if j = 0 then
      debug dec i, " is evenly divisible
by 3", cr
    endif

    i = i + 1
```

```
' Try the next variable

  loop

  end
```

实验89　高级条件执行

零件箱

带BS2微控制器的组装印制电路板

工具盒

个人计算机
RS-232 串行数据通信标准接口电缆

当我初次写条件执行的应用实验时，使用的是早于 PBASIC 2.5 的版本，这个版本的 PBASIC 没有当前版本的结构特性。在这个版本里，if 语句要更简单，而且，我可以在一个实验中对if语句和其他语句进行解释说明。在这个实验中，我想对"if-else-endif"语句的一些特性进行功能扩展，使设计复杂应用程序以及其他语句类型变得更容易，这些语句类型可以执行多个if语句，而无需反复书写这些if语句。

在介绍上一个实验中应用的if-else-endif语句结构时，我使用了如下的格式：

```
  if Value1 Condition Value2 then
'  Execute if Value1 Condition Value2 is
True
  else
'  Execute if Value2 Condition Value2 is
False
  endif
```

除了这种语句结构之外，还可以将这几个语句结合成一条单独的语句：

```
If A > B then C = A else C = B
```

这种单行语句格式避免了多行格式产生的额外行语

句，但是这种单行语句造成无法轻松解释每条语句的具体作用是什么。上述能加载更多示例的例子对这种格式的语句来说极好，因为它用一个单独运算就实现了上面需要多条语句才能实现的功能。如果你要根据条件是否为真来执行多个语句，我推荐使用多行语句格式，因为这要比将所有语句糅合成一句时，更容易让人理解每条语句执行时所表示的含义。理想情况下，你应当能够理解带有单独注释的语句的作用。

当我键入程序时，每一行条件语句都缩进两格（起始代码缩进两格）。我建议你也使用这种书写方法，这样就不需要把缩进的代码全部挤在程序的右边，造成阅读困难。你也可以将if-else-endif语句（或任何其他条件语句或者循环语句）嵌入代码中：

```
 if A = "A" then
  if B = "B" then
' Execute if variables have first two
letters of the alphabet
  else           ' A = "A" and B <> "B"
' Execute if A has "A" but B is different
  endif
else             ' a <> "A"...
```

无需根据一个单独值而采用多重 if 语句执行不同的运算，只需要使用select-case语句即可。这条语句会把一个单独值与case（情况）值进行比较，如下面的例子所示：

```
select RobotCommand
  case 1
' "if RobotCommand = 1 then"
    ' Move the robot forward
  case 2
' "if RobotCommand = 2 then"
    ' Move the robot backwards
  case else
' Execute if the "RobotCommand" is
anything else
    debug "Invalid Command Received", cr
endselect
```

如果想获得许多数值，那么在测试值之前，在"case（情况）"之后的值应有一个条件运算符（ =，＜＞，＞，等等）。我建议不要使用这个特性，除非你已经十分熟悉计算机程序设计。增加条件运算符非常难以实现，因为它们不允许对一系列值（而不是从最低可能值到一个点或从一个点到最高可能值）进行测试。

为了了解不同 if 语句的功能，我想做一个有趣的实验，输出一个周期为20、幅度为7的正弦波，它能在调试终端上很清楚地显示（如图13.19所示）。这个应用程序认为调试终端为光栅显示器，如果它的列数与当前输出

的行数相同的话，就会输出一个正弦波的值。键入下面的应用程序后，将它另存为"科学鬼才"文件夹目录下的"正弦波"文件夹内：

```
'   Sinewave - Output a sine wave on the
Debug Terminal
'{$STAMP BS2}
'{$PBASIC 2.5}

' Variables
Row        var byte
Col        var byte
SineValue var word

'  Initialization
  Row = 1

  do while (Row < 8)
    Col = 0
    do while (Col < 40)
      SineValue = Col * 14
      SineValue = sin SineValue
      if SineValue > 32767 then
        SineValue = SineValue ^ $FFFF + 1
/ 37
        SineValue = 4 - SineValue
      else
        SineValue = SineValue / 37 + 4
      endif
      select Row
        case 4
          if (SineValue = 4) then debug
"*" else debug "-"
        case else
          if (SineValue = 8 - Row) then
debug "*" else debug " "
      endselect
      Col = Col + 1
    loop
    Row = Row + 1
    debug cr
  loop

  end
```

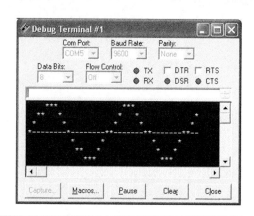

图13.19　BS2微控制器正弦波

实验90　在应用程序中使用"for"循环

零件箱

带BS2微控制器的组装印制电路板

工具盒

个人计算机
RS-232串行数据通信标准接口电缆

在掌握我讲的程序设计方法后，你现在能够根据任何需求条件来设计程序了。这看起来令你感到很震惊，因为当你看着你喜欢的计算机应用或游戏时，绝不会想到你也能设计像它们一样的程序。或许，今天你还不能设计这些应用程序，但是你已经比之前更进一步了解如何进行程序设计。慢慢地，随着编写不同应用程序的经验越来越多，你会获得设计非常复杂和综合的应用程序所必须的编程技巧、信心以及背景知识。

第一个版本的实验软件会挑出六个随机整数，并按顺序输出。启动Stamp Windows Editor，键入该应用程序，并将它（按冒泡排序法）保存在"科学鬼才"文件夹目录下的"For语句"文件夹中：

```
'  Bubble Sort - Sort a list of numbers
'{$STAMP BS2}
'{$PBASIC 2.5}

'  Variables
ArraySize con 6
SortArray var byte(ArraySize)
i var byte
j var byte
Temp var byte

'  Load Initial values into the Array
SortArray(0) = 55: SortArra(1) = 5
SortArray(2) = 100: SortArray(3) = 2
SortArray(4) = 65: SortArray(5) = 4

  i = 0 ' Print out the Initial Order
```

```
debug "Initial Number Order: "
  do while i < ArraySize
    debug dec SortArray(i)
    i = i + 1
    if i < ArraySize then debug ", " else
debug cr
  loop

i = 0 ' Perform Bubble Sort on Numbers
  do while i < ArraySize - 1
    j = 0
    do while j < ArraySize - 1
      if SortArray(j) > SortArray(j + 1)
then

      Temp = SortArray(j + 1)
      SortArray(j + 1) = SortArray(j)
      SortArray(j) = Temp
    endif
    j = j + 1
  loop
  i = i + 1
  loop

  i = 0
debug "Sorted Number Order: "
  do while i < ArraySize
    debug dec SortArray(i)
    i = i + 1
    if i < ArraySize then debug ", " else
debug cr
  loop

  end
```

运行该应用程序会出现调试终端显示，如图13.20所示，并按照每次一个"SortArray（数组排序）"元素而从中挑选出6个数字。它会将数组中的每个元素与它之后的元素进行对比。如果当前元素值大于紧随其后的元素值，那么它们会互换位置。这个测试对数组中的每一个元素都会重复一次，以确保即使数组中的最大数排在前面，在程序结束时，也会被移到数组的最后面。这种排序方法被称为冒泡排序法，也是人们已知的效率最低的大型数组排序方法——我不会详细解释原因，因为对于诸如本应用程序中的小型数组而言，冒泡排序法效率还行，但是，如果你要对一个大数组进行排序，那么它花费的时间事实上要比其他任何排序算法要长。

在冒泡排序法中，你会看到我必须通读SortArray数次，为此，我初始化一个变量并让它经过一个do-while循环，同时它应该小于最终值（在循环内将它不断递增）。尽管在本应用程序中，do-while循环应用效果很好，但是它并不是循环固定次数的最有效方法；最优方法是使用for-next语句，它的形式如下：

```
for variable = InitialValue to EndValue
{step StepValue}
'  Code to be repeated
next
```

在 for 语句中，计数变量与初始值和其结束值都被定义。当 for 语句结束时，你会发现该变量的值比结束值要大。大多少取决于步长值。如果没有具体规定步长值的大小时，则系统默认其为 1，或者可以将它具体规定为任意正数或复数值。你可以在循环语句中更改变量，但是这种做法并不值得推荐。改变循环变量会造成程序执行意外离开循环。因此，你应当非常注意在程序中使用循环变量，因为你无意中改变它，会造成程序运行出现异常。

为了展示 for-next 语句如何改进应用程序，将冒泡排序法程序用 For Sort 重写。重写后的程序语句变得更少，而且，更易读和执行：

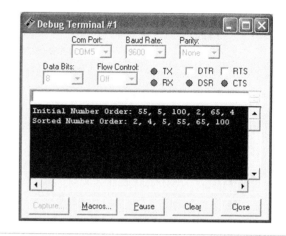

图13.20　排序输出

```
' For Sort - Sort a list of numbers using "for" statement
'{$STAMP BS2}
'{$PBASIC 2.5}

' Variables
ArraySize con 6
SortArray var byte(ArraySize)
i var byte
j var byte
Temp var byte

'  Load Initial values into the Array
 SortArray(0) = 55:  SortArray(1) = 5:   SortArray(2) = 100
 SortArray(3) = 2:   SortArray(4) = 65:  SortArray(5) = 4

 debug "Initial Number Order: "
 for i = 0 to ArraySize    1
   debug dec SortArray(i)
   if i < (ArraySize - 1) then debug ", " else debug cr
 next

 for i = 0 to ArraySize - 2    ' Perform Bubble Sort on Numbers
   for j = 0 to ArraySize - 2 ' Find highest in List
     if SortArray(j) > SortArray(j + 1) then
       Temp = SortArray(j + 1) ' Swap the two Values
       SortArray(j + 1) = SortArray(j)
       SortArray(j) = Temp
     endif
   next                       ' Repeat through the list
 next                         ' Re-Start List to find next highest

 debug "Sorted Number Order: "
 for i = 0 to ArraySize - 1
   debug dec SortArray(i)
   if i < (ArraySize - 1) then debug ", " else debug cr
 next

 end
```

实验91 使用子程序保存代码空间

零件箱

带BS2微控制器的组装印制电路板

工具盒

个人计算机
RS-232串行数据通信标准接口电缆

当你编写越来越多的程序时，就会发现你正在反复编写同样的内容。你慢慢就会习惯这种情况（至少直到你学会如何使用windows的剪切和粘贴功能从前面的应用程序中复制代码），但是当你在同一个应用程序中加入同样代码段落时就会出现问题。

为了使你明白我的意图，试考虑一个采用向下计数器的应用程序。在定时器演示应用程序中，首先从5开始向下计数，然后再从10开始向下计数：

```
' Timer Demonstration 1 - Count down
from the specified value
'{$STAMP BS2}
'{$PBASIC 2.5}

' Variables
j var byte

' Mainline
debug rep "."\5
' Count down from 5 seconds
  for j = 1 to 5: pause 1000: debug rep
bksp\1: next
  debug "5 Second Delay Finished", cr, cr

  debug rep "."\10
' Count down from 10 seconds
  for j = 1 to 10: pause 1000: debug rep
bksp\1: next
  debug "10 Second Delay Finished", cr, cr

  end
```

在这个应用程序中，使用 rep 调试语句格式器就能将固定数量的时钟周期写入调试终端里。完成该步骤后，我向下计数，每个循环（暂停1000ms）暂停一秒钟后，向调试终端发送一个退格（bksp）字符，清除语句右边的周期值。清除完周期值后，我按下两次回车输出一条信息，这样写入显示器的下一条文本就是这条信息下的两条语句。

代码中的冒号（ : ）可以把多个语句放入同一行代码中。在大多数情况下，我不推荐使用这种方法，因为这会让人更难理解代码的具体作用。尽管如此，就像本例中的情况，还是会出现在同一行语句中出现冒号的情况，当冒号把很多语句放在同一行时，这些语句就会执行一个单独的功能（在本例中，在固定次数下，每秒退格一次）。像本例中，将一系列语句组成一组形成一个单独功能的语句会增强代码的可读性。

这个应用程序执行效果非常好，观察和试图理解起来也饶有趣味。当程序出现问题，我重复三条用来显示许多圆点的几乎完全相同的代码，然后清除它们，再输入一条信息表明延迟已经完成。

与大多数计算机语言一样，PBASIC具有定义和调用子程序的功能，能让代码在应用程序中被再次使用。转子程序语句保存紧随其后的语句地址，因此当子程序语句（起始于子程序"标签"）完成执行，返回语句就会让它从中断的地方继续执行。图13.21所示为如何使用转子程序语句和返回语句来跳出子程序和返回子程序。

为了看懂"定时器演示1"如何充分利用PBASIC子程序来删除显示周期的一组代码，然后再清除这些代码，应键入下面的应用程序，并在"定时器演示"文件夹下将其保存为"定时器演示2"。

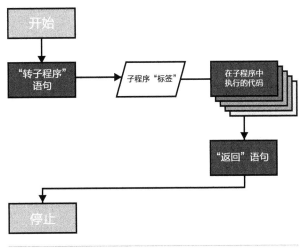

图13.21 子程序流程图

```
' Timer Demonstration 2 - Use a Count
down Subroutine
'{$STAMP BS2}
'{$PBASIC 2.5}

'  Variables
i var byte
j var byte

'  Mainline
 i = 5
'  Count down from 5 Seconds
  gosub CountDown

 i = 10
' Count down from 10 Seconds
  gosub CountDown

  end

CountDown:
'  Count down subroutine
  debug rep "."\i
'  Count down "i" seconds
  for j = 1 to i: pause 1000: debug bksp:
next
  debug dec i, " Second Delay Finished",
cr, cr
  return
'  Return to caller
```

与前面的程序一样，这个程序执行准确，但是，在第一个版本中对延迟硬编码的地方，我使用变量i（它可以被称为子程序参数）指示子程序执行必须延迟多少秒。CountDown（倒计时）子程序标签第一次被调用（使用gosub语句）时，i的值为5，第二次被调用时，i的值变为10。这个值用来规定有多少个周期被写入调试终端，以及for loop循环执行了多少次来清除不同的周期。

按下Ctrl-M键显示存储在BS2微控制器电可擦除可编程只读存储器（EEPROM）中的程序数据，就会发现"定时器演示1"需要160字节的EEPROM存储空间，"定时器演示2"需要的存储空间甚至不到100字节。在应用程序中调用子程序使程序存储空间减少超过35%。你会发现，与不调用子程序的应用程序相比，调用后的应用程序对存储空间要求的大幅降低显得非常合理。调用子程序节省的存储空间所带来的好处非常明显，除此之外，调用子程序还大量消除了程序中需要不断重复的代码的数量，这是一项非常重要的隐形好处。

仅供参考

如果你之前使用过Parallax BS2微控制器，就知道

我没有提到过PBASIC语言中三个最流行的基本语句：

```
goto Label
if Condition then Label
branch value, Label0, Label2,
Label3{, ...}
```

除了忽略上面的这些语句，我似乎刻意把PBASIC程序设计中的标签的重要性也降至最低，并且只用它们来指示子程序的开始。如果你浏览互联网（在诸如www.hth.com/filelibrary/txtfiles/losa.txt的网址下）寻找BS2微控制器的应用程序，或许会对我不使用它们感到困惑，因为当你看到这些应用程序时，会发现如果不用这三条语句，就不可能写出PBASIC应用程序。

在本节我已经解释过程序设计，这是因为我已经充分利用了BASIC Stamp 编译器中的结构性程序设计特性。

结构化代码由非常确定的、在具体条件下才执行的代码块产生。这是结构化程序设计哲理的一个重要方面。每一个代码块应该执行一个具体的功能——理想情况下，在每一个程序块之后，你应当在它前面和后面都留有一行空白，这样看代码的人就能看清楚代码块的起始点和结束点。

程序的每一个功能都被分解成单独的代码块，其中包括表明为什么要执行代码的 if 语句也被一条空行隔开。产生的一条条代码则非常容易理解，具体的功能也容易发现。结构化程序设计的目标是代码容易书写，而且，一旦书写完毕，容易理解和更改。说起容易理解和更改的一个重要方面就是能让其他人，而不是代码的原作者能够对程序进行修改。

PBASIC语言之前的版本允许顺序语句的执行，因为这个特性是大多数其他程序设计语言所具有的特性，但是该版本的语言不允许"正"条件程序设计。为了条件执行一个代码块（在测试之后），你必须以下面的格式书写它：

```
 if Not_Condition then goto Skip
'  Code executes if "Condition" is true
Skip:
```

而不是本节所介绍的书写格式：

```
 if Condition then
'  Code executes if "Condition" is true
 endif
```

在第一个例子中，当代码执行所需要的负条件满足时，if 语句会造成程序执行跳过代码块。例如，如果你想让A小于B（A＜B）时执行代码块，那么如果A大于或者等于B（A＞＝B）时，你得让它转换为跳过程序块。这就是为什么当你看见许多不同 if 语句条件的同时也经常会看到一系列互补（或负）条件。

我称呼第一个 if 语句的例子为负程序设计。它使学习如何编程变得更加复杂，也使需要某些确定性思考技能难度增加，这些技巧可以让人察觉到紧随 if 语句后面的代码被执行是因为条件为假不为真。负程序设计只是直觉上不明显，但是应该避免。

在 if 语句中，"else"选项允许当条件不为真时，代码可以通过一个路径或者另一个不同路径执行。例如，使用最初的PBASIC语句来实现一个代码中的if-else-end部分，你可以写出如下所示的代码：

```
if Condition then True_Skip
  goto False_Skip
True_Skip:

'  Code executes if "Condition" is true

  goto If_End

False_Skip:

'  Code executes if "Condition" is false

If_End:
Finished
```

或者，在 if 语句后面消除 goto（转向）语句，如

```
if Not_Condition then False_Skip

'  Code executes if "Condition" is true

  goto If_End

False_Skip:

'  Code executes if "Condition" is false

If_End: '
Finished
```

这两个代码块的实现的作用令人非常困惑，特别是当它们与相同的程序块进行比较时，后者充分利用了PBASIC最新版本的if-else-endif 语句。

```
if Condition then

'  Code executes if "Condition" is true
```

```
else

'  Code executes if "Condition" is false

endif
```

我更喜欢使用结构化 if-else-endif 语句的另一个原因是它减少了我必须命名的标签的数量。在上述的例子中，True_Skip、False_Skip以及If_End 的作用已十分清楚，但是你使用它们的次数越多，它们在应用程序中的清晰度就会按几何级数降低。给不同的标签命名就会变得更困难，如果为了避免一行一行地去敲代码，而是通过剪切和粘贴代码的方式来书写程序，就很可能出现在某些地方（很难发现）使用了相同标签或者 goto（转向）语句的错误。表面上看，这种错误看起来无关大碍，但是，当我将skip、else和end这些描述符使用三次或以上后，常常会找不到更好描述符来表示这些词的功能了。

这也解释了我为什么不喜欢在程序设计时使用"if Condition then Label"语句的原因，但是你可以使用goto 语句来编写循环，如

```
Loop:

'  Code executes within the loop

  goto Loop
```

而不是使用本节所讲的 do loop（Do 循环）语句。定义不同标签的难度看起来降低了，两种方法的可读性也变得无足轻重了。我建议坚持使用 do loop 语句，因为它们的目的性非常明确（该语句构成一个循环），而且也可以轻松地在"do"语句中添加条件性"while"语句。

除了 do-while 条件循环之外，PBASIC 还有"do loop until Condition"（循环直到条件）语句，但是我建议不要使用它，因为它是另外一种负程序设计。在这种程序设计下，当一些条件不为真时，程序执行循环，而不是在while条件下，当条件为真时，程序执行循环。

在 do loop 中，你可以通过执行退出语句［如"if Condition then exit"（if条件则退出）］跳出循环：

```
do

'  Code executes in Loop

    if Condition then exit

'  Code executes after test

  loop
```

这种退出循环的方法与 goto 语句相同，如

```
   do

'  Code executes in Loop

    if Condition then Loop_Exit
'  Code executes after test
  loop
Loop_Exit:
```

而且应该避免使用这种语句，因为它与我之前提到的"if Condition then Label"语句具有相同的缺点，还有一个重要原因是，它是非结构性语句；它会造成代码执行一半时停止。你会争辩在 if 语句前后都有一个代码块，但是这会增加代码的复杂性；请记住，书写代码时应尽量令其容易读懂。

我会继续讲为什么不推荐使用分支语句（需要定义不同名称的标签，出现不对称的代码等等），但是我不推荐使用分支语句的真正原因是使用 select-case 语句会更容易些。分支语句非常简单，而且能处理多种不同的值，但是用它写出来的代码复杂难懂，而 select-case 语句自然能处理不同的值。

当我介绍结构化程序设计时，你或许已经注意到我没有使用任何图形来解释不同的概念。这么做是为了展示结构化程序设计的一个重要方面；在头脑中用结构化程序设计的概念来编写一个程序时，很容易通过字面的方式将思考的结果表达出来，而不需要任何图像。而非结构性程序则不能轻松地通过字面的方式来解释，这个时候常常需要使用流程图和其他视觉教具帮助理解。

能通过字面方式来表达结构化程序就非常容易将这些程序存档。事实上，如果你很谨慎地命名变量和子程序，并使用引脚说明（在接下来的章节中介绍）和注释来解释输入输出引脚的操作，那就根本不需要对这些应用程序存档。很可能对程序存档非常困难，而且常常到一个程序末尾（根本不可能结束）时保存会失败。为了使程序存档工作的麻烦降至最低，确保程序书写完整简洁，并采用结构性程序设计思维。保存一个书写工整、结构性的程序要比一个标有"loop_end_4."标签、goto 语句满篇飞的程序要容易得多。

将硬件连接至BASIC Stamp 2 微控制器

Chapter 14

在前面的章节，我介绍了BS2微控制器程序设计的基本内容。目前所提供的信息是非常通用的，可以应用于任何程序设计的情况。这些程序设计技能适用于其他微控制器、台式计算机、个人数字助手以及复杂的工具。通过使这些信息更具普遍性，你就能看懂其他有关程序设计的介绍，并能依葫芦画瓢，应用BS2程序设计的有关知识。现在，你已经在程序设计方面打下一个良好的基础，并学会如何使用BS2微控制器设计机器人应用程序，因为它的硬件接口并非不适用于其他设备。

实验中使用的BS2微控制器是基于微型芯片PIC16C57PICmiro®微控制器。该微控制器包含的程序代码可以对Stamp Windows Editor 软件提供的符号命令进行译码并执行，同时与个人计算机对接，计算机可以把应用程序下载到BS2微控制器中。除了可以提供这些功能，PIC微控制器还具有BS2输入输出引脚硬件。

PICmicro 微程序控制器（MCU）输入输出引脚经过设置可以变为输出或者输入模式，只需要使三态（TRIS）使能寄存器控制的三态驱动器有效或失效即可。

引脚内部电路的三态驱动器如图14.1所示。

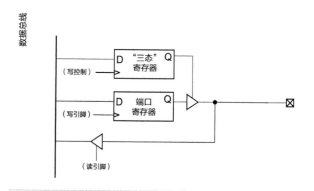

图14.1 输入输出引脚

当Parallax 构建BASIC Stamp 和PBASIC时，为了避免PICmicro MCU 输入输出引脚的复杂性，具体规定的访问输入输出引脚的方式与访问变量的方法类似。通过增加三个标签（以及许多子标签），可以让软件直接与BS2的PICmicro MCU输入输出引脚对接。这些寄存器（以及子寄存器，可以让你访问小型的引脚组）列于表14.1中。

表14.1 PBASIC内部的标签可以访问BS2的输入输出引脚

字名	字节名	半字节名	比特名	功能
INS	INL,INH	INA,INB,INC,IND	IN0 – 1N15	读取输入引脚状态
OUTS	OUTL,OUTH	OUTA,OUTB,OUTC,OUTD	OUT0 – OUT15	将新输出状态保存到输入输出引脚
DIRS	DIRL,DIRH	DIRA,DIRB,DIRC,DIRD	DIR0 – DIR15	改变输入输出引脚模式（1表示输出，0表示输入）

PBASIC提供的引脚类型可以让你用下面的语句定义引脚：

```
Label pin #
```

在这里#代表引脚编号（从0至15）。定义"输出引脚"时，令BS2的"P0"引脚为输出端，并输出一个低电压，可以使用下面的代码

```
outputpin pin 0
  Output outputpin
' P0 is put into output mode
  outputpin = 0
' Set pin to "low" or zero output
```

令P0输入输出引脚为"低电平"输出的一个更为直接的方法是使用BS2的"低电平"内置函数语句。我发现这条单独的语句要比上面提到的语句更直观——为了执行同样的功能，可以使用下面所列的简单语句：

```
  low outputpin
' Make P0 output, drive out "low" voltage
```

除了定义"低电平"之外，你也可以使用许多其他内置语句来设置引脚的输入输出模式以及引脚的输出状态。这些功能列在表14.2里。

表14.2 PBASIC 输入输出引脚语句

语句	功能介绍
low#	定义输入输出引脚#为输出并设置为低电平
high#	定义输入输出引脚#为输出并设置为高电平
input#	定义输入输出引脚#为输入
output#	定义输入输出引脚#为输出
reverse#	把输入输出引脚从输入转换为输出
toggle#	定义输入输出引脚#为输出并切换它的状态

表中所列的函数语句使控制输入输出引脚变得非常简单，而且不需要使用前面实验用到的赋值语句对单独的输入输出引脚写入赋值。定义引脚后就可以让你像访问变量那样访问数据，同时在函数语句中把标签看作常数。如果想访问多个输入输出引脚，或者检查比特值（或者一组比特值）状态，就可以使用表中所列的输入输出引脚寄存器名。这些名称使用方法与变量名完全一样。

除了提供简单的数字输入输出之外，BS2上的输入输出引脚可以用于许多不同PABSIC函数语句中。在本节内容中，我会介绍这些不同的函数，以及它们如何为BS2微控制器提供各种不同的功能。这些内置的函数是BASIC Stamp系列微控制器的一个强大优势，使用它们可以轻松地设计出非常复杂的应用程序。

读取BS2微控制器现成可用的串行输入输出函数时，会发现17号输入输出引脚可用，而不是你所期望的16号输入输出引脚。用来进行串行数据操作的第17号（"16"号）输入输出引脚是编程端口。当已经有内置串行数据接口存在时，使用这种方法与BS2微控制器建立通信非常方便。

实验92　控制一只发光二极管

零件箱

带有面包板、电池和BS2微控制器的组装印制电路板
发光二极管，任意颜色

工具盒

个人计算机
RS-232串行数据通信标准接口电缆
布线工具套装

在前面的章节中讲到，如果要显示BS2微控制器上的数据时，就需要使用"调用"语句。使用这种语句来完成这种任务时效果非常好，但是在大多数机器人应用程序中，这种语句并不实用——例如，如果你有一个沿墙移

动的机器人应用程序，并想要了解程序究竟是如何执行的，很可能你不能正确地用RS-232线缆将机器人与个人计算机相连，机器人也不能正确地运行。将执行信息从BS2输出至用户，而不需要"调试"语句是机器人应用程序的一项重要功能。在该实验中，以及其他随后的实验中，我会介绍许多无需与计算机直接连接，就能让数据从BS2输出的方法。

BS2微控制器的最基本输出器件是发光二极管。在本书的前面章节中，我已经用很大篇幅介绍了发光二极管的有关内容，在本实验中，发光二极管会与BS2微控制器相连，并在BS2的控制下点亮和熄灭。

试验电路包括将一只发光二极管接到BS2的一个输入输出引脚和可调电源输出之间，如图14.2所示。图14.3所示为如何将一只发光二极管接到印制电路板上的面包板上。

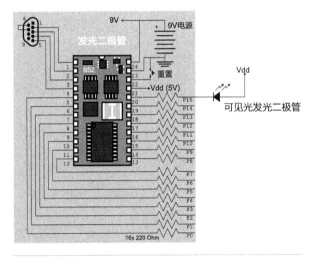

图14.2　发光二极管输出

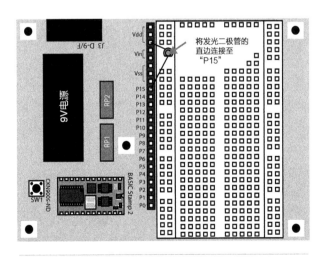

图14.3　将一只发光二极管安装在印制电路板上

我想指出如果你浏览互联网，会发现BS2和PICmicro 微型控制器应用电路中根本没有限流电阻（在该实验电路中，我充分利用了安装在印制电路板上的内置220Ω电阻）。在这些应用电路中，设计者仅仅依靠PICmicro MCU 输入输出引脚就能给外部设备提供最大20mA的电流，或者从外部设备汲取最大25mA的电流。我建议你不要使用这些例子进行实验，因为它们浪费了电流，而且不对BS2和PICmicro 微型控制器的输入输出引脚提供任何保护。不加限流电阻器的电路会烧毁输入输出引脚，使BS2微控制器损坏。

电路设计中令你感到惊奇的一点是我将发光二极管的阳极（正极连接头）与印制电路板的其中一个电源连接头相连，把发光二极管的阴极（负极连接头）与BS2的输入输出引脚相连。这种连接方法遵循一个普遍用于微控制器的原则，因为一些早期的芯片（Intel 8051 是一个主要的例子）不能提供电流，只能汲取电流。为了让发光二极管能直接连到输入输出引脚上，就必须将阳极连接到电流源，阴极连接到输入输出引脚，正如此处的连接方法。

通过像访问变量一样访问输入输出引脚，使用赋值语句，就能按照应用程序代码使发光二极管每秒闪烁两次。

```
' LED Flash Demonstration 1 - Flash LED
on P0 2x per second
'{$STAMP BS2}

LED pin 15              ' Define the I/O Pin

' Mainline
    dir15 = 1           ' P15 is an output
do
    LED = 0             ' LED On
    pause 250           ' Delay 1/4 second
    LED = 1             ' LED off
    pause 250
Loop                    ' Repeat
```

将该程序以文件名"LED闪烁1"保存在"科学鬼才"文件夹目录下的"LED闪烁"文件夹里。完成保存并进行测试后，就可以设计"发光二极管闪烁2"应用程序（将它保存在同一个文件夹内），该程序使用了PBASIC 内置的高电平和低电平函数语句：

```
' LED Flash Demonstration 2 - Flash LED
on P0 2x per second
'{$STAMP BS2}
LED pin 15              ' Define the I/O Pin

' Mainline
do
```

```
low LED            ' LED On
pause 250          ' Delay 1/4 second
high LED           ' LED off
pause 250
    Loop           ' Repeat
```

"发光二极管闪烁2"与"发光二极管闪烁1"工作原理相同，因为它们实际上是同一个应用程序。在"发光二极管闪烁2"程序中，不需要"dir0=1"或者"output 0"语句，因为第一个"低电平0"语句先将输入输出引脚设置为输出模式，然后才使其为低电平。

实验93   Cylon 眼

零件箱

带有面包板、电池和BS2微控制器的组装印制电路板
十个发光二极管"光柱"显示

工具盒

个人计算机
RS-232 串行数据通信标准接口电缆
布线工具套装

在前面的章节中，在谈到如何说明变量时，我介绍了其他变量是如何根据这些说明语句被重新命名变量名或者成为它们的一小部分。我很少将这种说明语句直接应用于程序设计中，但是，我会在本实验中介绍，这种方法对于不同接口条件下的程序设计是大有裨益的。

在20世纪70年代，一部较为成功的电视片Battlestar Galactica 上映，除了剧中的机器人外，这部电视片很快就被人们淡忘。电视片中的机器人不是十分健谈（它们的习惯用语是"遵命"），但是，它们的眼睛却非常酷。机器人的眼睛是由一个能前后摆动，可对前方区域进行扫描的红色光束构成。尽管人们对这部电视系列片的情节大部分都淡忘了，但是这只能扫描的眼睛却被很多不同计算机系统作为输出指示来表示该系统"正在活动运行中"。

Cylon 眼由 10 个接在BS2微控制器上的发光二极管光柱显示构成，如图14.4所示的原理图所示。与其他使用发光二极管的实验相同，我充分利用印制电路板上的限流电阻的作用。

　　安装10个发光二极管光柱显示时，将安装在显示器一角的阳极定位切口置于右下角（如图14.4所示）。

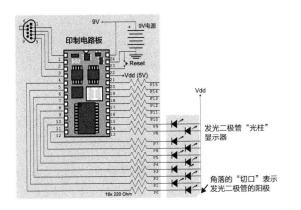

图14.4　Cylon眼电路原理图

　　将实验代码保存在个人计算机里"科学鬼才"文件夹目录下的"Cylon 眼"文件夹里：

```
' Cylon Eye - Scan an LED across the
display
'{$STAMP BS2}
'{$PBASIC 2.50}

' Variables
Direction var byte
LSB pin 0
' Least Significant LED bit
MSB pin 9
' Most Significant LED bit

' Initialization
 outs = %1111111110
' Make all the LED pins outputs
 dirs = %1111111111
' With LED at P0 on
 Direction = 0
' Start Running Up

 do

  if (Direction = 0) then
   outs = outs << 1 + 1
' Shift the Lighted LED up
   if (MSB = 0) then
    Direction = 1
' Change the direction of the Movement
   endif
  else
   outs = outs >> 1
' Shift the Lighted LED down
   MSB = 1
' Make sure the MSB bit is set
```

```
   If (LSB = 0) then ' At the bottom
    Direction = 0 ' Start going up
   endif
  endif

 pause 100
' Take 1 second to run across 10 LEDs

 loop
```

　　"Cylon眼"应用程序应该非常容易理解。运行该程序时，它看起来非常引人注目（而且可以用作圣诞装饰或其他节日装饰）。

　　不需要说明输出目录中的最低有效位（LSB）引脚和最高有效位（MSB）引脚，我只需要简单地顺序询问每一个比特（就是说，输出0和输出9分别为最低有效位和最高有效位），或者使用数学值来明确这些数是否在最高和最低位。例如，我可以将第一个测试（如果（MSB=0））写为

```
if (out9 = 0) then
```

　　或者将整个比特字符串写入测试。也可以用另一种方法将"if（MSB=0）then"语句写出

```
if (outs = %0111111111) then
```

　　这种测试数据的方法有一定吸引力，因为每一个比特的预计状态都在源代码中显示出来。在这个应用中，按照你的预期写出的每一个比特都与应用程序一致，因为这是由我对"dirs"和"ours"寄存器初始化的方式决定的。

　　我使用两条语句来定义向下位移的操作，这看起来有点奇怪。但是，第一个语句是将比特向右移动（将点亮的发光二极管向下移动），而第二个语句很明显地设置了显示器的最高比特位（"MSB=1"语句）。我也可以将两个语句结合成下面三条语句的其中一条：

```
   outs = outs >> 2 + 512
' Shift down and set the MSB
   outs = outs >> 2 + $200
' Shift down and set the MSB
   outs = outs >> 2 + %1000000000
' Shift down and set the MSB
```

　　我并没有在程序中使用它们，因为当其他不甚了解程序设计的人拿到这个应用程序时，上面的这三条计算机语句看起来没有其他两条语句更容易让人理解。这三条语句会让输出寄存器的值向下移位，然后设置最高比特位。这与我对寄存器的值向上移位相似，比特值加1，数据向上移位后，就不能被复位。对向下移位的值加512、$200或%1000000000会产生一个问题，那就是我不认为该

代码的作用会与清楚地设置最高比特位的作用一样明显。

实验94 Hitachi（日立）44780-可控液晶显示器

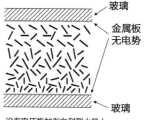

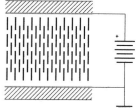

没有电压施加在向列型水晶上。水晶分子随机排列。光线可通过

电压施加在金属板两极，向列型水晶按照与电场平行的方向排列，阻止光线穿过

图14.5 LCD 工作原理

零件箱

带有面包板、电池和BS2微控制器的组装印制电路板
16×2 字符型液晶显示器
10kΩ 电位器

工具盒

个人计算机
RS-232 串行数据通信标准接口电缆
布线工具套装

表14.3 模块连接引脚

引脚	介绍/功能
1	地
2	Vcc
3	参考电压
4	"RS"—_说明/寄存器选择
5	"RW"—_写入/读取选择
6	"E" 时钟
7 ~ 14	数据输入输出引脚（D_0对应引脚7，D_7对应引脚14）

目前我一直强调使用发光二极管作为输出显示器件，但是，你可以考虑使用其他方法，将信息传递给用户。我确定你对液晶显示器（LCDs）非常了解；它们实际上已经应用于我们日常生活的所有产品中，从手表到计算机显示器等等。液晶显示器的最大吸引力是低能耗。

你可能会非常震惊地发现在LCD中真的有液体存在。向列型（根据希腊字母Nema或string命名）水晶是一种非常纤长、分子结构薄、受电场影响后可在液体（通常是水）中悬浮的物质。如图14.5所示，当把电场施加于液体中向列型水晶时，这些水晶分子排列的方向与电场方向平行，并阻止光线的进入。当没有电场时，水晶分子随机排列，光线就会通过它们。LCD显示器可以在非常低的电流下就能工作，因为没有电流在液体中流过。

LCD控制器硬件的实际接口非常复杂，而且接口时序必须非常精确。为了使LCD更容易与其他硬件对接，人们设计开发了许多不同接口设备。其中最流行的当属Hitachi 44780芯片，它固定在LCD载体上。LCD芯片以及载体通常称作模块，它们有14个连接孔，在表14.3中列出。LCD模块工作原理与电传打字机或者单行电视显示器类似——当你向LCD输入字符时，会有一个光标移动到右边，准备输入下一个字符。

我通常会将一系列引脚接到14个连接器引脚上，这么做，就能很容易地把LCD安装在面包板上。你会发现一些LCD有16个连接器插孔，这两个额外的插孔用作背景光显示。其他一些LCD模块有两排引脚，每排7或8个引脚。为便于本书实验的进行，将它们接在面包板上，你只需要使用只有一排引脚的LCD即可。

找一个带有Hitachi 44780 芯片的LCD模块非常容易，大部分电子商店有不少不同的存货。我建议你购买一只16×2的显示器，因为它很常见而且通常来说非常便宜。转一转二手商店，花大约一美元就能够买到一个散装的16×2显示器或者带有该零部件的其他电子产品。

将LCD装在BS2微控制器上非常简单，按照图14.6所示即可。电路中唯一的复杂之处就是需要使用电位器来设定LCD所需要的参考电压。分压器产生的电压可以用来具体规定LCD上字符的明暗程度。根据你使用的LCD类型，你会发现这个电压要么偏高要么就是偏低。

为了简化接线，我仅仅只在BS2连接器和LCD之间传递数据信号。这么做，我必须"旋转"数据比特（使用"rev"运算符），这样"查询"语句中的ASCII码就能直接传递给LCD模块。

应用程序代码会在LCD顶部输出"科学鬼才"字符，它是其他应用程序的基础。

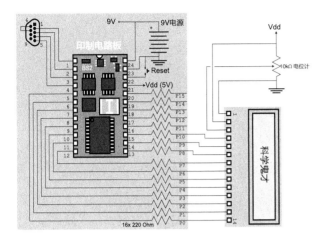

图14.6 LCD接口

```
' LCD Test - Display a simple message on
an LCD module
'{$STAMP BS2}
'{$PBASIC 2.50}

' Variables
i var byte
Character var byte       ' Character to
Display
LCDData var outl         ' Define LCD Pins
on BS2
LCDE pin 8
LCDRW pin 9
LCDRS pin 10

' Initialization
 dirs = %11111111111
' Make Least Significant 11 Bits Output
LCDRW = 0: LCDRS = 0: LCDE = 0
' Initialize LCD interface
pause 20
' Wait for LCD to reset itself
LCDData = $0C: pulsout LCDE, 300: pause 5
' Initialize LCD Module
pulsout LCDE, 300: pulsout LCDE, 300
' Force reset in LCD
LCDData = $1C: pulsout LCDE, 300: pause 5
' Initialize/Set 8 Bit
LCDData = $08: pulsout LCDE, 300
' No Shifting
LCDData = $80: pulsout LCDE, 300: pause 5
' Clear LCD
LCDData = $60: pulsout LCDE, 300
' Specify Cursor Move
LCDData = $70: pulsout LCDE, 300
' Enable Display & Cursor

Character = 1: i = 0
```

```
LCDRS = 1          ' Print Characters
do while (Character <> 0)
 lookup i, ["Evil Genius", 0], Character
 if (Character <> 0) then
  LCDData = Character rev 8: pulsout
LCDE, 300
   i = i + 1
 endif
loop

end
```

实验95　音调输出

零件盒

带有面包板、电池和BS2微控制器的组装印制电路板
LM386，6V LM386 音频放大器，8引脚双列直插式封装
两个1kΩ 电阻器
0.01μF 电容器，任意类型
0.1μF 电容器，任意类型
330μF 16V 电解电容器
10kΩ 电位器
8Ω 扬声器

工具箱

个人计算机
RS-232 串行数据通信标准接口电缆
布线工具套装

　　到目前为止，我已经介绍了三种BS2在操作过程中反馈信息的方法。"调试"函数在向你或者用户返回详细信息中发挥作用，但是这个过程需要与个人计算机连接。发光二极管虽然能够在相当远的距离就能让人看到，但是不能提供很多信息或无法显示信息的差异（改变输出强度）。而LCDs（液晶显示器）可以显示许多数据，而且还能显示信息差异，但是却不能从较远的距离读取信息（经常会看到机器人科学家趴在机器人后面读取LCD输出信息）。如果你设计的应用程序要求有不同级别的信息，而BS2离你也有一定距离，就会考虑通过安装一只扬声器，从而实现从较远距离传递应用程序的状态信息。

　　PBASIC 具有的"频率输出"函数能够从一个具体规定的引脚输出一个音调。频率输出函数的格式在下文列出。音长是指音调播放的时间长度。频率1是BS2输出的主频，单位为Hz，如果可以的话，你可以输出第二个频率（频率2），使它发出双音和弦。

```
freqout Pin, Duration, Frequency1{,
Frequency2}
```

你很可能会认为频率输出是一个频率固定的方波信号——实际并非如此。输出信号由一系列脉冲信号构成，它们经过"滤波"变成平滑的正弦波，如图14.7所示，该图显示的是两个信号的示波器图形。在图14.7中，顶部的信号波形是从BS2输入输出引脚输出信号的波形，而底部的波形是经过滤波后的正弦波的波形。

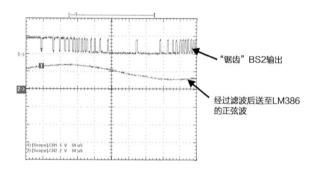

"锯齿"BS2输出

经过滤波后送至LM386的正弦波

图14.7 频率输出波形

使用的滤波电路由位于BS2输出引脚和LM386输入之间的电阻器和电容器构成，如图14.8所示。

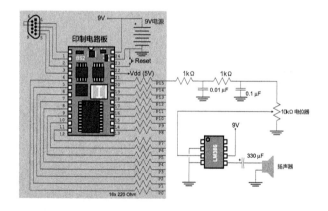

图14.8 音调输出

电路制作完成后，键入下面的应用程序代码。

```
' Hawaii 5-0 - Play the Theme
'{$STAMP BS2}
'{$PBASIC 2.50}

' Variables
i var byte
Note var word
Duration var word
SoundOut pin 15

' Note Definition
```

```
A con 880
AS con 932
B con 988
C con 1046              ' Middle "C"
CS con 1108
D con 1174
DS con 1249
E con 1318
F con 1396
FS con 1480
G con 1568
GS con 1662
hA con 1760
hAS con 1873
hB con 1976
hC con 2094
hCS con 2218
hD con 2350

' Application
 Note = 1: i = 0
' Start reading through
 do while (Note <> 0)
' Loop through the tune
  lookup i,[G,G,hAS,hD,hC, G,-1,G,G,F,
hAS,G,0],Note
   if (Note <> 0) then
    lookup i,[1,1,1,2,4, 5,2,1,1,1,
2,7,0],Duration
    Duration = Duration * 208
' Start with 72 beats per minute
    if (Note <> -1) then
     freqout SoundOut, Duration, Note
    else
     pause Duration
' -1 means space, Just Delay
    endif
   endif
  i = i + 1
 end
```

这个应用程序可以演奏电视剧Hawaii 5-0 主题曲的前面几个小节，而且声音听起来非常不错。考虑这个电路有多简单。在应用程序的音符定义部分，我列出了中音C下从A到D的八度音符以上的音符所对应的基本频率。当碰到-1时，音调中就会加入一段线间空白。音长是以四分音符为单位，而且我已经用一个四分音符所需要的毫秒数乘以音长（每分钟弹奏72拍）来获得音调的实际延时。作为一个练习，你或许想试一试将不同音调编入应用程序中。为了完成练习，你必须找到一些活页乐谱，按照我创建的查询表把乐符移调并延迟。这并不难而且还非常有趣。

运行应用程序时，你会发现必须将10kΩ电位器的阻值设置得非常低，否则LM386音频放大器会过载，将不会有任何输出信号。即使电位器阻值设置得比较低，你也会发现声音输出的音量非常高。

实验96 电子骰子

零件箱

带有面包板、电池和BS2微控制器的组装印制电路板
七个发光二极管，任意颜色
10kΩ电阻器
按键

工具盒

个人计算机
RS-232串行数据通信标准接口电缆
布线工具套装

观察BS2微控制器控制的机器人时，我发现最有用的一个PBASIC内置函数从来没有被使用过，即便是它非常适用于机器人应用程序。这个函数功能是"按钮"功能，它给出了一个非常简单的去抖按钮输入信号的方法。事实上，如果你研究一下互联网上现成的各种不同BS2微控制器应用程序，会发现BS2的按钮功能几乎从来没有被使用过。我对此感到很困惑，因为按钮功能函数很有可能是PBASIC语言定义的最独特和最有用的功能。

`button Pin, DownState, Delay, Rate, Workspace, TargetState, Address`

此处，按钮语句里的各种参数已经在PBASIC参考索引中被解释。

按钮功能的技巧在于按钮每次被按下时，该功能就会执行，而且要么增加工作空间变量，要么清除工作空间变量。这个功能没有定时功能——你必须把该语句放进定时循环语句内。如果你考虑每一条PBASIC语句需要250μs来执行（按照Parallax的规格标准，BS2微控制器每秒钟运行4000条计算机语句），而且还可以充分利用PBASIC内置的"暂停"功能的话，实现该功能就没有听上去那么困难了。

让我们找点乐子吧，用BS2微控制器和一些发光二极管制作一些"数字骰子"，只需要按一下按钮就可以玩了。数字骰子的电路原理图如图14.9所示。

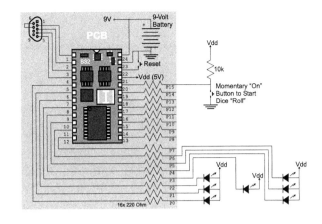

图14.9 Digital dice

要把发光二极管接得更像骰子的话，实验电路接线就稍微有点复杂。程序代码的文件名应该命名为"数字骰子"，并保存在"科学鬼才"文件夹目录下的"数字骰子"文件夹内。

```
' Digital Dice - Create Digital Dice with
a push button
'{$STAMP BS2}
'{$PBASIC 2.50}

' Variables
ButtonPin pin 15
ButtonCount var byte
Dice var byte
i var byte
j var byte

' Initialization
 outs = $ffff
' Make all the LEDs high/off
dirl = %1111111
' Make P0 through P6 outputs

 do

ButtonDownWait:
' Wait for Button to be pressed
 Dice = Dice + 1
' Randomize the Dice Value
 pause 4
' Loop takes approximately 5.5 ms
 button ButtonPin, 0, 10, 180,
ButtonCount, 1, ButtonDown
 goto ButtonDownWait
' Debounce after 55 msecs, repeat 1x sec
ButtonDown:
 for i = 1 to 5 ' Button Pressed
  for j = i to 5
' Display as running down
   pause i * 125
' Increasing Delay for value displays
   Dice = Dice + 1
```

```
    select (Dice // 6)
' Display a Dice Value using "Select"
    case 0: outl = %1110111
' Start with "1"
    case 1: outl = %0100010 ' Display "5"
    case 2: outl = %0111110 ' Display "2"
    case 3: outl = %1100011 ' Display "3"
    case 4: outl = %0001000 ' Display "6"
    case 5: outl = %0101010 ' Display "4"
   endselect
  next
 next
loop
```

看着这些代码，我敢肯定你会认为这很棒，但是究竟应该怎么将它应用于机器人呢？我发现按钮功能能在实现机器人"触须"功能方面非常有用。用多个按钮语句就可以顺序询问机器人触须，每一个语句都具有专有的工作空间变量。

实验97　按键输入

零件箱

带有面包板、电池和BS2微控制器的组装印制电路板
九个4.7kΩ电阻器
按键

工具盒

个人计算机
RS-232串行数据通信标准接口电缆
布线工具套装

在前面的实验中，我介绍了如何使用PBASIC按钮功能函数顺序询问各个按钮并对它们去抖。许多应用程序具有不止一个按钮，如果使用类似PBASIC按钮功能的话，在顺序询问数目众多的数据线时以及程序代码如何顺序询问这些按钮时，效率就不会非常高。在大多数具有多个按钮的应用程序中，采用的是按钮矩阵而不是单独的按钮。按钮矩阵按照图14.10所示接线，它有一组行和列连接线，让每一个独立开关都可以被"寻址"和顺序询问。

尽管使用4根线来访问4个开关看起来并不比每一个单独的开关单独接线更好，但是当应用程序中有许多开关时，矩阵开关的优点就十分明显了。例如，一个16按钮矩阵只需要8根线（四行四列）就能对每个按钮进行寻

址。如果你能找到一个二手电话机按键（不要把家里的电话机拆啦），会发现所有按键被接成一个3×4的矩阵，由7根连接线构成。

我用双引号将"寻址"括起来，因为矩阵开关（通常被称为开关矩阵键盘或者开关矩阵按键）的寻址与存储器的寻址不同。矩阵的行连接线通常上拉与电源连接，而列连接线通过开关接地，如图14.10所示。为了读取某一列的开关位置，该列的晶体管导通（将该列通过开关接地），然后再顺序询问各个独立开关。如果任何开关返回值为0（而不是1，1值是由上拉产生的结果），那么这个在行与列交叉点的开关被认定闭合，按钮被按下。

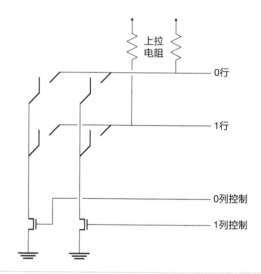

图14.10　开关矩阵工作原理

使用开关矩阵按键时很可能会碰到三个难题。第一个难题是如果两个按键被按下时会出现什么情况——你可能会发现除了两个按键外，其他没有被按下的按键返回的值也是0，错误地表示它们被按下。对大多数按键和键盘而言，这不是一个很严重的问题，因为它们通常都与Shift键、Ctrl键和Alt键排列在一起，而且在操作过程中，能与别的按键一起按下的按键是按照字母和数字键被连接在矩阵的不同行和列上。

你必须使用集电极开路（或者漏极开路，如图14.10所示）驱动器来将列连接下接至地。在该实验的程序代码中，我将与按键相连的引脚设置在输入模式或0输出模式下，来模仿集电极开路驱动器。

最后，你会发现按键（或键盘）的接线并未按照逻辑顺序排列。这么做的原因是出于按键制造商从自身利益的考量，按键通常只使用单面印制电路板设计制作而成，为了避免在印制电路板的另一面出现连接线，这些连接线看起来是随机连接起来的。在我写的实验的程序代码中，

我将所有连接线看作可能的列连接线，并在对其他引脚顺序询问时，将它们全部接地，这么做就避免了该问题。

在其他书本中，我解释了如何对来自按键的连接线进行解码，并将它们以矩阵的形式保存，从而让控制器更有效地接线。这个实验避免了这一步，它将每条线都当作"列连接线"，列连接线对其他被当作"行"的连接线顺序询问，并对每一个开关返回特殊的十六进制数。这种方法可能是对按键解码的最有效的办法。当你运行程序代码，并记录不同开关返回的十六进制数值后，这些代码和十六进制值就可以在应用程序中被"选择"语句使用，来执行一个特殊的开关功能。

该实验的电路原理图十分简单，如图 14.11 所示。我使用了一个 10 引脚的单列直插封装的电阻器作为电路的上拉电阻使用。单列直插封装电阻由具有一个公共端引脚（标记为一个圆点）的 9 个电阻器构成。

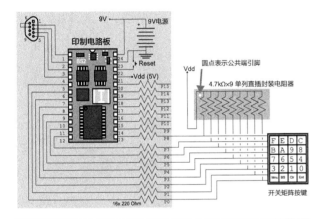

图14.11 开关矩阵按键

应用程序"开关矩阵"会对每一个按钮返回一个特殊的十六进制值。我使用的带指示标记的键盘是从一家当地的二手商店淘来的，它有 20 个按键和 9 个接口引脚。

```
' Switch Matrix - Return Switch Matrix
Keypad keys as Hex
'{$STAMP BS2}
'{$PBASIC 2.50}

' Variables
i var byte
j var byte
Flag var byte
LastButton var word
CurrentButton var word
ButtonCount var byte

' Mainline
  ButtonCount = 0: LastButton = -1 ' No
Button Pressed Yet
  do
```

```
  Flag = 0
' Note if button Pressed
  for i = 0 to 7
    dirs = DCD i: outs = 0
' Make I/O "i" "0" Output
    for j = i + 1 to 8
    if (ins.lowbit(j) = 0) then
      Flag = 1            ' Button Pressed
      CurrentButton = (j * 8) + i
' Record Address
      if (LastButton = CurrentButton) then
      ButtonCount = ButtonCount + 1
' Previous Button
      else
' New Button Reset the Counter
      LastButton = CurrentButton:
      ButtonCount = 0
      endif
    endif
  next
next
if (Flag = 0) then
' No Button Pressed?
  ButtonCount = 0: LastButton = -1 ' No
else                   ' Else Button Pressed
  if (ButtonCount = 2) then
' Button Held Down?
    Debug "Button = ", shex LastButton, cr
  else
' Held down, no autorepeat
    if (ButtonCount = 3) then ButtonCount
= 2
  endif
endif
loop
```

实验98　电阻值测量

零件箱

带有面包板、电池和BS2微控制器的组装印制电路板
10个发光二极管柱光显示器
10kΩ 光敏电阻
3个0.01 μF 电容器，任意类型
330 μF，16V 电解电容
10kΩ 电位器
8Ω 扬声器
LM386 音频放大器，8引脚，双列直插式封装
两个 1kΩ 电阻器

工具盒

个人计算机
RS-232 串行数据通信标准接口电缆
布线工具套装

在本书前面内容里我设计制作了一个简单的追踪光线机器人，我充分利用了可变硫化镉光敏电阻的原理以及555定时器。硫化镉光敏电阻也可同样用于BS2微控制器内部的"rctime（rc时间常数）"功能。如图14.12所示为如何轻松地将电阻器和电容器连接至BS2微控制器上来测试时间延迟。下面介绍的电路也可以用来读取电位器的位置。

Rctime 功能的推荐格式如下所示：

```
high Pin                ' Set Pin State
before rctime
rctime Pin, 1, Variable
```

（程序代码中的参数在本书末尾的PABSIC 参考中有详细的解释说明。）

如果你阅读了PBASIC 程序设计手册中的rctime功能，会发现预计的返回值是如何产生的。我将忽略这一部分内容，而直接去看一般情况。在一般情况下，返回的计数值由下面方程定义：

$$Count = 600,000 \times R \times C$$

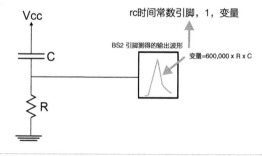

图14.12 rctime 功能

"R"是单位为Ω的电阻值，而"C"是单位为F的电容值。如果使用一个10kΩ（黑色电阻）与一个0.01μF电容器，预期的"计数值"为

$$Count = 600,000 \times 10k\Omega \times 0.01\mu F$$
$$= 600,000 \times 10\,(10^3) \times 0.01\,(10^{-6})$$
$$= 60$$

一只10kΩ 的硫化镉光敏电阻器的阻值会随着光照强度的增加而降低，它的有效阻值范围为0 ~ 60Ω。当我测试电路时，发现使用的硫化镉光敏电阻的最大值为67Ω，因此这个值是相当精确的预期输出值。

实验电路会用一只发光二极管构成的光柱显示器和扬声器来输出硫化镉光敏电阻值（取决于光照的强度）幅度显示值的幂指数值（基数为2）。实验电路如图14.13所示。

实验（"光与声"）的源代码在这里列出。

```
' Light and Sound - Measure resistance of
a CDS cell/Display Data
'{$STAMP BS2}
'{$PBASIC 2.50}

' Variables
CDSValue var word
' CDS cell Value Returned
Translate var word
' CDS cell Value Order of Magnitude

' Initialize
dirs = %00010011111111111
' P15 - CDS Cell Input, P12 - Sound
outs = $ffff

do
  high 12
  rctime 12, 1, CDSValue
' Read the CDS Cell
  Translate = NCD CDSValue
' Get the high order bit
  outs = DCD Translate - 1 ^ $3ff
  freqout 15, 100, (Translate * (440 / 7))
+ 440
loop
```

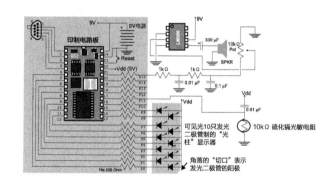

图14.13 光敏电路

关于这个应用程序，我希望你注意两点。第一点是我是如何将光延迟值转换成发光二极管显示的幅度值的幂指数值和扬声器输出。扬声器输出和发光二极管输出是非常好用的输出变量表示方法，因为不需要跑到机器人跟前，就能从房间的另一头听到或看到它们。第二点是，我写出的应用程序中没有任何"if"语句——相反地，我只使用了一条单独的语句就将计算出来的值全部输出，这是充分利用了BS2微控制器的从左到右顺序操作。

当我第一次设计制作该应用程序时，碰到了三个难题。第一个是我没有将"high 12"语句放入程序代码中，该语句用来设置用于rctime功能的输入输出引脚状态。如果没有放入该语句，则rctime一直默认返回"1"，表示进行操作前引脚的合适状态。第二个难题是在对电路接线时，我感到困惑——这是迄今为止本书所讲的最复杂的BS2微控制器电路，但是我敢说，制作这个电路是非常值得的，因为它表明了如何使用光和声来输出可变的数据信息。最后一个难题是我没有关注印制电路板上的9V电池，而电路运行起来不稳定。如果电池不能按照书写的软件程序工作，那么对我来说，这是一个绝好的方式来提醒我检测电池的情况（使用电池实验器）。

进行完这个实验后，看一看"outs="和"freqout"语句。为了表明你已经搞清楚这个代码如何工作，为什么不去改变一下，这样的话，当硫化镉光敏电阻接收的光照强度更强时，更多的发光二极管就会点亮，音调也会变得更高？

实验99 PWM模拟电压输出

零件箱

带有面包板、电池和BS2微控制器的组装印制电路板
两个10kΩ电阻器
100Ω电阻器
0.47μF电容器，任意类型
按钮

工具盒

个人计算机
RS-232串行数据通信标准接口电缆
布线工具套装
数字万用表

使用一个类似BS2微控制器的全数字器件来产生一个真正的模拟电压相当容易。在这个实验和接下来的实验中，我会介绍如何用BS2产生一个模拟电压，该模拟电压可作为电源、LCD显示器以及其他电路的参考电压。在本书前面的内容中，我展示了一些可以产生脉冲宽度调制模拟信号的离散电路，在本实验中，我会使用PBASIC内置的PWM功能产生模拟电压值。

```
PWM Pin, Duty, Cycles
```

使用BS2内置PWM功能的典型PWM信号产生电路是一个阻容滤波器网络，如图14.14所示。电容器两端的电压值等于PWM信号占空比被除以255，再乘以BS2电源值（通常为5V）。

PBASIC PWM命令执行周期为1ms（1000Hz）。当执行完毕时，它将引脚设置为"输入"模式，让任意阻容滤波网络保持一个常数值，而不是从BS2微控制器吸收能量。为了得到一个稳定和精确的电压输出值，Parallax推荐使用下面的公式：

$$充电时间 = 4 \times R \times C$$

当电容值为0.47μF，电阻值为10kΩ时，时间常数计算如下：

$$充电时间 = 4 \times 10kΩ \times 0.47μF$$
$$= 4 \times 10(10_3) \times 0.47(10_{-6})s$$
$$= 0.0188s = 19ms$$

应用程序中可以使用的PWM功能语句为：

```
PWM Pin, Duty, 19
```

为了展示PWM信号的原理，我设计制作了应用电路（如图14.14所示），每次按下按钮时，该电路可以将输出电压改变1"级"，并可以使用数字万用表测量该电压值。

应用程序代码可以被命名为"PWM测试"，并可以存储在位于"科学鬼才"文件夹目录下的"PWM测试"文件夹内，程序代码如下所示：

```
' PWM Test - Output PWM Value on Button
Press
'{$STAMP BS2}
'{$PBASIC 2.50}

' Variable/Pin Declarations
PWMDuty var byte
PWMOut pin 15
ButtonPin pin 3

' Initialization
PWMDuty = 0            ' Start at 0% Duty
Cycle PWM

 do              ' Loop forever
  debug dec PWMDuty, "/255=", DEC1 PWMDuty
/ 51, ". "
  debug DEC2 ((PWMDuty // 51) * 100) / 51,
cr
  do while (ButtonPin = 0)
' Wait for Button High
   PWM PWMOut, PWMDuty, 19
' Output the PWM Value
  loop
  do while (ButtonPin = 1)
' Wait for Button Low
   PWM PWMOut, PWMDuty, 19
' Output the PWM Value
  loop
  PWMDuty = PWMDuty + 1
 loop
```

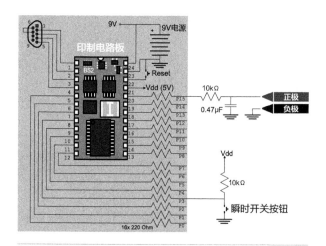

图14.14 PWM电路

在这个应用程序中，每次按钮按下时，PWM信号占空比就会增加，直到达到255。代码中的两条调试语句的目的是预测数字万用表上的读取值（假设最高值为5V，最低值为0V）。当按下按钮，模拟电压输出值增加大约20mV。

实验100 R-2R数模转换器

零件箱

带有面包板、电池和BS2微控制器的组装印制电路板
10kΩ 电阻器
220Ω 电阻器
七个100Ω 电阻器
按钮

工具盒

个人计算机
RS-232 串行数据通信标准接口电缆
布线工具套装
数字万用表

在本实验中，我想回顾一下本书前面介绍的基本电气理论，并介绍一款非常智能的数字模拟转换器，在输出有效前，它不需要刷新，没有时延，具有任何大小的解析度。

转换电路被称为R-2R数字模拟控制器，具有如图14.15所示的形式，图中2R电阻可以通过开关连接至Vcc或地。

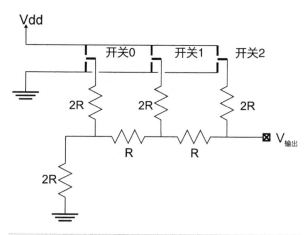

图14.15 3比特R-2R数模转换器

在表14.4中，我列出了不同开关值（0表示接地，1表示Vcc）以及数模转换器的输出值。

表14.4 三比特R-2R 数模转换器输出值

开关 2	开关 1	开关 0	输出值
0	0	0	0V
0	0	1	1/8 Vcc
0	1	0	1/4 Vcc
0	1	1	3/8 Vcc
1	0	0	1/2 Vcc
1	0	1	5/8 Vcc
1	1	0	3/4 Vcc
1	1	1	7/8 Vcc

如果观察电路，我相信你可以很容易地把开关2、开关1和开关0设置为%000、%001、%010以及%111。按图14.16所示，将两个开关接Vcc，一个开关接地的这种设置要更加困难。

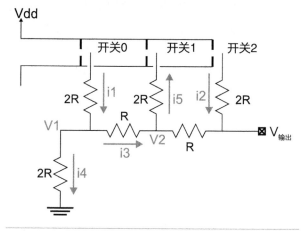

图14.16 3比特R-2R数模转换器5-8输出

观察这个看起来丑陋的电路，你很可能会感觉不知所措，应该怎样才能理出头绪，并计算出输出电压。为了帮助你理解，我对每一个电阻上流过的电流都做好标记，并标记出节点的电压，每个节点有三个电阻与它相连。根据我之前介绍的电子定律，我们可以根据欧姆定律和基尔霍夫定律计算出V1、V2以及Vout的电压值。

为了求出这些电压值，我们先列出和电路有关的所有关系式。其中一些公式较有用

$$V1 = 2R \times i4 = V_{dd} - (2R \times i1)$$

$$i3 = (V1 - V2)/R$$

$$i1 + i2 = i4 + i5$$

减掉方程式中的不同值，会发现可以将第一个方程和最后一个方程写为

$$4V1 = V_{dd} + 2V2$$

$$6V1 = 5V_{dd} - 5V2$$

用2乘以方程2，并用三倍的方程1左边的"4V1"值替换"12V1"后，会发现V2等于7/16Vdd。当你计算完电路的各个值后，会发现Vout等于(R/3R (Vcc − V2)) + V2，经过化简后得10/16Vdd，或5/8Vdd（这个值是表14.4中对应开关2=1、开关1=0和开关0=0时的值）。

如果你像我这样自己计算的话，很可能要废掉很多纸才能求出解。求解电路的8个所有可能输出值对强化头脑中的基本原则很有帮助——对于本实验中的8比特数模转换电路，如图14.17所示，如果要求解所有256个输出值就显得不合理了。

```
' R-R2 DAC Test - Output PWM Value on
Button Press
'{$STAMP BS2}
'{$PBASIC 2.50}

ButtonPin pin 15
```

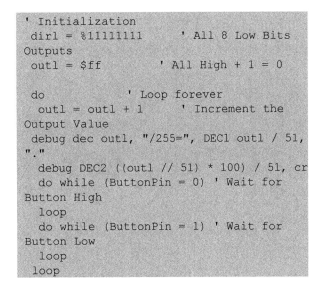

```
' Initialization
 dirl = %11111111        ' All 8 Low Bits
Outputs
 outl = $ff              ' All High + 1 = 0

 do              ' Loop forever
  outl = outl + 1        ' Increment the
Output Value
 debug dec outl, "/255=", DEC1 outl / 51,
"."
  debug DEC2 ((outl // 51) * 100) / 51, cr
  do while (ButtonPin = 0) ' Wait for
Button High
  loop
  do while (ButtonPin = 1) ' Wait for
Button Low
  loop
 loop
```

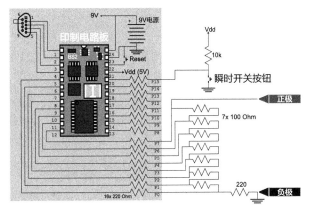

图14.17　R-2R电路

运行试验程序时，很可能会发现实际输出值并没有与PWM数模转换器输出值一样精确。导致误差的原因是表示R值所使用的100 Ω 电阻器——这不是一个"真"R-2R数模转换器。如果能换上110Ω电阻器，就会发现电路的精确度非常高，而且与前面实验中的PWM数模转换器的精确度一样。

第十五章

传感器

Chapter 15

当我编写程序设计机器人控制器时，我描述的机器人传感器与电视剧 Star Trek（星际旅行）中的联邦星舰企业号飞船中使用的传感器如出一辙。传感器能够观测环境，并反馈在传感器检测包络中是否有异常目标出现。如果检测到有目标出现，即使它会摧毁机器人，传感器也做不了任何事去避免它。检测到目标后，剩下的工作就是机器人控制软件的事情了，正如企业号的舰长的责任是对来袭的"猛禽"做出反应。

图15.1所示为机器人必须小心应对的许多不同障碍物。这些不同的障碍物是机器人必须避免碰到的，或是机器人预计到达的地方。这也是为什么我要把机器人的"聪明之处"放在中心控制代码里，而不是放在传感器程序中。传感器能检测到目标物，却不适当地返回，因为附加的传感器数据并未包括在决策过程中。

图15.1中需要注意的重要一点是当我画机器人时，我画出了一片淡灰色的锥型区域，用来表示传感器的视域。这个锥型区域表明某个传感器并不能感知机器人周围所有的目标物，它只能感知一个特定距离之内的目标物。当你观察不同的传感器时，必须确定你了解你考虑使用的每一个传感器的视域和景深（距离）。

我还没有介绍太多关于中央控制软件的内容，但是它与传感器和驱动器的集成对成功设计机器人来说至关重要。这并不是说在设计机器人时必须将所有可能的传感器都集成到机器人身上，也并不是要机器人必须能够完全处理任何偶发事件。我会解释，这意味着定义机器人会做什么。你选择的传感器和驱动器必须能让机器人在中央控制软件的操作下对周围环境导航并执行规定完成的任务。

传感器必须能用来检测一系列各种令人眼花缭乱的环境。在表15.1中，我列出了一些机器人必须注意的不同事物以及用于检测这些不同事物的传感器。在本节内容里，我会介绍许多不同的传感器的功能，并解释它们的检测效果以及最适用的环境。

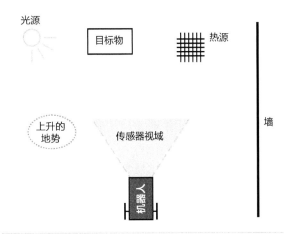

图15.1 传感器视域

表15.1 不同的机器人传感器和它们的特性

参数	传感器	注释
光	硫化镉光敏电阻	多个硫化镉光敏电阻放置在机器人周围，每一个都具有独特的视角，让机器人识别周围环境的光亮和黑暗部分。易于实现。
	录像机	采集机器人前面的环境数据。能非常容易地识别周围环境的光亮和黑暗区域。很难识别目标物，以及它们的方位和相对机器人的位置。
检测目标物或障碍物	触须线	易于实现。它的缺点包括容易毁坏，如果触须线在平面上摩擦，容易成为对电子元件造成损害的静电源。
	超声波测距修正	能较好地测量在光束路径上的目标物方向。需要大量的电源，而且检测角度非常窄。
	红外线反射	能以相对较低的成本、低功耗，较好地检测到目标物。非常宽的检测角度。很难确定目标物的距离。
	麦克风	检测机器人与障碍物相撞时发出的声音。难以实现，因为其他声音也会传入机器人麦克风。
	雷达	提供精确的距离和方向，还取决于器件性能。
	录像机	允许绘制机器人周围的障碍物。在硬件和软件上很难实现，提供适当的光源，容易检测到障碍物。
声音	麦克风	通过叫喊声或拍手声控制机器人。成本低，容易实现。机器人自身噪声可能会引起一些问题。
表面	刹车传感器	检测轮子或腿在平面上打滑。跟踪机器人的移动和位移时，可以检测到跳动和打滑信息。
	倾斜传感器	如果机器人将要上山或者下山，并且所需要的电能发生变化时返回信息。

参数	传感器	注释
位置	量距	存储机器人移动信息，如此一来可以从算术上确定其当前位置。相当容易实现，但是很难确定机器人的准确位置。
	罗盘	返回机器人的当前位置。适用于测距来确定机器人是否走直线，并设置机器人的初始移动方向。非常有助于帮助机器人发现具体位置或按照预先编程的路径移动。
	GPS全球定位系统	使用全球定位系统卫星图来将位置（以及机器人移动方向）精确到几米范围之内。如果机器人在一栋建筑里，则接收器很难追踪到全球定位系统卫星。
	超声波测距	用来对机器人和它周围的障碍物进行三角测距。很难实现，需要移动超声波发信机和收信机的机械装置。
	雷达	用来识别机器人周围障碍物的位置，与超声波测距相似。
	录像机	用来定位和描绘机器人周围的障碍物。很难实现。
热源（包括识别人体和动物热源）	高温计	用来检测人类体表温度。非常灵敏，视域非常广。
	红外线光电二极管	检测热源时，安装困难。红外线光电二极管被设计用作光电隔离器，对人体发出的频率不敏感。检测大火非常好。
	录像机	大多数录像机都能用近红外线检测光源。需要安装淬火的镜头或摄像头来确保热源可见。

实验101 bLiza，蛇鲨计算机

零件箱

带BS2的组装印制电路板

工具盒

个人计算机
RS-232 串行通信标准接口电缆

当你开始研究机器人传感器时，你会对从传感器回传的数据进行仿真，这样你就可以测试处理数据的软件系统。这实际上是一个非常好的想法，因为当你开始操作智能传感器时，包括本节开头介绍的许多不同传感器时，你会发现数据处理和将传感器接到机器人身上一样困难。当我向你介绍计算机程序设计时，我清楚地告诉你改变或将新的数值硬编码到应用程序源代码里。每次想要尝试一些新的实验就去改变程序源代码不是非常高效，还有可能造成当你改变某一值时，你最终也会改变其他数值。

如果你正在处理个人计算机应用程序，你或许会创建一个能读入计算机内存的数据文件，而且数据文件可能被认为是从传感器反馈回来的。这样做的优点是你可以轻松改变数据，而不会影响应用程序。这样做有一个问题，就是你不能将它应用于BS2微控制器上，因为BS2没有文件系统，无法读入数据。一种可能的解决办法是利用BS2的"数据"语句，将数据存储在程序存储器EEPROM中，但是从技术上说，这种方法涉及改变程序源代码，这是我们极力避免的。我们所需要的是将任意数据传入BS2微控制器。

PBASIC "debugin" 命令可以几乎完美地写入程序里。这个命令与"debug（调试）"命令正好相反；在"debugin"命令下，数据不会从BS2传递给你，而是将数据传递给BS2，该命令的格式为：

```
debugin formatter Variable
```

用于debugin的格式器与"debug"和"serout"的格式器命令相同。因此，从用户控制器输入变量"i"，可以将下面的语句写入应用程序中：

```
debugin dec i
```

使用debugin语句输入十进制数据非常简单，而且如果你已经研究过所有程序设计实验，我敢说你自己能够非常轻松地完成该任务。不用使用你自己轻松设计的程序设计的例子，我想扩展一点，把debugin语句当作探讨人工智能实验的入门方法。

当我使用术语人工智能时，我最感兴趣的是试着设计出一种程序设计算法，它能模仿简单的动物（例如蚂蚁）的习性。当这个术语出现时，这个想法与大多数人所想和感兴趣的内容大相径庭。人工智能是什么的概念已经在很多人脑海中根深蒂固，因为英国的计算机科学家Alan Turing 提出如果一个人能与计算机交流时，仿佛它是另外一个人，而且不能分辨出它与人的差别时，那么这个计算机就是具有"智能"的。

在许多设计程序实验中，能通过Turing 测试的第一个程序叫做Eliza。Eliza是由Joseph Weizenbaum 于1965年在麻省理工学院开发出来用来展示一台计算机如何通过在一条语句中寻找关键词，并对它们反应，来展示人工智能的特性。Eliza在当时是一个惊人的计算机程序。它能对从普通人传递给它（通过一个RS-232控制器）的语句做出明显的反应。真正令人感到震惊的是Eliza这个程序只占了8KB的存储器空间。

我的挑战是使用debug和debugin语句，试图在BS2（它只有2KB的存储器空间）上重现这个伟大的程序。非常惊讶的是，我非常成功地用我设计的"bLiza"程序完成该实验，bLiza程序代码如下所示。我意识到这个应用程序有点长，但是看到它能成功实现功能，这一切过程都非常值。

```
'  bLiza - Trying to implement "Eliza" A.I. Demonstrator in a BS2
'{$STAMP BS2}
'{$PBASIC 2.5}

'  Variable Declarations
InputString var byte(20)          ' 20 Character String
Temp        var byte
i           var byte
k           var byte
RandomWord  var word
j           var RandomWord.HIGHBYTE
RandomCount var RandomWord.LOWBYTE
LastCharFlag var bit
FoundFlag   var bit

'  Initialization
  debug "Hello. I'm bLiza.", cr

'  RandomCount = 0                 ' Random continually updated/no initial
                                   '  value required

'  Main Loop
  do                               ' Loop Forever

    i = 0
    InputString(i) = 0             ' Start with Null string
    LastCharFlag = 0               ' Want to execute at least once
    do while (LastCharFlag = 0)    ' Wait for Carriage Return
      debugin str Temp\1           ' Wait for a Character to be input
      if (Temp = cr) then
        LastCharFlag = 1           ' String Ended
      else
        if (Temp = bksp) and (i <> 0) then
          debug " ", bksp          ' Backup one space
          i = i - 1                ' Move the String Back
          InputString(i) = 0
        else
```

```
            if (i >= 18) or ((Temp <> " ") and ((Temp < "a") or (Temp > "z")) and ((Temp < "A")
or (Temp > "Z"))) then
                debug bksp , 11        ' At end of Line or NON-Character
            else                       ' Can Store the Character
                if ((Temp >= "a") AND (Temp <= "z")) then Temp = Temp - "a" + "A"
                debug bksp, str Temp\1
                InputString(i) = Temp
                i = i + 1
                InputString(i) = 0     ' Put in new String End
                RandomCount = RandomCount + Temp
            endif
        endif
    endif
loop

if (i = 0) then                        ' Blank String
    debug "Type something!", cr
else                                   ' Respond to Comment

    i = 0: k = 1: FoundFlag = 0 ' Search for input match
    do while (FoundFlag = 0)    ' Look through the Data tables
        j = 0                   ' Keep Track of the Characters
        read i, Temp            ' Read the Current Character
        if (Temp = 0) then      ' If First is Zero, then no match
            FoundFlag = 1
        else
            do while ((Temp = InputString(j)) and (InputString(j) <> 0))
                j = j + 1
                i = i + 1
                read i, Temp
            loop
            if (Temp = 0) then  ' String Match
                FoundFlag = 1
            else                ' No Match
                do while (Temp <> 0)
                    i = i + 1
                    read i, Temp
                loop
                i = i + 1               ' Point to Start of Next string
                k = k + 1               ' Indicate next string type
            endif
        endif
    loop                                ' On Exit, "j" points to mismatch

    i = 0                               ' Remove everything in InputString
    do while (InputString(j) <> 0) ' before "j"
        InputString(i) = InputString(j)
        i = i + 1: j = j + 1            ' After copying byte, point to
    loop                                ' the next one
    InputString(i) = 0                  ' Put in Null at end of new string

    RANDOM RandomWord                   ' Get Random Response Value
    i = (RandomWord / 8) & 3
    if (i = 0) then i = 3               ' Result 1, 2 or 3

    if (k = 1) then
        j = 11                          ' Only one response to being hated
    else
        j = ((k - 2) * 3) + i
    endif
```

```
'   Produce Response to Input
      if (j <= 9) then
         select(j)
'   Responses to "I AM ..."
            case 1: debug "Do you like being ", str InputString, "?"
            case 2: debug "And you' re happy?"
            case 3: debug "That explains your friends."
'   Responses to "I HAVE A ..."
            case 4: debug "Do you like it?"
            case 5: debug "Knowing you, it' s cheap."
            case 6: debug "Bite me ", str InputString, "-boy."
'   Responses to "I WANT ..."
            case 7: debug "All the young dudes want a ", str InputString, "."
            case 8: debug "Well, if you want it..."
            case 9: debug "Ask the police."
         endselect
      else
         if (j <= 18) then
            select(j)
'   Responses to "I HATE ..."
            case 10: debug "That's too bad."
            case 11: debug "Should I be scared?"
            case 12: debug "Are you a psycho?"
'   Responses to "MY ..."
            case 13: debug "Honest?"
            case 14: debug "You must be proud."
            case 15: debug "No way, Jose!"
'   Response to "BECAUSE ..."
            case 16: debug "Wrong."
            case 17: debug "Sure...I believe you."
            case 18: debug "That' s dumb."
         endselect
      else
         select(j)
'   Responses to "I Like ..."
            case 19: debug "You should stay off the Internet."
            case 20: debug "Good for you!"
            case 21: debug "Don' t tell anybody."
'   Responses to "IT IS ..."
            case 22: debug "That and four dollars will buy a cup of double-latte."
            case 23: debug "Check your facts."
            case 24: debug "You believe that?"
'   Responses to "WHY [...]"
            case 25: debug "Live with it."
            case 26: debug "That' s life."
            case 27: debug "Nobody knows why."
'   Responses to anything else
            case 28: debug "Are you gaining weight?"
            case 29: debug "I' m impressed...NOT!"
            case 30: debug "Tell me more."
         endselect
      endif
   endif
   debug cr
 endif
loop

'   Potential Starts to answers (conversation keys)
RT01  data "I HATE YOU", 0
RT02  data "I AM ", 0
RT03  data "I HAVE A ", 0
```

```
RT04    data "I WANT ", 0
RT05    data "I HATE ", 0
RT06    data "MY ", 0
RT07    data "BECAUSE ", 0
RT08    data "I LIKE ", 0
RT09    data "IT IS ", 0
RT10    data "WHY ", 0
RTEnd data 0
```

在bLiza应用程序源代码中,我将三部分区域打上阴影,是为了引起你的注意。第一处阴影区域是数据的输入代码,我等待用户输入数据,然后校验它是不是一个回车、撤销、空格或字母字符。这个代码会循环直至收到回车(个人计算机上的Enter键)字符。当它等待回车键时,它会对所有输入的其他ASCII码做语法分析,增加字符和空格至"InputString(输入字符串)"数组,并当撤销键被按下时,会清除它们。当字符加入InputString中,你会发现它们被转换成上段字符。这么做是为了方便与第二处阴影区域的代码对比。当你运行bLiza时,请注意,被输入的文本(在顶部输入栏)在调试终端主界面上显示为上段字符。

在第二部分阴影区代码中,我用数据语句把输入字符串与存储在EEPROM中的10组按键的每一个进行比对。这个代码会将语句与按键比对,如果二者匹配,则停止比对。当我处理文本字符串时,经常用Null("0")字符结束它们,并显示它们何时结束。字符串对比代码将InputString中的每一个字符与当前数据值比较,如果两个字符串匹配,则返回数据语句的数量。

一串字符末尾的Null字符在PBASIC中用来作停止标识。这一类字符串的传统术语叫做ASCIIZ,即它是以0结束的一串ASCII码,它被用于许多不同的程序设计语言中。

经过字符串比对,我将所有内容都移动至字符串(这是程序的第三块阴影区代码)前面。这么做是因为一些响应使用了语句的宾语,通过移除名词和动词,可以实现对宾语的轻松访问。

这三个阴影区域由代码组成,这些代码通常写入程序设计库中。如果你使用BS2开发你自己的文本输入程序,就应当记住这些程序,并将它们作为你编写的代码的基础部分。例如,在第一块阴影区代码中,你可以增加输入数字(0~9)或其他字符的功能。将字符从下段改成上段非常简单。我首先检查看看字符是不是在"a"至"z"之间,如果是,我将ASCII值减去"a",然后再加上"A"。你或许会将该技巧抛在脑后,万一出现你不得不将所有字符都改成上段字符或下段字符的情况。

实验102　多重七段显示器

零件箱

装有面包板和BS2微控制器的组装印制电路板
两个双七段,共阴极显示器
四个ZTX649 NPN型晶体管

工具盒

布线工具套装

前面的章节主要介绍了不同的硬件装置与BS2微控制器的对接,这些内容看起来更符合该实验,但是,我想介绍如何设计高级机器人程序。高级机器人程序设计是将电动机控制、传感器接口连接、输出操作和任务程序等综合到一起的应用程序。设计每一个接口界面的应用程序非常简单——但是一旦将这些接口放到一起并设计一个能同时包容它们的应用程序就却非常困难。设计一个多重七段数码显示应用程序与开发一个机器人应用程序所需的技巧非常相似。创建数据的代码必须与格式化数据代码以及将数据输出至显示器的代码相结合。这个过程与机器人顺序询问传感器硬件、解析数据、对输入做出响应并最终控制电动机动作的一系列任务类似。这些操作可以如图15.2所示的流程图示出。

为了确保这些功能同时发挥作用,务必在设计过程中非常谨慎小心。处理直流电动机控制问题时,输出器件控制的一部分内容是正确地对电动机的PWM信号定时。利用专用硬件或者事先想到一点,利用机器人的控制器就可以实现对PWM信号定时。使用机器人控制器更为合适,这是因为它将机器人整体设计成本和复杂度降至最低。我选择四个七段显示器来展示机器人程序代码是如何构建的，因为如果有问题出现，它们可以将问题非常清楚地呈现出来。设计一个能将数据显示在多重七段数码显示器的应用程序的最传统方法是非常快速地循环每一个数码显示器，让显示在每一个显示器上的数据闪烁的速度超过人眼的感知能力（如图15.3所示）。

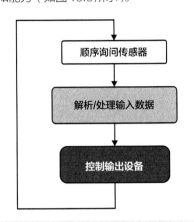

图15.2　机器人程序代码流程图

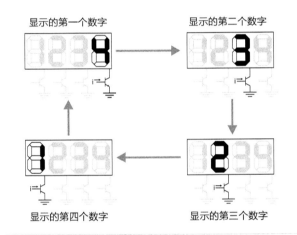

显示的第一个数字　显示的第二个数字

显示的第四个数字　显示的第三个数字

图15.3　多段发光二极管操作运行

根据经验，每一个数码显示器每秒应该点亮50次或更多。数码显示器的闪亮和闪灭的速度越慢，人眼就越有可能感知到闪烁。闪烁的多字符显示器不仅性能不理想，

它还会造成某些人头痛（特别是当这些显示器非常明亮时）。每一个数码显示器点亮的时间必须尽可能同步。如果一个数码显示器的点亮时间长于其他数码显示器，就会使该数码显示器看起来更亮，反之，如果一个数码显示器的点亮时间短于其他数码显示器，它就会显得更暗。数码显示器点亮的频率和持续时间类似于电动机PWM信号的周期和占空比，使用发光二极管不容易观察到。在处理多段数码显示器时，为了满足每秒闪烁50次的原则，实际上，必须让数码显示器程序代码每秒循环50次，并乘以显示器的数量后才行。因此，对一个四位数的数码显示器，就必须保证每秒循环200次，而总共的应用程序执行时间是5ms，在这5ms时间内，必须对所有传感器顺序询问，对传感器传回数据响应，并输出执行结果。在设计应用程序时，如果计划这样的程序执行时间，你会发现实现它看上去并没有你第一次想的那样复杂。

在该实验中，需要接四个七段数码显示器。我使用了两个共阴极数码显示器，它们有18（带一个十进制小数点）或16引脚封装这两种可供选择使用。这些显示器连接到印制电路板上的BS2微控制器，如图15.4所示。为了测试应用程序，我设计了"计数显示"应用程序。

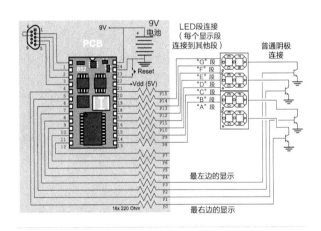

图15.4　多个LED电路

```
' Counter Display - Display seconds on Four 7 Segment LED Displays
'{$STAMP BS2}
'{$PBASIC 2.5}

' Variables and I/O Port Pin Declarations
Counter var word                      ' Second counter
CurLED  var byte                      ' Currently Displayed LED
Display var byte(4)                   ' Display Variable
Dlay    var word                      ' Delay Count
DispOut var OUTS.HIGHBYTE             ' Output Bits for LED Displays
DispDir var DIRS.HIGHBYTE
LEDCtrl var OUTS.NIB0                 ' Four Transistor Control Bits
LEDDir  var DIRS.NIB0
```

```
CurLED = 0: Counter = 0          ' Initialization
LEDDir = %1111: LEDCtrl = 0      ' Transistor Pins O/P & Off
DispDir = %01111111: DispOut = 0 ' Display Pins O/P
for Dlay = 0 to 3: Display(Dlay) = 0: next

do                               ' Loop to Display Number on LED
  Dlay = Dlay + 1                ' Displays Incrementing (4.25 ms)
  if (Dlay >= 235) then          ' One Second Passed?
    Dlay = 0: Counter = Counter + 1 ' Reset Dlay and Inc Time
    Display(3) = (Counter / 1000) // 10
    Display(2) = (Counter / 100) // 10
    Display(1) = (Counter / 10) // 10: Display(0) = Counter // 10
  endif                          ' Finished updating seconds

  CurLED = (CurLED + 1) // 4: LEDCtrl = 0 ' Roll to Next Display
  lookup Display(CurLED), [$7F, $06, $5B, $4F, $66, $6D, $7D, $07,
       $7F, $6F, $00], DispOut ' Setup Character Output
  lookup CurLED, [%0001, %0010, %0100, %1000], LEDCtrl
loop                             ' Repeat forever
```

每一个do-loop循环的执行时间范围在2.75ms至
4.25ms之间，这完全符合四个七段数码显示器的5ms要
求，而且"Dlay"235计数器工作在最糟糕的do-loop
执行时间情况下（4.25ms）。我发现使用Dlay 235计数
器时，计数器计数速度要比每秒计数一次的速度快很多，
有时候当一个字符闪现时就会碰到这些问题。你可能想
在if语句之后重复代码，作为一个不用增加"计数值"的
else条件。重复else语句中的代码，你就可以获得更多
常数值时间，这些时间对于像电动机PWM这一类应用程
序很重要。最后，如果你想显示先行空白，那么就必须将
"Display"变量更新代码改变为：

```
if (Count > 100) then Display(2) =
(Count / 100) // 10 else Display(2) = 0
```

实验 103　RC时间常数光线传感器

零件箱

带BS2的组装印制电路板
两个10kΩ硫化镉光敏电阻
两个0.01μF电容器，任意类型
两个双重七段数码显示器
四个ZTX649 NPN型晶体管

工具盒

个人计算机
RS-232 串行通信标准接口电缆

这可能会令你感到惊讶，但是我认为最基础的机器
人传感器是视觉。这与你的双眼所看到的视觉可不一样，
它能检测机器人前方哪个方向最亮。我向你介绍第一款机
器人（使用555定时器设计制作的光导机器人）时，使
用了一个与电容器连接在一起的光敏电阻（LDR）来产
生一个用来控制机器人的定时信号。光敏电阻与电容器结
合到一起，并利用BS2内置RC时间函数（如图15.5所
示），就可以粗略地测量光的强度。

时间常数值= 600×R（单位k）×C（单位F）

图15.5　RC时间常数电路接线

使用状态"1"电路时，读取光敏电阻值（或电位器
值）的程序代码为：

```
high Pin                         ' Discharge Cap
pause 1
'  Wait for Cap charge to Discharge
rctime Pin, 1, PinValue
'  Wait for Cap to discharge
```

使用一只小电阻器和电容器就能将测试阻值的时间降至最小。在本实验中，我指定一只10kΩ（最大阻值）的光敏电阻和一个0.01μF电容器，它们可以产生60的最大值，而且需要1.5ms来执行该操作。顺序询问光敏电阻所产生的时延会对这个基本四个七段数码发光二极管显示电路造成一个问题，它会令其中一个显示器点亮的时间超过正常点亮时间，造成闪烁。

为了帮助抹平光敏电阻的时间传感延时，并使数值转换和数值传输至显示器的影响降至最低，我将读取光敏电阻（加上两个用来显示结果的其他语句）的三条语句拆分开。这些语句会在软件状态机中，每次循环时一次顺序执行一条。软件状态机每一个循环执行一个函数（模拟状态机的输出），并在不同输入和当前状态的基础上更新下一个循环重复的状态。我想在本应用中使用软件状态机，这样的话，我可以将一个任务用几个循环的迭代展开。

为了顺序询问两个光敏电阻并在七段数码显示器上显示结果，将两个光敏电阻和两个0.01μF电容器加到上一个实验使用的四重七段数码发光二极管显示器电路中（如图15.6所示）。完成该操作后，输入下面列出的"RCtime Display（RC时间常数显示）"应用程序，并将程序保存到专门的文件夹，或者"科学鬼才"文件夹目录下的"七段数码显示"文件夹内。

```
' RCtime Display - Display the values from the LDRs
'{$STAMP BS2}
'{$PBASIC 2.5}

' Variables and I/O Port Pin Declarations
RightLDR      pin 4
LeftLDR       pin 5
RLDRVal       var word             ' Saved LDR Values
LLDRVal       var word
CurLED        var byte             ' Currently Displayed LED
Dsplay        var byte(4)          ' Display Variable
Dlay          var byte             ' Delay Count
DispOut       var OUTS.HIGHBYTE    ' Output Bits for LED Displays
DispDir       var DIRS.HIGHBYTE
LEDCtrl       var OUTS.NIB0        ' Four Transistor Control Bits
LEDDir        var DIRS.NIB0
State         var byte             ' Read State Variable

  CurLED = 0:                      ' Initialization
  State = 0                        ' Start from Beginning
  LEDDir = %1111: LEDCtrl = 0      ' Transistor Pins O/P & Off
  DispDir = %01111111: DispOut = 0 ' Display Pins O/P
  for Dlay = 0 to 3: Dsplay(Dlay) = 10: next ' All Blank

  do                               ' Loop to Display Number on LED

    select(State)                  ' State Major Minor
      case 0:                      '       0 Read Right LDR Start Read
        high RightLDR
        State = 1
      case 1: State = 2            '       1 Read Right LDR Cap Charge
      case 2:                      '       2 Read Right LDR Read Cap Charge
        rctime RightLDR, 1, RLDRVal
        State = 3
      case 3:                      '       3 Read Right LDR Format MS Char
        if (RLDRVal <= 9) then Dsplay(1)=10 else Dsplay(1)=RLDRVal/10
        State = 4
      case 4:                      '       4 Read Right LDR Format LS Char
        Dsplay(0) = RLDRVal // 10
        State = 10
      case 10:                     '       10 Read Left LDR Start Read
```

```
        high LeftLDR
        State = 11
    case 11: State = 12    '      11 Read Left LDR Cap Charge
    case 12:               '      12 Read Left LDR Read Cap Charge
        rctime LeftLDR, 1, LLDRVal
        State = 13
    case 13:               '      13 Read Left LDR Format MS Char
        if (LLDRVal <= 9) then Dsplay(3)=10 else Dsplay(3)=LLDRVal/10
        State = 14
    case 14:               '      14 Read Left LDR Format LS Char
        Dsplay(2) = LLDRVal //10
        State = 0               ' Start Over again...
    endselect

    CurLED = (CurLED + 1) // 4: LEDCtrl = 0 ' Roll to Next Display
    lookup Dsplay(CurLED), [$3F, $06, $5B, $4F, $66, $6D, $7D, $07,
        $7F, $6F, $00], DispOut ' Setup Character Output
    lookup CurLED, [%0001, %0010, %0100, %1000], LEDCtrl
loop                                    ' Repeat forever
```

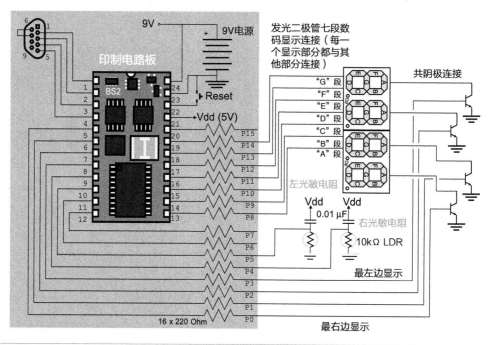

图15.6　光敏电阻光传感器电路

实验104　差分光传感器

工具盒

个人计算机
RS-232 串行通信标准接口电缆

零件箱

装有面包板和BS2微控制器的组装印制
电路板
LM339 四通道比较器
两个10kΩ 硫化镉光敏电阻单元
三个10kΩ 电阻器
0.01μF 电容器，任意类型

　　PBASIC RCtime 语句可以非常简单地并量化测量
照射在光敏电阻上的光强度。不幸的是，当你使用其他
微控制器时，它们的芯片中或代码开发工具（你所使用
的编译器和汇编机）中并不含有类似RCtime 这样的函

数或语句。如果在汇编机上对机器人进行程序设计，就有可能开发出与RCtime函数或语句具有相同功能的代码，但是，如果你在芯片的汇编机程序设计方面还是新手的话，那么你就无法高效率地进行汇编程序设计。要想知道哪个光传感器曝露在最强光照下，有一个简单的方法，就是把光传感器像分压器那样全部接起来。通过测量两个光敏电阻单元连接处的电压值，就能判断哪一个光敏电阻单元接收到最强光照。如图15.7所示，当分压器的两个光敏电阻单元接收到强度相同的光的照射时，输出的电压值为分压器电压值（假设本例中分压器的电压值为"Vdd"）的一半大小。

在该电路中，当更多的光照射在其中一只光敏电阻上时，你会发现其他光敏电阻单元上的电压值会更大，产生的输出电压值看起来不像你首先想到的那样有道理。为了测试由两个光敏电阻单元构成的分压器的工作情况，迅速接好电路，并观察用手遮住一只光敏电阻单元，然后再遮住另一只光敏电阻单元时，输出的电压情况。如果要做这个简单的实验，我建议你按照"左"和"右"，以及它们接线方法的惯例，这样产生的结果才会与图15.7所示的结果匹配。

如果使用BS2微控制器的话，就不需要测量光敏电阻单元构成的分压器上的电压值，只需要将该电压值与一个已知值进行对比即可。通过安装另外一个固定值电阻器，或一个分压器来提供一个等于原（输入）电压一半的标称电压，这样比较器就能非常简单地判断是否此光敏电阻单元或者彼光敏电阻单元受到更多的光照。

也可以使用电位器而不是两个等值电阻器来进行实验。这么做是由于大多数电阻器的阻值具有5%的偏差，这会造成产生的电压值与理想的半输入电压偏差较大。这不是你要考虑的重大问题，因为你会发现当照射在光敏电阻单元的光强有稍微差别，分压器输出电压就会完全在因电阻器偏差可能造成的误差电压之外。

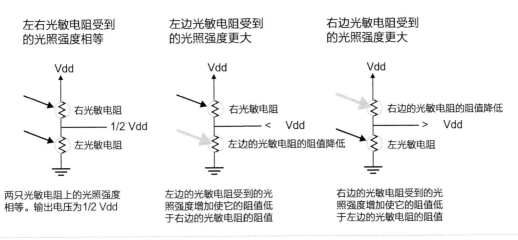

图15.7　差分光传感器工作原理

第二点是如果光敏电阻单元构成的分压器输出电压等于固定电阻分压器输出电压，电路就会认为一边的光照输入强度要大于另一边。如果将这个电路应用在机器人上，就会发现机器人朝一个方向转身的次数比一般情况下更多一些。通过加装第二只比较器并修改固定电阻分压器就可以解决这个问题，如图15.8所示。将该电路用于应用程序中，如果微控制器从两个比较器读出0值，那么照射在两个光敏电阻单元上的光强度差不多相等，而且机器人应该只向前移动。电阻1/10R产生的电压差说明左光敏电阻和右光敏电阻具有显著差异。当照射在一只光敏电阻上的光强改变时，就会使其中一个比较器输出值变为1，如果这种情况出现在光导机器人身上，则系统会命令机器人朝向有光源的方向转动。

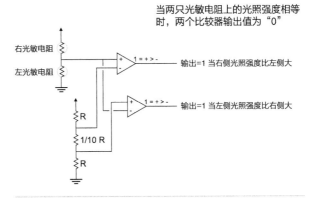

图15.8　固定差分光传感器

在实际的机器人应用中，你会发现不需要额外加装一只比较器，也无需对固定电阻分压器进行修改。如果对机器人进行编程，当它正在转弯时，令它向前移动（如果是两轮差分驱动机器人，最好使它的一个轮子向前"跳动"，另一个轮子保持静止），那么令机器人远离光源就不会出现任何问题。

采用两个光敏电阻分压器来比较光照强度会有一个问题，即当被置于完全黑暗的屋子里时，该电路就失去检测能力，这是你"免费"获得的RCtime（RC延时）光亮测量电路所具有的一个特性。

为了展示双光敏电阻差分光传感器电路的工作原理，

可以根据图15.9所示电路，将它接至BS2微控制器上。使用BS2微控制器上经过稳压后的5V电压作为分压器和比较器（LM339芯片）的电源电压。我只使用了LM339芯片上的四个比较器中的一个，而且还得给它（包括一只去耦电容器）提供电源。LM339采用集电极输出，因此我在它的输出端加装一只10kΩ的上拉电阻。应用程序代码会表明何时光线输入强度从一只光敏电阻移向另一只光敏电阻。

```
'  Differential Light Sensors - Indicate which CDS Cell is Getting Most Light
'{$STAMP BS2}
'{$PBASIC 2.50}

'  Variables
CDSCells        pin 15              ' CDS Input Cells
LeftMsgFlag     var bit             ' Message Out Indicator Bits
RightMsgFlag    var bit

'  Initialization/Mainline
  input CDSCells
  LeftMsgFlag = 0: RightMsgFlag = 0
  do                                ' Repeat forever
    if (CDSCells = 0) then          ' Brightest to Left
      if (LeftMsgFlag = 0) then
         debug "Brighter Light to the Left", cr
      endif
      LeftMsgFlag = 1: RightMsgFlag = 0
    else                            ' Brightest to Right
      if (RightMsgFlag = 0) then
         debug "Brighter Light to the Right", cr
      endif
      LeftMsgFlag = 0: RightMsgFlag = 1
    endif
  loop                              ' Loop forever, end of application
```

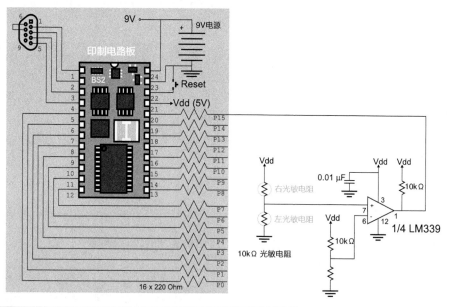

图15.9　差分光照电路

实验105 声音控制

零件箱

装有面包板和BS2微控制器的组装印制电路板
LM324 四通道运算放大器
74LS74 双D触发器
驻极体麦克风
四个2.3MΩ电阻器
10kΩ电阻器
两个470Ω电阻器
两个220Ω电阻器
六个0.1μF电容器，任意类型

工具盒

布线工具套装

当你初次看到这个实验题目时，很可能会想到该实验是用声音信号（理想情况下是你的声音）命令机器人执行任务。你可能会认为我会告诉你语音识别技术的秘密，并让你的机器人像一只小狗一样对你的声音做出反应。不幸的是，这根本不是这么回事，但是在这个实验里，我会向你展示如何设计一个应用程序，能非常有效地对高音输入信号响应，你至少得冲着机器人大喊停止，才会让它滚入Martha姑妈怀中。

如图15.10所示的电路会滤除高频分量（高频杂音信号是机器人身上最后可能产生的信号），而留下低频声音信号，后者很有可能是由外部声源产生的。两个运算放大器起到滤波器作用，并作为超高增益的信号放大器使用。

图15.11所示为工作中的电路。为了测试它，我用正常大小的声音简单地说了声"D'oh!"。各种高频谐波分量从信号中被滤除，只留下一些对输入信号改变"范围宽"的低频信号送至D触发器时钟信号端。时钟信号改变触发器的状态，而且在任何时间，BS2微控制器都可以对它顺序询问。

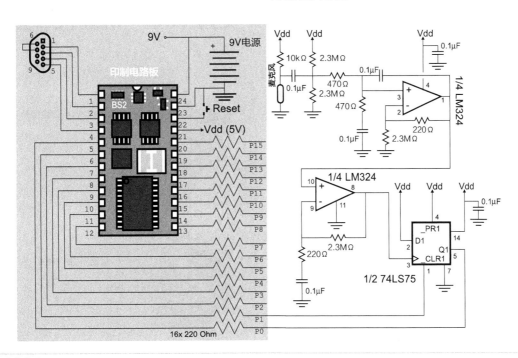

图15.10　声音电路

因为BS2微控制器不能一直对运算放大器输出信号顺序询问，我将该输出信号送至D触发器的时钟信号端，它会将触发器输出状态从"0"（通过BS2将该状态载入74LS74）改变为状态"1"。这么做，BS2微控制器只需要对D触发器输出周期性地顺序询问并判断是否有任何高音信号送至电路，令BS2做出响应。注意到触发器声音

信号改变后，BS2就能对触发器重置，并等待接收下一个声音信号。

因为电路由很多分立电阻器和电容器构成，电路布线就有点难度，但是它刚好能够装在面包板上，并留有一定多余空间。电路安装完毕后，就可以键入下面的应用程序：

```
'  Too Loud - Indicate when sound is
received by the BS2
'{$STAMP BS2}
'{$PBASIC 2.50}

'  Variables
ResetPin          pin 1
SoundInput        pin 0

'  Initialization/Mainline
  high ResetPin
  input SoundInput
  do
    pulsout ResetPin, 10
'  Reset the '74
    pause 1000
    if (SoundInput = 1) then
'  Poll Sound Input Pin
      debug "Keep it Quiet - that was TOO
LOUD!", cr
    endif
  loop
```

设计制作这个应用程序对你来说应该非常简单,运行过程中也不会产生任何意外情况,除非你使用的麦克风与电路中使用的完全不同。你会发现进行实验时,必须将10kΩ麦克风当作电路上拉电阻来使用,直到电路输入电压范围在50～100mV之间,如图15.11所示。

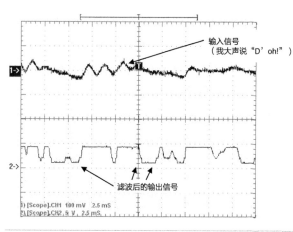

图15.11 声音信号的处理

根据所使用麦克风,电路要比你想象中的更加灵敏(易受外界噪声影响)。第一个运算放大器电路是一个双极性Butterworth 低通滤波器,增益大约为1,截止频率大约为340Hz。该电路能非常有效地滤除声音的所有高频分量,只产生一个周期大约为3ms的矩形波信号。这个电路作用非常明显,无需对它再进行改进。

第二个运算放大器电路是一个同相放大器,它的增益由下面的公式定义为:

$$Gain = 1 = R2/R1$$

此处,"R2"是阻值为2.3MΩ的电阻器,"R1"是220Ω电阻器。根据这些值,会得到一个大约10000倍的增益。改变"R2"的阻值(2.3MΩ),就能改变放大器的增益,使整个电路更不易受周围环境噪声的影响。

也可以使用麦克风来拾取高音信号,例如当机器人快要撞上一个障碍物时,你大喊一声停止。将麦克风安装在机器人的保险杠上或底盘上,就可以用来检测何时机器人会与其他物体相撞。我发现这种方法是检测撞击的可靠手段,尽管其他人认为将麦克风装在机器人顶部更合适,因为电动机、齿轮传动机构以及轮子的噪声都是从机器人发出的——我认为使用高频滤波可以最大化降低对周围环境噪声的拾取。如果你的机器人在转身或倒行时可能发生碰撞,你可以考虑使用这个电路来检测物体碰撞的情况。不需要在机器人四周安装物体识别传感器,你只需要在机器人底座安装一个麦克风即可,这大大简化了机器人的机械设计。

实验106　机器人"触须"

零件箱

装有面包板和BS2微控制器的组装印制电路板
两个带有长驱动臂的微型开关
两个10kΩ电阻器

工具盒

布线工具套装
24号实心导线(红)
电烙铁
焊料

如果你观察我设计的移动机器人,就会发现我很少给机器人装上"触须"或其他有型的物体传感器。我不喜欢给机器人安装"触须"的原因有两个。第一个原因是这些触须实际上很难安装。第二个原因是我想检测距离机器人几英寸(10cm)远或更远的物体,从而让机器人停止或转向,不会发生与物体相撞的危险。由于这些机器人触须很容易让人理解,并且安装起来相对简单,因此你要给机器人安装触须。

我曾认为当猫长大到一定程度，眼睛完全可以睁开时，它的触须就显得完全多余。实际上，猫须在猫的一生中发挥着重要的作用，它们是传感器输入源。在完全黑暗的环境中（猫在非常暗淡的光线条件下视力比人要好，但是当一点光都没有时，它们与人类一样，什么都看不到），猫须可以保护猫不碰到障碍物。猫须也可以帮助猫将猫嘴对准猎物。猫须是普通毛发的三倍粗，深入皮肤更深，因此猫须对次声波声音和振动也非常敏感。

如图15.12所示，触须对机器人来说有三个主要作用。当机器人前面的物体被检测到后，它发出命令让机器人电动机停止，或发出一个时序信号让机器人转向或远离物体。触须也可以用来检测机器人旁边的墙的位置，让机器人的一只"手"放在迷宫的侧面，自己找到迷宫出口。安装墙体传感器时，务必确保机器人触须接地，地与运行平面连接。机器人运行时，你不想让静电在机器人身上累积。最后，在地面上滑行的触须可以用来检测更粗糙的平面或运行平面的变化（从光滑的地板到凸起的地毯）。

有许多种不同方法给机器人安装触须；你会看到看

起来像大环的触须、像蟑螂的触角的触须以及像刹车的触须来帮助机器人保持平衡。当触须与物体接触时，会改变电信号（如图15.13所示）。触须与物体接触使上拉电路接地的这种方法是将触须与机器人对接的最基本方法（如图15.13左侧的绘图所示）。接触信号能立即弹回，就好像它是一个瞬时按钮一样。用多个接触器就可以测得触须上受到的力，每一个接触器受到变化的力时会闭合，或者把触须连接到电位器上的游标（触刷）也可以测出触须的受力大小。

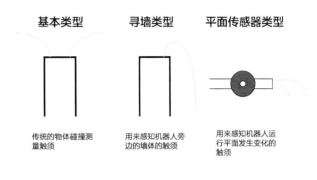

图15.12 触须类型

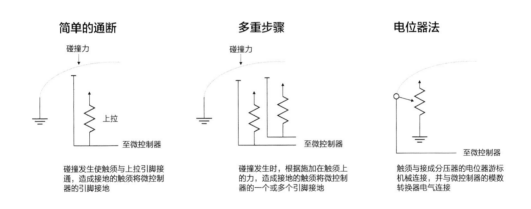

图15.13 机器人触须实现电路

在机器人上安装触须时必须考虑几个实际问题。很多人使用相当细的线，如吉他弦或钢琴丝当做触须。这些直径很小的线制成的触须非常脆弱，而且很可能非常容易变形折断。担心触须产生形变是一件令人头疼的事情，它让你在运行机器人前必须对它们挨个检查一遍。我的办法是，不是用线，而是使用带有启动臂的"微型开关"（如图15.14所示）来做触须，它不会轻易发生形变。

为了展示基于BS2微控制器的机器人的触须的操作

原理，按照图15.15所示，将两个微型开关连接起来。电路制作完毕后，就可以键入下面的程序代码。程序代码利用PBASIC"Buttom（按钮）"语句使两根触须的信号弹回，这一点很重要，因为你会发现当机器人运行时，自制的触须会周期性地跳弹跳，返回一个错误的碰撞信息。程序代码看起来有点冗长，这是因为当触须触碰物体时，需要它弹回，而且当触须不再与物体接触时，也需要弹回。

图15.14 带有启动臂的微型开关是机器人触须的理想选择

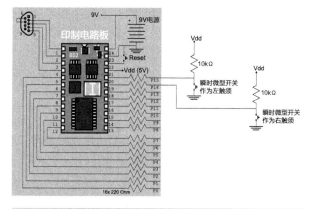

图15.15 触须电路

```
' Whisker Sensors - Monitor two Whiskers on front of Robot
'{$STAMP BS2}
'{$PBASIC 2.50}

' Variables
LeftWhisker     pin 15          ' Define the Whiskers
RightWhisker    pin 14
LeftFlag        var bit         ' Touched Flags
RightFlag       var bit
LeftCount       var byte        ' Debounce Counter Variables
RightCount      var byte

' Initialization
  LeftFlag = 0: RightFlag = 0   ' Clear Flags/No Hits

  do                            ' Repeat forever
    if (LeftWhisker = 0) and (LeftFlag = 0) then ' Wait for Left
      button LeftWhisker, 0, 10, 180, LeftCount, 1, LeftButtonDown
      goto LeftButtonDownSkip
LeftButtonDown:
      LeftFlag = 1: debug "Ouch, collision on Left Side", cr
LeftButtonDownSkip:
    else                        ' When Whisker Released, Reset
      if (LeftWhisker = 1) then Leftflag = 0
      LeftCount = 0             ' Reset the Left Whisker Count
    endif

    if (RightWhisker = 0) and (RightFlag = 0) then ' Wait for Right
      button RightWhisker, 0, 10, 180, RightCount, 1, RightButtonDown
      goto RightButtonDownSkip
RightButtonDown:
      RightFlag = 1: debug "Ouch, collision on Right Side", cr
RightButtonDownSkip:
    else                        ' When Whisker Released, Reset
      if (RightWhisker = 1) then Rightflag = 0
      RightCount = 0           ' Reset the Left Whisker Count
    endif
  loop                          ' Loop forever, end of application
```

实验107 红外物体传感器

零件箱

装有面包板和BS2微控制器的组装印制电路板；
Sharp GD2D120（Digi-Key 零件编号425-1162-ND）
LM339
10kΩ 可安装在面包板上的电位器
10kΩ 电阻器

工具盒

布线工具套装
24号实心导线（红，白，黑）
电烙铁
焊料
五分钟快干环氧树脂胶

除了使用有型触须来检测机器人周围的物体外，还有一些常见的非接触型检测手段。这些检测手段需要一些电气专业技能，而不是简单方法制作的线状触须，但是，这些电气检测手段要优于这些线状触须，因为它们无需将触须折回原样，也很容易在新环境中校准。其中最常用的一种检测手段是红外线脉冲，尽管超声波（高于人体可听频率以上的频率）也是常用的一种检测手段。这些方法的工作原理与潜水艇使用的"声呐"完全相同；能量传出，接收器等待返回的能量脉冲。根据返回脉冲所需要的时间或者回声的出现，就能确定机器人附近的物体。我将使用常见的红外物体（或近程检测）检测模块进行实验，这些模块只需几美元就能买到。这些模块是根据声呐模型发挥作用；一只红外发光二极管输出一系列脉冲光，物体将脉冲光返回至接收器（如图15.16所示）。光速太快，对于这种近程检测，测量"飞行时间"（以及与物体的距离）就显得没有必要，这也是为什么这种类型的物体检测器被称为近程检测器；它只能检测距离机器人一定距离的物体。

你绝对不会想到，这些红外近程检测器模块通常都具有一个通用的零件：红外电视遥控接收器。这个价值0.25美元的小型模块可以接收电视机、DVD播放器或者其他电子设备的简单命令（不到16比特长）。数据位（或数据包）采用Manchester 编码方案发送，当接收到一个信号时，接收器把输出线降低为低电平。采用一个长指针脉冲来说明数据包的起始，通过变化"低电平"的长度

产生数据的0值和1值。该信号被38kHz的正弦波调制。当输出为"低电平"，红外发光二极管发出一个38kHz的信号，如果输出为"高电平"，则红外发光二极管熄灭。

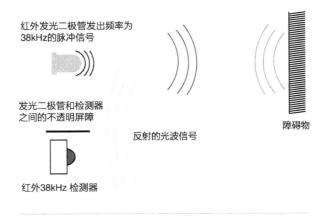

图15.16 红外线检测

采用红外电视遥控器就能直接对机器人进行控制，而且，采用图15.17所示的电路就能制作一个简单的近程检测器。尽管红外电视遥控器看似非常简单，而且十分便宜，实际上它是一个非常复杂的电路，由超高增益的放大器和滤波器构成，能在充斥着各种不同光源信号的环境中识别并输出红外信号。电路的复杂性说明如果一个38kHz的正弦信号被持续发送，红外线电视遥控器会识别它50ms，然后忽略，因为它会被认定为背景噪声的一部分。这也是为什么在产生一个38kHz的调制信号后，要使用一个PWM信号将其周期性地开启和关闭。

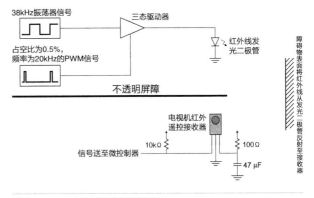

图15.17 可实现的红外探测器电路

最好的工作情况下，38kHz调制信号的占空比必须是50%。这个要求意味着不能使用555定时器芯片来产生38kHz调制信号，因为你不可能产生一个完完全全占空比为50%的信号。除此之外，尽管PWM控制信号很容易实现，但是它需要很多芯片，这会增加电路的复杂性和实现成本。如果你有一个具有内置PWM发生器的微控

制器，就能非常轻松地产生PWM信号，但是，还需要很多分立芯片，如果想要用本书附带的印制电路板来囊括这些元件，这显然不现实。

相反地，Sharp 有一系列不同红外近程检测器，它将图15.17所示的所有功能都囊括在一个单独的封装中，只需要给它提供电源，并对输出信号顺序询问即可。购买Sharp GD2D120时，你会发现它有一个小型的白色连接器，你需要按照图15.18所示将导线焊接在连接器上。这些导线必须用不同颜色的识别标记以确保不会将导线混淆。除了导线要用不同颜色来标记识别，在焊点上涂抹上五分钟快干环氧树脂胶也是一个好主意，这么做会增强机械连接点的韧性，并确保这些焊点不会被短路。

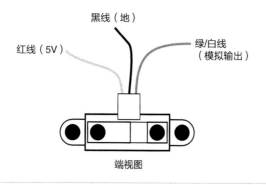

图15.18 sharp连接器的接线

把导线焊接到GD2D120上后，你可以将它接到面包板上了（如图15.19所示）。GD2D120的输出电压范围从0～2.25V（电压电平是对障碍物远近的粗略估计），为了检测特定距离的物体，我将一个电位器接成分压器，并用它提供一个比较器电压。电位器和比较器会使电路识别特定距离之外的物体。电路制作完毕后，键入下列程序来进行测试，并将程序代码命名为"红外测试"，并保存在"科学鬼才"文件夹目录下"红外近程检测器"文件夹内。

```
'  IR Proximity Detector - Monitor Sharp
GD2D120 Proximity Detector Output
'{$STAMP BS2}
'{$PBASIC 2.50}
```

```
'  Variables
Whisker         pin 15
Flag            var bit

'  Initialization
  Flag = 0

  do
    if (Whisker = 0) and (Flag = 0) then
      Flag = 1: debug "Ouch, collision",
cr
    else
'  When Whisker Released, Reset
      if (Whisker = 1) then Flag = 0
    endif
  loop
```

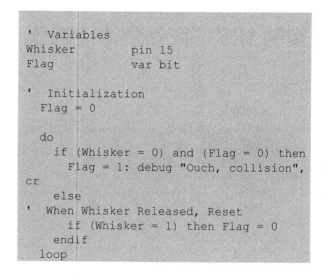

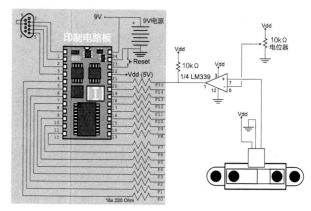

图15.19 Sharp测试电路

你很可能注意到程序代码是从前面的实验中复制并粘贴到这里，用来展示红外线近程检测器的工作原理。很明显，GD2D120的一个巨大优点是它会使物体检测弹回，这样你就不必再加装检测弹回功能。

当软件运行时，抬起GD2D120的边角，并朝向房间，用手遮挡住它的前面。然后就会发现，它能检测到6英寸至1英尺之间（15～30cm）的物体，而不是房间里的所有物体；黑色的物体和一些纤维并不能反射红外线。如果你要运行一个带红外近程传感器的机器人，或许需要再加装物理触须探测器以及声波测距装置，以确保机器人不会撞到任何物体。

第十六章
移动机器人
Chapter 16

开始设计移动机器人之前，我想先从设计方面和能力方面看看一个移动机器人，我敢肯定任何阅读本书的人都非常熟悉这款机器人。这个机器人显示了跨越各种地形的能力，装配了一系列各种不同的令人惊叹的技术，能访问非常复杂的计算机系统，并能最终记录和重播数据信息。尽管具有如此多的特性，但是我感到机器人设计非常不足，如果要让机器人设计成功的话，我认为许多不同的机器人特点都应该改进。

如果你还是想象不到我所说的移动机器人的形象，可参看电影传奇 Star War 中的 R2-D2 机器人。

我认为 R2-D2 机器人不足的地方包括它的动力传动系统、传感器系统、机械手、输入与输出系统以及基础程序设计性能。尽管有诸多限制，设计的机器人能在多种特定环境中（最显著的是在战役中能对不同的飞船进行维护和操作）发挥良好作用。

在你吐槽这段介绍是异想天开之前，我想指出在第一部 Star War 电影（第五章，"新希望"）上映之前，R2-D2 机器人的操作出现了严重的问题，威胁到这部电影的如期上映和营运成本。尽管机器人 C-3P0 外表复杂，还有其他非常拉风的特效，制片人遇到的最大挑战是如何让机器人 R2-D2 按照需求行动自如。我怀疑这些问题的原因有很多都与我将要在这里提出的相一致。

设计的 R2-D2 机器人动力传动系统看起来有点颠三倒四；大多数时候，它会用三个轮子东奔西跑，但是在偶尔的情况下，这些轮子会收入机器人的腿中和身体里，它会步行或者晃悠悠地四处移动。这种移动方式有两个重要问题需要搞清楚，即机器人的质量中心（或质心）应该在哪里，以及这个机械装置穿越不平坦地形时很困难（如图16.1所示）。

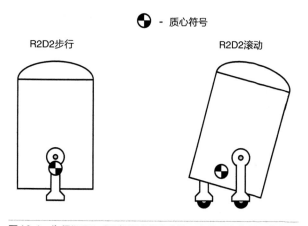

图16.1 为保证 R2-D2 机器人的稳定性，它的质心应尽可能靠近地面，并在轮子或腿部的中间位置

当你思考机器人的不足之处时，首先映入你脑海的

可能不是机器人的质量中心的问题，但是这个问题的确是第一个要考虑的问题。机器人（或身体）的质心位置指的是，如果用一个钉子直接穿过机器人身体的一点，并将机器人悬挂起来而不会发生任何倾斜，则该点就是机器人的质心。飞行员和飞船设计师称质心为重心。如图16.2所示，机器人质心的最佳位置接近把机器人的重量铺展在大面积时的机器人中心。当质心太高，机器人开始移动或停止时就会跌倒。如果质心在机器人的一端或另一端，那么当机器人开始朝着一个方向移动时，它就会有持续跌倒的危险或表演"独轮着地"。如果你熟悉竞速赛车，就会了解到赛车设计师想尽可能地保持赛车重心在赛车中部，并越低越好，这样就能保证赛车在加速、刹车和转向时所有轮胎能够着地。

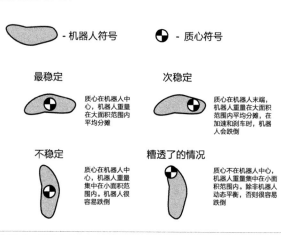

图16.2 质量中心

回过头来再看看 R2-D2 的质心（如图16.1所示），机器人设计师难以搞清楚究竟质心的准确点在哪里，因为机器人有两种截然不同的移动方法。当机器人靠着轮子滑行时，它的质心应该处于保持最大稳定性时的两轮之间的位置，但是当机器人靠着腿部移动时，它的质心应该在沿着两条腿所接的机器人轴心线上，否则机器人就会跌倒。拍摄电影遇到一个最大问题是当 R2 机器人启动、停止或者在不平坦的地形中移动时会不停地跌倒。看看机器人质心的位置，这些问题本该预料得到。

R2-D2 机器人的移动轮非常得小，腿脚也粗短敦实，看起来凭着这些，它就能穿过沙漠，翻山越岭，趟过沼泽，雪中漫步，还能爬楼梯。看一看机器人的布局图，我只能期望它只能在光滑、明亮的平面上奔跑（或行走）。能在不同平面上健步如飞分配给机器人设计任务中的最难环节——大部分机器人都会卡住、跌倒或者损坏动力传动系统（这是电影拍摄时，真正的 R2-D2 机器人不断面临的困境）。

大多数预计能在不平坦的地形上健步如飞的机器人都是采用铰接式身体结构设计制作而成，如图16.3所示。这个式样机器人具有三组铰接在底盘的轮子，能相对独立地移动。火星探路者号Sojourner机器人就是采用这种身体结构才能在火星表面任意驰骋。

这种类型的机器人的一个重要优点是它能保持底座相对水平，使传感器具有相对不变的视角。R2-D2机器人的传感器视角会随着它设置的角度以及机器人顶部的半球形脑袋（我认为传感器就置于此处）转动而改变。一个能保持合理平坦度的机器人能够采集的环境信息要比R2-D2机器人更加稳定。

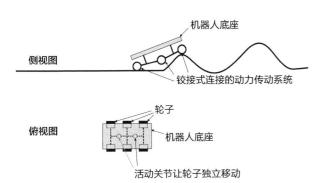

图16.3　粗糙不平的地形

实验108　带H桥驱动器的直流电动机控制底座

零件箱

装有面包板和BS2微控制器的组装印制电路板
装有直流电动机，四节AA电池组和电源开关的组装胶合板基座
754410电动机驱动器
555定时器芯片
八个1N914(1N4148)硅二极管
两个带臂微型开关
两个10kΩ电阻器
两个1kΩ电阻器
10kΩ电位器
三个0.01μF电容器

工具盒

布线工具套装
5分钟环氧树脂胶
螺丝刀套件
24号实心线（参看正文）
电烙铁和焊料（参看正文）

如果你上互联网浏览不同的自制移动机器人，很可能会发现它们中有许多都使用了LM293电动机驱动芯片。这种芯片非常流行，因为它可以当做H桥来控制两个直流电动机的运行，工作电流高达1A。正式说来，LM293芯片已经淘汰过时，但是很多供应商还有许多存货，或者你可以使用TI 754410芯片代替，它是LM293的更新产品，有一些改进（包括热关机），而且货源充足，成本低廉。

把TI 754410芯片接至微控制器上，用它来控制机器人电动机工作的原理非常简单，如图16.4所示。它有两个输入，其中一个用于逻辑控制输入（晶体管-晶体管逻辑【TTL】），另一个用来给电动机提供电源。芯片输出端没有反冲二极管，因此，你必须加上这些元件来确保电动机开启和关闭产生的瞬时电压不会损坏TI 754410芯片（或机器人身上的其他芯片）。

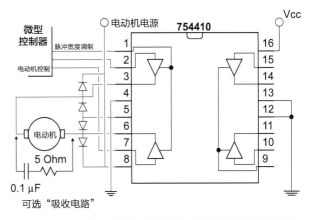

图16.4　754410电动机布线

除了用来控制4个半边H桥和输出信号极性（两个半等分必须放在一起才能制作一个完整的H桥）的4个输入之外，还有两根线用来启动电动机驱动器工作。这两条线通常用来向机器人提供PWM控制信号，而且通过它们，可以对机器人电动机进行简单的程序设计。为了展示TI 754410芯片如何工作，回过头把前面实验中的已经完工的胶合板底座拿来，并在上面安装直流电动机，一个能装四节AA型电池的电池座，来制作一个简单的可编程机器人（你的第一个机器人）。将胶合板底座用螺栓固定在印制电路板上之前，应该先把两个带有长启动臂的微型开关用环氧树脂胶粘在底座的底部，作为机器人的两根触须传感器（如图16.5所示）。将微型开关粘在胶合板底座之前，必须用电烙铁把导线焊到微型开关上。

图16.5 将微型开关触须用环氧树脂胶粘在完工的胶合板底座上

当触须安装就位，面包板接好线，完工的胶合板用螺栓固定在印制电路板上以后，现在就开始准备制作你的第一个可编程机器人了。图16.6所示为机器人的方框原理图，图中所示的机器人会在房间里随机移动，直到它撞到什么物体才会停止，这个时候，它会后退并重新开始随机移动。注意，我已经标记出控制信号或电源移动的方向。我发现经常标记出物体移动的方向这个做法非常棒；当你初次开始设计时，简单地描绘出物体的方向和布局会避免很多矛盾。

图16.6所示电路看起来应该不会让人感到惊奇，除

了使用了555定时器外。我在电路中增加了一个可调节单稳态定时器，它可以作为电动机的PWM发生器。根据使用的电动机类型，你会发现机器人移动太快，无法使用BS2微控制器完全控制它；因此555定时器（带电位器）可以作为机器人的速度控制器使用（占空比在66%~91%）。

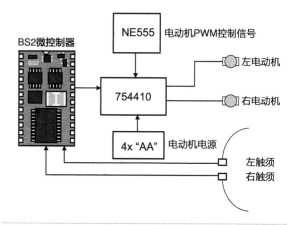

图16.6 直流电动机方框原理图

按照图16.7所示，将机器人接到电路中非常容易。安装完的机器人在载入下面的应用程序后，就能够移动了。该实验结束后，不要拆开机器人；下一个实验还要继续使用它。

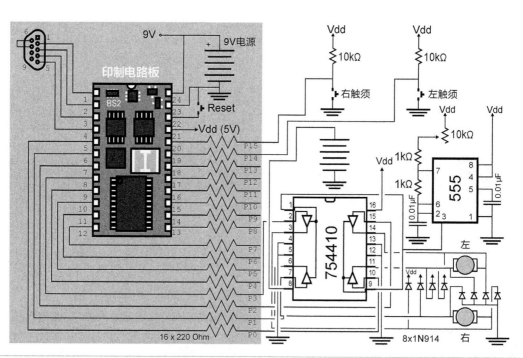

图16.7 直流电动机电路

```
'  DC Robot 1 - First Program for the DC
Robot/Run Randomly

'{$STAMP BS2}
'{$PBASIC 2.5}
```

```
'  Variables and I/O Port Pin Declarations
i               var word
LeftCount       var byte
RightCount      var byte
RandomValue     var word
MotorValue      var RandomValue.NIB0
RandomActive    var RandomValue.NIB1
LeftWhisker     pin 14
RightWhisker    pin 15
MotorCtrl       var OUTS.NIB0
MotorDir        var DIRS.NIB0

  MotorCtrl = %0000: MotorDir = %1111
  RandomValue = 6
  i = 1
  do
   i = i - 1
   if (i = 0) then
     MotorCtrl = %0000: pause 100
     random RandomValue
'  Get New Random Value
     MotorCtrl = MotorValue
     i = ((RandomActive & 3) + 1) * 100
   endif
   if (LeftWhisker = 0) then
     Button LeftWhisker, 0, 100, 0,
LeftCount, 0, LeftWhiskerDown
     Goto LeftWhiskerSkip
LeftWhiskerDown:
'  Collision
     MotorCtrl = %0110: pause 3000
LeftWhiskerSkip:
   else
     LeftCount = 0
   endif
   if (RightWhisker = 0) then
     Button RightWhisker, 0, 100, 0,
RightCount, 0, RightWhiskerDown
     Goto RightWhiskerSkip
RightWhiskerDown:
'  Collision
     MotorCtrl = %0110: pause 3000
RightWhiskerSkip:
   else
     RightCount = 0
   endif
loop
```

运行实验中的机器人时，你会注意到一些不同之处。我将其中一组电动机接线和四节AA电池卡导线加长，并将它们直接连接至754410上。这么做是为了避免面包板引脚上相对较高的阻抗——制作机器人时，需要制作低阻电动机接线，以使寄生电阻最小。

机器人运行几秒钟后，你会发现754410芯片表面变热；这是由电动机产生的损耗电流和754410芯片上的晶体管上产生电压降所造成。如果使用低电流损耗的电动机，你就不会感觉754410芯片有任何发热现象。当

754410芯片发热，你会发现它的效率降低（电动机不会迅速转动，而且会发出嘎嘎响的声音）。这些问题的最终解决方案是采用与754410芯片相匹配的电动机或者使用一个分立的带有高增益晶体管的晶体管制H-桥，如第六节所使用的H-桥。不管采用哪种解决方法，接线时应该使用大尺寸铜线，理想情况下应安装在印制电路板上。使用754410芯片是因为方便。754410系列芯片价格相当便宜，而且便于使用，能让你迅速用电动机和机器人进行实验。

最后，你会发现尽管机器人触须会检测到它前面的物体，并后退，它后退时也经常会撞到物体，并停在那里，电动机也停止转动。在这个应用中，我真应该给机器人一直装上触须。在实际应用中，我一般会在机器人前面安装几个物体探测器，而且机器人绝对不会向后移动，除非我想避开物体。

实验109　状态机程序设计

零件箱

装有面包板和BS2微控制器的组装印制电路板
装有直流电动机、四节AA电池组、电源开关和微型开关触须的组装胶合板基座
754410电动机驱动器
555定时器芯片
八个1N914 (1N4148)硅二极管
两个带臂微型开关
两个10kΩ电阻器
两个1kΩ电阻器
10kΩ电位器
三个0.01μF电容器

工具盒

布线工具套装
螺丝刀套件

查看前面实验所使用的代码，你可能觉得它非常难以理解。我应当指出这些程序代码作用显著；只是当机器人移动时，很难理解会出现什么情况。我编写代码的方法与前面实验中相同，这么做原因有两种。第一个原因是我试图在一个真正的机器人上展示754410电动机驱动器的运行原理，第二个原因是我没有足够大的空间。通过使用

随机语句并将比特直接从它映射到电动机中，我就能开发出非常短但是功能强大的代码。开始设计专有的机器人软件时，应尽可能地使编写的代码简单，让人容易理解。

　　这看上去非常难以实现，但是通过软件状态机，你会发现开发机器人代码非常简单。这个代码开发工具叫做状态机，根据前一状态，以及输入比特发生的任意变化，它就可以周期性地更新输出比特值的状态。状态机可以用于多种不同应用程序，包括微处理器，通常根据具体的数值，很容易使用它进行应用程序设计和编程。对软件状态机进行程序设计不是十分困难；它的工作原理与硬件状态机几乎相同。它们的区别非常小：只不过硬件状态寄存器被一个状态变量代替，只读存储器变成一系列if语句（或者一个单独的选择语句，如图16.8所示）。

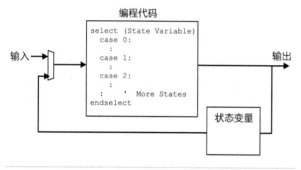

编程代码

```
select (State Variable)
  case 0:
    :
  case 1:
    :
  case 2:
    :
  :     ' More States
endselect
```

输入　　　　　　　　　　　　　　　　输出

状态变量

图16.8　软件状态机

　　软件状态机对传统程序设计方法产生的优点不仅仅在于通过它能很容易观察应用程序到底执行了什么工作，而且它很容易根据应用需求的变化而改变状态。这些优点只有在你制作专有的软件状态机时遵守两个简单规则时才有效：

1. 当你对状态编号时，确保它们被10而不是1分开。如果这些状态编号被1分开，如果你要增加一个新的状态时，就必须对整个应用程序重新编号。

2. 不要执行状态机只读存储器中的任何一条if语句。相反地，如果需要一个动作，使用外部输入命令改变状态机状态。这一点非常重要，也会令编程新手感到困惑。如果对一个比特位顺序询问，被检测的状态为真，那么在状态变量被校验前，并在状态编码被执行前对状态变量加1。

　　为了演示状态机的工作原理，我使用状态机修改了前面应用程序的代码，当机器人撞到物体向后退时，它会转身远离障碍物，触须与障碍物发生碰撞。这个程序代码应该保存在与前面实验相同的目录下：

```
'  DC Robot State Machine - State Machine
Version of CD Robot 1st Pgm
'{$STAMP BS2}
'{$PBASIC 2.5}

'  Variables and I/O Port Pin Declarations
State           var byte
TurnAway        var byte
i               var word
WhiskerCount    var byte
RandomValue     var word
MotorValue      var RandomValue.NIB0
RandomActive    var RandomValue.NIB1
LeftWhisker     pin 14
RightWhisker    pin 15
MotorCtrl       var OUTS.NIB0
MotorDir        var DIRS.NIB0

  State = 0
  MotorCtrl = %0000: MotorDir = %1111
  RandomValue = 5
  i = 1
  do
    i = i - 1
    if (i = 0) then State = State + 1
    if (RightWhisker = 0) and (State <>
30) then State = 10: MotorCtrl = %0010
    if (LeftWhisker = 0) and (State <> 30)
then State = 10: MotorCtrl = %0100
    if (WhiskerCount = 20) then State = 20
    select (State)
    case 0:
'  Keep Doing what you're doing
      WhiskerCount = 0
    case 1:
'   Timeout
      random RandomValue
      MotorCtrl = MotorValue
      i = ((RandomActive & 3) + 1) * 100
      WhiskerCount = 0
      State = 0
    case 10:
'   Collision
      WhiskerCount = WhiskerCount + 1
      i = 40
      State = 0
    case 20:
'  Debounced Collision
      WhiskerCount = 0
      MotorCtrl = %0110: i = 100
      State = 30
    case 30:
'  Going Backwards
    case 31:
'  Finished, Resume Operation
      i = 1
      State = 0
    endselect
  loop
```

实验110 机器飞蛾

零件箱

装有面包板和BS2微控制器的组装印制电路板
装有直流电动机、四节AA电池组、电源开关和微型开关触须的组装胶合板基座
754410电动机驱动器
555定时器芯片
八个1N914（1N4148）硅二极管
两个带臂微型开关
两个10kΩ硫化镉光敏电阻器
两个10kΩ电阻器
两个1kΩ电阻器
10kΩ电位器
三个0.01μF电容器

工具盒

布线工具套装
螺丝刀套件
手电
两块砖块

使用软件状态机就能够轻松设计或修改应用程序，我想利用它设计一个简单的机器人程序，对行为进行预编程，使其在房间中搜寻最亮的点。当机器人与光源（或者保护光源的木块）碰撞，机器人会后退并转向远离碰撞点（与它在前面实验中的行为相同），随机移动30s，然后重新开始寻找光源（图16.9勾勒出这个运动轨迹）。接近光源并随机性地后退的这种机器人通常被称为飞蛾机器人。

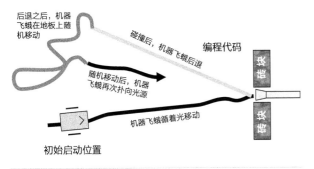

后退之后，机器飞蛾在地板上随机移动

碰撞后，机器飞蛾后退

随机移动后，机器飞蛾再次扑向光源

编程代码

机器飞蛾循着光移动

初始启动位置

图16.9 机器飞蛾运动路径

给直流机器人电路加装两只光敏电阻器和电容器非常简单（如图16.10所示）。如果按照原先的直流机器人布线图接线，在面包板的左前方会留下空间安装多余的零件。与之前实验中硫化镉光敏电阻的接线方式一样，我将光敏电阻的引线弯成直角并固定住它们，这样它们就会有不同的视域。

机器飞蛾应用程序的代码在下面列出（该代码应该保存在与前面的两个直流机器人应用程序相同的文件夹内）。我已经重新编排了软件中的一些状态信息，这又再次证明修改状态机的内容有多么容易。

```
'  DC Robot Moth - State Machine code to
implement a "Moth"
'{$STAMP BS2}
'{$PBASIC 2.5}

'  Variables and I/O Port Pin Declarations
State          var byte
TAway          var byte
LeftValue      var word
RightValue     var word
i              var word
j              var byte
WhiskerCount   var byte
RandomValue    var word
MotorValue     var RandomValue.NIB0
RandomActive   var RandomValue.NIB1
LeftLight      pin 13
RightLight     pin 12
LeftWhisker    pin 15
RightWhisker   pin 14
MotorCtrl      var OUTS.NIB0
MotorDir       var DIRS.NIB0

  State = 0
  MotorCtrl = %0000: MotorDir = %1111
  RandomValue = 5
  i = 1: j = 1
  do
    i = i - 1
    if (i = 0) then State = State + 1 '
Delay Finished
    if (j = 0) then State = 0: MotorCtrl =
%0000
    if (LeftWhisker = 0) and (State < 30
)then State = 10: TAway = %0001
    if (RightWhisker = 0) and (State < 30
)then State = 10: TAway = %0100
    if (WhiskerCount = 20) then State = 20
    select (State)
      case 0:
'  Charge CDS Cell Capacitors
        high LeftLight: high RightLight
        WhiskerCount = 0: j = 1
      case 1:
'  Read Left CDS Cell
        rctime LeftLight, 1, LeftValue:
State = 2
      case 2:
'  Read Right CDS Cell
        rctime RightLight, 1, RightValue:
```

```
State = 3
    case 3:
'  Wobble Towards the Light
        if (RightValue < LeftValue) then
            MotorCtrl = %1000
        else
            MotorCtrl = %0001
        endif
        i = 70: State = 0
    case 10:
'   Collision
        WhiskerCount = WhiskerCount + 1
        State = 0
    case 20:
        MotorCtrl = %0110: i = 100
        WhiskerCount = 0
        State = 30
    case 30:
'  Going Backwards
    case 31:
'  Finished Going Backwards
        MotorCtrl = TAway: i = 50: State =
40
```

```
    case 40:
'   Turning Away
    case 41:
'   Finished, Move Randomly
        j = 8
        i = 1
        State = 50
    case 50:
'  Random Wait
    case 51:
        random RandomValue
        MotorCtrl = MotorValue
        i = ((RandomActive & 3) + 1) * 100
        WhiskerCount = 0
        j = j - 1
        State = 50
    endselect
loop
```

测试机器飞蛾时，将一个手电筒置于两块砖块之间，如图16.10所示。这么做会提供一个让机器飞蛾导向追踪的光源，并产生一个屏障，让飞蛾反行轨迹，随机移动，然后再重新追踪光源。

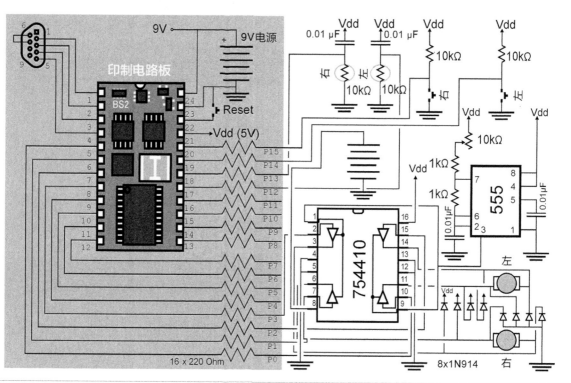

图16.10　机器飞蛾电路

当机器飞蛾朝着光源移动时，它会以怪异的步态摇摇摆摆接近目标。这是因为一个轮子向前转动，另外一个轮子跟着前一个轮子向前移动产生的结果。根据你所使用的电动机和驱动器，你会发现机器飞蛾转动需要的时间太长，你得在"MotorCtrl"载入转动变量的赋值之后，改变"i"的赋值。

实验111　随意移动的解释

零件箱

装有面包板和BS2微控制器的组装印制
电路板
装有直流电动机、四节AA电池组、电
源开关和微型开关触须的组装胶合板基
座
754410电动机驱动器
555定时器芯片
八个1N914（1N4148）硅二极管
两个10kΩ硫化镉光敏电阻器
两个10kΩ电阻器
两个1kΩ电阻器
10kΩ电位器
五个0.01μF电容器

工具盒

布线工具套装
螺丝刀套件

查看前面的三个实验，在每个实验中，软件中的三
条编码线是让实验中的机器人随机移动的，但是并没有
对它们很好地解释，而且它们的工作原理很可能令人很
困惑。这三条编码线工作原理需要大量协同作用（使用
一个我痛恨的词），当你试着想象在软件和机器人之间
产生了什么，你会发现它们非常紧密地集成在一起，如
图16.11所示。在这个实验里，我想解释代码所蕴含的
思想以及如何看到机遇来使用与机器人应用程序一样的
代码。

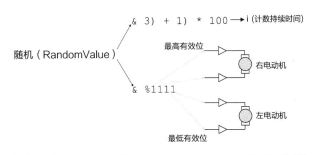

图16.11　明显的随机行为

"随机"语句是对传递的数值进行的线性反馈移位寄
存器操作，并返回一个伪随机输出值。返回的值不能通过
传给它的值轻易地确定。返回值可以是从1～65535之
间任意的数，而且还不会重复，直到所有数值都被显示为
止。如果使用随机语句，令其每秒钟显示一个不同数值，

则需要花18小时12分钟15秒才能显示一个重复的数值。
返回值中的每一个比特都能被随机地设置或重置，而且可
以直接传递到电动机控制比特位，与我在这些实验中所做
的相同。当两个比特值传递到连接着一个电动机的两个
754410驱动器上时，电动机按照表16.1定义的三种方
法中的一种响应。

因此，只需简单地传递随机语句中的最低有效位，
我就能随机规定电动机是否运转，以及朝哪个方向转
动。我本可以使用PBASIC中的选择语句来执行相似的
功能：

```
random RandomValue
MotorValue = RandomValue & %1111
select (MotorValue)
  case 0:
'  Left Motor Forward, Right Motor Stopped
    MotorCtrl = %1000
  case 1:
'  Left Motor Forward, Right Motor Forward
    MotorCtrl = %1010
  case 2:
'  Left Motor Forward, Right Motor Reverse
    MotorCtrl = %1001
  case 3:
'  Left Motor Stopped, Right Motor Forward
    MotorCtrl = %0010
  case 4:
'  Left Motor Stopped, Right Motor Reverse
    MotorCtrl = %0001
  case 5:
'  Left Motor Reverse, Right Motor Stopped
    MotorCtrl = %0100
  case 6:
'  Left Motor Reverse, Right Motor Forward
    MotorCtrl = %0110
  case 7:
'  Left Motor Reverse, Right Motor Reverse
    MotorCtrl = %0101
  case else
'  Anything Else, Motors Stopped
    MotorCtrl = %0000
endselect
```

表16.1　不同导线连接方式下的电动机动作

红线比特	黑线比特	电动机动作
0	0	电动机停止转动（两个输入都接地，因此无电流流过电动机）
0	1	电动机反转（电流方向从负极流向正极）
1	0	电动机正转（电流从正极流向负极）
1	1	电动机停止转动（两个输入线都接到电源，因此无电流流过电动机）

```
    random RandomValue
    MotorValue = RandomValue & %1111
    branch MotorValue, [M0, M1, M2, M3, M4, M5, M6, M7, M8]
    Lred = 0: Lblk = 0: Rred = 0: Rblk = 0: goto Mend ' Stopped
M0: Lred = 1: Lblk = 0: Rred = 0: Rblk = 0: goto Mend
M1: Lred = 1: Lblk = 0: Rred = 1: Rblk = 0: goto Mend
M2: Lred = 1: Lblk = 0: Rred = 0: Rblk = 1: goto Mend
M3: Lred = 0: Lblk = 0: Rred = 1: Rblk = 0: goto Mend
M4: Lred = 0: Lblk = 0: Rred = 0: Rblk = 1: goto Mend
M5: Lred = 0: Lblk = 1: Rred = 0: Rblk = 0: goto Mend
M6: Lred = 0: Lblk = 1: Rred = 1: Rblk = 0: goto Mend
M7: Lred = 0: Lblk = 1: Rred = 0: Rblk = 1: goto Mend
Mend:
```

这个代码现在看起来有点更容易读懂和理解了，但是还有许多需要注意的地方，包括需要花费更多精力向BS2存储器写入代码，也需要占用更多的BS2存储器空间。当然，查看这些语句，编程新手和不了解机器人的人很可能会有好几个问题，例如为什么代码中没有一个明显的"Left Motor Stopped, Right Motor Stopped？（左电动机停止，右电动机停止？）"语句。新手们可能注意到在8个cases（一共16个cases）中，"case else"代码会执行，两个电动机都会停止运行。为什么这种情况会被允许？从实际的可读性来看，修改后的代码并没有比原始代码更好。

你或许已经注意到当我具体规定该应用的电动机控制比特值时，我排列这些值以简化软件开发。你或许会认为在现实应用中，会对电动机控制比特和它们的引脚做出具体规定，从而简化该应用的布线；这样就很容易对软件进行更改。在这种情况下，你会使用诸如之前使用的选择语句或者接下来的分支语句代码，在这些代码里，被引脚语句定义的Lred、Lblk、Rred和Rblk是与电动机驱动器对接的BS2输入输出接口。

实验112　遥控汽车机器人底座

零件箱

玩具遥控汽车

工具盒

手头上所有可利用的东西

在本书中，我一直努力故作自信，绝对不会出现"失败的"实验。不论发生什么，你都能从实际经验中学到东西，并继续砥砺前行。有时候，在与该实验相同的例子中，你学到的是傲慢与谦卑之间的差别。

这个实验的最初创意是想借用一件便宜的玩具汽车来制作一个机器人，使它能自行移动，并能通过某种电子控制器来遥控它转弯。在本书里，需要花费相当多的经历来制作两个机器人底座（直流电动机和R/C伺服驱动底座）。我觉得如果利用一个现成的产品来制作它们将会是一个有趣的选择，这些成品已经具有动力传动系统和转向装置，因此将它们转换为机器人就能省去不少精力。我打算在转向装置的电动机和伺服上安装一个H桥。作为加分项，这个机器人能带给你采用汽车机器人底座的操作体验，并向你展示为什么当它们与差分驱动机器人比较时，被认为是未达到最佳的设计。我从来没有看到任何书中或杂志上发表的文章介绍过将玩具汽车改装成机器人的例子，我非常确定我所从事的设计是其他人所忽略的。

在当地的玩具商店，我找到了一个绝佳的玩具汽车底座来安装机器人，它是一个Chevrolet Blazer警车模型，模型具有一个导线遥控器能让使用者命令汽车模型向前或向后移动，并控制转向（如图16.12所示）。汽车尺寸为14英寸（35.6cm）长，5.5英寸（14cm）宽，这让我可以将本书附着的印制电路板及伺服系统轻松安装在玩具汽车上，伺服系统可以控制汽车前轮的角度。玩具汽车的价格适中（10加元）。不幸的是，玩具商店里只有一个模型；否则，我至少会购买两个或更多。

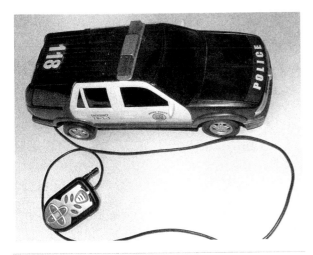

图16.12 便宜的导线遥控汽车用来制作简单廉价的机器人底座

当我把这个玩具汽车带回家，我的女儿非常喜欢。除了能遥控外，玩具汽车还有一些闪光灯，预先录制的声音（也是我最喜欢的："停下，我们是警察——你已经被捕！"，紧接着是一阵交火的枪声；我敢确定一个真正的警察听到这些会起一身鸡皮疙瘩），和一个装在遥控器单元里的麦克风，它能让人的声音通过汽车发出来。实际上，我的女儿一直对这个玩具汽车爱不释手，非常喜爱，直到自带的电池电量耗尽；当我打开汽车底部的电池盖板，我发现它没有电池接触片来替换电池（如图16.13所示）。这是最后一次看到汽车是一个完整件。

图16.13 电池小室

观察汽车的底部，有两个Phillip螺丝将汽车的前底盘固定在车身上。我想拆除这两个螺丝，将车身从底盘分离并替换电池，应该是一件简单的事情。

可是运气不好，车身被胶水粘在底盘上；我起初以为胶水干了以后，是螺丝将车身和底盘固定在一起。尽管如此，我非常仔细地沿着汽车底部将底盘与车身分离，并

以为再更换完电池后，车身可以安装回底盘，玩具汽车可以继续完好如初地使用。

用旋转切割刀具和硬质砂轮忙活了30分钟，我终于把车身底部与底盘分离开。不幸的是，车身粘在底盘的地方不止这一处。在试图将车身和底盘扯开的时候，我发现车顶也与底盘粘在一起，在我用力将车身从底盘扯开的过程中，车顶被我压坏。此时，它再也不是一个玩具（万幸的是它只是Jackie Gleason在Smokey and the Bandit电影末尾驾驶的一辆警车模型）。

车身从底盘分离后，我发现两节AA型电池被直接焊接到汽车电路上，然后再用胶水粘在汽车底盘上。

我继续研究汽车是如何制作的，发现转向机械装置是一个内部带有两个螺线管的密封小盒，你很可能可以想象到当我切开小盒会出现什么情况。

总之，在花了两个小时仔细地将玩具汽车分解后，我得到的是一堆变形的黑色塑料零件，有一些还接着不同颜色的导线。我最初的想法是便宜真的没好货——如果我购买一个更昂贵的玩具汽车，我会有一个更好的拆卸体验。又花了大约两个小时寻找不同价位的不同玩具汽车后，我发现组装最初的警车模型的方法与组装所有玩具汽车的方法一样。它们都是原装的，设计之初就没有想过可以被修改来满足其他目的。

如果你想重复这个实验，这取决于你自己。你应该尽一切办法至少调查不同商品的特点，并看看能否找到一个玩具汽车，并能很容易地把它改装成一个机器人，并能通过本书附带的印制电路板来控制。如果你找到符合标准的产品，并成功安装好印制电路板，不管采用什么办法，请给我挂个电话，让我知道。

只需要记住我的经验，并切记不要浪费太多钱，除非你绝对确定你能成功。

实验113 无线电控制伺服系统设置

零件箱

装有面包板和BS2微控制器的组装印制电路板
连接电源开关的四节AA电池组
无线电控制伺服系统
三引脚无线电伺服系统连接器
2～3英寸（5～7.5cm）模型飞机轮子或伺服传动轴机器人轮子
两个2.2kΩ电阻器

尽管我介绍了机器人底座制作方法，但我还是采用基本的直流电动机，以差分驱动设计方式来驱动轮子转动。采用这种方法控制机器人的优点是程序设计接口相对较简单，易于使用，尽管需要处理很可能非常复杂的机械问题才能让机器人运行。如果你回头看，就会发现大多数新手设计的机器人并没有采用直流电动机；相反地，他们使用改进后的无线电控制（R/C）伺服系统，该伺服系统可以持续转动，使动力传动系统和电动机驱动元件在一个简单的封装内。我会介绍无线电伺服系统对移动机器人的作用以及一个能将它们有效用于机器人的功能。

在这个实验以及其他使用伺服系统的实验里，我假定使用的伺服为标准伺服而不是Futaba伺服系统。标准伺服系统受一个1～2ms脉冲（1.5ms为中间值）控制，而Futaba伺服系统受一个1～1.5ms脉冲控制。如果该应用使用Futaba伺服系统，应确保更改响应的数据值。

在本书前面部分，我介绍过一个无线电控制伺服系统方框原理图。基本的伺服系统只能转动90度（距离中心位置两个方向各自转动45度），并且必须经过改进，才能让输出转轴不停转动。改进伺服系统必须做出三处改动：

1. 拆除位置反馈电位器，并用两个相同阻值的电阻器构成的分压器代替它，或者用"微调"电位器代替它，替代元件的接线方法与原伺服电位器相同。拆掉原电位器后，将信号送至分压器，分压器电压只有原电位器输入电压一半大小，此时，当1.5ms脉冲信号送到伺服控制系统时，伺服系统不会移动。当接收到一个小于1.5ms的脉冲信号时，伺服系统向一个方向转动，当接收到一个大于1.5ms的脉冲信号时，伺服系统朝着另外一个方向转动。通过脉冲持续时间来控制伺服系统向前移动、向后移动或停止的方法是理想的伺服控制办法。图16.14所示为顶部被拆掉的Hitec Model 322伺服系统。拆除电位器时，剪掉电位器引线接

头，并将接成分压器的两个2.2kΩ的电阻器接上。322电位器的总阻值为4.7kΩ，因此两个2.2kΩ的电阻器构成的分压器阻值与电位器阻值非常接近。

除了使用两个接成分压器的电阻器之外，还可以将一个"微调"电位器接到伺服系统外部。接一个外部电位器的好处是伺服系统能与软件匹配，而不是让软件来匹配伺服系统。这么做的缺点是外部电位器占空间，而且外部电位器必须是微调电位器（它要比标准的平板或印制电路板安装的电位器要贵得多）。标准电位器只有1圈来调整它的全量程阻值，而微调电位器可能有10～20圈来调整它的全量程阻值。增加的调整圈数可以让你更精细地校正电位器来与软件匹配。

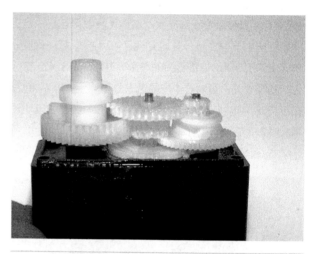

图16.14 伺服系统顶部被去掉，露出内部的传动装置。电动机驱动在右边，电位器在左边

2. 拆除伺服系统内部的任何能阻止其转动360度的机械限位器。通常来说，位置反馈电位器只能让其转动90度，这就需要将电位器拆除或返回原位置才能令伺服不停转动。除了机械限位器外，你还会看到伺服系统的内部还有tab（卡环），它会限制输出转轴的动作，可以使用刀子拆掉它。图16.15所示为安装在Hitec Model 322伺服系统上的"卡环"，可以使用一把锋利的刀子或者旋转切刀工具将其拆除。

在一些伺服系统上，你必须拆开反馈位置电位器，并且拆掉电位器游标或触头，因为它限制了电位器的转动范围。

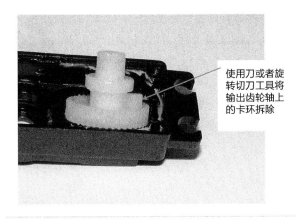

图16.15 移除卡环

使用刀或者旋转切刀工具将输出齿轮轴上的卡环拆除

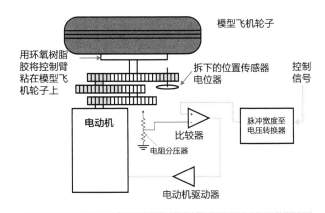

图16.16 改动后的伺服系统内部结构

模型飞机轮子

用环氧树脂胶将控制臂粘在模型飞机轮子上

拆下的位置传感器电位器

控制信号

电动机

比较器

电阻分压器

脉冲宽度至电压转换器

电动机驱动器

3. 用一个轮子替换掉标准输出机械臂、轮子、喇叭以及其他启动器零件。市场上提供的一些轮子专门设计用于机器人，但是，我更喜欢使用模型飞机的直径为2.5英寸的轮子，使用5分钟环氧树脂胶将它粘在一个切掉的控制臂上。轮毂上可以钻一些洞，使固定螺丝的伺服臂穿过。

万事俱备，就差一个面包板–伺服连接器转接头，这个转接头是在本书之前所讲的伺服系统实验中制作的。这个转接头绝不是必须的（你可以使用22号线连接面包板和伺服连接器），但是，它使用起来非常可靠，而且不会损坏伺服连接器或者面包板。当你制作连接器转接头时，我建议你制作大约6个，它们很容易被搞丢了（如图16.16所示）。

我没有介绍对任何特定伺服系统的改动（甚至关于对Hitec Model 322伺服的改动的图片和说明也是非常粗略的）。快速在互联网上查找了相关资料，我找到了对几乎50个不同伺服系统进行改动的说明；当你选择使用一个伺服系统，应立即用Google搜索引擎查找有关改动该伺服的现成的说明。尽管大多数伺服系统经过改动后可以不停地旋转，但是对于很多伺服系统来说，这种改动是禁止的。我应当提醒你大多数关于改动伺服系统的说明都会警告你，务必清楚你正在从事的任务，并使这个改动操作听起来非常不吉利，但是你会发现实际上这种改动非常简单，只需要花不到15分钟就能完成对一个伺服系统的改动。对伺服进行改动时，很重要的一点是，记清楚零件的数目和位置（每次拆卸前对它们进行拍照，使用数字相机是一个不错的主意）。

在该实验中，我认为你将使用两个2.2kΩ电阻器替换掉位置反馈电位器。尽管这个两个电阻的阻值非常接近2.2kΩ这个准确值，但是它们实际上还是有一定偏差。除非你非常非常幸运，否则这两个电阻器的阻值一定不会完全相同，分压器电压也不会正好是整个电压的一半值。这种差异说明你不能传递一个1.5ms的脉冲信号（使用"pulsout 750"计算机语句），来保证伺服系统会停止运转。你需要一个应用程序来找到分压器的中心值或者校对能让伺服停止运转的准确值。当你改动伺服令其不停地转动后，为了找到这个校准值，按照图16.17所示制作电路，然后键入如下所示的BS2微型控制器程序。

当你输入一个值，如500或1000时，如果伺服系统不动作，则检查电源和伺服系统的接线。尽管如图16.17所示的伺服系统接线是正确的，但是，你会发现一些伺服的接线完全不同。伺服接线错误不会损毁伺服，除非你对它施加的电源大于6V。

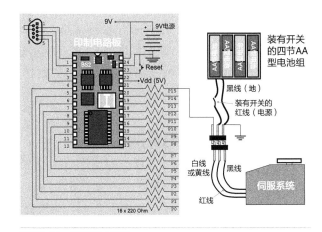

图16.17 伺服校正电路

不要使用BS2微控制器上的电源来给伺服系统供电！BS2微控制器电源不能提供给伺服系统运行的足够电

流，而且如果通过BS2来驱动伺服工作，会烧坏BS2的内置电源。进行本实验时，或者其他用到伺服的应用时，最好采用能向伺服系统提供300mA输出电流的独立电源，独立电源的输出电压应在4.8V ~ 6V之间。

```
'  Calibrate - Find the Center/Not Moving Point for Servo
'{$STAMP BS2}
'{$PBASIC 2.50}

'  Variables
Servo           pin 15
CurrentDelay    var word         ' Servo Center Point
i               var byte

'  Initialization/Mainline
  low Servo                      ' Set Servo Pin Low
  CurrentDelay = 750             ' Start at 1.5 ms

  do                             ' Repeat forever
    debug "Current Servo Delay Value = ", dec CurrentDelay, cr
    for i = 0 to 50              ' Output servo value for 1 second
      pulsout Servo, CurrentDelay
      pause 18                   ' 20 msec Cycle Time
    next
    debug "Enter in New Delay Value "
    debugin dec CurrentDelay
    do while (CurrentDelay < 500) or (CurrentDelay > 1000)
      debug "Invalid Value, Must be between 500 and 1,000", cr
      debug "Enter in New Delay Value "
      debugin dec CurrentDelay
    loop
  loop
```

该应用程序会等待你规定的一个中间值，然后将它送至伺服系统一秒钟，如此一来就能看到它是否会令伺服系统转动。在该应用程序中，我使用"debut"语句可以让你从计算机键盘输入数字值，找出让伺服停止运行的"pulsout"值。一旦你找到中间pulsout语句值，我建议你将该值写入伺服系统。

尽管这个应用程序是用来找到中间值让伺服系统停止运行的，但是程序代码还能用来观察当输入不同值时，改动后的伺服系统的运行情况。记住通过"pulsout"语句传至伺服系统的值必须在500（1ms）至1000（2ms）的范围内。

实验114　多伺服控制

零件箱

装有面包板和BS2微控制器的组装印制电路板
装有伺服和四节AA型电池组以及电源开关的组装胶合板底座

工具盒

布线工具套装

设置并校准BS2控制的伺服机器人非常困难。令人困惑的是如何开发一个具有多个伺服系统的机器人的应用程序。BS2能非常快速有效地对两个（或多个）伺服系统进行同时控制，但是，你可得耐下心来好好研究一番，搞清楚如何能同时控制两个伺服系统，并同时计算机器人如何移动。你很幸运，我已经完成这项任务，在接下来的实验中，我将展示给你。

伺服控制问题的明确解决方案是在一个循环中，每隔20ms向每一个伺服系统发送一个脉冲控制信号，如图16.18所示。这种方法看似十分简单，因为BS2会每隔250 μs执行一条语句。可是当你看到不同语句的实际执行速度时，问题就来了，特别是当执行"pulsout"语句和复杂语句时，问题就尤为明显。"pulsout"语句的读码时间和初始化部分就需要大概250 μs，但是，除此之外，还必须加上语句有效时的实际执行时间。如果是一条复杂的数学语句，例如

$$A = (B + C) \times D$$

应记住，每一个运算符的执行都需要大概250 μs，因此这条语句执行时间需要大概500 μs。

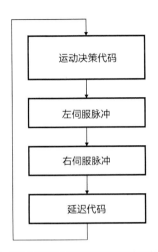

图16.18 多伺服控制系统程序

为了避免pulsout 语句执行时的各种时间不一致问题，有一个简单的办法可以解决，即在一个设定的最大时间内，执行完两条pulsout 语句。当我应用伺服系统时，我假定脉冲控制信号的最大执行时间为2.25ms，这意味着当第一条pulsout 语句发送至伺服系统时，第二条pulsout 语句正在拾取第一条语句执行与最大执行时间之间的差值。伺服系统控制脉冲输出信号的通常形式为

```
pulseout SelectedServo, ServoValue
pulseout DummyServo, 1125 - ServoValue
```

"DummyServo"引脚是用来处理剩余延时，这样pulsout（脉冲输出）就会执行完一个完整的2.25ms周期，并保证每条语句执行时间的一致。DummyServo引脚应该是BS2上的输入输出引脚，该引脚为专用引脚，不能留作他用。

BS2上pulseout 语句的间隔时间是2 μs；因此为了使用pulsout语句获得2250 μs的总延时，就需要1125 μs的总延时。在这两条语句中，应注意到其实有3个指令延时（"1125 ServoValue"码需要额外250 μs的执行时间）。把这些延时加入到脉冲输出的2.25 μs延时中，伺服脉冲输出信号的总延时就变为3ms。这很容易使控制两个或者更多伺服系统在20ms执行完的循环语句超时。

为了演示这些控制多伺服机器人的指令的操作，我设计出如下的应用程序，它可以利用伺服系统（同时也能操作）让机器人随机移动。

```
'  Servo Random Movement - Move Randomly
About the Room
'{$STAMP BS2}
'{$PBASIC 2.50}

'  Variables
LeftServo        pin 15
RightServo       pin 0
DummyServo       pin 1
LeftServoVal     var word
RightServoVal    var word
LeftStop         con 750
RightStop        con 750
LeftForward      con 600
LeftBackward     con 900
RightForward     con 900
RightBackward    con 600
CurrentStep      var word
RandomValue      var word
i                var byte

'  Initialization/Mainline
  low LeftServo: low RightServo: low
DummyServo
  RandomValue = 1000
  i = 1
  do
    i = i - 1
    if (i = 0) then
      random RandomValue
      select ((RandomValue / 4) & 3)
        case 0:
          LeftServoVal = LeftForward
        case 1:
          LeftServoVal = LeftForward
        case 2:
          LeftServoVal = LeftStop
        case 3:
          LeftServoVal = LeftBackward
      endselect
      select ((RandomValue / 16) & 3)
        case 0:
          RightServoVal = RightForward
        case 1:
          RightServoVal = RightForward
        case 2:
          RightServoVal = RightStop
        case 3:
          RightServoVal = RightBackward
      endselect
      i = ((RandomActive & 3) + 1) * 120
    else
      pause 4
    end if
    pulseout LeftServo, LeftServoVal
    pulseout DummyServo, 1125 -
LeftServoVal
    pulseout RightServo, RightServoVal
```

```
    pulsout DummyServo, 1125 -
LeftServoVal
'  Statements Above Take 11 msecs in total
    pause 9
  loop
```

该应用程序应该非常容易进行；同样的脉冲信号会发送至伺服系统，除非计数器（"i"）减1（计数器值减去1）至0值，此时，随机移动值将会保存在变量中，该变量是伺服的脉冲宽度。在该应用程序中，我假定要让伺服系统全速旋转需要1200μs或1800μs的脉冲信号。利用校正应用程序可以找到使脉冲信号停止的确切值。

为了测试该应用程序，我仅仅按照图16.19所示接入两个伺服系统，然后载入应用程序。我认为该应用程序无需画电路图来说明，因为它非常简单，安装在印制电路板上也非常可靠稳定。下载应用程序时，应记住要始终关闭伺服电源开关，否则一下载完应用程序代码，机器人可能立即开始移动。

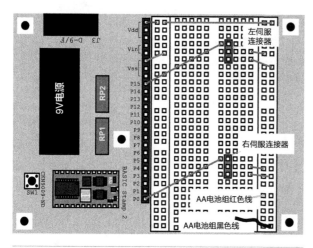

图16.19　多伺服系统接线图

为了测试我对应用程序的时间要求的理解程度，我使用示波器观察了两个伺服输出信号以及"DummyServo"信号。整个循环时间几乎正好是20ms，也正是伺服系统需要的时间。如果你对此结果表示怀疑，我可以诚实地说我没有私人"炮制"图16.20所示的结果。尽管我花了一点时间来理清每一节的循环需要的执行时间，当我将这些时间结合在一起时，我真的走好运了，竟然得到了理想的20ms循环时间。即使在具体规定循环时间的10%以内，你的应用程序也会运行良好。

完成实验后，不要拆除实验电路。该伺服系统平台还可以用于下面的两个实验。

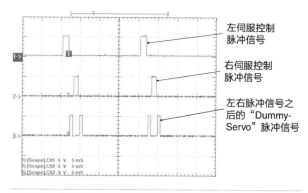

左伺服控制脉冲信号

右伺服控制脉冲信号

左右脉冲信号之后的"Dummy-Servo"脉冲信号

图16.20　多伺服示波器观察图

实验115　机器人艺术家

零件箱

装有面包板和BS2微控制器的组装印制电路板
装有伺服和四节AA型电池组以及电源开关的组装胶合板底座
橡皮筋（见正文）
魔力记号笔

工具盒

布线工具套装
木工量角器（见正文）

用来制作艺术品或图案的机器早在二、三百年前就被制造出来。你可能对此感到好奇，因为你不会认为任何具有价值的艺术品是通过机器制作而成。实际上，要找一件机器绘制的、已经使用几个世纪的艺术品并不难，你不需要四处查找，只需要看看你的钱包即可。漩涡形状、环形以及图案都是由机器制作而成，一系列传动装置和齿轮构成的机器在用来制作钞票的印刷版上绘画图案。当你还是小孩时，一定玩过叫做"呼吸描记器"的玩具，它是用一个自由齿轮固定在一张纸上的一组传动装置，自由齿轮可以穿过钢笔头。呼吸描记器工作原理与在钞票上蚀刻图案的原理完全相同；呼吸描记器的传动装置可以在一张纸上画出几乎相同（但是稍微有点不同）的图案。

你可以使用一张坐标纸、一只铅笔和一把尺子复制这个图案，如图16.21所示。为了得到图片中的曲线，我先画两条互相呈90度的直线，然后再画一条从端点到起始点的直线，该直线与起始点稍微差几厘米。如此反复产生一系列相互交错的线，看起来是描画了一条曲线。用不同长度的直线和不同的角度可以重复绘制出不同的曲线。当我还是小孩的时候，有一个喜欢的爱好，就是把许多钉子钉入一块木头里，然后用绳子在钉子上来回缠绕，想看看能搞出哪种图案。

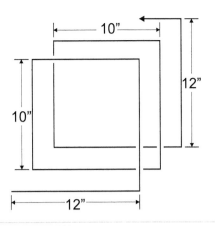

图16.22　机器人绘画构想

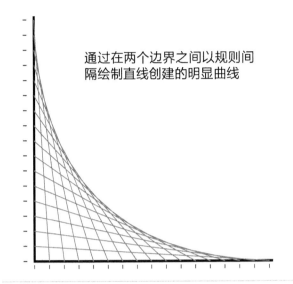

通过在两个边界之间以规则间隔绘制直线创建的明显曲线

图16.21　使用直线描绘出的曲线

如果有幸参加大型机器人比赛，就有可能观看到（并参与竞争）机器人艺术品比赛。在这些竞赛中，经过编程的机器人可以设计出专有的图案，这些图案要么是预先设定要么是对运行环境做出响应所绘制出来的。如果经过编程的机器人可以对环境做出响应，那么它要么采用光传感器（通常使用硫化镉光敏电阻单元），要么采用麦克风和放大器采集反馈信息。

在本实验中，我想了解如何让机器人画出与图16.22所示的图案非常相似的图案。在这个图案里，机器人以方形结构重复地移动，方形结构的两边比其他两边要长。为了使用机器人画线，我把橡皮筋缠绕在伺服机器人底座上的后部支承上，并固定住一根魔力记号笔。

就机器人自身而言，我使用了与前面介绍的实验相同的电路来控制两个伺服电动机。设计应用程序前，我想出了一些方法来决定机器人移动的距离从而令它移动12英寸，再移动10英寸，然后转身90度。我设计的应用程序在此处列出，程序包含了我所使用的伺服系统的停止值。该程序会延迟5s后，再执行200个循环，每个循环的周期为20ms（执行完200个循环共计需要4s）。按下印制电路板上的重置按钮，程序会重新开始。

```
'  Servo Distance Calibrate - Figure Out
Robot Speed/unit time
'{$STAMP BS2}
'{$PBASIC 2.50}

'  Variables
LeftServo       pin 15
RightServo      pin 0
DummyServo      pin 1
LeftServoVal    var word
RightServoVal   var word
LeftStop        con 777
RightStop       con 770
LeftForward     con 600
LeftBackward    con 900
RightForward    con 900
RightBackward   con 600
i               var word

'  Initialization/Mainline
  low LeftServo: low RightServo: low
DummyServo
  LeftServoVal = LeftForward
  RightServoVal = RightForward
  i = 200
  pause 5000
  do while (i <> 0)
    i = i - 1
    pulsout LeftServo, LeftServoVal
    pulsout DummyServo, 1125 -
LeftServoVal
    pulsout RightServo, RightServoVal
    pulsout DummyServo, 1125 -
LeftServoVal
'  Statements Above Take 7 msecs in total
    pause 13
  loop
  end
```

机器人停止后，它移动的距离被记录下来，该操作会重复五次，并得到平均值，停止前执行一个20ms的循环。我重复操作五次，并算出平均值。表16.2列出了五次值和平均值。

表16.2　机器人在五秒钟内行驶距离

实验	距离
1	28.00"
2	28.13" (28 1/8")
3	28.38" (28 3/8")
4	28.13" (28 1/8")
5	28.25" (28 1/4")
平均	28.178"

平均距离除以200后得到了每移动一英寸时，循环执行的次数（每英寸执行循环7.1次）。那么，移动12英寸，就需要85次循环，移动10英寸，需要71次循环。

测量角度也需要执行相同的程序（但是载入"LeftServoVal"中的是"LeftReverse"，而不是"LeftForward"，而且它转动的循环次数降至25次，这样转动的角度就会小于90度）。运行程序前，我将机器人与一张纸排成一条直线，运行机器人，然后测量起始角度和停止角度方向的差。令人感到惊奇的是，机器人转动90度，伺服系统刚好执行了25次循环。

因此，在掌握了移动12英寸和10英寸距离的循环次数以及转身90度的循环次数后，我开始测试应用程序，看看机器人究竟能将我称之为"流浪的四方形"画得有多标准。

我设计的能画出流浪的四方形的程序如下所示。应注意，移动之后，我让机器人停止四分之一秒。这么做是因为转弯丌始和结束时，机器人都应停止——机器人加速的分量也应该包含在这个值之内。不需要列一张表格来确定机器人的下一步行动，我采用算数的方法计算出机器人的响应。它实际上有16处位置，每一个偶数位置都是停止处，而在移动步数余数为4后，每一个等于1的值都代表直线。最终，如果是直线运动，移动步数大于8，那么它就是一条短线。观察程序，你会发现我有意延长程序来保证循环周期时间为20ms。

```
'  Robot Artist - Try to draw the
"Wandering Square"
'{$STAMP BS2}
'{$PBASIC 2.50}

'  Variables
LeftServo        pin 15
RightServo       pin 0
DummyServo       pin 1
LeftServoVal     var word
RightServoVal    var word
LeftStop         con 777
RightStop        con 770
LeftForward      con 600
LeftBackward     con 900
RightForward     con 900
RightBackward    con 600
i                var word
j                var word
StepNum          var byte

'  Initialization/Mainline
  low LeftServo: low RightServo: low
DummyServo
  LeftServoVal = LeftStop
  RightServoVal = RightStop
  i = 250
  StepNum = 0
  do
    i = i - 1
    if (i = 0) then
      StepNum = (StepNum + 1) // 16
      j = StepNum // 2
      if (j = 0) then
        LeftServoVal = LeftStop
        RightServoVal = RightStop
        i = 25
        pulsout DummyServo, 250
      else
        RightServoVal = RightForward
        j = StepNum // 4
        if (j = 1) then
          LeftServoVal = LeftForward
          if (StepNum > 8) then
            i = 71
          else
            i = 85
          endif
        else
          LeftServoVal = LeftBackward
          i = 25
          j = 16
        endif
      endif
    else
      pulsout DummyServo, 875
    endif
    pulsout LeftServo, LeftServoVal
    pulsout DummyServo, 1125 -
LeftServoVal
    pulsout RightServo, RightServoVal
    pulsout DummyServo, 1125 -
LeftServoVal
'  Statements Above Take 8.5 msecs in
total
    pause 11
    pulsout DummyServo, 125
  loop
```

程序的执行结果如图16.23所示，在照片中有两件事情需要注意。第一件事情是在每一个曲线上画出了有趣的弧线。记号笔没有置于转弯的中间位置，因此它循着机器人后面部分的移动路径画线。根据我之前的机器人操作经验，这是意料之外的结果。

图16.23 机器人没有画出期望的"流浪的四方形"图案，而是能被定义为艺术的独特图案

第二个问题是，尽管使用"Servo Distance Calibrate（伺服距离校准）"程序25次来完成90度的转弯，在实际应用中，这很明显不正确。实际转弯90度需要程序执行的次数应少于25次。

尽管有这两个问题，我相信画出的图像事实上还是十分具有吸引力，而且如果继续让机器人运行四圈以上，它会画出非常令人惊奇的图像。如果你对实际精确度感兴趣，除了采用某种方法测试距离外，还可以在机器人上安装一个罗盘（确保转弯非常急），并将记号笔绑在机器人转弯时的中间位置。即使没有这些附加的零件，机器人运行数小时以后，画出的图像也会十分有趣，而且我敢确定当你重复该实验时，你的机器人也会画出同样独特和生动的图案。

实验116 Parallax "GUI-Bot" 程序设计接口

零件箱

装有面包板和BS2微控制器的组装印制电路板
配有电源开关的四节AA电池的双伺服机器人底座
两个无线电控制伺服系统
三引脚无线电控制伺服连接器（见正文）
两个10kΩ电阻器
带有执行臂的两个微型开关触须
24号实心线

工具盒

布线工具套装
五分钟环氧树脂胶
剪刀
剥线钳或刀
焊接工具

如果你看到过不同爱好者设计的机器人，我确信你一定了解Parallax BOE-Bot 机器人，它是通过BS2控制的双伺服系统机器人，而且它有内置的传感器和许多不同的输出方法。机器人安装在Parallax 教育委员会印制电路板上，它含有一个BS2微控制器插座、电源输入、面包板以及伺服接口和Parallax系列AppMode BS2转接头。本书附着的印制电路板在很大程度上并没有根据教育委员会专门的印制电路板设计而成，能让你控制BOE-Bot软件并开发出像GUI-Bot一样的工具。

差分驱动的伺服BOE-Bot机器人对于不想从事本书介绍的剪、钻、粘、漆和找寻零件等工序来设计机器人的人来说，无疑是一个很好的入门方式。除了需要制作机器人所需要的零件外，该成套设备还附带一个非常棒的操作手册（BASIC专家Jon Willianms所写），以及一系列各种不同零件，能让你学到更多关于电子学和BASIC Stamp 2微控制器的知识。

BOE-Bot机器人令初学者感到非常吸引人的一个特性是它的GUI-Bot 软件是专门用来设计制作机器人的。这个工具可以让你设计BOE-Bot机器人应用程序，并能让机器人立即四处奔跑并执行基本的操作任务。在这个实验中，我想展示GUI-Bot软件使用简单、能提供将图形化程序设计应用到机器人上的一些创意。

使用GUI-Bot之前，你必须有一个BOE-Bot的等效机器人。对于这种情况，我会向你展示如何使用本书前面制作的无线电控制伺服底座来制作一个功能上等效于BOE-Bot的机器人。该伺服底座使用起来与制作时几乎一样；只需要加装两个微型开关触须即可，这两个触须与前面实验中提到的安装在直流电动机底座的一样。微型开关应焊上导线，这样当开关启动器按下时，连接线闭合形成通路。微型开关焊好接线后，就可以将它们焊接在伺服底座上，如图16.24所示。

将印制电路板和机器人转变成一个BOE所需的布线工作非常简单。图16.25显示了所需要的电路元件以及如何将它们连接到一起。用导线将P0和P8连接至Vcc是用来模拟红外遥控接收器的作用，它在BOE-Bot上的作用是物体检测器。而对于机器人来说，只需要使用微型开关触须用来检测物体。

图16.24 添加微型开关的伺服基座作为对象传感器使伺服基座与BOE-Bot兼容

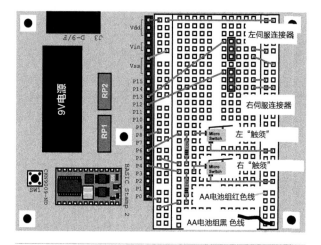

图16.25 BOE-Bot 电路图

当你完成机器人的制作，就可以从Parallax网站(www.parallax.com)下载"GUI-Bot"并安装。安装方法与前面所讲的安装BASIC Stamp Windows Editor 软件相同（用鼠标左键点击网页上的链接并打开应用程序，再安装它）。我建议你打开并打印readme文档。第一次打开应用程序时，点击"Beginner Mode（初学者模式）"操作模式，此时会弹出一个类似图16.26所示的对话框来问候你。

图16.26所示与初次运行应用程序时看到的内容的显著区别是我在"Action to Be Performed（将要执行的操作）"下键入的应用程序。我在程序中写入的七个操作会让机器人移动时绘制一个直角三角形。机器人会向前运行三秒钟、转弯、向前移动、再继续直到它完成图形的绘制，任务结束后，程序会跳到开头，并再次执行。

图16.26 简单模式下的GUI-Bot

初次使用GUI-Bot 软件时会碰到三个问题。第一个问题是学习应该如何执行长时操作。这是一种方法论的实验（也称为反复试验）。为了得到画出三角形的准确时间，我花了大概半个小时得到该值，这样机器人就能正确合理地移动。这不是一个困难的过程，但是这意味着当你执行应用程序时，得在计算机前跑来跑去观察执行结果。

第二个问题是当机器人停止运行任意一段时间，伺服系统还会转动，这是因为对于实际的伺服硬件，"停止"值并不正确。为了解决这个问题，点击GUI-Bot界面上的测试按钮。此时，会弹出 Test Mode（测试模式）对话框，使用该对话框可以测试触须并校准伺服系统的停止位置。这与我之前介绍的寻找伺服系统停止位置的PBASIC程序功能相同。调整完应用程序后，伺服系统停止运转，再点击"Calibrate Servos（校正伺服）"按钮，将校正值保存在应用程序中。

最后一个问题是利用你自己的程序（通过点击Go按钮）对BS2编程时，机器人就会开始移动。为了避免出现这种情况，我强烈建议关闭右四节AA型电池提供给伺服系统的电源（这也是我始终保持BS2与电动机电源分离的原因），并将机器人悬空，让它的轮子不会接触任何东西。这么做可能有点过，但是希望你能至少完成其中一个操作，而不会看到你的机器人在程序控制下，从桌子上跑下去，在地上摔得粉碎。

如果你想在地上测试机器人，按下印制电路板上的重置按钮，然后打开伺服电源。BS2重置后，程序开始执行前，你还有几秒时间将它放在地板上。

一旦你运行了几个基本的程序来命令机器人在地板上四处移动，你就准备好使用Advanced Mode（高级模式）了，高级模式将机器人触须和其他传感器包括在程序中。停止GUI-Bot应用程序，重启它，然后选择"Advanced Mode（高级模式）"，就会看到如图16.27所示内容，它是一个简单的沿墙移动的机器人，为了实现该功能，我给右边的触须加装了一些导线，如此一来，当它碰到墙壁时，微型开关就会关闭。

在这个程序里，机器人通常向右转动（朝向墙壁转动），但是如果右传感器检测到物体，它就会掉头转向。这是一个非常简单的应用程序，而且不是非常有用，因为它只能按照顺时针方向绕着物体转动。开发应用程序时，你必须首先定好一个标称程序，然后制作一些更小的程序（称为set（小程序）），它们能对不同的传感器动作做出响应。在本例中，如果传感器检测到墙壁，Set1会让机器人朝着相反的方向转动。你会发现设计高级模式应用程序相当容易，但是当你想要监测机器人运行时（通过发光二极管、液晶显示器或者音频），会发现它的作用非常有限，而且，不能实现需要变量或高级决策的应用程序。

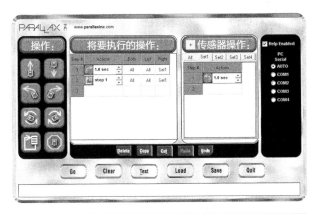

图16.27　高级模式下的GUI-Bot

实验117　步进电动机控制

零件箱

装有面包板和BS2微控制器的组装印制电路板
四节AA型电池组
5V双极性步进电动机
四引脚步进电动机和面包板连接器（见正文）
八个1N4148（1N914）硅二极管
纸张

工具盒

布线工具套装
剪刀
疯狂快干胶

当时钟信号发送至步进电动机，很多不同的芯片就会与它对接并更新它的位置。这些芯片通常有三个引脚，一个输出使能引脚、一个方向引脚和一个时钟信号引脚（发起令步进电动机位置改变的信号）。这些芯片通常不直接与步进电动机本身连接，因为不同的电动机具有不同的电压和电流等级；相反地，芯片的输出直接送至驱动电路，该电路是设计用来控制电动机工作。这些芯片易于使用，但是并不是真的不可或缺，我会在实验中予以介绍。

当我在书中介绍步进电动机时，我忘记指出有两种常用的不同类型的电动机。单极性步进电动机由一个带4个线圈的电动机构成，4个线圈接成两两一对，具有一个公共中心连接点。单极性步进电动机驱动电子线路非常简单，如图16.28所示。为了给单极性步进电动机的一个线圈通电，只需使用一个晶体管将它的连接线接地即可。

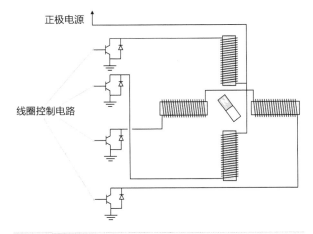

图16.28　单极性步进电动机控制电路

尽管单极性步进电动机的控制接线非常简单，它提供的扭矩却没有双极性步进电动机大（在本书前面所讲内容中已经展示）。双极性步进电动机与单极性步进电动机一样，也有四个线圈，但是它没有中心连接点，而且必须使用H桥来驱动工作，如图16.29所示。

我更喜欢使用双极性步进电动机，因为它能给小型机器人提供附加扭矩（在X和Y向，两个线圈通常处于通电状态，而单极性电动机只有一个线圈处于通电状态）。为了驱动步进电动机工作，我使用了754410电动机驱动器，为了展示其运行情况，我把它接到BS2上，如图16.30所示。令双极性步进电动机转动的控制代码出乎意料地简单，并在此处列出。电路安装完成后，用胶水把纸质箭头粘在步进电动机上（就像之前的实验所做的那样），这样你就会很容易看到电动机在转动。

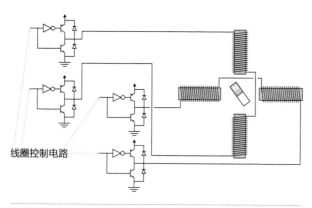

图16.29　双极性步进电动机控制电路

电路制作完毕后，键入应用程序，将其命名为"步进电动机控制"，并保存在"科学鬼才"文件夹目录下的"步进电动机"文件夹内。

```
'  Stepper Motor Control - Turn the
Bipolar Stepper Motor
'{$STAMP BS2}
'{$PBASIC 2.50}

'  Variables
MotorDIRS              var DIRS.NIB0
MotorCtrl              var OUTS.NIB0
i                      var byte

'  Initialization/Mainline
  MotorCtrl = %0000
  MotorDIRS = %1111
  i = 0
  do
    pause 100
    lookup i, [%0111, %0101, %0001, %1001,
%1000, %1010, %1110, %0110], MotorCtrl
    i = (i + 1) // 8
  loop
```

这几行代码看似简单，而我应该向你指出几点新特性。第一个值得注意的特性是我充分利用了查询PBASIC语句来将一个等值转换为电动机线圈的半个H桥驱动器的命令，并将该值直接保存在BS2的输入输出引脚上。PBASIC能将标签设置为不同的输入输出比特值，当在本例中使用它的这个功能时，就会简化并加速

应用程序的设计。第二个需要注意的特性是位置计数器（"i"）计数增加后，我发现其模值为8。这让"i"值保持在0～7的范围内，尽管我正常情况下会回避在一条PBASIC语句下进行多个运算，但是在这个例子中，按照从左到右顺序进行的运算产生的语句非常容易理解。为了控制电动机运行速度，我键入"pause 10（暂停10ms）"语句，而且这条语句中的值可以改变来控制电动机的运行速度。我开始将暂停时间设置为100ms（使用"pause 100"语句），然后我使用的电动机在两到三秒之内会全速转动。设置10ms的暂停，粘在电动机输出转轴上的指针会变得模糊。

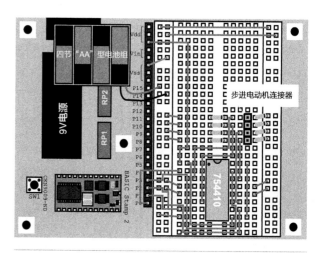

图16.30　步进电动机电路

关于步进电动机我应该讲几点注意事项。第一点，线圈电流发生的每一点变化都会让电动机转动几度（8线圈最大值不会让电动机全速转动），因此实际电动机的转动速度要远远小于更新的速度。如果电动机每步进一次会转动1.5度，如果你将其改为每秒步进1000次，那么电动机每秒就能转动四圈。需要注意的另外一点是步进电动机的电枢只能转动这么快；电动机无法对一定的线圈电流变化速率做出响应，而且线圈电流变化太快会造成电动机停止转动（尽管转轴很可能会非常快速地来回振动）。步进电动机的最大转动速度由制造商具体规定，绝不要令其超速转动，否则容易损坏电动机。

在表16.3中，我回顾了驱动移动机器人的三种不同类型的电动机。该表概括介绍了它们的不同特性，这样你就能做出最佳决策，选择适合你设计的机器人的电动机。

表 16.3　用于机器人的不同电动机特性

	直流电动机	步进电动机	无线电控制伺服
大小	全范围	全范围	通常用于小型机器人
扭矩	中等到良好，根据传动装置情况决定	优。保持位置效果好。	良好。大扭矩伺服可用。
电池消耗	良好。可用PWM信号缓解电流消耗。	差。在任何时间，至少有一个线圈保持通电。	中等。电动机闲置时，伺服电路需要相对较大的电流。
速度	中等至优，由传动装置决定。	中等。但是在机器人应用中通常速度够快。	差至中等，但是在机器人应用中通常速度够快。
安装容易度	可能非常困难。使用一些工具（Tamiy制作）使直流电动机和动力传动装置安装更容易点。	相当容易。步进电动机通常具有安装法兰，使电动机装在机器人上更便利。	非常容易。要么使用双面胶带安装伺服，要么使用伺服卡座内的支托来安装伺服。
控制器程序设计容易度	容易至困难，根据要求和控制器规格。很难用PWM信号控制一些控制器。	非常容易。	中等。伺服系统定时脉冲实现非常困难，特别是如果没有脉冲序列发送时，伺服不能保持当前位置。
位置测量的容易度	机器人必须安装测距传感器。	线圈电流值的每次改变都会很容易让机器人移动。	必须安装测距传感器。
可扩缩性	良好，较大的电动机（配着不同驱动器）用于"不断成长"的应用程序。	优。电动机和驱动器很容易改变，对软件造成的影响非常小。	非常难，如果机器人比标准伺服能轻易驱动的机器人要大的话。
危险环境使用	差。电动机内部打火或有弧光使直流电动机不适用于这种类型的应用程序。	优。电动机和驱动器容易改变，对软件影响也较小。	非常难，如果机器人比标准伺服能轻易驱动的机器人要大的话。
成本	低，尽管动力传动系统和传动装置或许比较昂贵。	中等。应注意步进电动机通常具有传动装置，因此动力传动装置通常不需要。	低至高。低成本的伺服系统比其他电动机解决方案更具竞争性，但是并不具有球轴承输出、金属传动装置以及其他机器人应用特性。

实验118　红外双向通信

工具盒

布线工具套装

零件箱

装有面包板和BS2微控制器的组装印制电路板
独立的BS2微控制器
独立的面包板
9V电池和电源夹
两个8引脚的555定时器芯片
两个74LS74双D触发器
38kHz红外电视遥控接收器
两个红外发光二极管
两个可视光发光二极管，任意颜色
两个670Ω电阻器
四个470Ω电阻器
220Ω电阻器
两个100Ω电阻器
两个10μF电解电容器
六个0.01μF电容器，任意类型

本书的一大部分都介绍了如何将输出设备（例如发光二极管、扬声器和液晶显示器）与BS2微控制器对接，对接后就能收到某种反馈信号，如机器人正在检测什么以及做出了怎样的决断。专业的机器人工程师经常告诉我说，看到工程师跟在机器人后面阅读机器人顶部液晶显示器上的信息不是什么稀奇的事。我不喜欢监测机器人的性能，原因很简单。因为机器人的开发人员不构成机器人工作环境的一部分，这个问题必须要问，如果开发人员在现场或不在现场时，在同样的环境中，机器人运行和响应还会相同吗？

不幸的是，对于很多机器人来说，答案是否定的。我已经去过很多机器人博览会，会上的机器人工程师解释说它的机器人产品如何天衣无缝，最后却发现当他们把产品放在地板上时，它要么一动不动，要么动作起来完全出乎意料，令人不满意。机器人开发人员通常会嘴里骂骂咧咧地不知道走到哪里去，要么再次实验，这次会表现得像一个充满期待的父亲威胁着机器人要行为正确。这种情况很令人失望，但是很少有人能意识到其中原因。我将这种情况比作Heisenberg不确定原理的宏观（而不是微观）表现；观察机器人行为的机器人开发人员已经成为机器人运行环境的一部分，并且会影响它的运行。

这也是为什么我在设计机器人时喜欢使用明亮的发光二极管和音频输出装置的原因，这么做，我就能远程观察机器人的动作，并监视它的输入和判决情况。为了方便观察和监视，我将发光二极管装在机器人电动机控制器上、任意物体传感器上以及直线传感器上，这样我就能从一个安全的距离观察机器人的动作和行为。当然，还是会出现一些人眼无法舒服地观察到的情况，因此我需要采取某些方法向机器人发送数据，并从它接收数据。

完成此项功能的最显而易见的方式是使用一个无线电接收器和发送器来实现数据接收和发送。这种方法的问题是成本十分高昂，而且很难实现双向通信。相反地，我不采用射频控制，我回头研究了红外线控制，并设计了如图16.31所示电路，它能让机器人之间进行双向通信。正如我前面所介绍，无线电红外通信采用Manchester编码，不能轻易地在BS2微控制器上实现，因此，我决定看看采用标准不归零通信方法在这种环境下的性能情况。

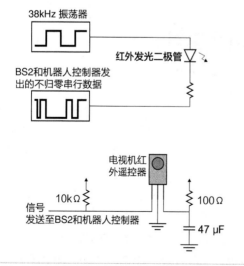

图16.31　红外串行通讯

通俗地讲，不归零通信也称为异步串行通信。它的数据格式如图16.32所示，包含有一个初始低起始位比特，接着是数据，一个可选的奇偶校验误差检测比特，最后是高停止位比特。高停止位比特正是异步通讯的名称的由来——在每一个数据包末尾（数据包里有一个字节），数据线返回高电平。最流行的数据格式是8-N-1，它表示数据包中包含8位数据比特，一个停止比特，无奇偶校验位。在现代个人计算机系统中数据的传输速度范围在110bps（比特每秒）至115200bps之间。对于BS2微控制器，最佳数据传输速度范围在300bps至4800bps（其他BS2模型能轻松处理更高的数据传输速度）。

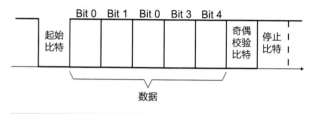

图16.32　异步传输数据

你一定熟悉术语RS-232，它是传送异步串行数据的电气接口标准。RS-232是一种奇怪的电气标准，它的历史可以追溯到早期的电报通讯技术。我会讨论RS-232并介绍如何将BS2微控制器与一个真正的RS-232设备对接，但是对于该实验，我只会使用标准的CMOS（互补金属氧化物半导体）和TTL（晶体管-晶体管逻辑电路）电平来实现红外线发光二极管与电视机无线电控制接收器之间的数据通讯。

本实验包含一个与个人计算机对接的BS2微控制器，可通过计算机上的调试对话框来实现对BS2的控制。它能将你按下的键盘字符通过调制的红外光发送到远程BS2微控制器上，如图16.31所示。为了对红外光进行调制，我使用我们的老朋友555定时器芯片为电路产生一个稳定的时基信号。当你使用红外线遥控器时，会发现它非常容易受到接收到的红外光信号的占空比的影响。为了确保能尽可能地得到接近于50%的占空比信号，我对555定时器进行设置，令它产生一个是所需频率两倍的频率信号。然后，使用接成T触发器的两个D触发器去除以该二倍频信号。主从设备都按照图16.33所示接线。

我充分利用了红外发光二极管的工作原理，并使用BS2微控制器将它接地，同时使用555定时器和74LS74为它提供正极电压。正极电压是调制电压，因此，当BS2发出异步数据时，发光二极管的输出信号也被调制。首先，当数据到来时，红外无线电控制接收器在其集电极开路线上产生一个低电压信号，这个低电压信号与BS2微控制器发送的（和预料的）信号电平一致。其次，我在红外无线控制接收器的输出端安装了一只470Ω电阻器和一个可见光发光二极管。这么做是为了当红外无线电控制接收器收到数据时，会有一个直观的指示。

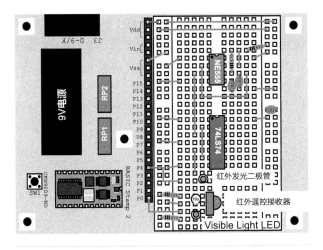

图16.33　异步传输电路

初次安装该电路时，我使用了手头上的两个印制电路板原型（主从设备的电路完全一致）。尽管让你购买两本书来获得书上附着的印制电路板有点不合理，但是，获得一个简单的长型印制电路板，你就能将BS2再次接入装有9V电源和电源夹的印制电路板的一端。555定时器和74LS74使用的是BS2上的5V调压器提供的电源。

硬件设计好并就位后，我设计了如下的程序来发送带有一个字符的红外线ping包，该字符是通过调试语句输入的。将该程序保存在"Master Comms（主通讯）："里。

```
' Master Comms - Send "Ping" to Slave
BS2
'{$STAMP BS2}
'{$PBASIC 2.50}

' Variables
SerialOut      Pin 4
SerialIn       Pin 0
i              var byte
j              var byte
Retn           var byte(5)
Flag           var bit

' Initialization/Mainline
  high SerialOut
  do
    debugin str i\1
    j = i ^ $ff
    debug "Sending Character '", str i\1,
```

```
'", Hex $", hex i, cr
    serout SerialOut, 3313, ["Ping ", str
i\1, str j\1, cr]
'    serout SerialOut, 3313, [str i\1, str
j\1]
    pause 50
    Flag = 0
' Use Flag to Indicate Response
    serin SerialIn, 3313, 1000,NoResponse,
[WAIT("ACK"),str Retn\5]
    Flag = 1
' Indicate Data Found
NoResponse:
' Timeout - No Response
    if (Flag = 0) then
      debug "No Response from Remote", cr
    else
      j = "N" ^ $FF
      if (Retn(0) = "N") and (j = "N")
then
        debug "Message not properly
received", cr
      else
        j = Retn(2)
        debug "Response to Message was '",
str j\1, "'", cr
      endif
    endif
  loop
```

这个应用程序等待下面的"Slave Comms（从属通讯）"程序返回的"ACK（接收确认）"消息，并相应地发出响应。

```
' Slave Comms - Responde to "Ping"
'{$STAMP BS2}
'{$PBASIC 2.50}

' Variables
SerialOut      Pin 4
SerialIn       Pin 0
i              var byte
j              var byte
k              var byte
Message        var byte(3)

' Initialization/Mainline
  high SerialOut
  do
    serin SerialIn, 3313, [WAIT("Ping "),
str Message\3]
    pause 75
    i = Message(0): j = Message(1) ^ $FF
    if (i = j) then
      i = i + 1
      j = i ^ $FF
      k ="Y" ^ $FF
      serout SerialOut, 3313, ["ACKY", str
k\1, str i\1, str j\1, cr]
    else
```

```
'  Bad Message Received
     k = "N" ^ $FF
     serout SerialOut, 3313, ["ACKN", str
k\1, str i\1, str j\1, cr]
   endif
loop
```

如果ping连接指令正常接收，从属通讯对"ACK"消息响应并将传递给它的字节加1后再返回。应当注意，在这两个程序里，当发送一个数据字节，根据字节中作为校验和的"1的反码"（利用异或运算符将每一个比特值取反）来观察该数据字节。在主通讯中，如果在一秒之内没有接收到任何响应，或者数据已经损坏，它会输出一个错误信息。为了使这些运算更简单，注意，我充分利用了PABSIC的"serin"语句中的"WAIT（等待）"和"TIMEOUT（超时）"参数。

我发现经过这样简单设置后，两个BS2微控制器可以成功在我的地下室两头双向通讯。我猜想在实际中，你想安装多个指向不同位置的红外发光二极管和红外无线电控制接收器，从而在发送机和接收器之间建立直联。这并不是一个难题，你只需要将发光二极管和接收器平行放置即可（利用集电极开路的接收器来完成此项工作十分容易）。

第十七章

导航

Chapter 17

设计机器人最困难的一件事是令其清楚它的去向。机器人自然不具有人类能到处察看并确定自己位置的能力。人类自然地进化出通过视力和声音就能感觉自己与其他物体的相对位置的能力。当你首次考虑给机器人增加这种能力时，很可能会被这个问题难倒，不知道应该从哪个方向着手来解决问题。不论何时，当你面对无从处理的问题时，我建议你看一看在历史上人们解决相似问题时的情况。

我说"历史上"是因为随着技术的出现，我们依赖技术上非常复杂的解决方案来处理问题，这些解决方案很难在小型机器人上实现。举一个涉及使用位于地球轨道上的全球定位系统（GPS）卫星的例子；全球移动定位系统能用来对机器人在几英尺内（不到1m）进行导航，但是，这需要机器人具有不受遮挡的视野，而且导航成本不菲。全球移动定位系统是一个非常有用的工具，它能反馈目标的当前位置（按照经度和纬度以及海拔高度）和速度（带方向）。不幸的是，全球移动定位系统用在你要着手使用的机器人身上有点不切实际。因为全球移动定位系统是一个相对较新的发明，而人们已经在全球旅行了几个世纪，你应该会问，人们究竟是怎么做到不会迷失方向的？

在海洋上航行，人们会像机器人一样，找不到任何参考点，然而还是需要导航。毫无疑问，你会意识到，地球上的任何位置都是由经度和纬度具体规定的，如图17.1所示。经度是从地球北极到地球南极的一系列线条，经度线编号从−180度到180度。零经度线的位置在英国Greenwich，从此位置向东移动，经度会随之增加。纬度是由起始于赤道（零纬度），扩展至北纬或南纬两极的一系列同心圆构成，南北纬两极为最大纬度值90，它们的单位与经度单位相同，都是以度为单位。

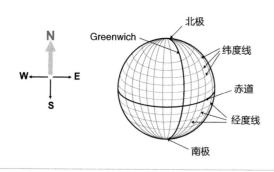

图17.1 地球绘制图

早期的航海员使用三种工具来定位他们在地球上的位置。第一种工具是使用保存在Greenwich Mean Time（Greenwich标准时间）或Zulu Time（Zulu时间）

（"Zulu"是字母"Z"的语音名，"Z"是字母zero的第一个字母）的一种非常精确的时钟（称为天文钟）。为了确定当前的经度，当太阳到达天空中的至高点（正午）时，记录下来当前时间，根据Greenwich正午时间和领航员所在地域的正午时间的差值，就可以计算出领航员当前的经度值。因为地球经度值共有360度，而一天有24小时，那么Greenwich正午时间和当地正午时间的差值中的每一个小时的经度差值就是15度。

第二种工具是罗盘。除了在跟踪旅行方向时发挥重要作用外，它还能用来确定何时太阳到达天空中的至高点。正午可以定义为当太阳与领航员和北极成一条直线时的时间。

最后一种工具是六分仪。这个仪器由一系列量角器和镜子构成，它们用来测量地平线上太阳（或者星星）的位置。当太阳到达某点的至高点时，用90度减去太阳的角度，就可以计算出该点的纬度值。

使用三种工具进行测量见图17.2，太阳在天空的至高点时的角度与Greenwich正午时间和地球北极方向一起用于测量。这种方法是天文导航的简化模型，要比实际导航的要求简单得多。我忽略了地球轴线相对环绕太阳的赤道平面倾斜的现实情况。除此之外，我也忽略另外一个现实情况，即磁北极与地球转动的实际点的距离相差甚远。

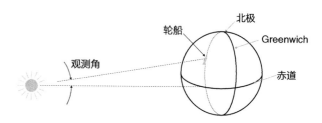

图17.2 轮船绘制图

在本例中，你可以认为需要三个角度来定位你在空间的位置。机器人可以使用这种定位方法在如图17.3所示的情况下进行定位。三盏灯可以放置在机器人预计移动区域的外部或外围包络上。通过不停地观察这三个点，测量它们之间的角度，并了解它们的实际位置，就能非常容易且相当准确地计算出你的实际位置。正如我在图17.3中画出的运动包络线，机器人智能在一定区域内进行导航，在这个区域中，可以很容易地观察到这三盏灯。

在第二次世界大战中，导航轰炸机至欧洲的投弹区是一个大问题。这是因为轰炸机常常得飞入恶劣天气中，以及需要在夜间飞行（因为轰炸机在白天是很显眼的袭击目标），而且需要花费很多金钱和时间来训练几千名领航员。即使有可用的领航员，但是通过观察星星的位置来计算飞机的位置所需要的时间也是一个问题，因为当计算完成时，可以想象得到，轰炸机已经距离开始测试点很远了。这个问题的解决方案非常具有灵感。使用已经装备在轰炸机上的无线电定向设备，大功率发射机组组装好，轰炸机就能按照指示朝着持续飞行方向飞行的同时，保持发射机在身后，如图17.4所示。

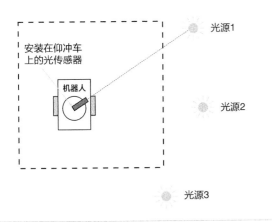

图17.3　三角导航

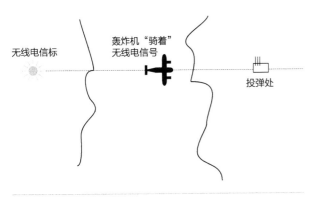

图17.4　轰炸机导航

机器人也可以使用同样的系统进行导航，在其运行的平面上标记一条黑线，通过红外发光二极管和光电二极管组合传感系统来检测黑线的位置，就能实现机器人的导航。

另一种导航方法来源于如何让一个失明的人穿过房间。在这种情况下，不需要考虑试图避免撞到物体，失明的人可以试图找到这些物体来帮助他了解他或她在房间的位置。一根手杖可以当做一个粗糙的传感器使用，来辨别失明者前方的物体，从而帮助他或她导航。这种方法可同样应用于机器人，让机器人从一个物体的位置移动到另一个物体的位置，如图17.5所示。通常情况下，机器人身

上安装的目标传感器可以用来避免与物体相撞，但是在这个例子里，则是积极地找寻物体，你可以期望将目标传感器用于完全相反的目的。

历史上许多其他导航方法都可以应用在机器人上。在前面的例子中，我没有提及航位推测法，已知移动的方向以及移动的速度和离开已知点后航行的时间。为了得到当前位置，用航行的时间乘以航行的速度，得到的乘积即为行进的距离。

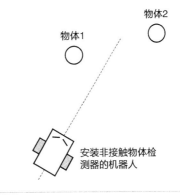

图17.5　盲目物体检测

实验119　寻线机器人

零件箱

装有面包板和BS2微控制器的组装印制电路板
装有四节AA电池卡槽和电源开关的直流电动机基座
两个实验48中使用的安装在金属板上的光电耦合器，两个红外光电耦合器的半个部件粘在上面
LM339四通道比较器
两个ZTX649 NPN型双极性晶体管
两个ZTX749 NPN型双极性晶体管
两个发光二极管，任意颜色
两个100kΩ电阻器
两个470Ω电阻器
两个100Ω电阻器
两个可安装在面包板上的10kΩ电位器
22英寸×28英寸见方、带有轨迹的Bristol纸板（见正文）

工具盒

布线工具套装

我尽量不重复本书的实验，但是有一个例子需要重新研究，即我在"光电耦合器"章节所介绍的寻线机器人。在这个实验中，我设计了一个简单的寻线方法；每一个轮子都由一边的一个传感器控制。当传感器检测到轮子下的白色，电动机运行；当传感器检测到黑色，电动机关闭。这么做，如果一边的传感器检测到轮子下为黑色，机器人就会关闭对应的电动机，远离黑色部分，直到再次检测到白色为止。只需做一点点工作，就能设置一组值让机器人运行，它会沿着路径非常自如地运行，而当两个传感器都在路径上检测到黑色部分时，情况就不同了。此时，机器人就会原地停止。解决办法实际上非常简单：如果两个传感器都位于黑色位置，机器人向前移动，直到其中一个传感器检测到白色，此时，机器人朝着始终位于黑色位置的传感器方向转动，有望以自身为中心，并沿着路径继续前进。在"光电耦合器"章节中，执行这种策略有一个问题，即我还没有讨论数字逻辑的概念和决策，因此，我必须运用这种简单的策略。

使用数字逻辑，我设计了表17.1所示的真值表，提出机器人应该如何移动。

在真值表中，我假设当返回值为"1"时，传感器就在纸板的白色位置；为"0"时，就在纸板的黑色位置。使用真值表中的数据，我就可以确定左电动机的状态由下面的公式决定：

左电动机 = !（!左 × 右）

右电动机的状态由下面的公式决定：

右电动机 = !（左 × !右）

表17.1　沿墙移动机器人逻辑真值表

左传感器	右传感器	左电动机	右电动机
白（1）	白（1）	开启（1）	开启（1）
白（1）	黑（0）	开启（1）	关闭（0）
黑（0）	白（1）	关闭（0）	开启（1）
黑（0）	黑（0）	开启（1）	开启（1）

使用一个单独的74C00（四通道双输入与非门）就能实现该功能，但是我决定使用BS2来实现这个功能，而不是使用数字逻辑。采用BS2的原因是可以利用控制器内部的延时（"pause"）和脉冲宽度调制（PWM）函数，以及它的易编程性，使得电动机可以进行更平滑和更精确的操作。

基于BS2微控制器的寻线机器人充分利用了实验48中制作的两个安装在金属板上的光电耦合器，以及标记着机器人移动路径的Bristol纸板。该实验电路使用了与实验#48相同的零件（包含BS2微控制器），电路如图17.6所示。

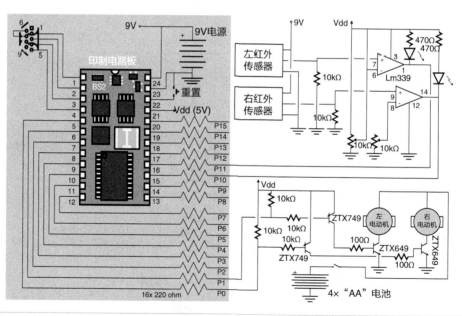

图17.6　寻线电路

将机器人电路接好线，并校准和测试光电耦合器的功能（将它们置于一张白色和黑色纸上，并观察当它们位于黑色位置时，发光二极管点亮）后，就可以用下面的程序进行测试了：

```
'  Line Follower - Follow the Line
'{$STAMP BS2}
'{$PBASIC 2.50}

'  Variables
LeftSensor      Pin 11
RightSensor     Pin 10
LeftMotor       Pin 1
RightMotor      Pin 0

'  Initialization/Mainline
  high LeftMotor: high RightMotor
  input LeftSensor: input RightSensor
  do
    if (LeftSensor = 0) and (RightSensor =
1) then
      high LeftMotor
    else
      low LeftMotor
    endif
    if (RightSensor = 0) and (LeftSensor =
1) then
      high RightMotor
' Stop the Right Motor
    else
      low RightMotor
' Else, Right Motor can Run
    endif
    pause 50
    high LeftMotor: high RightMotor
    pause 100
  loop
```

与前面实验中的寻线机器人功能相似，你必须调整"运行"和"停止"时间来获得最佳性能。BS2微控制器的一个极好特性是你可以充分利用内置于PBASIC语言中的PWM命令来控制电动机运行。花费一定时间测试不同开启和关闭值后，我发现机器人能以前面实验中的寻线机器人两倍的速度绕着标记路径移动，基于LM339的机器人具有更高的精确度。

运行机器人时，你会注意到机器人会前后跳动，这是由电动机停止和启动时产生的扭矩力造成的。在我的这个例子中，我发现必须在机器人前端加装另一个小轮，这样一来，当机器人停止，而且不能正确检测到前面的线时，它能阻止机器人前端"栽倒"。如果你不想在前端加装小轮，可以增加暂停时间（减小机器人的整体速度），这样就能在下次红外线传感器被顺序询问前，让机器人停止跳动。

实验120　沿墙移动机器人

零件箱

装有面包板和BS2微控制器的组装印制电路板
带有四节AA电池卡和电源开关的伺服机器人电动机底座
两个Sharp GP2D120 红外线物体检测器
LM339四通道比较器
两个发光二极管，任意颜色

两个10kΩ电阻器
两个470Ω电阻器
两个可安装在面包板上的10kΩ电位器
两个连接伺服连接器和面包板的转换头
金属安装板
24号红色实心线
24号绿色实心线
24号黑色实心线

工具盒

布线工具套装
五分钟环氧树脂胶
小卡箍
电烙铁
焊料

尽管很多人认为"经典的"机器人应用程序是趋光机器人，但是我始终认为沿墙移动应用程序是我的最爱。我的偏爱可以追溯到我刚开始使用"TAB电子制作专属于你的机器人套装"，而且我已经制作了三个应用程序（随机移动、趋光和避光机器人应用程序），现在正打算制作第四个。我有幸询问我的女儿，问她希望机器人具有什么功能，她回答说机器人应该能走出迷宫。非常巧合地，我刚刚看过一本叫闪电侠的漫画书，书中有一个恶棍抓住了闪电侠的妻子并扣为人质。为了牵制住闪电侠，恶棍在他们之间布下了一个巨大的迷宫，并认为即使闪电侠能在迷宫里非常快速地移动，也能浪费他足够多的时间，这样恶棍就可以带着闪电侠的妻子早早离开。可是千算万算不如老天算，这个恶棍万万没想到的是，闪电侠知道只需要经过墙的时候简单地把手靠在墙上就能走出迷宫——最终你会从入口走向出口。最后，在恶棍向闪电侠解释迷宫的功能几秒钟后，闪电侠就逮捕了恶棍并得到了妻子大大的拥抱。

我意识到设计一个沿墙移动的机器人，实际上我也就设计出了一个能走出迷宫的机器人。因此，我的女儿很惊讶地发现我对这个创意的态度非常热情。我的女儿常常以为她对机器人项目的想法（例如让她的洋娃娃能四处走动，像哥斯拉怪兽一样踩踏其他小型洋娃娃）会被拒绝。

将两个红外物体探测器以一定角度安装在机器人前面，这样机器人实际上就能非常容易地沿着墙移动并走完房间的边缘，如图17.7所示。在这个例子中，机器人的右轮向前移动直到左边的传感器检测到物体，此时，右轮停止，左轮转动。当两个传感器都检测到前方有物体时，右轮后退，左轮向前移动，勉强地让机器人远离障碍物。我称这种移动为"蹒跚移动"；这也是当你看到机器人运行时出现这种明显动作的原因。

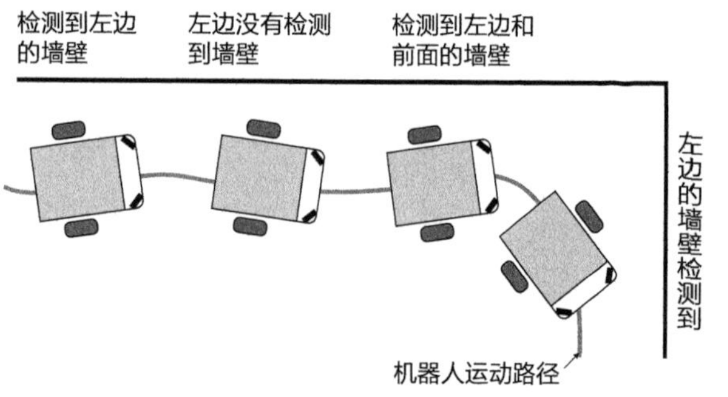

线的重量和复杂性，当胶水变干时，你必须使用小卡箍将Sharp GP2D120传感器卡在金属板上。

实现寻线机器人的实际电路非常简单（如图17.9所示）。我选择使用伺服底座用于实验，直流电动机使用起来也非常方便。你只需要注意的一点是Sharp GP2D120电源与四节AA电池卡的连接（该电池也是伺服的电源），因为Sharp GP2D120的电流损耗大于BS2微控制器上的5V调压器所能提供的电流。

图17.7 沿墙蹒跚而行的机器人

在本书前面内容，我介绍过 Sharp GP2D120 红外物体探测器，并介绍如何利用它和比较器以及分压电位器来指示何时在一个具体位置会出现障碍物。将两个Sharp GP2D120传感器粘在安装寻线机器人剩下的金属安装板上（如图17.8所示），这样你的机器人就拥有了非接触物体传感器，可以进行一般操作，例如走出迷宫或者沿着墙壁移动，与我利用该应用程序所做的操作相同。因为接

图17.8 沿墙移动机器人，Sharp GP2D120粘在连接在机器人前端的金属安装板上

编写伺服系统的应用程序代码时，应该注意重要的一点，当接收到同样的脉冲序列时，左轮转动方向与右轮相反。因此，在下面的PBASIC"沿墙移动"应用程序中，我定义了每个伺服向前移动和向后移动的脉冲值。

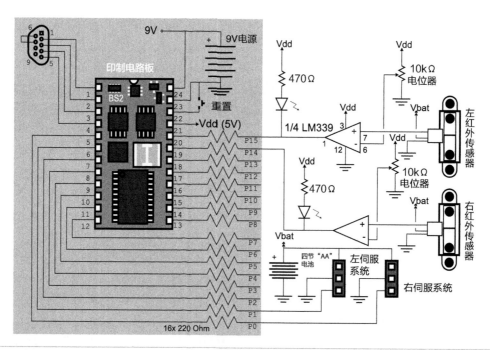

图17.9 沿墙移动机器人电路

```
'  Wall Follower - Follow the Perimeter
of a Wall
'{$STAMP BS2}
'{$PBASIC 2.50}

'  Variables
LeftSensor      Pin 15
RightSensor     Pin 14
LeftServo       Pin 1
RightServo      Pin 0
LeftForwards    var word
LeftBackwards   var word
RightForwards   var word
RightBackwards  var word
i               var byte

'  Initialization/Mainline
  low LeftServo: low RightServo
  LeftForwards = 500: LeftBackwards = 1000
  RightForwards = 1000: RightBackwards =
500
  input LeftSensor: input RightSensor
  do
    if (LeftSensor = 0) then
      for i = 0 to 5
        pulsout LeftServo, LeftBackwards
        pause 18
      next
    endif
    if (RightSensor = 0) then
      for i = 0 to 5
        pulsout RightServo, RightForwards
        pause 18
      next
    else
      for i = 0 to 5
        pulsout LeftServo, LeftForwards
        pause 18
      next
    endif
    pause 100
  loop
```

实验121 超声波距离测量

零件箱

装有面包板和BS2微控制器的组装印制
电路板
Polaroid 6500型超声波距离测量单元
74LS123双
74LS74双D触发器
10kΩ电阻器
2.2kΩ电阻器
1000µF电解电容器
1µF电容器，任意类型
两个0.01µF电容器，任意类型

布线工具套装
6V交通障碍灯电池

　　如果你是一个潜水艇老电影迷，一定会查找电影中经常出现的错误。当潜水艇"装备就绪进行无声运行"，艇长（Clark Gable，Cary Grant，或其他一些与他们身高一样的人）正徘徊在声呐探测操作员身边，询问攻击他们的驱逐舰是否已经离开这片水域，你会听到电影中用来表明潜水艇声呐正在探测时发出独特的"ping"的声音。这种电影场景实际上非常尴尬，因为潜水艇声呐探测器绝对不会发出这种声音的信号——正相反，这种声音是由驱逐舰发出，表明它正在对潜水艇所处的海域进行扫描。一旦反射的声波被驱逐舰接收到，它能根据信号的返回时间以及返回的方向来确定潜水艇的位置和下潜的深度。一旦驱除舰确认潜水艇方位，就会加速追至潜水艇上面，并投射深水炸弹来摧毁它。任何看过Tom Clancy的读者都知道，搜寻潜水艇的游戏可没那么简单；声波在水中仅仅传播的距离非常有限，只能到达信号强度被衰减至麦克风刚好能够拾取的强度时的距离，通过检测水温和盐度（盐的含量），声波就能被潜水艇反射回来。

　　在本书前面，我介绍过红外发光二极管以及光电晶体管，以及当经过调制的光被反射时，如何使用它们来检测物体。超声波"声呐"的工作原理与之相同，而且容易应用在机器人上。用于此目的的最流行器件就是Polariod 6500型声呐测距模块（如图17.10所示）。这个模块有两个主要问题，如果你想将它应用在机器人上时，就应当注意这两个问题；需要花点精力将它与BS2微控制器对接，具有的视域非常窄，而且运行需要很多能量（超声波脉冲发送时的电流为1A）。

　　第一个关切的问题是将6500自带的连接头用电烙铁去掉，然后再焊接上独立的导线，如图17.10所示。9针连接器有6个信号，如果你打算将它与模块对接时，就必须熟悉它们（如表17.2所示）。

　　通常情况下，6500带电源，"BLINK"和"BINH"一起接地，"INIT"接输出驱动器，"ECHO"上拉，并与接收器连接。图17.11所示为6500的正常操作，INIT驱动为高电平，ECHO接收到反射脉冲后变为高电平。

　　要了解更多关于Polaroid 6500型声呐测距模块的信息，你可以通过Google搜索引擎在互联网上下载它的数据手册。6500起初是设计用于相机的测距仪（将黑色和金色换能器指向目标来获得其距离）。这是它的一个极好的应用，因为超声声呐模块的视域非常窄（6500在垂直线以内4度时最灵敏），但是在机器人上应用有点困难。有一个可行的解决方案就是将传感器安装在伺服驱动的"仰冲车"上。旋转仰冲车，声呐距离传感器就能发回机器人周围物体的方向和距离。

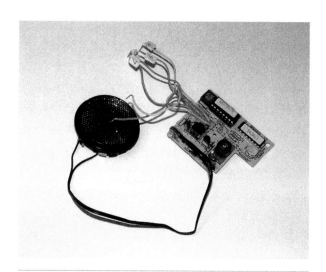

图17.10　标准连接器拆除后并接上面包板连接线后的Polaroid 6500声呐测距模块

表17.2　Polaroid 6500电源和控制线

引脚	标签	功能和注释
1	地（Gnd）	
2	BLNK	高电平时，任何反射信号都无效。
4	INIT	高电平时，启动声呐测距。低电平时，6500停止运行，即使回声信号还未接收到。
7	ECHO	集电极开路信号保持低电平，直到收到反射信号。
8	BINH	高电平时，使2.38ms内部屏蔽无效。
9	Vcc	提供4.5V至6.4V电压、高达1A的电流。在Vcc与地之间应接一个1000μF的电容。

根据距离和角度的信息，就能十分容易地确定机器人的位置；声呐测距仪机械安装复杂，返回数据复杂，因此我认为它是一个导航工具而非传感器。由于测距仪可以当传感器使用，它就得不停地扫描周围区域，要想扫描有效，就会严重减缓机器人的移动速度。

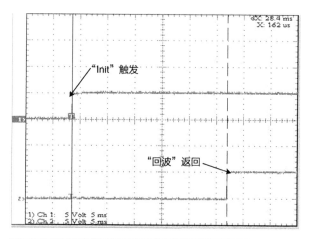

图17.11　超声回波的示波器描迹

由于必须不停地扫描就进一步加剧了声呐测距仪的最后一个问题。当它工作时，消耗大量的能量。6500运行时，需要整整1A的电流，这要远远大于印制电路板上9V电源和BS2上5V调压器所能提供的能量。我购买了一个大型6V交通障碍灯电池。6500可以直接由电池驱动工作，但是如果采用更高电压的电池来供电，则它的输出电压就需调低至4.5～6.4V。对于大型机器人而言，需要1A电流，6V电压并不是一个大问题（设计开始使用声呐测距仪的照相机时，生产商提供了一种特殊电池，它与空暗盒一起被丢弃）。

为了将BS2微控制器接到6500上，我设计了如图17.12所示电路。设计该电路可以让BS2使用"pulsin"语句，将变为高电平的INIT线和变为高电平的ECHO线之间的时间改变成一个单独的负脉冲。当这两个时间发生时，使用一个74LS123"脉冲"就能实现转换，改变D触发器（74LS74的一半）的状态，并发出脉冲信号，该信号在图17.13所示的示波器底部。为了确定电路中的D触发器在正确的初始状态，我增加了一条线（我称之为"InitSetupPin"），它收到一个脉冲信号变为低电平，从而设置了两个触发器。这是电路使用微控制器的一个优点；在初始化外部电路硬件方面，这要比自己设计一个重置电路更高效。

设计该电路可不是一件微不足道的小事情。BS2微控制器并不是特别适用于这种操作类型，原因有两点。第一点，它没有一种方法来知晓一条语句的执行时间。从INIT信号变为高电平（"pulsout"语句）到BS2开始顺序询问ECHO信号（脉冲）之间的时间无法知晓；如果知晓，这个时间就能加到对ECHO信号顺序询问的语句中来判断何时它会变为高电平。传统的微控制器通常具有这种功能，而且进行该实验也不需要安装额外电路。第二点，BS2不能一次同时执行多个任务或者"中断"当前任务。再次，更传统的微型控制器才具有这种功能。在面包板上接好电路后，键入如下程序，并将其命名为"超声波测距"，保存在"科学鬼才"文件夹目录下的"声呐"文件夹内。

```
' Ultra Sonic Ranging - Use Polaroid
6500 Sonar Ranging Module
'{$STAMP BS2}
'{$PBASIC 2.50}

' Pin/Variable Declarations
InitPin        pin 15
InitSetupPin   pin 13
FlightPin      pin 0
SoundFlight    var word
SoundIn        var word
SoundFt        var word

' Initialization/Mainline
  low InitPin
```

```
high InitSetupPin
input FlightPin

do
  pulsout InitSetupPin, 10
' Setup Hardware for Pulse Read
  high InitPin
' Output to Cause 150 ms Pulse
  pulsin FlightPin, 0, SoundFlight
  if (SoundFlight <> 0) then
    debug "Time of Flight is ", dec
SoundFlight * 2, " ms", cr
    SoundIn = SoundFlight / 153
    SoundFt = SoundIn / 12: SoundIn =
SoundIn // 12
    debug "Distance from Sensor to
Object ", dec SoundFt, "' ", dec SoundIn,
rep 34\1, cr
  endif
  low InitPin
  Pause 1000
loop
```

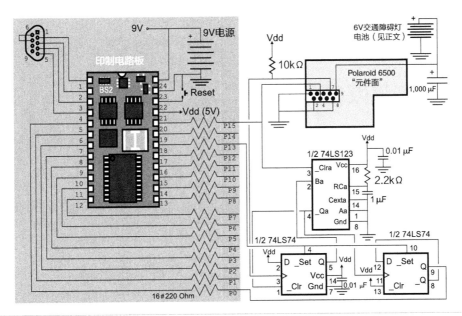

图17.12　声呐电路

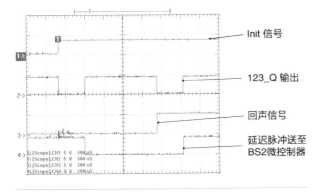

图17.13　声呐波形

为了结束关于不同类型物体探测器的讨论，我总结出了机器人使用的三种主要方法（触须、IR近程测距和超声测距），如表17.3中所列。需要注意的重要一点是不可能有一种方法对所有应用来说都是最优的（除非你能严格控制机器人运行操作的环境）。

表17.3　机器人使用的不同物体检测方法

物体检测方法	优势	劣势	注释
物理触须	检测所有物体 成本低 多种不同制造方法	容易损坏 需要一直注意 需要软件弹回 范围有限，造成机器人损坏 可能造成静电累积 通常来说视域小	最适用于"最糟糕情况下"的撞击检测 最好与机器人的机械设计一起进行
红外近程测距	可靠 成本相对较低 不需要跳回弹回 现成的预封装模块 宽广的视域	很难获得物体的范围 很难设立探测器的硬件和软件 视域宽，能获取对机器人不构成 危险或兴趣的物体	良好的通用性物体检测机制 可以安装在电子元件上 印制电路板或在机器人上
超声波测距	可靠 视域狭窄，可以"测绘"机器人 周围的物体	电源损耗大 视域有限，需要某种扫描方法来 找到所有附近的物体 最昂贵的选择	常常是最难的检测手段 仅仅考虑在高级机器人应用上使用

实验122　霍尔效应罗盘

零件箱

带面包板的组装印制电路板
两个HAL300UA-F 差分输出霍尔效应开关
LM324 四通道运算放大器
两个3.3M电阻器
两个4.7M电阻器

工具盒

布线工具套装
数字万用表

　　选择本书要介绍的实验时，我有两个主要标准。第一个标准着眼于非常基础的机器人电子元件的理论和实践。从很大程度上来说，我相信已经达到这一标准。你能够提出自己独特的机器人设计，并选择所需的主要子系统，并指定具体的使用零件。第二个标准是当有不同零件时，我试着以非传统方式介绍它们，在讨论机器人话题时，通过着眼于人们通常不会想到的实验、电路和结构来介绍它们的功能和作用。我将它提出来是因为许多有用的机器人元件一直没有被讨论过。

　　你应当了解的一个最有用的器件是霍尔效应开关（如图17.14所示）。操作运行时，该器件让电流通过一块硅块，如果没有外部磁场对它产生作用，电流会径直流山硅块。如果有外部磁场，电流会偏转通过另外一个传感器。

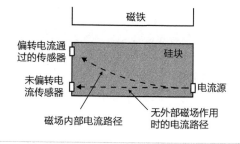

图17.14　霍尔效应开关

　　电流通过半导体会发生电磁偏转这一现象被称为霍尔效应，在机器人应用中通常用来测距。根据霍尔效应，无需安装我在本书前面提到的光电耦合器，只需简单地将一块或者两块磁铁粘在轮子、传动装置或轴上，并使用霍尔效应开关统计其旋转次数。霍尔效应开关经常应用于汽车防抱死制动电路中，作为车轮转动传感器——由磁场启动，霍尔效应开关作用非常稳定，与光电断续器相同，它无需任何清洁。

大多数霍尔效应开关采用三引脚封装，一个正电压（输入电源）引脚、一个负电压引脚（地）和一个信号引脚。信号引脚输出多种不同格式的信号（例如集电极开路、漏极开路、图腾柱或模拟输出）。通常来说，霍尔效应开关会显示磁场"南极"。

在本实验中，我将介绍霍尔效应开关的一个有趣的应用，使用两个霍尔效应开关来指示哪个方向是南。我最初是在一本德州仪器数据手册中发现该应用。我影印了这个数据手册并将它夹在我的文件中带走，想着有机会能使用它。正如我在本章节开头所说，早期的导航，知道南北方向至关重要。我一直想对该电路进行实验，看看它在机器人上工作效果如何。电路本身十分简单（如图17.15所示），花几分钟就能接好线路。

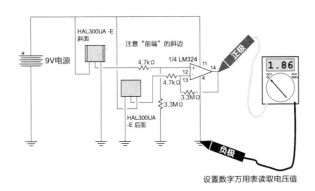

图17.15 罗盘电路

利用指定阻值的电阻器可以将差分信号放大约700倍。这个放大器应用非常适用于观察两个信号的差别。

在与BS2微控制器对接前，我想测试一下电路的运行情况。电路由两个转向相反的霍尔效应传感器组成，它们的（差分）输出信号通过运算放大器被放大很多倍。当连接至运算放大器正极输入的霍尔效应开关指向正南时，它的输出为最大值，而当运算放大器指向北极时，它的输出为最小值。两个输出值的差值实际上非常小，因为该电路检测到的地球磁场相对非常弱。将这些电压值送至运算放大器的输入，并放大它们的差值，当霍尔效应开关正极输入指向南极，负极输入指向北极时，电路输出就达到最高电压值。

电路接好线后，我对它进行测试，看看它在确定北极和南极时效果是否显著。在我的房子里，当我转身时，电路没有产生任何显著变化。走出房间，当电池负极指向

北极时，电路重复显示1.86V的输出电压值，当把电路转向其他任何方向，输出电压值降至1.83V。这个1.6%的差别很难用一个简单的计算机电路观察到。

我一直在追着观看罗盘电路（并找寻不同的或更高效的霍尔效应传感器），当电路停止旋转时，罗盘需要15s或更长时间确定到一个常数值。除了需要稳定的时间长以外，北极方向的范围也大约为正负15度，这对于任何实际机器人来说，范围太宽，精确度太差。

除了这些问题，我也好奇如果罗盘安装在带有磁性器件的机器人底座上时，它的方向性效果如何，因为这些磁性器件产生的磁场强度要远远大于地球磁场的强度。将一块永磁体靠近两个霍尔效应开关，就能测试最后这个推测。

因此，综上所述，电子罗盘电路不能提供足够强的信号来进行测量，它指向北极的方向范围远远大于有效导航所需要的值，而且输出稳定时间也非常长。

实验123 国家海洋电子协会GPS接口

零件箱

装有面包板和BS2微控制器的组装印制电路板
带RS-232接口的GPS单元
Maxim MAX232 RS-232 接口芯片
五个1.0μF电解电容
可焊接的9引脚"公头"D连接器
24号红色实心线
24号绿色实心线
24号黑色实心线

工具盒

布线工具套装
电烙铁
焊料

在结束本书前，我意识到忘记向你介绍最重要的计算机到计算机接口，你以后一定有机会用得到。在前面的内容里，我介绍了不归零（NRZ）串行通信，你也一直在使用RS-232对BS2微控制器编程，但是我没有讲迄今为止，RS-232电气接口是最流行的计算机系统之间的连接方法。我总会对很多刚刚毕业与我一起工作的

工程师感到失望，他们从来都没有成功地将两台计算机用RS-232连接起来。这并不难；你只需要实验至少一次，就能知道应该怎么使用RS-232建立计算机之间的连接了。

RS-232可以追溯到电子计算机应用非常早的时期，当时有不止一台计算机，而且需要它们之间能够相互通信。这些早期的计算机系统不是采用晶体管制作而成（更不要提集成电路了），因此它们的操作参数与当今的计算机相比有点不同寻常。今天，我们可能使用5V电压用于它们之间的通信，并让两个计算机系统对彼此"说话"，仅仅需要使用一些逻辑门来缓冲（保护并重新提供动力）两个计算机之间传递的信号。这实际上是第一代计算机所采取的通讯路径，但是它们并不是简单地靠着＋5V和地逻辑电平运行。这些计算机采用真空电子管进行逻辑计算，工作电压相当高而且与现在不同。为了方便两个计算机系统之间的通信，在－3V～－15V的电压电平表示逻辑"1"（或是一个符号），在＋3V～＋15V的电压电平表示逻辑"0"（或是一个空格）。两种逻辑电压之间的6V电压区域（－3V～＋3V）被称为切换区，两个计算机系统之间的通信电压绝不能在此区间。两个系统之间通信时所规定的最大标准电流是20mA——这个电流值可追溯到第一代电传打字机。

当最早的两个计算机系统通过RS-232连接时，它们并不在同一个房屋里；你一定记得这些系统通常占据着高中健身室那么大的空间，所需的电能与一个住宅小区的总电能相当。这可并不是夸张，因为空间和能量的高要求，实际上两个系统不能离得非常近，因此它们之间需要通过电话线连接，并使用调制解调器进行通信。我指出这一点是因为必须采用某种方法将计算机系统与调制解调器相连；通过指定带有不同引脚功能的标准连接器即可完成连接。这些连接器被称为D型头，它有一个标准的布线图，一直到今天也没有发生变化。图17.16所示为最初使用的25针的标准D型头和后来新出现的用于个人计算机的9针D型头。

装在计算机上的连接器是公头（公头有引脚，如图17.16所示的连接器），也被称为数据终端设备（DTE）连接器。调制解调器具有相匹配的（母头）连接器，也被称为数据通信设备（DCE）。DTE（即个人计算机）通常使用直通连接器将计算机与调制解调器和其他外围设备（例如本书附着的印制电路板）连接。

如果你在互联网上四处查看，或者读到一些关于RS-232的简介性材料，就会看到一些相当奇怪的电路，

这些电路可以把标准的5V（或3.3V）电路与RS-232串口通信线缆相连。这些电路大部分时间或一些时间内可以在任何地方使用，你能搞清楚的通信问题非常有限。为了避免在有短路电压电平的电路中调试RS-232通信失败的问题，我建议你不要使用这些互联网上介绍的电路，而使用类似Maxim MAX232等电路，它能提供工作在正确电压电平的RS-232接口。MAX232是一种非常普遍和流行的芯片，很容易接入到电路中。购买这种类型的芯片时，你必须在MAX232（使用1.0μF电容器）和MAX232A（使用0.1μF电容器）之间选择。大多数人选择最初开发的MAX232芯片，因为1.0μF电解电容器价格非常便宜，容易购得。

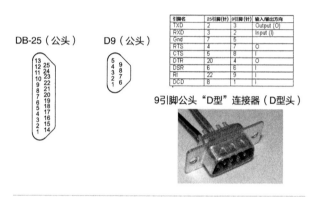

图17.16　RS-232连接器

对于本实验，我想让你自己制作一个连接印制电路板和外围设备的RS-232接口。我选择使用的外围设备是全球移动定位系统接收机，使用国家海洋电子协会（NMEA）0183通信标准，就能将接收机与其他设备对接。NMEA是国家海洋电子协会的缩写，也是一种RS-232连接，数据速率为4800bps，能将导航数据以一系列"语句"的方式传递。你一定对GPS比较熟悉；它是指很多环绕地球的轨道上的卫星，能提供信号帮助飞机、轮船和机动车辆导航。

你可以购买到超级精密的全球移动定位系统接收机，例如我使用的德国eTrex（如图17.17所示）接收机只需花几百美元就能购得。选择全球移动定位系统接收机时，你应当着眼于它与其他系统通过NMEA0183（RS-232）通信的能力，以及传送定位（GPS）和前进方向（罗盘航向）的数据的能力。根据您花费的金额，除了定位功能和罗盘航向外，全球移动定位系统单元可为您提供移动地图显示，显示您确切的位置和您将要前进的地方。

NMEA"语句"由下列格式的数据构成，如表17.4所示。

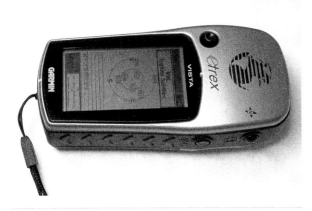

图17.17 德国 eTrex GPS 接收机通过 NMEA 接口提供位置和航向信息，以及动态的移动地图

表17.4 NMER 0183 通信"语句"特性

字符	位置	例子——注释
句头	1	一直是"$"
标识符	2-3	"GP" — GPS/ "HC"—罗盘航向
格式符	4-6	"GSV" — GPS 卫星可见 "HDG"—航行方向有偏离
数据	7…	ASCII 数据被逗号分开。每一个格式符都不同
句尾	最后两个字符	回车，行间反馈 ASCII 字符

NMEA 数据看起来像是垃圾信息，它传输的速率（每一个语句都有 0.8 至 5 秒的暂停）常常令你无法一下子全部进行处理，但是很容易使用控制器如 BS2 来中断传输的数据，并从中找到有用的信息。

本书的最后一个实验是设计一个简单的 BS2 应用程序，监控即将到来的 NMEA 数据流，并从中提取罗盘航向信息。罗盘航向语句格式如下：

`$HCHDG,Heading,,,Deviation,W*0A,cr-lf`

使用如图 17.18 所示的硬件电路就可以接收到来的 NMEA 数据流，并利用下面的应用程序从数据流中提取罗盘航向信息（如图 17.17 所示），应用程序应保存在"科学鬼才"文件夹目录下的"RS-232"文件夹里：

```
' GPS Receiver - Receive Data from eTrex
'{$STAMP BS2}
'{$PBASIC 2.50}

' Variables
SerialInput    Pin 0
SerialOutput   Pin 1
CompassHead    var byte(6)
i              var byte

' Initialization/Mainline
  high SerialOutput
  do
    serin SerialInput, 188,
[WAIT("HCHDG,"), STR CompassHead\6]
    i = 5
    do while (CompassHead(i) <> ".")
      i = i - 1
' Display to Decimal Point
    loop
    debug "Heading ", str CompassHead\i, "
degrees.", cr
  loop
```

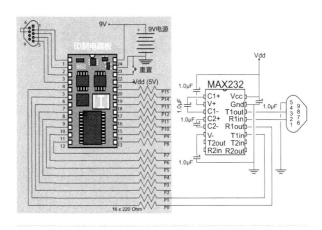

图17.18 RS-232 电路图

该应用程序中，我充分利用了 PBASIC 的"serin"（串行输入语句）语句并等待字符串"HCHDG"（在 PBASIC 中，它限制为 6 个字符的长度），再保存接下来的 6 个字符。PBASIC 能等待和搜索数据，使得书写这种应用程序变得非常简单。当得到接下来的 6 个字符，我回头再查看字符串，寻找角度值的小数点（0.1 度要比大多数应用中所使用的角度基本单位更精确），并通过"debug（调试）"语句将它传回程序设计计算机。

BS2（BASIC Stamp 2 微型控制器）规格

存储器容量：2K 电可擦除可编程只读存储器（EEPROM），26 字节的变量随机存储器（RAM）

程序设计语言：PBASIC

输入输出引脚数量：16 个引脚和 2 个专用的 RS-232 数据线

执行速度：每秒执行大约 4000 条计算机语句

电流损耗：运行时 8mA，省电模式时 100μA

电流电源：

引脚电流参数：电源电流 20mA，灌电流 25mA（典型值）

板载调压器输出：5V +/-5%，12V 电源输出 50mA，7.5V 电源输出 150mA

引脚编号	引脚名称	引脚功能
1	SOUT	从 BS2 的 RS-232 串口输出。串口通信引脚 16
2	SIN	RS-232 串口输入至 BS2。串口通信引脚 16
3	ATN	RS-232 警示引脚。连接至主机计算机数据终端准备线（DB9 引脚 4）
4	VSS	BS2 地。与引脚 23 相同
5 - 20	P0-P15	通用输入输出引脚
21	Vdd	调节输出 5V 电压。如果外部电源加在 VIN 上，则输出 +5V 电压（高达 90mA 输出电流）。可施加 +5V 电压，驱动 BS2 工作
22	RES	上拉，负有效重置引脚
23	Vss	BS2 地。与引脚 4 相同
24	VIN	调节电源范围 5.5V ~ 15V

经由加拿大 Rocklin 公司 Parallax 提供（(http://www.parallax.com)）

PBASIC 标题语句

下面的语句必须放在任何应用程序代码语句之前。这两个语句必须用来充分利用所有的内置 PBASIC 功能：

```
'{$STAMP BS2}
'{$PBASIC 2.5}
```

PBASIC 内置输入输出端口标签

端口标签名称	功能
INS	16 比特字返回 P0-P15 的值
INL	从 P0-P7 返回的 8 比特值
INH	从 P8-P15 返回的 8 比特值
IN#	返回至 P# 的单比特值
OUTS	设置 P-P15 输出值的 16 比特字
OUTL	传至 P0-P7 的 8 比特值

端口标签名称	功能
OUTH	传至P8~P15的8比特值
OUT#	设置P#输出值的单比特值
DIRS	设置P0~P15输入输出状态的16比特字。写入输入输出引脚的"1"值使其变作"输出模式"。写入输入输出引脚的"0"值使其变作"输入模式"
DIRL	设置P0~P7输入输出状态的8比特值
DIRH	设置P8~P15输入输出状态的8比特值
DIR#	设置P#输入输出状态的8比特值
W#	16比特变量（W0～W12可用）
B#	8比特变量（B0～B25可用）。注意8比特变量与16比特变量公用空格。把B#中的#除以2，去掉位数，确定8比特变量位于哪个16比特变量内

PBASIC 常量、变量以及引脚说明

使用下面的语句格式定义常量：

```
ConstantName con value
```

常量数值由数学运算符操作的其他值构成或由下面描述的类型修饰符的常量构成。

类型修饰符	数据类型
无	十进制
$##	十六进制
%##	二进制
#	返回的ASCII数值

使用说明语句可以动态地对应用程序中的变量命名并提供空格：

```
VariableName var Type
```

此处Type（类型）可以是比特、半字节（4个比特）、字节和字（16个比特）。

Type 也是另一个分享空格的变量或被细分成高位字节（或字节1）、低位字节（或字节0）、高位半字节（可以根据变量类型，分为或半字节3，或半字节1）、低位半字节（或半字节0）和bit#（以及高比特位和低比特位）。例如，输出引脚上的一个发光二极管可以定义为：

```
LED var OUTS.bit0
```

一维阵列（编号为0～1）定义为

```
VariableName var Type(size)
```

为定义引脚，使用如下说明语句，#表示定义的引脚编号（0～15）

```
PinName Pin #
```

算术运算符

下面的表格列出的是 PBASIC 中可用的运算符。用于常数说明语句的运算符在常数列中显示。

符号/格式	常数	功能
SQR A	n	返回 A 的平方根
ABS A	n	返回 A 的绝对值
COS A	n	返回 8 比特（0 ~ 255）角度 A 的 16 比特余弦值
SIN A	n	返回 8 比特角度 A 的 16 比特正弦值
DCD A	n	2 的 n 次幂译码器（DCD4=%0000000000010000）
NCD A	n	16 比特值（NCD12=8）优先编码
A MIN B	n	返回最小值
A MAX B	n	返回最大值
A DIG B	n	返回十进制数 A 中的数位 B
A REV B	n	对数 A 中的 B 个比特取反（从最低有效位开始）
A^B	Y	按位对 A 和 B 进行异或运算
A | B	Y	按位对 A 和 B 进行或运算
A&B	Y	按位对 A 和 B 进行与运算
~A	Y	返回按位对 A 求补码
A > > B	Y	将 A 右移 B 比特
A < < B	Y	将 A 左移 B 比特
A/B	Y	A 除以 B
A//B	n	返回 A 除以 B 的余数
A*B	Y	A 乘以 B
A**B	n	A 乘以 B，返回 32 位比特结果中的高 16 比特位
A*/B	n	A 乘以 B，返回 32 位比特结果中的中间 16 比特位
A−B	Y	A 减去 B
−A	Y	返回负 A
A+B	Y	A 加 B

调试和 serout（在输出引脚写出串行数据）数据格式符命令

输出字符串用双引号指定，数字和 ACSII 码数据用列于表中的格式符表示。在一条语句中有多个数据（格式符可选）输出时，用逗号隔开。

符号/格式	功能
?	显示"Symbol=#"并回车。可以与其他格式符结合起来以不同的格式显示数据（例如 hex（16 进制）? hex（16 进制）Variable（变量））

符号/格式	功能
ASC?	显示"Symbol'#'"和回车符,其中#是ASCII的符号表示
DEC{1…5}	十进制显示。可选择性地指定显示几位数
SDEC{1…5}	带符号的十进制显示。可选择性地指定显示几位数
HEX{1…4}	十六进制显示。可选择性地指定显示几位数
SHEX{1…4}	带符号的十六进制显示。可选择性地指定显示几位数
IHEX{1…4}	表示(带前缀$符号)十六进制显示。可选择性地指定显示几位数
ISHEX{1…4}	表示(带前缀$符号)带符号的十六进制显示。可选择性地指定显示几位数
BIN{1…16}	二进制显示。可选择性地指定显示几位数
SBIN{1…16}	带符号的二进制显示。可选择性地指定显示几位数
IBIN{1…16}	表示(带前缀%符号)二进制显示。可选择性地指定显示几位数
ISBIN{1…16}	表示(带前缀%符号)带符号的二进制显示。可选择性地指定显示几位数
STR bytearray{/#}	显示数组中的ASCII字符串,直到出现NUL($00)字符或可选择性地指定显示几位数
REP byte\#	显示指定的ASCII字符#的次数

调试语句的显示控制,可以使用列于下表中的特殊控制字符。特殊控制字符,使用"rep#\1",其中#列于下表中的ASCII码值。

使用带"serout"的特殊控制字符时,只推荐使用bell、bksp、tab、Line Feed和cr,因为不同的ASCII码终端设备都支持这些字符。

特殊控制字符	符号	ASCII	功能
Clear screen(清除屏幕)	cls	0	清除屏幕并将光标置于调试终端的原始位置
Home(主界面或原始界面)	home	1	将光标置于原始位置(调试终端的左上角)
Move to(x,y)		2	将光标移动至调试终端的具体位置。后面必须跟着两个值(x,然后是y)
Cursor Left(光标左移)		3	将光标在调试终端里向左移动一列
Cursor Right(光标右移)		4	将光标在调试终端里向右移动一列
Cursor Up(光标上移)		5	将光标向上移动一行
Cursor down(光标下移)		6	将光标向下移动一行
Bell(响铃)	bell	7	个人计算机扬声器发出哔哔响声
Backspace(退格)	bksp	8	删除光标左边的字符并将光标移动至它的位置
Tab(跳格键)	tab	9	将光标移动至下一个标号栏
Line Feed(换行)		10	将光标向下移动一行
Clear Right(清除右边)		11	清除光标右边的行内容
Clear Down(清除下面)		12	清除光标下面的调试终端
Carriage Return(回车)		13	将光标移动至调试终端里的下一行的开头。在其他设备里,光标可以返回至当前行的开头,需要一个换行字符将光标移动至下一行

Serin（在输入引脚写出串行数据）和 Serout（在输出引脚写出串行数据）波特率比特值定义

使用下列比特数定义波特率的值

比特	功能
15	只有 Serout（在输出引脚写出串行数据）。数据输出重置。设置（加32768）漏极开路输出
14	重置数据不倒换。设置（加16384）数据倒换
13	以8-N-1格式重置数据（8数据比特，无奇偶校验位，一个停止位）。以7比特格式设置（加8192）数据，带偶校验位
11-0	使用公式 Bits 11-0 = INT（1，000,000/需要的波特率）—20

PBASIC 函数和语句

在下表中，括弧（{and}）表示可选参数，"…"表示参数可重复。

语句	示例	注解或参数
Comment（注释）		单引号（'）右边的所有内容都被忽略
Assignment （赋值）	A=B+C	对一个变量赋一个单独算数运算的结果。如果语句中指定了多重运算，则从左到右执行运算。多重运算符赋值语句中的运算顺序可以通过圆括弧封闭"强制"为更高优先级的运算
End BS2 BS2结束	end	使BS2停止执行任何更多代码。BS2微型控制器进入低功耗（省电）模式
Stop BS2 BS2停止	stop	使BS2停止工作，不进入低功耗模式
Loop code 代码循环	Do…loop	在do（执行）与loop（循环）之间重复执行代码
Loop while While 循环	do while condition…loop	当条件为真时，在do（执行）与loop（循环）语句之间重复执行代码
Loop until Until 循环	do…loop until condition	在do（执行）条件与loop（循环）语句之间重复执行代码直到条件为真时停止
Address Label 地址标签	Label:	指定应用中的地址
Jump to Label 跳至标签	goto Label	跳出执行，在Label:语句之后继续执行
Jump to subroutine 跳至子程序	gosub Label	在Label:语句后执行指令，直到出现一个返回语句
Return from subroutine 从子程序返回	return	在gosub Label 语句之后返回语句

语句	示例	注解或参数
Conditionally executes statement 条件执行语句	If condition then else statement	如果条件为真，执行第一条语句。如果条件为假，执行"else"之后的语句。"Else"和它之后的语句可以选择执行。如果条件为真或为假，多重语句如果被冒号（：）隔开，可以执行多重语句
Conditionally execute multiple statement 条件执行多重语句	If condition then…else…endif	如果条件为真，则立即执行if 语句之后的语句。如果条件为假，执行else语句之后的语句。Else 和它后面的语句可以选择执行
Conditionally jump 条件跳跃	If condition then Label	测试条件格式为"A"cond"B"，cond 是指＝（相等）、＜＞（不相等）、＜（小于）、＜＝（小于或等于）、＞（大于）或＝＞（大于或等于）。A和B可以是变量、常数或表达式。语句中允许存在圆括弧。可以使用逻辑运算符（AND、OR和NOT）将多重条件表达式结合起来
Repeat code 重复代码	For Variable = initialValue to StopValue {step StepValue…next}	将InitialValue（初始值）载入变量，并执行代码至下一条语句。在下一条语句中，要么将变量值加1，要么将变量增加一个步进值（如果步进值StepValue被定义）。当变量大于StopValue（停止值），在下一条语句之后，执行第一条语句
Execution branch 执行分支	Branch offset, [Address0,Address1,…]	去Address#（地址#）执行分支值#
Execute code according to data value: 根据数据值执行代码	Case condition … Case condition … Case else … endselect	选择表达式 根据表达式的值执行。条件由一个带可选择的比较运算符（＝、＜＞、＞、＞＝、＜或＜＝）的常数值构成，如果条件为真，执行case 语句后的代码。Case else 是指不与任何设定条件匹配的表达式的值
Button debounce 按键去抖	Button Pin, Downstate, Delay,Rate, Workspace, TargetState, Address	如果每次Button（按键）语句出现时，引脚在不可用状态，顺序询问引脚并增加字节变量Workspace的值。如果Delay指定的次数等于Workspace的值，且TargetState（目标状态）满足，跳转值Address（地址）。如果按键被释放，Workspace重置。如果Delay等于0，不会发生去抖或autorepeat（自动重复）。如果Delay等于255，执行去抖，但是不会发生autorepeat（自动重复）。如果Button 语句执行Delay+Rate*n次（Delay 不等于0或255），则执行autorepeat（自动重复）
Count pulses 计数脉冲	Count Pin, Interval, Counter	延迟1ms乘以Interval（间隔）数，并对引脚接收脉冲的次数进行计数。产生的结果保存在Counter（计数器）中
Return status 返回状态	Debug {formatter} Data/String/Constant	在BS2程序设计后返回一串数据至调试终端主机计算机。注意如果没有格式符，变量的值以十进制输出。可使用的不同格式符在前面的表格中列出并给予解释，除此之外，用于控制调试终端运行的特殊控制字符也在表中列出并予以解释

语句	示例	注解或参数
Touch-tone output（按键音输出）	dtmf Pin,{on Time, offTime,}[tone{,…}]	发出一个按键音电话。onTime和offTime为可选值，设置音调的长度为几毫秒。按键音按钮发出的音调发送数据。如果没有指定onTime和offTime，BS2将它们分别默认为200ms和50ms
Output frequency 输出频率	Freqout Pin, Period, Freq1{,Freq2}	在指定周期（ms）在引脚上输出Freq1（频率1）。如果指定了Freq2（频率2），它会与Freq1（频率1）混合。Freq1（频率1）和Freq2（频率2）的指定单位为Hz，且最大频率值为32,767Hz
High on Pin 引脚高电平	High Pin	引脚变为输出，高电压电平从该引脚输出
Low on Pin 引脚低电平	Low Pin	引脚变为输出，低电压电平从该引脚输出
Pin "input" 引脚"输入"	Input Pin	引脚模式变为输入
Pin "output" 引脚"输出"	Output Pin	引脚模式变为输出
Change Pin mode 改变引脚模式	Reverse pin	引脚模式在输入与输出之间转换
Change pin value 改变引脚值	Toggle pin	补充引脚输出值
Find list value 找出列表值	Lookdown Target,{comparisonOp},[value0,value1{,…}],Variable	从变量列表中返回index（索引）值。注意，这个值可能是在双引号内的一个字符串。ComparisonOp 是一个可选择的条件运算符，指定如何进行搜寻（等号[=]为默认值）
Find list offset 找出列表补偿值	Lookup Index,[value0,value1{,…}],Variable	返回变量列表中的Index值。注意，这个值可能是在双引号内的一个字符串
Power down 省电模式	Nap value	Power down（省电）时间长度值，如果该值为0，休憩时间为18ms。如果该值为1.72ms、2144ms、3288ms、4576ms、5s，休憩时间为36ms；如果该值为6s，休憩时间为1.15s；如果该值为7s，休憩时间为2.30s。注意实际延迟差可能高达50%
Power down 省电模式	Pause value	停止时长为Value指定时长。该模式不如nap（休憩）或sleep（睡眠）模式下省电
Power down 省电模式	Sleep value	省电时长为Value乘以2.3秒
Measure pulse 测量脉冲	Pulsin Pin,State,Variable	等待引脚达到具体的状态，以及乘以它在该状态的时长。然后，返回变量中的时间（以2 μs为单位的增量）
Drive out pulse 输出脉冲	Pulsout Pin, Period	指定周期乘以2 μs的脉冲引脚

语句	示例	注解或参数
PWM output PWM输出	Pwm Pin, Duty, Cycles	在指定的引脚，针对周期的次数，输出脉冲宽度调制（PWM）周期。PWM周期是255ms，其占空比为毫秒数，PWM输出为有效高电平
Get random value 获得随机数	Random variable	返回一个变量中的一个16比特伪随机数
Measure RC 测量RC值	Rctime,Pin,State, Variable	根据引脚RC网络的需求，测量充电/放电时间（根据状态指定），并将结果保存在变量中。建议安装电路时，将一只电容接在Vdd，电阻器接在另一端的地，采用状态为1，返回的放电时间是以2μs为单位
Preload EEPROM 预加载EEPROM	Data{@Starting Address,} Value{, "string"}	将EEPROM的指定值或字符串保存在第一可用地址单元中。起始地址可以由一个放在@字符后的整数值指定，@字符在要保存的数据之前
Write EEPROM 向EEPROM写入	Write Location, {word} Value	在EEPROM（电可擦除可编程只读存储器）存储器的指定存储单元或选址中写入一个字节的值。该位置可以是0到2,047之间的任意值。为确保应用代码不被覆盖，使用BASIC Stamp Editor（编辑器）中的Ctril-M命令。可选字参数表明Value是16比特而不是默认的8比特
Read from EEPROM 从EEPROM读取	Read location,{word} Variable	将EEPROM存储器里的存储单元的8比特读入Variable（变量）。可选字表明值为16比特而不是默认的8比特
Serial input 串行输入	Serin Pin {\Ffpin},Baudmode,={plabel,} {Timeout,Tlabel,}[InputData]	从输入输出引脚获得串行输入数据。注意引脚16为程序设计串行端口。Fpin是流量控制输出引脚（表明数据是否可以接收到）。波特率之前已经定义。Plabel和Tlabel可选择性地跳至on error地址（分别为奇偶校验和timeout超时）。如果Tlabel选择可用，则Timeout（超时）间隔（单位为ms）和流量控制引脚（fpin）必须指定。InputData（输入数据）由一个目的地变量和一个格式变量构成。如果等待一个某种数字字符串，使用带有S或I前缀的DEC、HEX或BIN滤波器，则表明分别需要一个带符号的值或整数。用STR滤波器将一个字符串保存到一个数组中，直到收到指定的字符数（使用\#参数）。第二个\#参数用来表示一个字符串结尾的字符。WAIT（#[,#…]）滤波器不会返回任何值，直到首先接收到指定值。WAITSTER会等待一系列字节来匹配指定数组的内容（指定数组可以限制为\#字符）。最后，使用SKIP#，在读取输入数据之前一组字符数被忽略
Serial output 串行输出	Serout Pin{\Ffpin}, Baudmode,{Pace,} {Timeout,Tlabel,}[Data]	将串行数据输出至指定引脚上。Fpin是用于流量控制的可选引脚。波特率之前定义过。Pace是字节输出之间的时间，时间单位是ms。Timeout（超时）和Tlabel操作的方式与serin完全一样。数据和它的可选格式选择与调试所使用的相同，并列于前面的表格里
X-10 output X-10输出	XOUT Mpin,Zpin,[House/ Command{\Cycles}{,…}]	将X-10输出数据输出至其他设备中。Mpin是电源线接口设备的调制源引脚。Zpin是电源线接口设备的过零信号。House是X-10 "house code（房屋码）"，Command是将要发送的命令。Cycles是将要发送的House和Command值的发送次数

语句	示例	注解或参数
Shift data in 移入数据	Shiftin Dpin,Cpin,Mode,[Variable{\ Bits}{,…}]	在Data和Clock引脚上进行同步数据移位。Mode值是MSBPRE（0值是时钟之前的第一个和样本最高有效位），LSBPRE（1值是时钟之后的第一个和样本最低有效位），MSBPOST（2值是时钟之后的第一个和样本最高有效位）和LSBPOST（3值是时钟之后的第一个和样本最低有效位）。数据被移位至指定的、比特数可选的变量中（默认为8比特变量）。时钟信号高电平持续14μs，低电平持续46μs
Shift data out移 出数据	Shiftout Dpin,Cpin,Mode,[OutputData{/ Bits}{,…}]	同步将数据移除至Data和Clock引脚上。Mode值是LSBPRE（0值是第一个最低有效位）和MSBPRE（1值是第一个最高有效位），数据从OutputData中移出，并将一组比特数移出（默认为8比特）。时钟信号高电平持续14μs，低电平持续46μs，时钟信号变高电平之前，数据可用14μs